U0182249

高等院校计算机应用系列教材

AutoCAD 2020 机械制图基础教程

牛永胜　马 婕　主编

清華大學出版社
北　京

内 容 简 介

AutoCAD 是美国 Autodesk 公司推出的一款功能强大的图形绘制软件，在建筑、机械、电子、航空、航天、汽车、船舶、军工、轻工及纺织等行业均得到了广泛应用。

本书共分 15 章，紧密结合机械制图国家标准为用户介绍了使用 AutoCAD 2020 进行机械图形设计、绘制的方法，主要内容包括：AutoCAD 制图基础，二维和三维图形的绘制，文字、表格、尺寸标注，机件的视图表达方法、样板图的创建，机械标准件绘制，轴测图绘制，机械常用零件图绘制，装配图绘制，三维机械实体、三维装配图绘制，由三维实体绘制二维图形等。

本书内容全面，实例丰富，可操作性强，可作为高等学校机械设计相关专业的教材，也可作为从事机械设计工作的工程技术人员的自学用书和参考用书。

图书在版编目(CIP)数据

AutoCAD 2020 机械制图基础教程 / 牛永胜，马婕主编. —北京：清华大学出版社，2024.2
高等院校计算机应用系列教材
ISBN 978-7-302-65433-9

Ⅰ. ①A…　Ⅱ. ①牛…　②马…　Ⅲ. ①机械制图－AutoCAD 软件－高等学校－教材　Ⅳ. ①TH126

中国国家版本馆 CIP 数据核字(2024)第 036430 号

责任编辑：刘金喜
封面设计：高娟妮
版式设计：思创景点
责任校对：成凤进
责任印制：杨　艳

出版发行：清华大学出版社
网　　址：https://www.tup.com.cn，https://www.wqxuetang.com
地　　址：北京清华大学学研大厦 A 座　　邮　　编：100084
社 总 机：010-83470000　　邮　　购：010-62786544
投稿与读者服务：010-62776969，c-service@tup.tsinghua.edu.cn
质 量 反 馈：010-62772015，zhiliang@tup.tsinghua.edu.cn
印 装 者：三河市龙大印装有限公司
经　　销：全国新华书店
开　　本：185mm×260mm　　印　　张：19.5　　字　　数：499 千字
版　　次：2024 年 3 月第 1 版　　印　　次：2024 年 3 月第 1 次印刷
定　　价：69.00 元

产品编号：095331-01

前　言

AutoCAD(Autodesk Computer Aided Design，计算机辅助设计)是目前世界上流行的计算机辅助设计软件之一，具有功能强大、简单易学的优点，一直深受工程设计人员的青睐。目前AutoCAD已广泛应用于建筑、机械、电子、航空、航天、汽车、船舶、军工、轻工及纺织等行业。熟练掌握AutoCAD软件，是每一位从事机械设计及相关行业的工程技术人员应该具备的基本技能。

本书作者多年来一直从事机械制图教学工作，积累了丰富的教学和实践经验。本书结合机械制图标准和规范，详细阐述了使用 AutoCAD 2020 绘制各类机械图的方法，给出了大量机械图绘制的技巧，可以让读者对于如何灵活运用 AutoCAD 2020 进行机械图绘制有一个全面的认识。

本书共分 15 章，各章内容如下。

第 1 章介绍了 AutoCAD 2020 的新增功能、界面组成、命令输入方式、绘图环境设置、图形文件管理、图形对象选择、图形的显示控制、图层的创建与管理、状态栏辅助绘图设置、对象特性修改及打印图形等内容。

第 2 章对基本二维图形绘制进行了介绍，内容涉及点、直线、弧线、封闭图形、多段线、多线、图案填充等。

第 3 章介绍了编辑二维图形的方法，内容涉及图形的移动、复制、修改，多段线的编辑，样条曲线的绘制和编辑，多线的编辑，以及块的操作，最后通过绘制矩形花键案例演示了各种编辑命令的使用。

第 4 章介绍了文字与表格的使用，内容涉及机械制图文字标准、文字样式创建、单行文字、多行文字、技术说明的创建方法和表格的创建方法，以及明细表的创建和编辑等。

第 5 章介绍了尺寸标注的规定、样式、创建方法，尺寸公差和形位公差的标注规定、创建方法，多重引线的样式、创建方法和编辑尺寸标注等内容。

第 6 章介绍了机件各种视图的概念和表达方法并给出了相应的实例，包括视图、剖视图、断面图、局部放大图、简化画法等。

第 7 章介绍了国家标准中关于图幅和样板图的基本规定，然后分别介绍了图幅的 3 种绘制方法，标题栏绘制的两种方法，以及样板图的创建。

第 8 章介绍了绘制轴测图的方法，内容涉及激活轴测投影模式的 3 种方法，轴测投影模式下基本图形的绘制、书写文字和标注尺寸，以及如何绘制正等测图和斜二测图。

第 9 章介绍了各种二维零件图的绘制方法，内容涉及零件图的内容、视图选择、技术要求及标准件的绘制，并通过轴套类、箱体类典型零件的绘制对零件图的绘制进行演示。

第 10 章介绍了二维装配图的绘制方法，内容涉及装配图的作用、内容、表达方法、绘制过程、绘制方法、视图选择、尺寸标注、技术要求，以及装配图中零件序号和明细栏的绘制。

第 11 章介绍了绘制和编辑三维表面的方法，内容涉及三维模型的分类、三维坐标系、动态坐标系、绘图显示设置、绘制三维基本面和三维网格曲面等。

第 12 章介绍了绘制和编辑三维实体的方法，内容涉及绘制基本三维实体、通过二维图形生成实体、布尔运算、三维操作、编辑实体和渲染实体等。

第 13 章以深沟球轴承、阶梯轴、皮带轮等常见的机械零件为例，向用户介绍了三维零件实体的绘制思路和方法。

第 14 章介绍了绘制三维装配图的方法，首先介绍三维装配图的绘制思路，然后介绍三维装配图的绘制方法，最后以齿轮泵的总装立体图为例详细介绍了三维装配图的绘制方法。

第 15 章介绍了由三维实体生成二维视图的方法，内容涉及如何由三维实体生成三视图，创建剖视图和剖面图等。

本书内容丰富，实例典型，涵盖了机械制图的各个领域。本书结合机械设计过程的特点、机械制图的国家标准，通过具有代表性的实例与机械制图中的常用方法来介绍 AutoCAD 2020 在机械制图中的广泛应用，具有很强的针对性和专业性。

本书可作为高等学校机械设计相关专业的教材，也可作为从事机械设计工作的工程技术人员的自学用书和参考用书。

本课程总学时为 64 学时，各章学时分配见下表(供参考)。

学时分配建议表

课程内容	学时数			
	合计	讲授	实验	机动
第 1 章　AutoCAD 2020 制图基础	3	3		
第 2 章　基本二维图形绘制	3	2	1	
第 3 章　二维图形编辑	4	3	1	
第 4 章　创建文字与表格	4	3	1	
第 5 章　尺寸标注	4	3	1	
第 6 章　机件的表达方法	2	2		
第 7 章　制作图幅和样板图	3	2	1	
第 8 章　绘制轴测图	7	3	2	2
第 9 章　绘制二维零件图	7	3	2	2
第 10 章　绘制二维装配图	7	3	2	2
第 11 章　绘制和编辑三维表面	2	1	1	
第 12 章　绘制和编辑三维实体	4	3	1	
第 13 章　三维机械零件图绘制	6	2	2	2
第 14 章　绘制三维装配图	5	2	2	1
第 15 章　由三维实体生成二维视图	3	2	1	
合　计	64	37	18	9

本书由牛永胜、马婕主编。此外，董志勇、贾云禄、范惠英、许小荣等也参与了本书的编写工作，在此对他们表示衷心的感谢。

由于编者的水平有限，本书不足之处在所难免，恳请广大读者批评指正。

本书教学课件、实例源文件和习题答案可通过扫描下方二维码下载。

服务邮箱：476371891@qq.com。

教学资源下载

编　者

2024 年 1 月

目　录

ꕥ 第 1 章 ꕥ

AutoCAD 2020制图基础

AutoCAD 是由美国 Autodesk 公司于 20 世纪 80 年代初为微机上应用 CAD(Computer Aided Design，计算机辅助设计)技术而开发的一种通用计算机辅助设计绘图程序软件包，它是国际上最流行的绘图工具之一。AutoCAD 应用非常广泛，遍及各个工程领域，包括机械、建筑、造船、航空、航天、汽车、船舶、军工、轻工及纺织等。

本章介绍了 AutoCAD 2020 版新增功能、界面组成、命令输入方式、绘图环境的设置、图形编辑的基础知识、图形的显示控制，以及一些基本的文件操作方法等。通过本章的学习，希望读者掌握 AutoCAD 2020 最常用、最基本的操作方法，为后续章节的学习打下坚实的基础。

1.1 AutoCAD 2020 新功能

1. 新潮的暗色主题

继 Mac、Windows、Chrome 推出或即将推出暗色主题(dark theme)后，AutoCAD 2020 也带来了全新的暗色主题，它有着现代的深蓝色界面、扁平的外观、改进的对比度和优化的图标，提供更柔和的视觉和更清晰的视界，当然用户也可以通过“显示”选项将颜色主题设置为传统“明”的方式。

2. 分秒必争

AutoCAD 2020 保存用户的工作只需 0.5 秒，比上一代整整快了 1 秒。此外，本体软件在固态硬盘上的安装时间也缩短了 50%。

3. “快速测量”更快了

新的“快速测量”工具允许通过移动/悬停光标来动态显示对象的尺寸、距离和角度数据。

4. 新的块调色板(Blocks Palette)

这一项功能可以通过 BLOCKSPALETTE 命令来激活。新的块调色板可以提高查找和插入多个块的效率——包括当前的、最近使用的和其他的块，并且添加了“重复放置”选项以节省操作步骤。新的图块插入对话框如图 1-1 所示。

5. 更完善的清理(Purge)功能

重新设计的清理工具有了更一目了然的选项，通过简单的选择，终于可以一次删除多个不需要的对象。还有“查找不可清理项目”功能并给出不可清理的可能的原因。新的清理功能选项如图 1-2 所示。

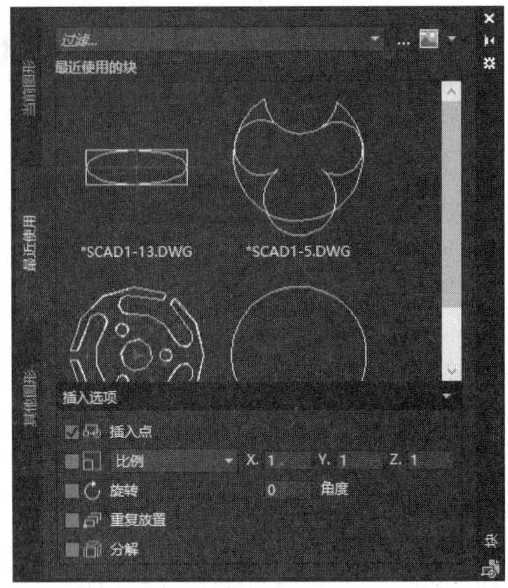

图 1-1　新的图块插入对话框

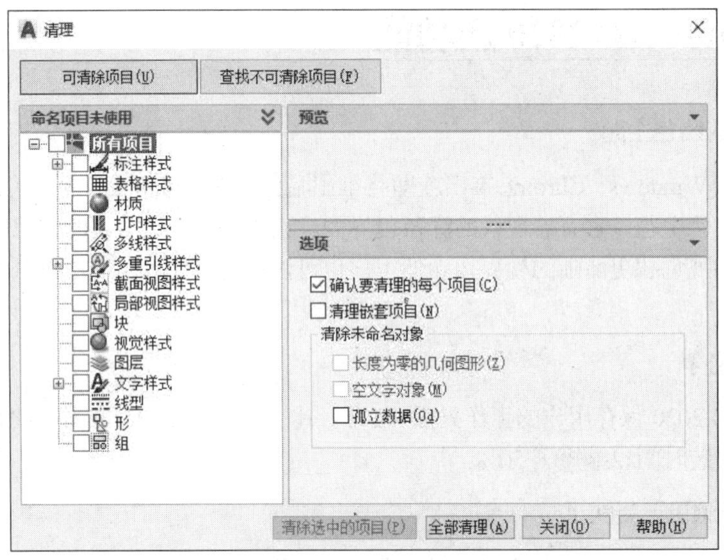

图 1-2　新的清理功能选项

6. 在一个窗口中比较图纸的修订

DWG Compare 功能已经得到增强，可以在不离开当前窗口的情况下比较图形的两个版本，并将所需的更改实时导入到当前图形中。

7. 云存储应用程序集成

AutoCAD 2020 已经支持 Dropbox、OneDrive 和 Box 等多个云平台，这些选项在文件保存和打开的窗口中提供。这意味着用户可以将图纸直接保存到云上并随时随地读取(AutoCAD Web 加持)，有效提升了协作效率。

1.2 AutoCAD 2020 的启动与退出

学习或利用任何软件进行设计工作都要先启动该软件，同样，在完成设计工作之后也要退出该软件，下面介绍如何启动和退出 AutoCAD 2020。

1.2.1 启动 AutoCAD 2020

安装好 AutoCAD 2020 后，在“开始”菜单中选择“所有程序” | Autodesk | AutoCAD 2020-Simplified Chinese | AutoCAD 2020 命令，或者双击桌面上的快捷图标，或者通过打开任意扩展名为 dwg 的图形文件，均可启动 AutoCAD 2020 软件。

AutoCAD 2020 界面中大部分元素的用法和功能与 Windows 软件一样，其初始界面如图 1-3 所示。

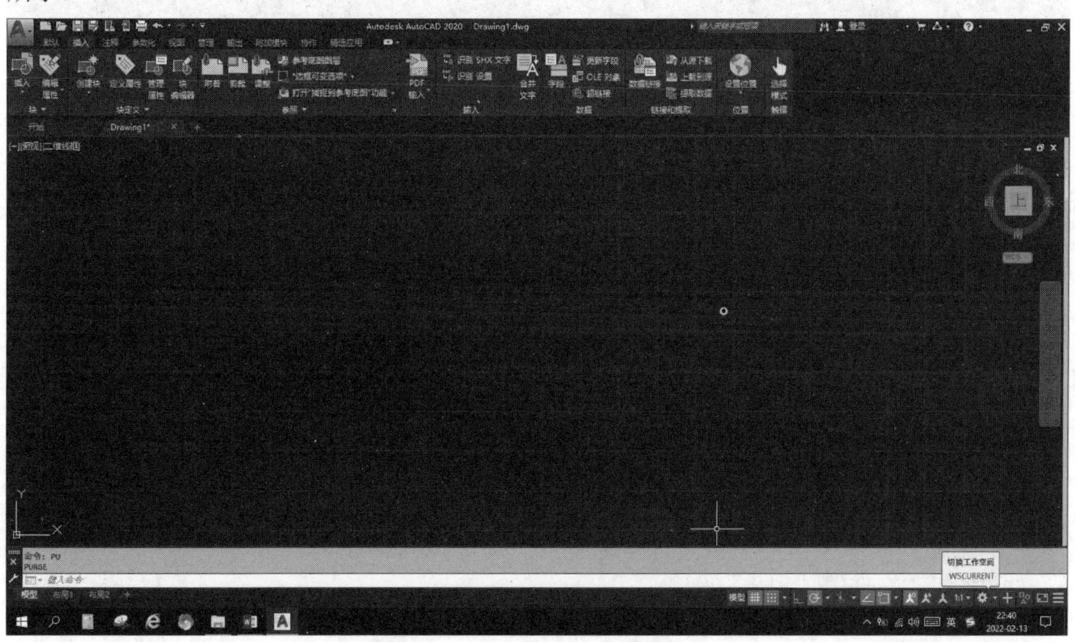

图 1-3 AutoCAD 2020 的初始界面

系统为用户提供了“草图与注释”“三维基础”和“三维建模”3种工作空间，用户可以通过单击图1-3中的“切换工作空间”按钮，在弹出的如图1-4所示的菜单中切换工作空间。

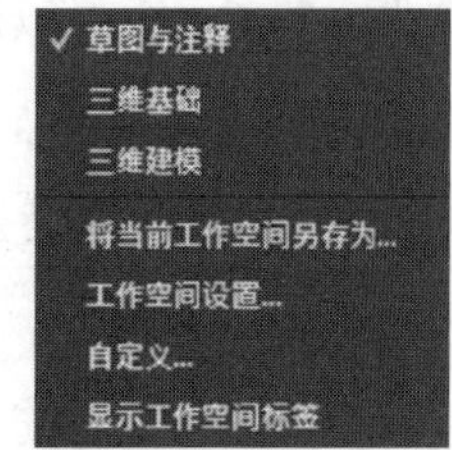

图 1-4 切换工作空间

从 AutoCAD 2015 版本开始，系统不再提供“AutoCAD 经典”工作空间，用户如果想使用以前版本的工作空间，可以在安装时，让系统继承以前版本的工作空间设置，或者自己设置一个“AutoCAD 经典”工作空间并保存。由于笔者上次安装的版本是 2014

版本，因此继承了AutoCAD 2014版本的各种工作空间设置，本书中的编辑操作基本是在这一空间设置下编写的。

读者在学习时也可以单击快速启动栏中的按钮，在下拉菜单中单击“显示菜单栏”选项，系统会显示经典菜单栏，包括文件、编辑、视图、插入、格式、工具、绘图、标注、修改、参数、窗口、帮助菜单。

图1-5所示为笔者设置的传统的“AutoCAD经典”工作空间界面，如果用户想进行三维图形的绘制，可以切换到“三维基础”和“三维建模”工作空间，这些工作空间界面提供了大量的与三维建模相关的界面项，与三维无关的界面项将被省去，方便了用户的操作。

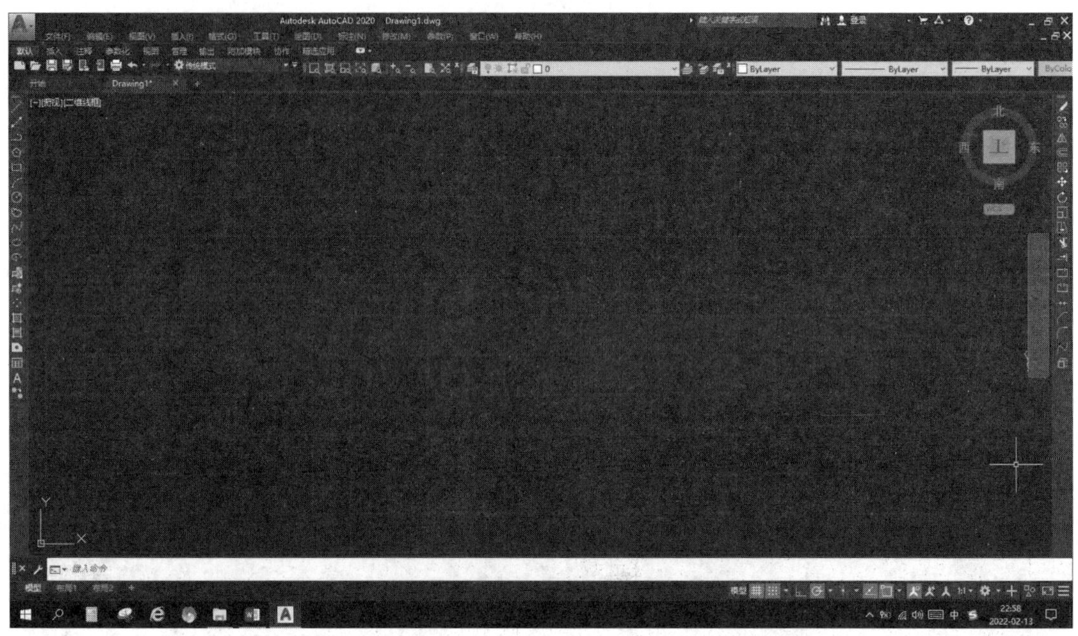

图1-5　传统的“AutoCAD经典”工作空间操作界面

1.2.2　退出AutoCAD 2020

退出AutoCAD 2020有如下3种方式。

- 单击AutoCAD 2020操作界面右上角的“关闭”按钮。
- 选择“文件”|“退出”命令。
- 通过命令输入的方式，即在命令行中输入quit命令后按Enter键。

如果有尚未保存的文件，则弹出“是否保存”对话框，提示保存文件。单击“是”按钮保存文件，单击“否”按钮不保存文件并退出，单击“取消”按钮则取消退出操作。

1.3　AutoCAD 2020界面组成及功能

AutoCAD 2020的界面主要包括标题栏、菜单栏、工具栏、绘图区、十字光标、状态栏、命令行和功能区等。

1.3.1　标题栏

标题栏中包括：当前图形文件的标题，“最小化”“最大化(还原)”和“关闭”按钮，“菜单浏览器”按钮，快速访问工具栏，搜索栏，登录到 Autodesk 360 的按钮，以及“帮助”按钮。

快速访问工具栏中放置了常用命令的按钮，默认状态下，系统提供了“新建”按钮、“打开”按钮、“保存”按钮、“另存为”按钮、“打印”按钮、“放弃”按钮、“重做”按钮和“工作空间”列表。

在搜索栏中输入想要查找的主题关键字后，按 Enter 键，会弹出“Autodesk AutoCAD 2020-帮助”对话框，显示与关键字相关的帮助主题，用户可选中所需要的主题进行阅读。

1.3.2　菜单栏

菜单栏位于界面上部标题栏下方，除了扩展功能，共有 12 个菜单项，如图 1-6 所示。选择其中任意一个菜单命令，都会弹出一个下拉菜单，这些菜单包括了 AutoCAD 的所有命令，用户可从中选择相应的命令进行操作。

文件(F)　编辑(E)　视图(V)　插入(I)　格式(O)　工具(T)　绘图(D)　标注(N)　修改(M)　参数(P)　窗口(W)　帮助(H)

图 1-6　菜单栏

1.3.3　工具栏

工具栏是各类操作命令形象、直观的显示形式，是由一些图标组成的工具按钮的长条，单击工具栏中的相应按钮即可启动命令。工具栏上的命令在菜单栏中都能找到，其只显示最常用的一些命令。图 1-7 显示了 AutoCAD 2020 工作空间常用的工具栏。

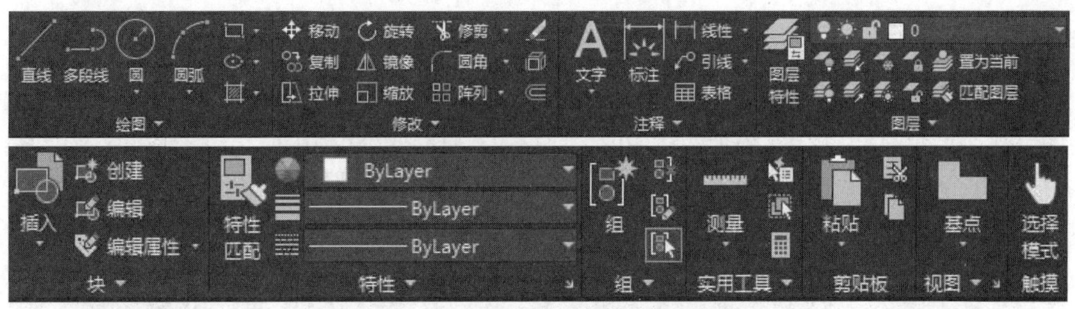

图 1-7　AutoCAD 工作空间常用的工具栏

用户想打开其他工具栏时，可以选择“工具”|“工具栏”，弹出 AutoCAD 工具栏的子菜单，在子菜单中用户可以选择要显示在界面上的工具栏。另外，用户也可以在任意工具栏上右击，在弹出的快捷菜单中选择相应的命令来调出要打开的工具栏。

工具栏可以自由移动，移动工具栏的方法是单击工具栏中非按钮部位的某一点进行拖动。一般将常用工具栏置于绘图窗口的顶部或四周。

1.3.4　绘图区

绘图区是屏幕上的一大片空白区域，是用户进行绘图的区域。用户的操作过程及绘制完成的图形都会直观地反映在绘图区中。

AutoCAD 2020 起始界面的绘图区是黑色的，可根据个人习惯进行更改。单击“菜单浏览器”按钮，在弹出的菜单中单击“选项”按钮，或者选择“工具”|“选项”命令，弹出“选项”对话框。打开“显示”选项卡，单击“颜色”按钮，弹出“图形窗口颜色”对话框，在“颜色”下拉列表框中选择“白”选项，如图 1-8 所示。

单击“应用并关闭”按钮，返回“选项”对话框，再单击“确定”按钮，即可完成绘图区颜色的设置。

每个 AutoCAD 文件都有并且只能有一个绘图区，单击菜单栏右边的“还原”按钮，即可清楚地看到绘图区缩小为一个文件窗口。因此，AutoCAD 可以同时打开多个文件。

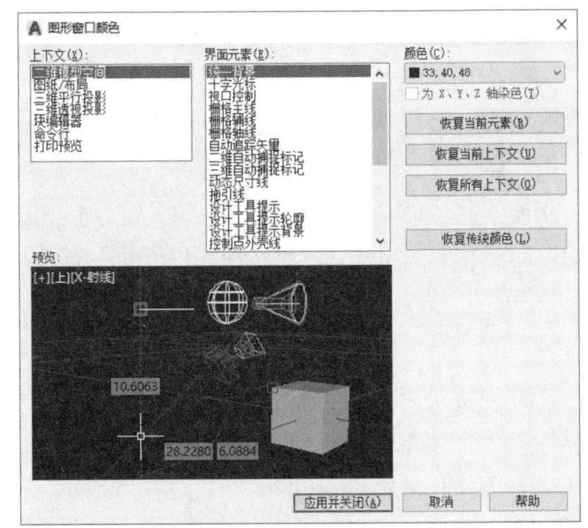

图 1-8　设置绘图区颜色

1.3.5　十字光标

十字光标用于定位点。选择和绘制对象，由定点设备(如鼠标和光笔等)控制。当移动定点设备时，十字光标的位置会做相应的移动，就像手工绘图中的笔一样方便。十字光标线的方向分别与当前用户坐标系的 X 轴、Y 轴方向平行，十字光标的大小默认为屏幕大小的 5%，如图 1-9 所示。

图 1-9　十字光标

1.3.6　状态栏

状态栏位于 AutoCAD 2020 工作界面的底部，效果如图 1-10 所示。状态栏左侧显示十字光标当前的坐标位置，中间显示辅助绘图的功能按钮，右侧显示常用的一些工具按钮。辅助绘图的功能按钮都是复选按钮，单击这些按钮，按钮变成浅蓝色时，表示开启该按钮功能，再次单击该按钮则变回灰色，表示关闭该按钮功能。合理运用这些辅助按钮可以提高绘图效率。

4701.1651, 330.6458, 0.0000　模型　1:1　草图与注释

图 1-10　状态栏

状态栏上最左边显示的是十字光标当前位置的坐标值，3 个数值分别为 X、Y、Z 轴数据。Z 轴数据为 0，说明当前绘图区为二维平面。

1.3.7　命令行

命令行提示区是用于接收用户命令及显示各种提示信息的地方。默认情况下，命令行提示区域在窗口的下方，由输入行和提示行组成，如图 1-11 所示。用户通过输入行输入命令，命令不区分大小写；提示行提示用户输入的命令及相关信息，用户通过菜单或工具栏执行命令的过程也将在命令行提示区中显示。

命令: <注释监视器关>
命令: 指定对角点或 [栏选(F)/圈围(WP)/圈交(CP)]:
键入命令

图 1-11　命令行

1.3.8　功能区

功能区可以通过选择“工具”|“选项板”|“功能区”命令打开，其界面如图 1-12 所示。功能区由选项卡组成，不同的选项卡下又集成了多个面板，不同的面板上放置了大量的某一类型的工具按钮。

图 1-12　功能区

1.4　AutoCAD 命令输入方式

在 AutoCAD 2020 中，用户通常结合键盘和鼠标来进行命令的输入和执行：利用键盘输入命令和参数；利用鼠标执行工具栏中的命令、选择对象、捕捉关键点及拾取点等。

在 AutoCAD 中，用户可以通过按钮命令、菜单命令和命令行这 3 种方式来执行 AutoCAD 命令。

- 按钮命令方式是指用户通过单击工具栏或功能区中相应的按钮来执行命令。
- 菜单命令方式是指选择菜单栏中的下拉菜单命令执行操作。
- 命令行方式是指用户可以直接在命令行中输入命令并按 Enter 键来执行常用命令。关于常用的快捷命令用法用户可以参看附录。

以 AutoCAD 中常用的“直线”命令为例，用户可以单击“绘图”工具栏中的“直线”按钮，或者选择“绘图”|“直线”命令，或者在命令行中输入 LINE 或 L 来执行该命令。

1.5　绘图环境基本设置

用户通常都是在系统默认的环境下进行工作的。安装好 AutoCAD 后，就可以在其默认的设置下绘制图形，但是有时为了使用特殊的定点设备、打印机或为了提高绘图效率，需要在绘制图形前先对系统参数、绘图环境等做必要的设置。

1.5.1　设置绘图界限

绘图界限是在绘图空间中的一个假想的矩形绘图区域，显示为可见栅格指示的区域。当打开图形界限检查功能时，一旦绘制的图形超出了绘图界限，系统将会给出提示。国家机械制图标准对图纸幅面和图框格式也有相应的规定。

一般来说，如果用户不做任何设置，AutoCAD 系统对作图范围没有限制。用户可以将绘图区看作是一幅无穷大的图纸，但所绘图形的大小是有限的。为了更好地绘图，需要设定作图的有效区域。

可以使用以下两种方式设置绘图界限。

- 菜单命令：选择“格式”|“图形界限”命令。
- 命令行：输入 LIMITS。

执行上述操作后，命令行提示如下。

```
命令: limits
重新设置模型空间界限:                                   //设置模型空间界限
指定左下角点或 [开(ON)/关(OFF)] <0.0000,0.0000>:        //指定模型空间左下角坐标
```

此时，输入 on 将打开界限检查，如果所绘图形超出了图形界限，则系统不绘制出此图形并给出提示信息，从而保证了绘图的正确性；输入 off 将关闭界限检查，可以直接输入左下角点坐标后按 Enter 键，也可以直接按 Enter 键设置左下角点坐标为<0.0000,0.0000>。按 Enter 键后，命令行提示如下。

```
指定右上角点 <420.0000,297.0000>:
```

此时，可以直接输入右上角点坐标，然后按 Enter 键，也可以直接按 Enter 键设置右上角点坐标为<420.0000,297.0000>，最后再按 Enter 键完成绘图界限设置。

1.5.2 设置绘图单位

在绘图前，一般要先设置绘图单位，比如绘图比例设置为 1:1，则所有图形都将以实际大小来绘制。绘图单位的设置主要包括设置长度和角度的类型、精度及角度的起始方向。

可以使用以下两种方式设置绘图单位。

- 菜单命令：选择“格式”|“单位”命令。
- 命令行：输入 DDUNITS。

执行上述操作后弹出如图 1-13 所示的“图形单位”对话框，在该对话框中可以对图形单位进行以下设置。

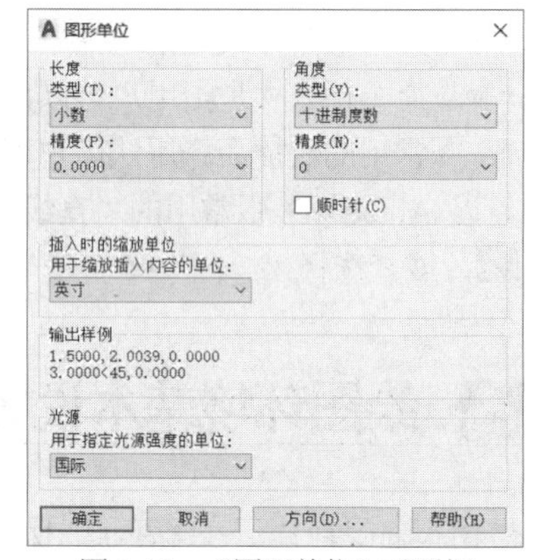

图 1-13 “图形单位”对话框

1. 长度

在“长度”选项组中，可以设置图形的长度单位类型和精度，各选项的功能如下。

- “类型”下拉列表框：用于设置长度单位的格式类型。可以选择“小数”“分数”“工程”“建筑”和“科学”5 个长度单位类型选项。
- “精度”下拉列表框：用于设置长度单位的显示精度，即小数点的位数，最大可以精确到小数点后 8 位数，默认设置为小数点后 4 位数。

2. 角度

在“角度”选项组中，可以设置图形的角度单位类型和精度，各选项的功能如下。

- “类型”下拉列表框：用于设置角度单位的格式类型。可以选择“十进制度数”“百分度”“弧度”“勘测单位”和“度/分/秒”5 个角度单位类型选项。
- “精度”下拉列表框：用于设置角度单位的显示精度，默认值为 0。
- “顺时针”复选框：该复选框用来指定角度的正方向。选中“顺时针”复选框将以顺

时针方向为正方向，不选中此复选框则以逆时针方向为正方向。默认情况下，不选中此复选框。

3. 插入时的缩放单位

"插入时的缩放单位"选项组用于设置缩放插入内容的单位，单击其下拉列表框右边的下拉按钮，可以从下拉列表中选择所要缩放图形的单位，如毫米、英寸、码、厘米和米等。

4. 方向

单击"方向"按钮，弹出如图 1-14 所示的"方向控制"对话框，在该对话框中可以设置基准角度(B)的方向。在 AutoCAD 的默认设置中，B 方向是指向右(亦即正东)的方向，逆时针方向为角度增加的正方向。

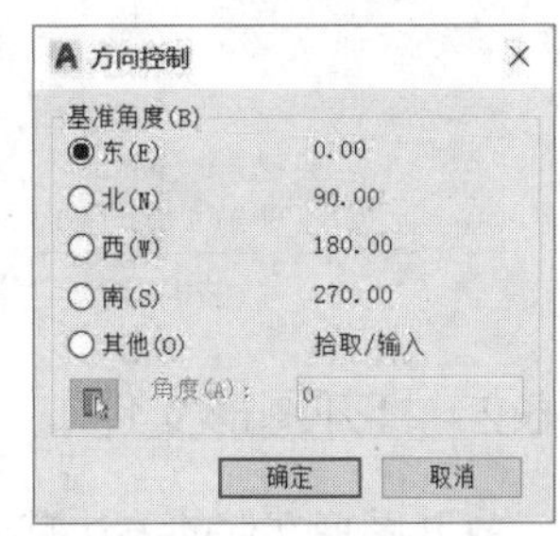

图 1-14　"方向控制"对话框

5. 光源

"光源"选项组用于设置当前图形中控制光源强度的测量单位，在"用于指定光源强度的单位"下拉列表中提供了"国际""美国"和"常规"3 种测量单位。

1.6 图形文件管理

AutoCAD 2020 图形文件管理功能主要包括新建图形文件、打开图形文件、保存图形文件等。下面分别进行介绍。

1.6.1 新建图形文件

绘制图形前，首先应该创建一个新文件。在 AutoCAD 2020 中，创建一个新文件有以下几种方法。

- 在"开始"选项卡上，单击"启动新图形"。
- 菜单命令：选择"文件"|"新建"命令。
- 工具栏：单击"标准"工具栏上的"新建"按钮。
- 命令行：输入 QNEW。
- 快捷键：按"Ctrl+N"组合键。

执行以上操作都能打开如图 1-15 所示的"选择样板"对话框。

打开"选择样板"对话框后，系统自动定位到样板文件所在的文件夹，用户无须做更多设置，在样板列表中选择合适的样板后，在右侧的"预览"框内可以观看到样板的预览图像，选择好样板之后，单击"打开"按钮即可创建新图形文件。

也可以不选择样板，单击"打开"按钮右侧的下三角按钮，弹出附加下拉菜单，如图 1-16 示，用户可以从中选择"无样板打开-英制"或"无样板打开-公制"命令来创建新图形文件，新建的图形文件不以任何样板为基础。

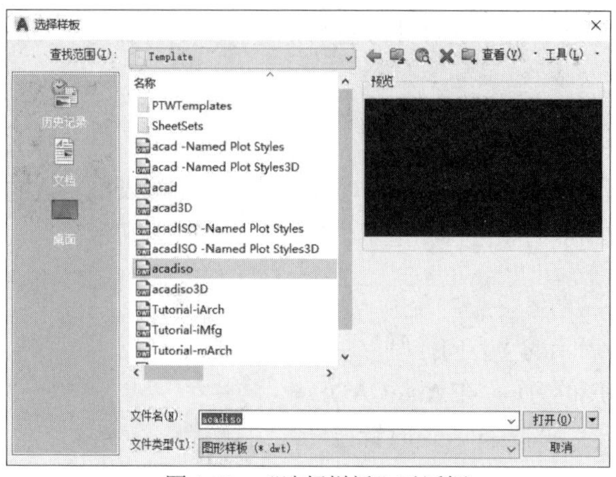

图 1-15 “选择样板”对话框

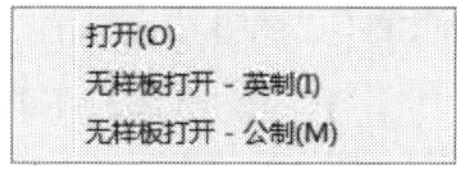

图 1-16 样板的打开方式

1.6.2 打开图形文件

打开图形文件的方法有如下几种。

- 在“开始”选项卡上，单击“打开文件”。
- 菜单命令：选择“文件”|“打开”命令。
- 工具栏：单击“标准”工具栏中的“打开”按钮。
- 命令行：输入 OPEN。
- 快捷键：按“Ctrl+O”组合键。

执行上述操作都会打开如图 1-17 所示的“选择文件”对话框，该对话框用于打开已经存在的 AutoCAD 图形文件。

在此对话框中，用户可以在“查找范围”下拉列表框中选择文件所在的位置，然后在文件列表中选择文件，单击“打开”按钮即可打开该文件。

单击“打开”按钮右侧的下三角按钮，在弹出的下拉菜单中有 4 个选项，如图 1-18 所示。这些选项规定了文件的打开方式。

图 1-17 “选择文件”对话框

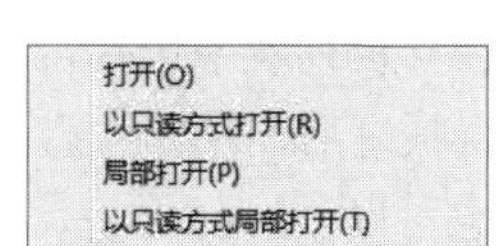

图 1-18 文件的打开方式

各选项的作用如下。

- 打开：以正常的方式打开图形文件。

- 以只读方式打开：打开的图形文件只能查看，不能编辑和修改。
- 局部打开：只打开指定图层部分，从而提高系统的运行效率。
- 以只读方式局部打开：局部打开指定的图形文件，并且不能对打开的图形文件进行编辑和修改。

1.6.3　保存图形文件

保存图形文件的方法有以下 4 种。

- 菜单命令：选择“文件”|“保存”命令。
- 工具栏：单击“标准”工具栏中的“保存”按钮。
- 命令行：输入 QSAVE。
- 快捷键：按“Ctrl+S”组合键。

执行上述步骤都可以对图形文件进行保存。如果当前的图形文件已经被命名保存过，仍按此名称保存图形文件；如果当前图形文件尚未命名保存，则弹出如图 1-19 所示的“图形另存为”对话框，该对话框用于保存已经创建但尚未命名保存的图形文件。

也可以通过下述 3 种方式直接打开“图形另存为”对话框，对图形文件进行重命名保存。

- 菜单命令：选择“文件”|“另存为”命令。
- 命令行：输入 SAVE AS。
- 快捷键：按“Ctrl+Shift+S”组合键。

在“图形另存为”对话框中，“保存于”下拉列表框用于设置图形文件保存的路径；“文件名”文本框用于输入图形文件的名称；“文件类型”下拉列表框用于选择图形文件保存的格式。在保存格式中，“*.dwg”是 AutoCAD 的图形文件，“*.dwt”是 AutoCAD 的样板文件，这两种格式最常用。

此外，AutoCAD 2020 还提供了自动保存文件的功能，这样在用户专注于设计开发时，可以避免未能及时保存文件所造成的损失。选择“工具”|“选项”命令，在打开的“选项”对话框的“打开和保存”选项卡中设置自动保存的时间间隔，如图 1-20 所示。

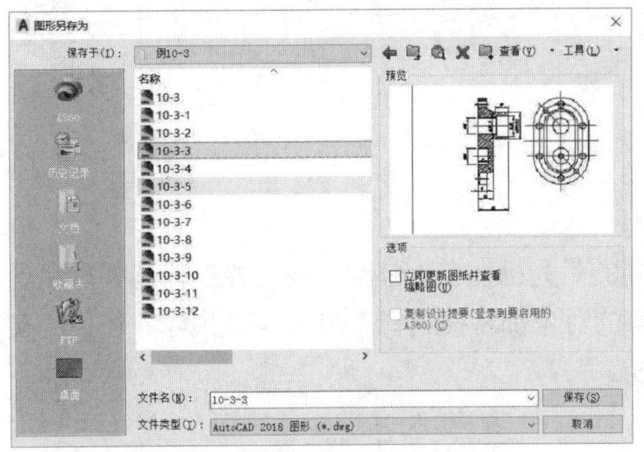

图 1-19　“图形另存为”对话框

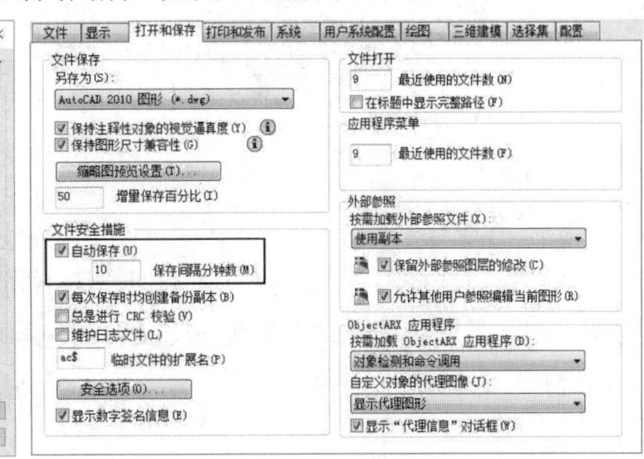

图 1-20　设置自动保存的时间间隔

1.7　图形编辑初步

在建立图形文件之后，就可以进行正常的绘图了。在绘图的过程中，必须掌握图形的一些基本编辑方式，如图形的选择、删除和恢复，以及命令的放弃和重做等。本节将介绍这些知识。

1.7.1 图形对象的选择方式

在 AutoCAD 中，用户可以先输入命令，然后选择要编辑的对象；也可以先选择对象，然后进行编辑，这两种方法用户可以结合自己的习惯和命令的要求灵活使用。为了编辑方便，将一些对象选择组成一组，这些对象可以是一个，也可以是多个，称为选择集。用户在进行复制、粘贴等编辑操作时，都需要选择对象，也就是构造选择集。建立了一个选择集以后，可以将这一组对象作为一个整体进行操作。需要选择对象时，在命令行有提示，如“选择对象:”。根据命令的要求，用户可选取线段、圆弧等对象，以进行后面的操作。

下面介绍构造选择集的 3 种方式：单击对象直接选择、窗口选择和交叉窗口选择。

1. 单击对象直接选择

当命令行提示“选择对象:”时，绘图区出现拾取框光标，将光标移动到某个图形对象上，单击，则可以选择与光标有公共点的图形对象，被选中的对象呈高亮显示。单击对象直接选择方式适合构造选择集的对象较少的情况。如图 1-21 所示，使用鼠标单击选择圆形。

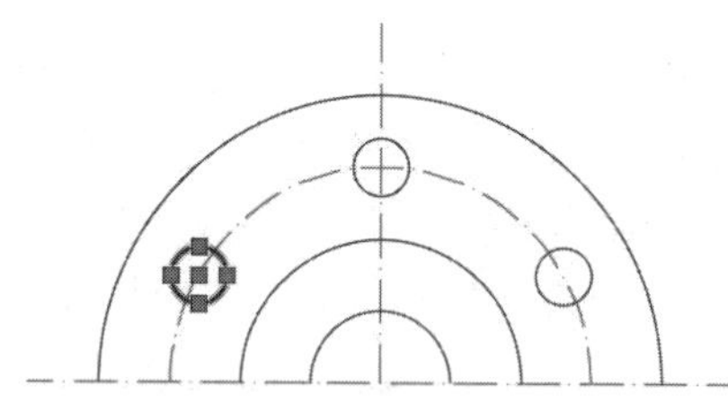

图 1-21　单击对象直接选择

2. 窗口选择

当需要选择的对象较多时，可以使用窗口选择方式，这种选择方式与 Windows 的窗口选择类似。首先单击鼠标左键，将光标向右下方拖动，形成选择框，选择框呈实线显示，然后松开左键，被选择框完全包容的对象将被选择。如图 1-22 所示，使用窗口选择两个圆形。

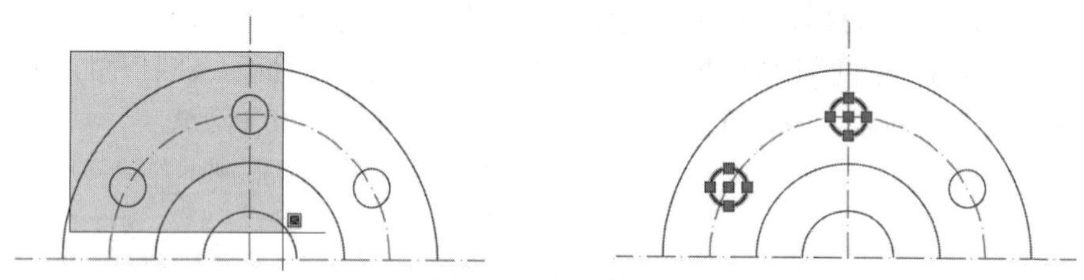

图 1-22　窗口选择

3. 交叉窗口选择

交叉窗口选择与窗口选择方式类似，所不同的是光标往左上移动形成选择框，选择框呈虚线显示，只要与交叉窗口相交或被交叉窗口包容的对象都将被选择。如图 1-23 所示，使用交叉窗口选择了四段弧形、两个圆形。

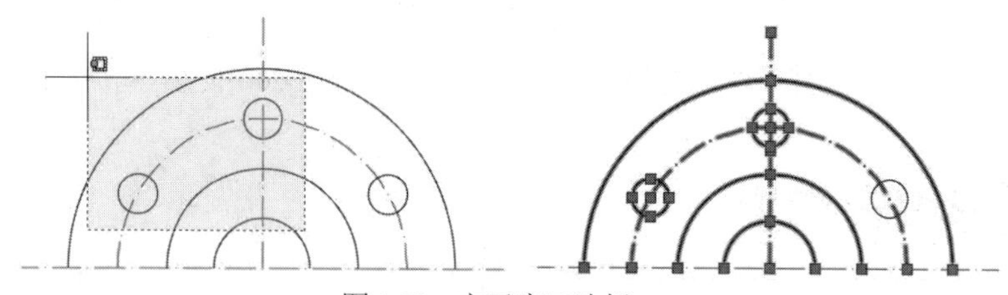

图 1-23　交叉窗口选择

选择对象的方法有很多种，当对象处于被选择状态时，该对象呈高亮显示。如果是先选择后编辑，则被选择的对象上还会出现控制点。

1.7.2 图形的删除和恢复

在实际绘图过程中，经常会出现一些失误或错误，这时就需要对图形做一些删除；有时还会出现一些误删除，这时则需要对图形进行恢复。在 AutoCAD 2020 中，图形的删除和恢复很方便。

可以使用以下 5 种方法从图形中删除对象。

- 使用 ERASE 命令删除对象，此时光标指针变成拾取小方框，移动该拾取框，依次单击要删除的对象，这些对象将以虚线显示，最后按 Enter 键或右击，即可删除被选中的对象。
- 选择对象，使用“Ctrl+X”组合键将它们剪切到剪贴板。
- 选择对象，按 Delete 键。
- 选择对象，在面板上单击按钮删除对象。
- 选择对象，在菜单栏中选择“编辑”|“清除”命令，删除对象。

可以使用以下 4 种方式来恢复误删除的图形。

- 使用 AutoCAD 提供的 OOPS 命令可对误删除的图形对象进行恢复。但此命令只能恢复最后一次被删除的对象。
- 使用 UNDO 命令来恢复误删除的图形对象。
- 选择“编辑”|“放弃”命令，恢复误删除的图形对象。
- 使用工具栏中的按钮来恢复误删除的图形。

1.7.3 命令的放弃和重做

在 AutoCAD 绘图过程中，对于某些命令需要将其放弃或重做。

1. 命令的放弃

在菜单栏中选择“编辑”|“放弃”命令；或者单击“编辑”工具栏中的“放弃”按钮；或者在绘图区中右击，在弹出的快捷菜单中选择“放弃”命令；或者在命令行中输入 UNDO 命令后按 Enter 键，均可执行“放弃”命令。

2. 命令的重做

已被撤销的命令还可以恢复重做。常用的调用“重做”命令的方法如下。

- 选择菜单栏中的“编辑”|“重做”命令。
- 单击“编辑”工具栏中的“重做”按钮。
- 在绘图区中右击，选择“重做”命令。
- 在命令行中输入 mredo 命令后按 Enter 键。

1.8 图形的显示控制

视图操作是 AutoCAD 三维制图的基础，决定了图形在绘图区的视觉形状和其他特征。通过视图操作，用户可以通过各种手段来观察图形对象。

1.8.1 图形的重画和重生成

在 AutoCAD 中，“重画”“重生成”和“全部重生成”命令可以控制视口的刷新以重画和重新生成图形，从而优化图形。这 3 种方式的执行方法如下。

- 选择“视图”|“重画”命令，可以刷新显示所有视口，清除屏幕上的临时标记。
- 选择“视图”|“重生成”命令，或者在命令行中输入 REGEN，可以在当前视口重新生成整个图形、重新计算所有对象的屏幕坐标和重新创建图形数据库索引，从而优化显示和对象选择的性能。其更新的是当前视口。
- 选择“视图”|“全部重生成”命令，或者在命令行中输入 REGENALL，可以重新生成图形并刷新所有视口，即在所有视口中重生成整个图形并重新计算所有对象的屏幕坐标，还可重新创建图形数据库索引，从而优化显示和对象选择的性能。其更新的是所有视口。

1.8.2 图形的缩放

选择“视图”|“缩放”命令，在弹出的子菜单中选择合适的命令；或者单击如图 1-24 所示的“缩放”工具栏中合适的按钮；或者在命令行中输入 ZOOM 命令，都可以执行相应的视图缩放操作。

图 1-24 “缩放”工具栏

在命令行中输入 ZOOM 命令，命令行提示如下。

```
命令: ZOOM
指定窗口的角点，输入比例因子(nX 或 nXP)，或者
[全部(A)/中心(C)/动态(D)/范围(E)/上一个(P)/比例(S)/窗口(W)/对象(O)] <实时>:
```

命令行中不同的选项代表了不同的缩放方法，下面介绍几种常用的缩放方法。

1. 实时

执行实时缩放有以下 3 种方式。

- 在“缩放”子菜单中选择“实时”选项。
- 在“标准”工具栏中单击“实时”按钮。
- 在命令行中输入 ZOOM 命令，执行后直接按 Enter 键。

执行上述操作后，光标指针将呈形状。按住鼠标左键向上拖动是放大图形，向下拖动则为缩小图形。

2. 上一个

在“缩放”子菜单中选择“上一个”选项，或者在命令行中输入 P，即可恢复到上一个窗口画面。

3. 窗口

在“缩放”子菜单中选择“窗口”选项，或者在“标准”工具栏中单击“窗口”按钮进

入窗口缩放模式，或者在命令行中输入 W，命令行提示如下。

```
指定第一角点：        //指定缩放窗口的第一角点
指定对角点：          //指定缩放窗口的对角点
```

在绘图窗口中指定另一点作为对角点，确定一个矩形，系统就会将矩形内的图形放大至整个屏幕。

4. 比例

在“缩放”子菜单中选择“比例”选项，或者在命令行中输入 S，命令行的提示行出现以下提示。

```
命令: _zoom
指定窗口的角点，输入比例因子(nX 或 nXP)，或者
[全部(A)/中心(C)/动态(D)/范围(E)/上一个(P)/比例(S)/窗口(W)/对象(O)] <实时>: _s
输入比例因子(nX 或 nXP):                                        //输入选择项
```

在命令行提示下，有 3 种方法可进行比例缩放。

- 相对当前视图：在输入的比例值后输入 X，如输入 2X 就会以两倍的尺寸显示当前视图。
- 相对图形界限：直接输入一个不带后缀的比例因子作为缩放比例，并适用于整个图形，如输入 2 就可以把原来的图形放大两倍进行显示。
- 相对图纸空间单位：该方法适用于在布局工作中输入别的比例值后加上 XP，它指定了相对于当前图纸空间按比例缩放视图，并可以用来在打印前缩放视口。

1.8.3　图形的平移

单击“标准”工具栏或状态栏中的“实时平移”按钮；或者选择“视图”|“平移”|“实时”命令；或者在命令行中输入 PAN，然后按 Enter 键，光标将变成手形，用户可以对图形对象进行实时平移。

1.9　图层的创建与管理

为了方便管理图形，在 AutoCAD 中提供了图层工具。图层相当于一层“透明纸”，可以在上面绘制图形，将纸一层层重叠起来构成最终的图形。在 AutoCAD 中，图层的功能和用途要比“透明纸”强大得多，用户可以根据需要创建很多图层，并将相关的图形对象放在同一层上，以此来管理图形对象。

1.9.1　创建图层

默认情况下，AutoCAD 会自动创建一个图层——图层 0，该图层不可重命名，用户可以根据需要来创建新的图层，然后再更改图层名。创建图层的方法如下。

选择“格式”|“图层”命令，或者在命令行中执行 LAYER 命令，或者单击“图层”工具栏中的“图层特性管理器”按钮，此时会弹出“图层特性管理器”选项板，如图 1-25 所示，用户可以在此选项板中进行图层的基本操作和管理。在“图层特性管理器”选项板中，单击“新建图层”按钮，即可添加一个新的图层，并可在文本框中输入新的图层名。

1.9.2　图层颜色的设置

为了区分不同的图层，对图层设置颜色是很重要的。每个图层都具有一定的颜色，图层的颜色是指该图层上面的实体颜色，由不同的线和形状组成。每一个图层都有相应的颜色，对不同的图层可以设置不同的颜色，这样可方便区分图形中的各个部分。

在默认情况下，新建的图层颜色均为白色，用户可以根据需要更改图层的颜色。在“图层特性管理器”选项板中单击□白按钮，弹出“选择颜色”对话框，从中可以选择需要的颜色，如图 1-26 所示。

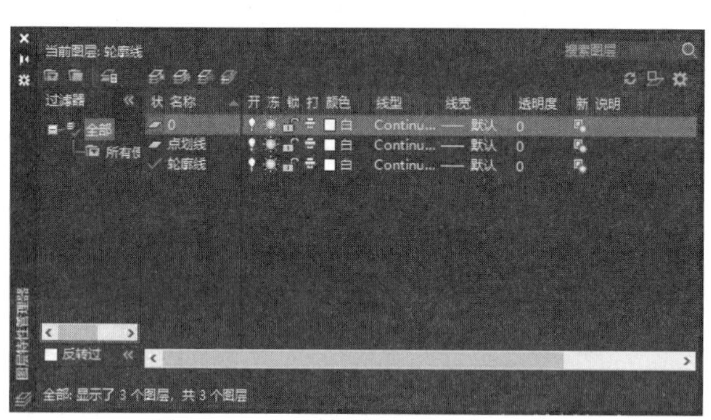

图 1-25　“图层特性管理器”选项板

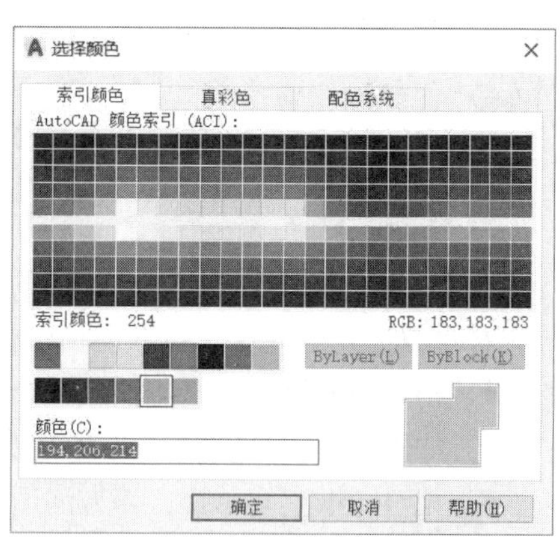

图 1-26　“选择颜色”对话框

1.9.3　图层线型的设置

图层的线型是指在图层中绘图时所用的线型。不同的图层可以设置为不同的线型，也可以设置为相同的线型。用户可以使用 AutoCAD 提供的任意标准线型，也可以创建自己的线型。

在 AutoCAD 中，系统默认的线型是 Continuous，线宽也采用默认值 0，该线型是连续的。在绘图过程中，如果需要使用其他线型则可以单击“线型”列表下的“其他”选项，此时会弹出如图 1-27 所示的“线型管理器”对话框。

在默认状态下，“线型管理器”对话框中有 ByLayer、ByBlock、Continuous 这 3 种线型。单击“加载”按钮，弹出如图 1-28 所示的“加载或重载线型”对话框，用户可以在“可用线型”列表框中选择所需要的线型后，单击“确定”按钮返回“线型管理器”对话框完成线型加载，再选择需要的线型，并单击“确定”按钮回到“图层特性管理器”选项板，完成线型的设定。

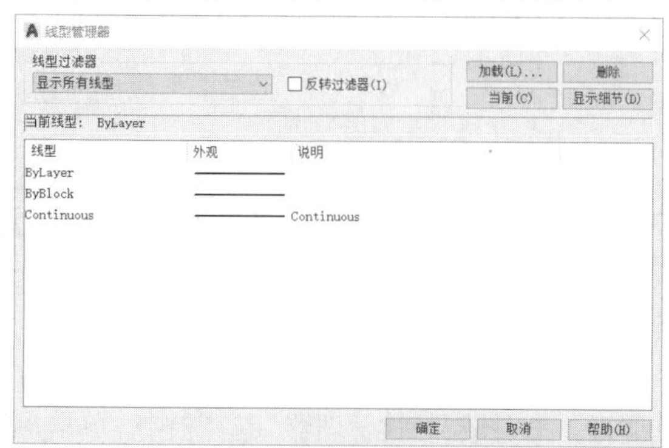

图 1-27　“线型管理器”对话框

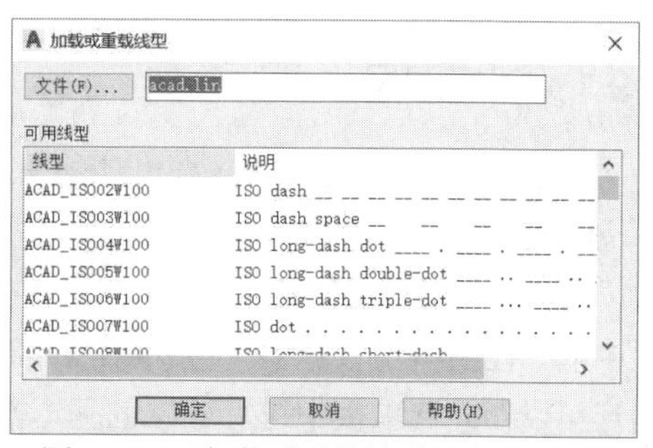

图 1-28　“加载或重载线型”对话框

1.9.4　图层线宽的设置

线宽是指用不同的线条来表示对象的大小或类型，它可以提高图形的表达能力和可读性。在默认情况下，线宽默认值为“默认”，可以通过下述方法来设置线宽。

在“图层特性管理器”选项板中单击“线宽”列表下的“线宽特性图标”——默认，弹出如图 1-29 所示的“线宽”设置对话框，在“线宽”列表框中选择需要的线宽，再单击“确定”按钮完成设置线宽操作。

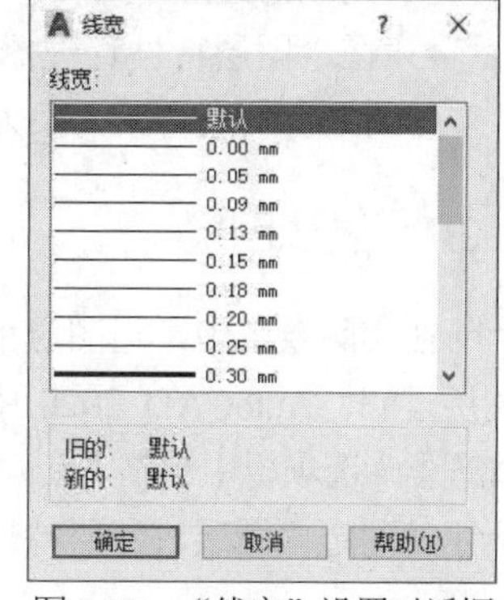

图 1-29　“线宽”设置对话框

1.9.5　图层特性的设置

用户在绘制图形时，各种特性都是随层设置的默认值，由当前的默认设置来确定。用户可以根据需要对图层的各种特性进行修改。图层的特性包括图层的状态名称、打开/关闭、冻结/解冻、锁定/解锁、颜色、线型、线宽和打印等。

下面对“图层特性管理器”选项板中显示的主要图层特性进行简要介绍。

- 状态：显示图层和过滤器的状态，添加的图层以▱表示，当前图层以✔表示。
- 名称：系统启动之后，默认的图层为“图层 0”，添加的图层名称默认为“图层 1”“图层 2”，并依次递增。可以单击某图层，在弹出的快捷菜单中选择“重命名图层”命令或直接按 F2 键来对该图层重命名。
- 打开/关闭：在该选项板中以灯泡的颜色来表示图层的开关。默认情况下，图层都是打开的，灯泡显示为黄色💡，表示图层可以使用和输出；单击灯泡可以切换图层的开关，灯泡变成灰色💡，表明图层关闭，不可以使用和输出。
- 冻结/解冻：打开图层时，系统默认以解冻的状态显示，以太阳图标☼表示，此时的图层可以显示、打印输出和在该图层上对图形进行编辑。单击太阳图标可以冻结图层，此时以雪花图标❄表示，该图层上的图形不能显示、无法打印输出、不能编辑。当前图层不能冻结。
- 锁定/解锁：在绘制完一个图层后，为了在绘制其他图形时不会影响该图层，通常可以把该图层锁定。图层锁定以🔒来表示，单击该图标可以将图层解锁，图层解锁以🔓表示。新建的图层默认都是解锁状态。锁定图层不会影响该图层上图形的显示。
- 颜色：用于设置图层显示的颜色。
- 线型：用于设置绘图时所使用的线型。
- 线宽：用于设置绘图时所使用的线宽。
- 打印：用来设置哪些图层可以打印，可以打印的图层以🖨显示。单击该图标可以设置图层不能打印，以🖨图标表示。打印功能只对可见、没有被冻结、没有被锁定和没有被关闭的图层起作用。

1.9.6　将图层切换为当前图层

在 AutoCAD 2020 中，将图层切换为当前图层的方法主要有以下 3 种。

- 在“对象特性”工具栏中，利用图层控制下拉列表来切换图层。
- 在“图层”工具栏中，单击“将对象的图层置为当前”按钮可将对象所在图层切换为当前图层。
- 在“图层特性管理器”选项板的图层列表中，选择某个图层，然后单击“置为当前”按钮来将其切换为当前图层。

1.9.7　过滤图层

在实际绘图中，当图层很多时，如何快速查找图层是一个很重要的问题，这时就需要用到图层过滤。AutoCAD 2020 中文版提供了“图层特性过滤器”来管理图层过滤。在“图层特性管理器”选项板中单击“新建特性过滤器”按钮，打开“图层过滤器特性”对话框，如图 1-30 所示。通过“图层过滤器特性”对话框来过滤图层。

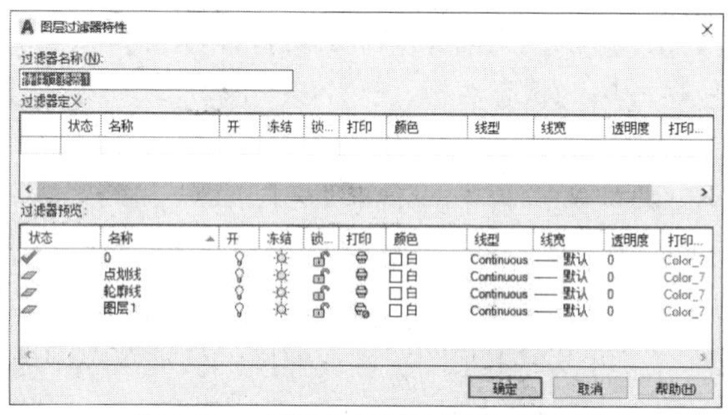

图 1-30　“图层过滤器特性”对话框

在“图层过滤器特性”对话框的“过滤器名称”文本框中可输入过滤器的名称，过滤器名称中不能包含<、>、；、：、？、*、=等字符。在“过滤器定义”列表中，可以设置过滤条件，包括图层名称、颜色及状态等。当指定过滤器的图层名称时，“？”可以代替任何一个字符。

如图 1-30 所示，命名为“特性过滤器 1”的过滤器将显示符合以下所有条件的图层。

- 名称中包含字母 E。
- 图层颜色为黄色。

1.10　通过状态栏辅助绘图

在绘图过程中，利用状态栏提供的辅助功能可以极大地提高绘图效率。下面介绍如何通过状态栏辅助绘图。

1.10.1　设置捕捉、栅格

捕捉和栅格是绘图中最常用的两个辅助工具，可以结合使用。下面对捕捉和栅格进行介绍。

1. 捕捉

捕捉是指 AutoCAD 生成隐含分布在屏幕上的栅格点，当光标移动时，这些栅格点就像有磁性一样能够捕捉光标，使光标精确地落到栅格点上。利用栅格捕捉功能，可以使光标按指定的步距精确移动。可以通过以下两种方法使用捕捉。

- 单击状态栏上的“捕捉”按钮，该按钮按下将启动捕捉功能，弹起则关闭该功能。
- 按 F9 键。按 F9 键后，“捕捉”按钮会被按下或弹起。

在状态栏的#按钮上右击选择“捕捉设置”命令，弹出如图 1-31 所示的“草图设置”对话框，当前显示的是“捕捉和栅格”选项卡。在该对话框中可以进行草图设置。

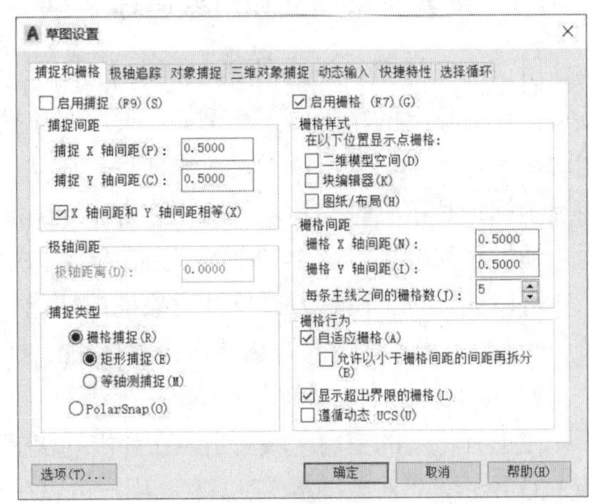

图 1-31　“草图设置”对话框

在“捕捉和栅格”选项卡中，选中“启用捕捉”复选框则可启动捕捉功能，用户也可以通过单击状态栏上的相应按钮来控制开启。在“捕捉间距”选项组和“栅格间距”选项组中，用户可以设置捕捉和栅格的距离。“捕捉间距”选项组中的“捕捉 X 轴间距”和“捕捉 Y 轴间距”文本框分别用于设置捕捉在 X 方向和 Y 方向的单位间距，“X 轴间距和 Y 轴间距相等”复选框用于设置 X 和 Y 方向的间距是否相等。

在“捕捉类型”选项组中，提供了“栅格捕捉”和“PolarSnap(极轴捕捉)”两种类型供用户选择。“栅格捕捉”模式中又包含了“矩形捕捉”和“等轴测捕捉”两种样式，在二维图形绘制中，通常使用的是矩形捕捉。PolarSnap 模式是一种相对捕捉，也就是相对于上一点的捕捉。如果当前未执行绘图命令，光标就能够在图形中自由移动，不受任何限制；当执行某一种绘图命令后，则光标就只能在特定的极轴角度上，并且定位在距离为间距倍数的点上。系统默认模式为“栅格捕捉”中的“矩形捕捉”，这也是最常用的一种。

2. 栅格

栅格是在所设绘图范围内显示出按指定行间距和列间距均匀分布的栅格点。可以通过以下两种方法来启动栅格功能。

- 单击状态栏上的“栅格”按钮，该按钮按下将启动栅格功能，弹起则关闭栅格功能。
- 按 F7 键。按 F7 键后，“栅格”按钮会被按下或弹起。

栅格是按照设置的间距显示在图形区域中的点，它能提供直观的距离和位置的参照，类似于坐标纸中方格的作用，栅格只在图形界限以内显示。栅格和捕捉这两个辅助绘图工具之间有着很多联系，尤其是两者间距的设置。有时为了方便绘图，可将栅格间距设置为与捕捉间距相同，或者使栅格间距为捕捉间距的倍数。

1.10.2　设置正交

在状态栏中单击∟按钮，即可打开“正交”辅助工具。利用该工具可以将光标限制在水平或垂直方向上进行移动，以便精确地创建和修改对象。使用“正交”模式将光标限制在水平或垂直轴上，当移动光标时，拖引线将沿着离光标最近的轴移动。在绘图和编辑过程中，可以随时打开或关闭“正交”。输入坐标或指定对象捕捉时将忽略“正交”。要临时打开或关闭“正交”，请按住临时替代键 Shift 键。使用临时替代键时，无法使用直接距离输入方法。打开“正交”将自动关闭极轴追踪功能。

1.10.3　设置对象捕捉和对象追踪

所谓对象捕捉，就是利用已经绘制的图形上的几何特征点来捕捉定位新的点。使用对象捕捉可指定对象上的精确位置。例如，使用对象捕捉可以绘制到圆心或多段线中点的直线。不论何时提示输入点，都可以指定对象捕捉。在默认情况下，当光标移到对象的对象捕捉位置时，将显示标记和工具栏提示，此功能称为 AutoSnap(自动捕捉)，并提供了视觉提示，以显示哪些对象捕捉正在使用。图 1-32 所示为捕捉直线中点。

可以通过以下两种方式打开对象捕捉功能。

- 单击状态栏上的对象捕捉设置按钮打开和关闭对象捕捉。
- 按 F3 键来打开和关闭对象捕捉。

在工具栏上的空白区域右击，在弹出的快捷菜单中选择 ACAD |“对象捕捉”命令，弹出如图 1-33 所示的“对象捕捉”工具栏。用户可以在该工具栏中单击相应的按钮，以选择合适的对象捕捉模式。该工具栏默认为不显示。该工具栏上的选项也可以通过“草图设置”对话框进行设置。

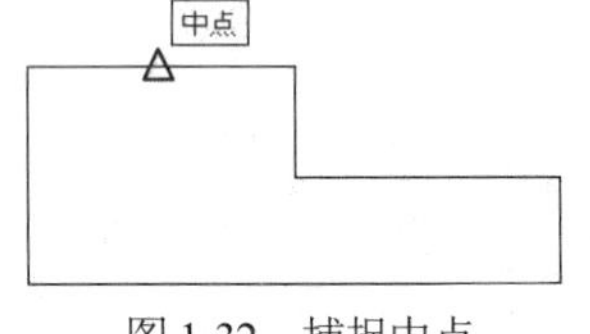

图 1-32　捕捉中点

图 1-33　“对象捕捉”工具栏

单击状态栏上的对象捕捉设置按钮的下拉三角按钮，在弹出的下拉菜单中选择“对象捕捉设置”命令；或者选择“工具” |“草图设置”命令，弹出“草图设置”对话框，选择“对象捕捉”选项卡，如图 1-34 所示，在该选项卡中可以设置相关的对象捕捉模式。“对象捕捉”选项卡中的“启用对象捕捉”复选框用于控制对象捕捉功能的开启。当对象捕捉打开时，在“对象捕捉模式”选项组中选定的对象捕捉处于活动状态。“启用对象捕捉追踪”复选框用于控制对象捕捉追踪的开启。

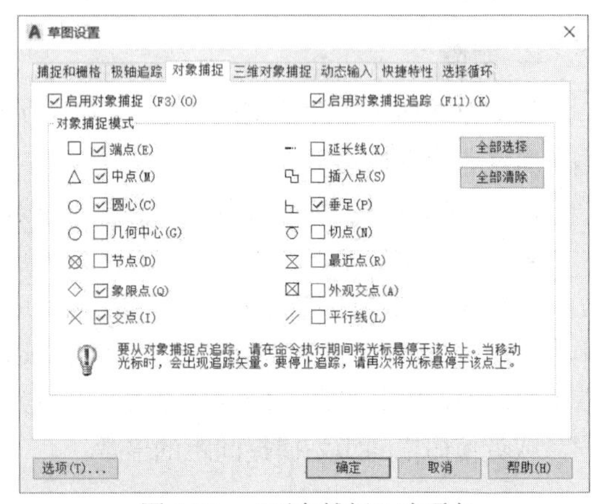

图 1-34　“对象捕捉”选项卡

在“对象捕捉模式”选项组中提供了 14 种捕捉模式，不同捕捉模式的含义如下。

- 端点：捕捉直线、圆弧、椭圆弧、多线、多段线线段的最近的端点，以及捕捉填充直线、图形或三维面域最近的封闭角点。
- 中点：捕捉直线、圆弧、椭圆弧、多线、多段线线段、参照线、图形或样条曲线的中点。
- 圆心：捕捉圆弧、圆、椭圆或椭圆弧的圆心。

- 节点：捕捉点对象。
- 几何中心：捕捉到多段线、二维多段线、二维样条曲线的几何中心点。
- 象限点：捕捉圆、圆弧、椭圆或椭圆弧的象限点。象限点分别位于从圆或圆弧的圆心到 0°、90°、180°、270°圆上的点。象限点的 0°方向是由当前坐标系的 0°方向确定的。
- 交点：捕捉两个对象的交点，这些对象包括圆弧、圆、椭圆、椭圆弧、直线、多线、多段线、射线、样条曲线或参照线。
- 延长线：当光标从一个对象的端点移出时，系统将显示并捕捉沿对象轨迹延伸出来的虚拟点。
- 插入点：捕捉插入图形文件中的块、文本、属性及图形的插入点，即它们插入时的原点。
- 垂足：捕捉直线、圆弧、圆、椭圆弧、多线、多段线、射线、图形、样条曲线或参照线上的一点，而该点与用户指定的上一点形成一条直线，此直线与用户当前选择的对象正交(垂直)。但该点不一定在对象上，而有可能在对象的延长线上。
- 切点：捕捉圆弧、圆、椭圆或椭圆弧的切点。此切点与用户所指定的上一点形成一条直线，这条直线将与用户当前所选择的圆弧、圆、椭圆或椭圆弧相切。
- 最近点：捕捉对象上最近的一点，一般是端点、垂足或交点。
- 外观交点：捕捉 3D 空间中两个对象的视图交点(这两个对象实际上不一定相交，但看上去相交)。在 2D 空间中，外观交点捕捉模式与交点捕捉模式是等效的。
- 平行线：绘制平行于另一对象的直线。首先是在指定了直线的第一点后，用光标选定一个对象(此时不用单击鼠标指定，AutoCAD 将自动帮助用户指定，并且可以选取多个对象)，之后再移动光标，这时经过第一点且与选定的对象平行的方向上将出现一条参照线，这条参照线是可见的。在此方向上指定一点，那么该直线将平行于选定的对象。

在实际绘图时，可以在提示输入点时指定对象捕捉，可以通过下述 3 种方式进行。

- 按住 Shift 键并右击以显示“对象捕捉”快捷菜单。
- 单击“对象捕捉”工具栏上的对象捕捉按钮。
- 在命令提示下输入对象捕捉的名称。

在提示输入点时指定对象捕捉后，对象捕捉只对指定的下一点有效。仅当提示输入点时，对象捕捉才生效。如果在命令提示下使用对象捕捉，将显示错误信息。

1.10.4　设置极轴追踪

使用极轴追踪，光标将按指定角度进行移动。单击状态栏上的“极轴”按钮或按 F10 键可打开极轴追踪功能。

创建或修改对象时，可以使用“极轴追踪”以显示由指定的极轴角度所定义的临时对齐路径。在三维视图中，极轴追踪额外提供上下方向的对齐路径。在这种情况下，工具栏提示会为该角度显示+Z 或 - Z。极轴角与当前用户坐标系(UCS)的方向和图形中基准角度法则的设置相关，可在“图形单位”对话框中设置角度基准方向。

使用“极轴追踪”沿对齐路径按指定距离进行捕捉。例如，在图 1-35 中绘制一条从点 1 到点 2 的两个单位的直线，然后绘制一条到点 3 的两个单位的直线，并与第一条直线成 45°角。如果打开了 45°极轴角增量，则当光标跨过 0°或 45°角时，将显示对齐路径和工具栏提示；

当光标从该角度移开时，对齐路径和工具栏提示会自动消失。

光标移动时，如果接近极轴角，则会显示对齐路径和工具栏提示。可以使用对齐路径和工具栏提示绘制对象。极轴追踪和“正交”模式不能同时打开。打开极轴追踪将会自动关闭“正交”模式。

极轴追踪可以在“草图设置”对话框的“极轴追踪”选项卡中进行设置。在状态栏中单击“极轴”按钮的下拉三角按钮，在弹出的下拉菜单中选择“正在追踪设置”命令，会弹出“草图设置”对话框，打开“极轴追踪”选项卡，如图1-36所示，在此可以进行极轴追踪模式参数的设置，追踪线由相对于起点和端点的极轴角定义。

“极轴追踪”选项卡中的各选项含义如下。

- 增量角：设置极轴角度增量的模数，在绘图过程中所追踪到的极轴角度将为此模数的倍数。
- 附加角：在设置角度增量后，仍有一些角度不等于增量值的倍数。对于这些特定的角度值，用户可以单击“新建”按钮，添加新的角度，使追踪的极轴角度更加全面(最多只能添加10个附加角度)。
- 绝对：极轴角度绝对测量模式。选择此模式后，系统将以当前坐标系中的X轴为起始轴计算出所追踪到的角度。

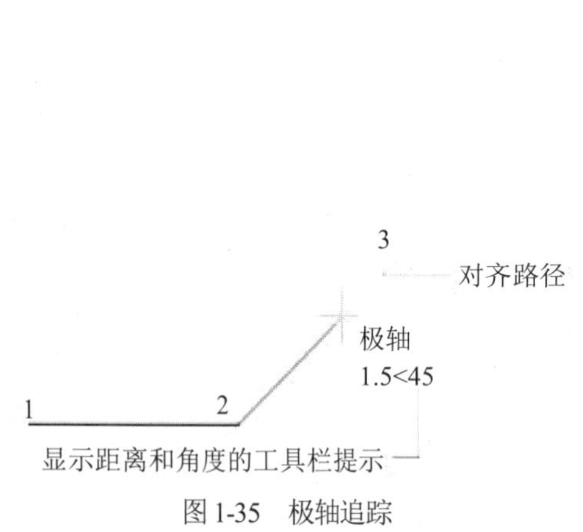

图1-35　极轴追踪

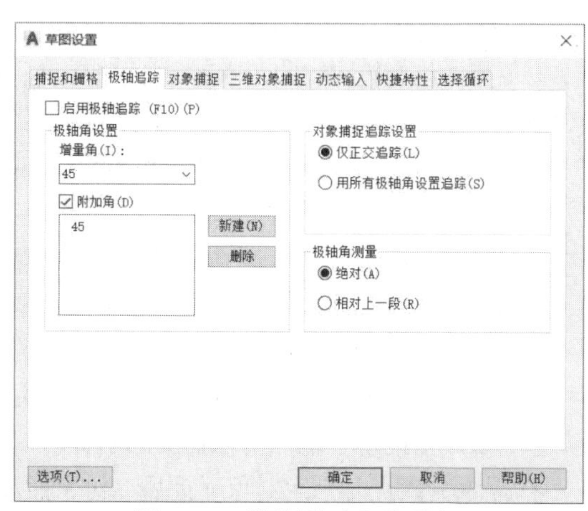

图1-36　“极轴追踪”选项卡

- 相对上一段：极轴角度相对测量模式。选择此模式后，系统将以上一个创建的对象为起始轴计算出所追踪到的相对于此对象的角度。

1.11 对象特性的修改

在AutoCAD 2020中，绘制完图形后一般还需要对图形的各种特性和参数进行修改，以便进一步完善和修正图形来满足工程制图和实际加工的需要。一般通过“特性”“样式”“图层”工具栏及“特性”选项板对对象特性进行设置。

1.11.1　“特性”工具栏

如图 1-37 所示的“特性”工具栏中，从左到右依次为“颜色”“线型”和“线宽”3 个下拉列表框，用于设置所选择对象的颜色、线型和线宽。

图 1-37　“特性”工具栏

当用户选择需要设置特性的图形对象后，可以在“颜色”下拉列表中选择合适的颜色，或者选择“选择颜色”命令，弹出“选择颜色”对话框设置需要的颜色；用户可以在“线型”下拉列表中选择已经加载的线型，或者选择“其他”命令，弹出“选择线型”对话框设置需要的线型；用户可以在“线宽”下拉列表中选择合适的线宽及设置需要的宽度。

1.11.2　“样式”工具栏

“样式”工具栏默认是打开的，如图 1-38 所示。“样式”工具栏中有“文字”“标注”“表格”和“多重引线”4 个样式下拉列表框，可以设置文字对象、标注对象、表格对象和多重引线的样式。在创建文字、标注、表格和多重引线之前，可以分别在文字样式、标注样式、表格样式或多重引线下拉列表中选择相应的样式，创建的对象就会采用当前列表中指定的样式。同样，用户也可以对创建完成的文字、标注、表格或多重引线重新指定样式，方法是选择需要修改样式的对象，再在样式列表中选择合适的样式。

图 1-38　“样式”工具栏

1.11.3　“图层”工具栏

“图层”工具栏默认是打开的，如图 1-39 所示。通过“图层”工具栏可以切换当前图层，修改所选对象的所在图层，控制图层的打开/关闭、冻结/解冻、锁定/解锁等。用户在图层下拉列表中选择合适的图层，即可将该图层置为当前图层；在绘图区选择需要改变图层的对象，在图层下拉列表中选择目标图层即可改变选择对象所在的图层。

图 1-39　“图层”工具栏

1.11.4　“特性”选项板

“特性”选项板用于列出所选定对象或对象集的当前特性设置，通过“特性”选项板可以通过指定新值修改图形特性。默认情况下，“特性”选项板是关闭的。在未指定对象时，可以通过在菜单栏中选择“工具”|“选项板”|“特性”命令，打开“特性”选项板，如图 1-40 所示。选项板只显示当前图层的基本特性、三维效果、图层附着的打印样式表的名称、查看特性及关于 UCS 的信息等。

当在绘图区选定一个对象时，可以通过右击，在弹出的快捷菜单中选择“特性”命令打开“特性”选项板，选项板显示选定图形对象的参数特性，图 1-41 所示为选定一个圆形时“特性”选项板的参数状态。如果选择多个对象，则“特性”选项板显示选择集中所有对象的公共特性。

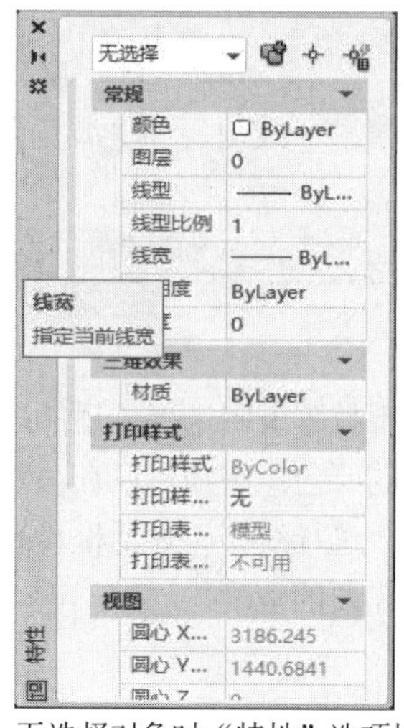

图 1-40　无选择对象时“特性”选项板的状态

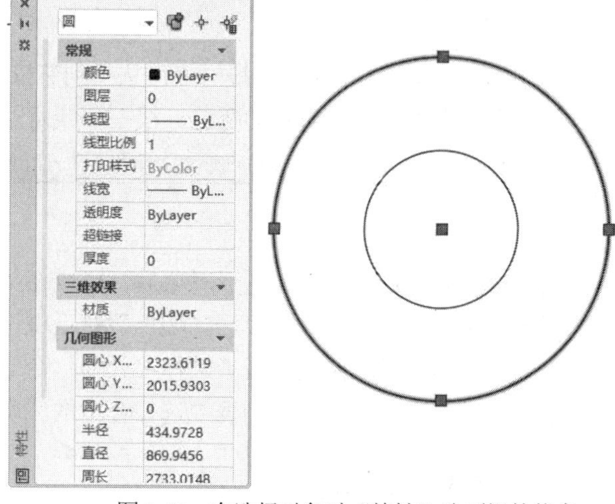

图 1-41　有选择对象时“特性”选项板的状态

1.12 打印图形

选择“文件”|“打印”命令，弹出如图 1-42 所示的“打印-模型”对话框，在该对话框中可以对打印的一些参数进行设置。

- 在“页面设置”选项组的“名称”下拉列表框中可以选择所要应用的页面设置名称；单击“添加”按钮可以添加其他的页面设置；如果没有进行页面设置，则可以选择“<无>”选项。
- 在“打印机/绘图仪”选项组的“名称”下拉列表框中可以选择要使用的打印机或绘图仪。若选中“打印到文件”复选框，则图形可输出到文件后再打印。
- 在“图纸尺寸”选项组的下拉列表框中可以选择合适的图纸幅面。
- “打印区域”选项组用于确定打印范围。其中，“图形界限”选项表示打印布局时，将打印指定图纸尺寸的页边距内的所有内容。从“模型”选项卡打印时，将打印图形界限定义的整个图形区域。“显示”选项表示打印选定的“模型”选项卡当前视口中的视图或布局中的当前图纸空间视图。“窗口”选项表示打印指定图形的任何部分，这是直接在模型空间打印图形时最常用的方法，选择“窗口”选项后，命令行会提示用户在绘图区指定打印区域。“范围”选项用于打印图形的当前空间部分(该部分包含对象)，当前空间内的所有几何图形都将被打印。
- “打印比例”选项组用于设置图纸的比例。当选中“布满图纸”复选框后，其他选项显示为灰色，不能更改。

单击“打印-模型”对话框右下角的⊙按钮，展开“打印-模型”对话框，如图 1-43 所示。

在“打印样式表”选项组的下拉列表框中可以选择合适的打印样式表；在“图形方向”选项组中可设置图形打印的方向和文字的位置，如果选中“上下颠倒打印”复选框，则打印内容将会反向。

单击“预览”按钮可以对打印图形的效果进行预览。在预览中，按 Enter 键可以退出预览并返回“打印-模型”对话框，再单击“确定”按钮即可进行打印。

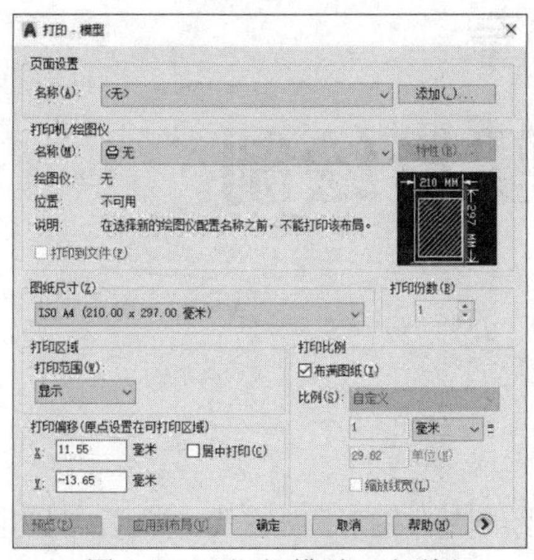

图 1-42　“打印-模型”对话框

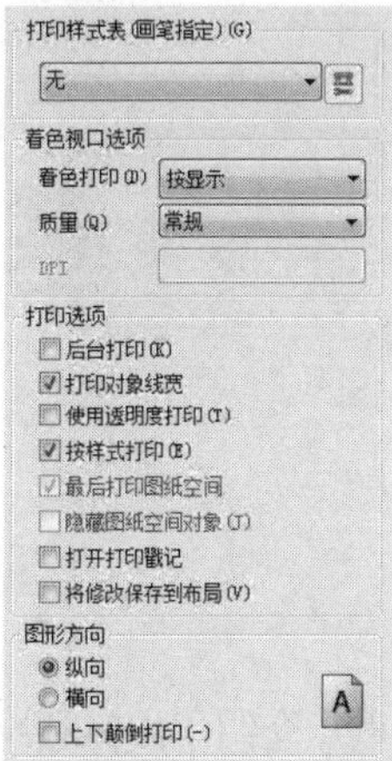

图 1-43　“打印-模型”对话框展开部分

1.13 习题

1.13.1 填空题

(1) AutoCAD 图形文件的格式是________，AutoCAD 2020 输出的文件格式主要有________、________、________、________、________等。

(2) AutoCAD 2020 有__________、__________、__________3 种不同类型的工作空间。

(3) 在 AutoCAD 中，各种命令的基本角度起始方向是________，角度增加方向是________。

(4) AutoCAD 2020 中常用的对象选择方式包括________、________和________。

(5) AutoCAD 2020 有 3 种执行命令的方式，分别为________、________和________。

1.13.2 选择题

(1) (　　)工具栏可以修改直线的线宽和线型。

A. 对象特性　　B. 样式　　C. 图层　　D. 绘图

(2) 当希望绘制平行于坐标轴的直线时，通常开启(　　)功能。

A. 捕捉　　B. 正交　　C. 栅格

(3) 要在视图中显示整个图形的全貌和用户定义的图形界限、图形范围，使用(　　)。

A. 窗口缩放　　B. 全部缩放　　C. 范围缩放　　D. 比例缩放

(4) 一般在(　　)设置打印格式，在(　　)进行绘图。

A. 图纸空间　　B. 模型空间

(5) 下列(　　)命令更新的只是当前视口。

A. 重画　　B. 重生成　　C. 全部重生成　　D. 重做

1.13.3 问答题

(1) AutoCAD 2020 的工作界面包括哪几部分？它们的主要功能是什么？

(2) AutoCAD 2020 中，在绘图结束后一般通过哪些工具栏和面板对对象的特性进行修改？

(3) 图层的作用是什么？

ꕥ 第2章 ꕥ

基本二维图形绘制

本章重点介绍了如何利用 AutoCAD 2020 来绘制基本图形，如直线、弧线、封闭图形、多段线、多线等，还介绍了图案填充的内容，这些都是利用 AutoCAD 绘图的基础知识。任何复杂的图形都是由这些基本的图形组成的，熟练掌握各种基本二维图形的绘制方法和技巧以及这些图形的使用场合可以为绘制更加复杂的图形做好准备。

2.1 使用平面坐标系

点是组成图形的基本单位，每个点都有自己的坐标。图形的绘制一般也是通过输入一系列的坐标点进行的。当命令行提示输入点时，既可以用光标在图形中指定点，又可以在命令行中直接输入坐标值。输入的坐标值都是相对于参考坐标系的。所以，使用 AutoCAD 2020 绘制图形首先要熟悉坐标系，绘制任何图形都需要一个参考坐标系。坐标系主要分为笛卡尔坐标系和极坐标，用户可以在指定坐标时任选一种使用。不论是笛卡尔坐标系还是极坐标都分为绝对坐标和相对坐标。

笛卡尔坐标系有 3 个轴，即 X 轴、Y 轴和 Z 轴。输入坐标值时，需要指示沿 X 轴、Y 轴和 Z 轴相对于坐标系原点(0,0,0)的距离和方向。在二维平面中，可以省去 Z 轴的坐标值(始终为0)，直接由 X 轴指定水平距离，Y 轴指定垂直距离，在 XY 平面上指定点的位置。

极坐标使用距离和角度定位坐标点。例如，笛卡尔坐标系中坐标为(5,5)的点，在极坐标系中的坐标为(7.070,π/4)。其中，7.070 表示该点与坐标原点的距离，π/4 表示原点到该点的直线与极轴的夹角。

2.1.1 绝对坐标

绝对坐标包括笛卡尔绝对坐标和绝对极坐标。

1. 笛卡尔绝对坐标

笛卡尔绝对坐标是以坐标原点(0,0,0)为基点定位所有的点。各个点之间没有相应关系，它们只是和坐标原点有关。用户可以输入(X,Y,Z)坐标来定义一个点的位置。如果 Z 方向坐标为 0，则可省略，表示绘制的是二维图形。在绝对坐标中，X 轴、Y 轴和 Z 轴 3 轴线在原点(0,0,0)相交。

在命令行中输入 LINE，命令行提示如下。

```
命令: LINE                              //输入 LINE，表示绘制直线
指定第一点:5,5                          //输入第一点坐标 5,5，绝对坐标
指定下一点或 [放弃(U)]: 10,10           //输入第二点坐标 10,10，绝对坐标
指定下一点或 [闭合(C)/放弃(U)]:         //按 Enter 键，完成直线绘制
```

绘制完成的直线如图 2-1 所示。

2. 绝对极坐标

以坐标原点(0,0,0)为极点定位所有的点，通过输入相对于极点的距离和角度来定义点的位置。AutoCAD 2020 中默认的角度正方向为逆时针方向。用户输入极线距离和角度即可确定一个点的位置，输入的格式为：距离<角度。

在命令行中输入 LINE，命令行提示如下。

```
命令: LINE                              //输入 LINE，表示绘制直线
指定第一点:5,5                          //输入第一点坐标 5,5，绝对坐标
指定下一点或 [放弃(U)]: 14.14<45        //输入极线距离 14.14，角度 45°，绝对坐标
指定下一点或 [闭合(C)/放弃(U)]:         //按 Enter 键，完成直线绘制
```

绘制完成的直线如图 2-2 所示。

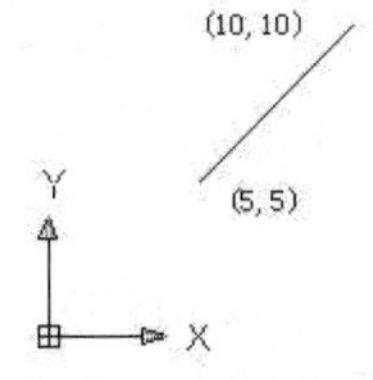

图 2-1　以笛卡尔绝对坐标绘制直线

图 2-2　以绝对极坐标绘制直线

2.1.2　相对坐标

相对坐标包括笛卡尔相对坐标和相对极坐标。

1. 笛卡尔相对坐标

以某点相对于另一已知点的位置来定义该点的位置。相对已知坐标点(X,Y,Z)的增量为(ΔX, ΔY, ΔZ)的坐标点的输入格式为(@ΔX, ΔY, ΔZ)。@表示输入的为相对坐标值。

在命令行中输入 LINE，命令行提示如下。

```
命令: LINE                              //输入 LINE，表示绘制直线
指定第一点:10,10                        //输入第一点坐标 10,10，绝对坐标
指定下一点或 [放弃(U)]: @5,5            //输入第二点坐标@5,5，相对坐标
指定下一点或 [闭合(C)/放弃(U)]:         //按 Enter 键，完成直线绘制
```

绘制完成的直线如图 2-3 所示。

2. 相对极坐标

以某一特定点为参考极点，输入相对于极点的距离和角度来定义一个点的位置，输入的格式为：@距离<角度。

在命令行中输入 LINE，命令行提示如下。

```
命令: LINE                          //输入 LINE，表示绘制直线
指定第一点:10,10                    //输入第一点坐标 10,10，绝对坐标
指定下一点或 [放弃(U)]:@ 7.07<45    //输入相对极线距离 7.07，角度 45°，相对坐标
指定下一点或 [闭合(C)/放弃(U)]:     //按 Enter 键，完成直线绘制
```

绘制完成的直线如图 2-4 所示。

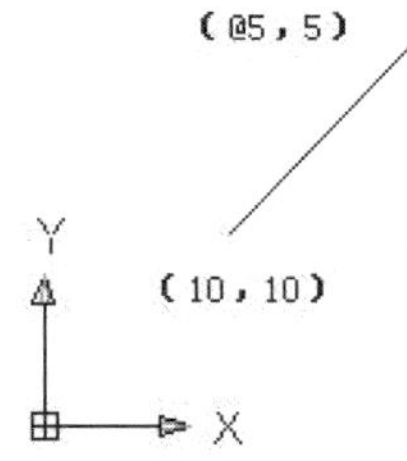

图 2-3　以笛卡尔相对坐标绘制直线

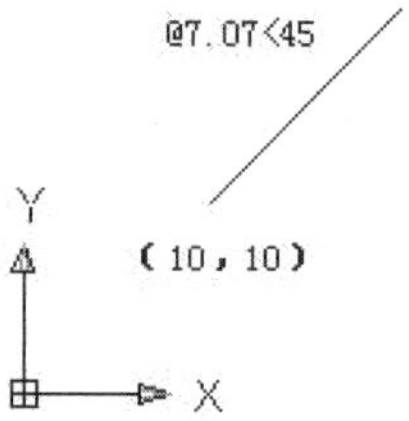

图 2-4　以相对极坐标绘制直线

在绘图中，多种坐标输入方式配合使用会使绘图更加灵活，再配合目标捕捉、夹点编辑等方式则会使绘图更加快捷。

2.2 点

点是图形对象的最基本的组成元素，也是需要掌握的第一个基本图形，点的作用主要是表示节点或参考点，在 AutoCAD 中，用户可以绘制各种不同形式的点。基本的二维绘图命令都包含在如图 2-5 所示的“绘图”面板和工具栏中，单击相应的按钮即可执行相应命令。

2.2.1 点的设置

为了使图形中的点有很好的可见性，在创建点之前，通常需要先设置点的样式和大小。选择“格式”|“点样式”命令，弹出如图 2-6 所示的“点样式”对话框，在该对话框中可以设置点的样式和大小，系统提供了 20 种点的样式供用户选择。

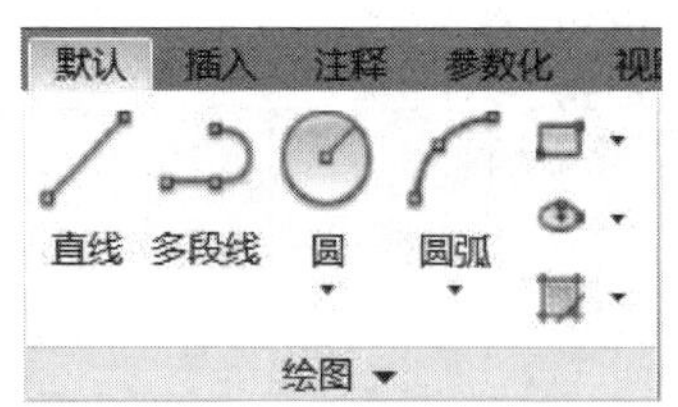

图 2-5　“绘图”面板和工具栏

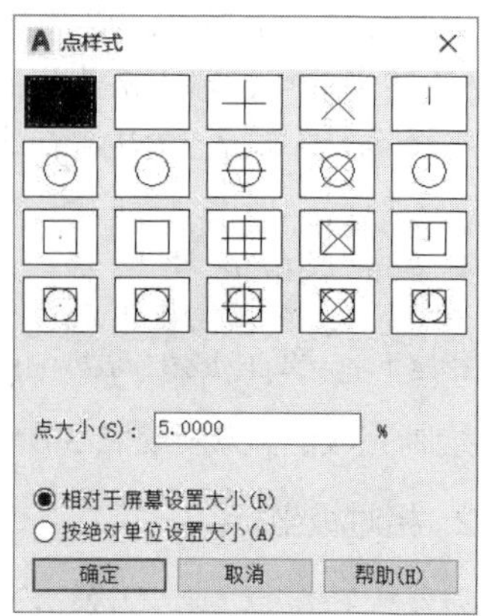

图 2-6　“点样式”对话框

在该对话框中：

- “相对于屏幕设置大小”单选按钮用于按屏幕尺寸的百分比设置点的显示大小。当进行缩放时，点的显示大小保持不变，“点大小”文本框变为点大小(S): 5.0000 %，可以直接输入百分比。
- “按绝对单位设置大小”单选按钮用于按指定的实际单位设置点的显示大小。当进行缩放时，点的显示大小随之改变，“点大小”文本框变为点大小(S): 5.0000 单位，可以直接输入点大小的实际值。

2.2.2　绘制点

选择“绘图”|“点”|“单点”命令，或者在命令行中输入 POINT 命令，或者单击“绘图”工具栏中的“点”按钮，均可执行绘制点的命令。选择“绘图”|“点”|“多点”命令可以同时绘制多个点。

执行“点”命令后，命令行提示如下。

```
命令: _point
当前点模式: PDMODE=0    PDSIZE=0.0000          //系统提示信息
指定点:                                        //要求用户输入点的坐标
```

在输入第一个点的坐标时，必须输入绝对坐标，以后的点可以输入相对坐标。

2.2.3　绘制特殊点

1. 定数等分点

定数等分是按相同的间距在某个图形对象上标识出多个特殊点的位置，各个等分点之间的间距由对象的长度和等分点的个数决定。使用定数等分点，可以按指定等分段数去等分线、圆弧、样条曲线、圆、椭圆和多段线等。

选择“绘图”|“点”|“定数等分”命令，或者在命令行中输入 DIVIDE 命令，即可执行“定数等分”命令。图 2-7 所示为直线定数等分前后的效果。

图 2-7　直线定数等分前后的效果

执行“定数等分”命令后，命令行提示如下。

```
命令: _divide                       //选择“绘图”|“点”|“定数等分”命令
选择要定数等分的对象:                //选择等分对象
输入线段数目或[块(B)]: 4            //输入等分数目
```

2. 定距等分点

定距等分是按照某个特定的长度对图形对象进行标记，这里的特定长度可以由用户在命令执行的过程中指定。使用等分命令时，不仅可以使用点作为图形对象的标识符号，还能够使用图块来标识。

选择“绘图”|“点”|“定距等分”命令，或者在命令行中输入 MEASURE 命令，即可执行“定距等分”命令。图 2-8 所示为直线定距等分前后的效果。

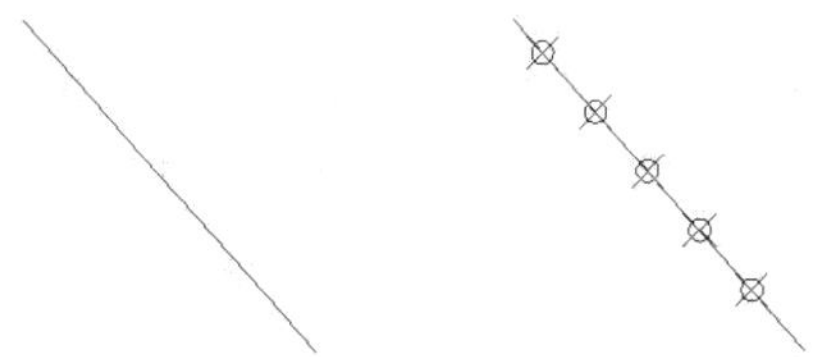

图 2-8　直线定距等分前后的效果

执行“定距等分”命令后，命令行提示如下。

```
命令: _measure                    //选择“绘图”|“点”|“定距等分”命令
选择要定距等分的对象:              //选择等分对象
指定线段长度或 [块(B)]: 100        //输入等分距离
```

2.3 直线

在 AutoCAD 中，直线可以分为直线、射线和构造线 3 种形式。这 3 种直线都是很常见的基本图形。AutoCAD 中的射线命令已不常用，这里仅介绍直线和构造线命令。

2.3.1　绘制直线

直线是 AutoCAD 中最基本的图形，也是绘图过程中用得最多的图形。它可以是一条线段，也可以是多条连续的线段，但是每一条线段都是独立存在的对象。

单击“直线”按钮，或者在命令行中输入 LINE，或者选择“绘图”|“直线”命令，都可执行该命令。单击“直线”按钮，命令行提示如下。

```
命令: _line
指定第一点:                  //通过坐标方式或光标拾取方式确定直线第一点
指定下一点或[放弃(U)]:        //通过其他方式确定直线第二点
```

只要有两点，就可以确定一条直线，所以只要指定了起点和终点，就可以确定一条直线。通常都必须先确定第一点，第一点可以通过输入坐标值或在绘图区使用光标直接拾取获得；第一点的坐标值只能使用绝对坐标表示，不能使用相对坐标表示。当指定完第一点后，系统要求用户指定下一点，此时用户可以采用多种方式输入下一点，如绘图区光标拾取、相对坐标、绝对坐标、极轴坐标和极轴捕捉配合距离等。

2.3.2　绘制构造线

向两个方向无限延伸的直线称为构造线，它既没有起点也没有终点。构造线主要用作辅助线，作为创建其他对象的参照，在三维绘图中使用较频繁。在 AutoCAD 制图中，通常使用构造线配合其他编辑命令来进行辅助绘图。

选择“绘图”|“构造线”命令，或者单击“绘图”工具栏中的“构造线”按钮，或者在命令行中输入 XLINE，都可以执行该命令。

单击“构造线”按钮，命令行提示如下。

```
命令: _xline
指定点或 [水平(H)/垂直(V)/角度(A)/二等分(B)/偏移(O)]:
```

“构造线”命令提示行中给出了以下 5 种绘制构造线的方法，它们的功能分别如下。

- “水平(H)”：创建一条经过指定点并且与当前 UCS 的 X 轴平行的构造线。
- “垂直(V)”：创建一条经过指定点并且与当前 UCS 的 Y 轴平行的构造线。
- “角度(A)”：创建一条与参照线或水平轴成指定角度，并经过指定点的构造线。
- “二等分(B)”：创建一条等分某一角度的构造线。
- “偏移(O)”：创建平行于一条基线一定距离的构造线。

2.4 弧线

在 AutoCAD 中，弧线也是常见的基本图形，在比较复杂的平面图形中常会涉及弧线的绘制。圆弧和椭圆弧是最常见的两种弧线图形，其中以圆弧最为常用，绘制方法也多种多样。

2.4.1 绘制圆弧

圆弧的绘制有多种方式，选择“绘图”|“圆弧”命令，弹出如图 2-9 所示的“圆弧”子菜单。选择该菜单上的命令，或者单击“圆弧”按钮，或者在命令行中输入 ARC，都可执行绘制圆弧的命令。单击“圆弧”按钮，命令行提示如下。

```
命令: _arc 指定圆弧的起点或 [圆心(C)]:
```

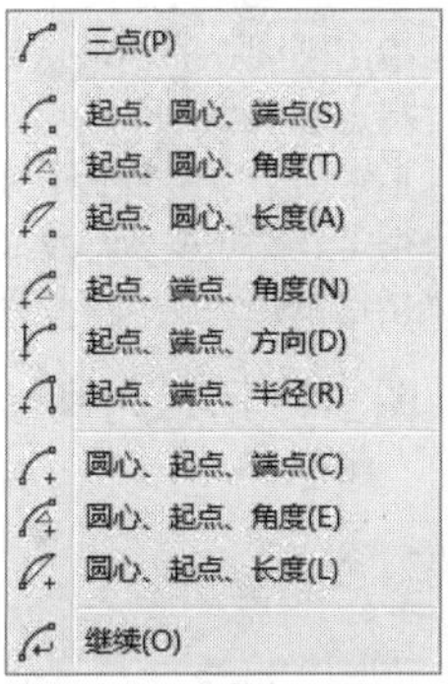

三点(P)
起点、圆心、端点(S)
起点、圆心、角度(T)
起点、圆心、长度(A)
起点、端点、角度(N)
起点、端点、方向(D)
起点、端点、半径(R)
圆心、起点、端点(C)
圆心、起点、角度(E)
圆心、起点、长度(L)
继续(O)

图 2-9 “圆弧”子菜单

下面分别对几种绘制方式进行介绍。

1. 指定三点

指定三点是 ARC 命令的默认方式，即依次指定 3 个不共线的点，绘制的圆弧为通过这 3 个点而且起于第 1 个点止于第 3 个点的圆弧，如图 2-10 所示。单击“圆弧”按钮，命令行提示如下。

```
命令: _arc 指定圆弧的起点或 [圆心(C)]:          //拾取点 1
指定圆弧的第二个点或 [圆心(C)/端点(E)]:         //拾取点 2
指定圆弧的端点:                                 //拾取点 3，效果如图 2-10 所示
```

2. 指定起点、圆心及另一个参数

圆弧的起点和圆心决定了圆弧所在的圆，第 3 个参数可以是圆弧的端点(终止点)、角度(即起点到终点的圆弧角度)和长度(圆弧的弦长)，各参数的含义如图 2-11 所示。

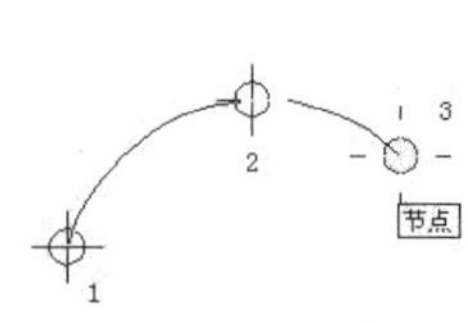

图 2-10　3 点确定一段圆弧

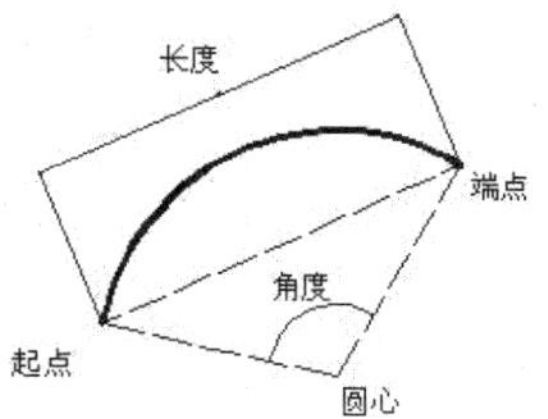

图 2-11　圆弧各参数含义

3. 指定起点、端点及另一个参数

圆弧的起点和端点决定了圆弧圆心所在的直线，第 3 个参数可以是圆弧的角度、圆弧在起点处的切线方向和圆弧的半径，各参数的含义如图 2-12 所示。

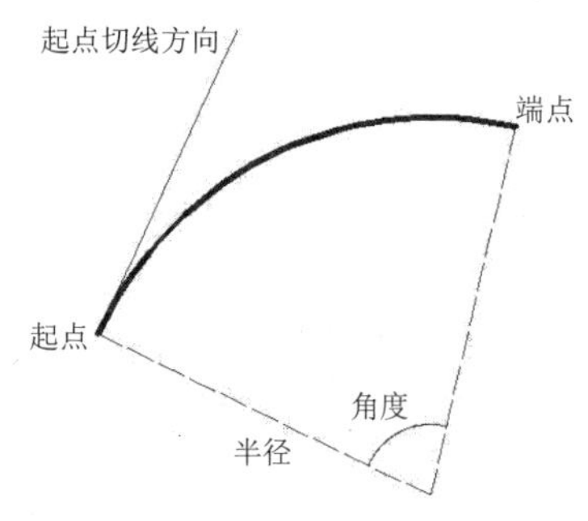

图 2-12　起点、端点法绘制圆弧

2.4.2　绘制椭圆弧

单击“椭圆弧”按钮，可以执行“椭圆弧”命令。椭圆弧的绘制方法比较简单，与椭圆的绘制方法基本一致，只是在绘制椭圆弧时要指定椭圆弧的起始角度和终止角度。单击“椭圆弧”按钮，命令行提示如下。

```
指定椭圆弧的轴端点或 [中心点(C)]:              //指定椭圆弧的轴的一个端点或中心点
指定轴的另一个端点:                            //指定椭圆弧的轴的另一个端点
指定另一条半轴长度或 [旋转(R)]:                //指定椭圆弧另一条半轴的长度值或旋转产生的数值
指定起始角度或 [参数(P)]: 45                   //指定椭圆弧起始角度
指定终止角度或 [参数(P)/包含角度(I)]: 124      //指定椭圆弧终止角度
```

图 2-13 所示为执行“椭圆弧”命令后绘制的椭圆弧。

图 2-13　椭圆弧

2.5　封闭图形

AutoCAD 除提供了直线和弧线作为基本绘图单元外，还提供了一些具有基本形状的封闭图形，如矩形、正多边形、圆、圆环和椭圆等。下面分别介绍在 AutoCAD 2020 中如何绘制这些封闭图形。

2.5.1　绘制矩形

选择“绘图”|“矩形”命令，或者单击“矩形”按钮，或者在命令行中输入 RECTANG，都可以执行矩形绘制命令。单击“矩形”按钮，命令行提示如下。

```
命令: _rectang
指定第一个角点或 [倒角(C)/标高(E)/圆角(F)/厚度(T)/宽度(W)]:     //指定矩形的第一个角点坐标
指定另一个角点或 [面积(A)/尺寸(D)/旋转(R)]:                      //指定矩形的第二个角点坐标
```

在“指定第一个角点”命令行提示后还有其他选项，其功能分别如下。

- “倒角”选项：用于设置矩形倒角的值，即从两个边上分别切去的长度，绘制出如图 2-14 所示的倒角矩形。
- “标高”选项：用于指定矩形所在的平面高度，默认情况下矩形在 XY 平面内，一般用于绘制三维图形。
- “圆角”选项：用于设置矩形 4 个圆角的半径，绘制如图 2-15 所示的圆角矩形。
- “厚度”选项：用于以设定的厚度来绘制矩形，一般用于绘制三维图形。
- “宽度”选项：用于设置矩形的线宽。

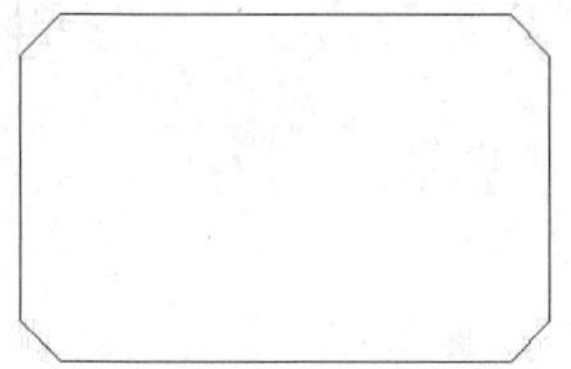
图 2-14　倒角矩形

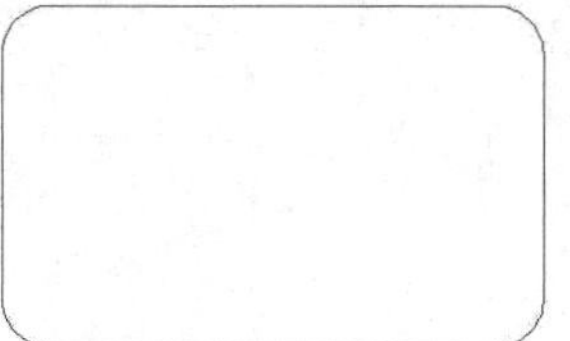
图 2-15　圆角矩形

当根据命令行提示指定第一角点后，除了可以采用默认方式指定另一个角点来确定矩形外，命令行提示还提供面积(A)、尺寸(D)和旋转(R) 3 种方式创建矩形。

- “面积(A)”表示使用面积或者长度和宽度创建矩形。
- “尺寸(D)”表示使用长度和宽度来创建矩形。
- “旋转(R)”表示按照指定的旋转角度来创建矩形。

2.5.2　绘制多边形

创建多边形是绘制正方形、等边三角形和八边形等图形的简单方法。用户可以通过选择“绘图”|“多边形”命令，或者单击“多边形”按钮，或者在命令行输入 POLYGON 来执行“多边形”命令。可以绘制 3～1024 条边的多边形，默认情况下，多边形的边数为 4。

单击“多边形”按钮，命令行提示如下。

```
命令: _polygon 输入侧面数 <4>:                    //指定正多边形的边数
指定正多边形的中心点或 [边(E)]:                  //指定正多边形的中心点
输入选项 [内接于圆(I)/外切于圆(C)] <I>:           //确认绘制正多边形的方式
指定圆的半径:                                    //输入圆半径
```

系统提供了以下 3 种绘制正多边形的方法，效果如图 2-16 所示。

- 内接圆法：正多边形的顶点均位于假设圆的弧上，需要指定边数和半径。
- 外切圆法：正多边形的各边与假设圆相切，需要指定边数和半径。
- 边长方式：上面两种方式是以假设圆的大小确定正多边形的边长，而边长方式则直接给出正多边形边长的大小和方向。

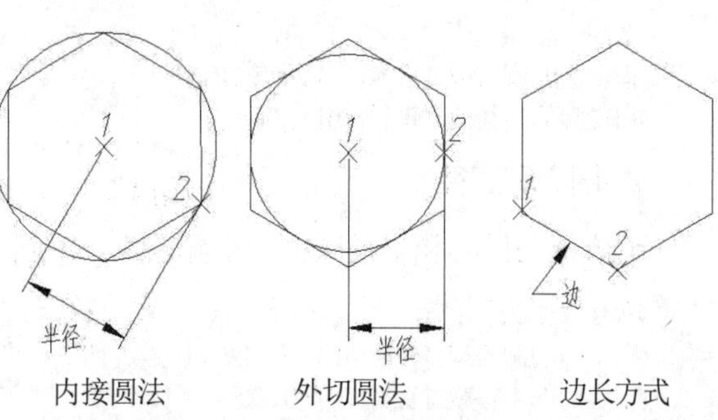

图 2-16　正多边形绘制方法示例

2.5.3 绘制圆

选择“绘图” | “圆”命令，弹出如图2-17所示的“圆”子菜单，选择子菜单中的命令，或者单击“圆”按钮，或者在命令行输入CIRCLE，都可以执行绘制圆的命令。

单击“圆”按钮，命令行提示如下。

```
命令: _circle 指定圆的圆心或 [三点(3P)/两点(2P)/切点、切点、半径(T)]:
```

系统提供了圆心和半径、圆心和直径、三点、两点、两个切点加一个半径及三个切点6种方法来绘制圆，如图2-18所示。

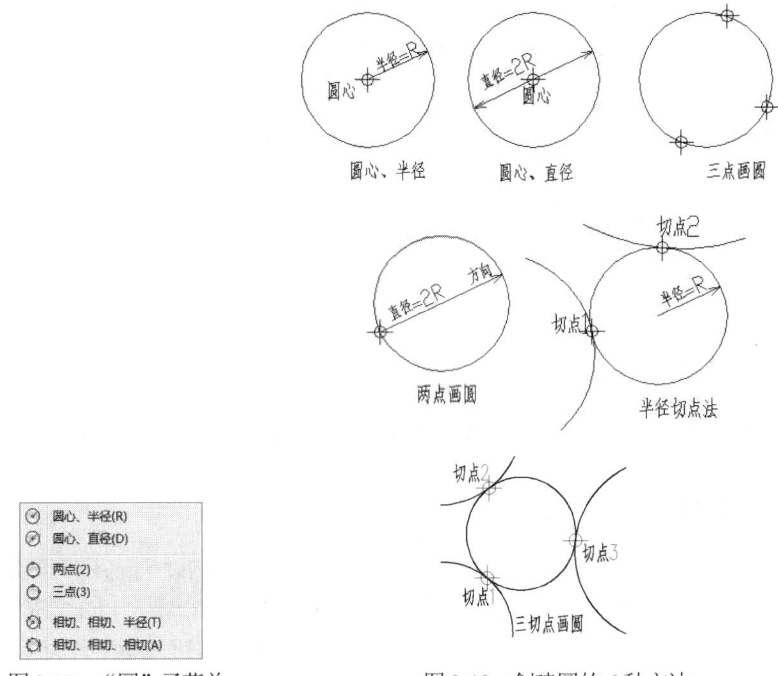

图2-17 “圆”子菜单　　图2-18 创建圆的6种方法

下面分别讲解6种圆的绘制方法及命令行提示。

1. 圆心和半径

在知道所要绘制的目标圆的圆心和半径时采用此方法，该方法为系统默认方法，执行“圆”命令后，命令行提示如下。

```
命令: _circle
指定圆的圆心或 [三点(3P)/两点(2P)/切点、切点、半径(T)]:      //指定圆的圆心坐标
指定圆的半径或 [直径(D)] <20>:                              //输入圆的半径
```

2. 圆心和直径

此方法与圆心和半径法大同小异，执行“圆”命令后，命令行提示如下。

```
命令: _circle
指定圆的圆心或 [三点(3P)/两点(2P)/切点、切点、半径(T)]:      //指定圆的圆心坐标
指定圆的半径或 [直径(D)] <100>: d                           //输入d，要求输入直径
指定圆的直径 <200>:                                         //输入圆的直径
```

3. 三点画圆

通过不在同一条直线上的三点确定一个圆，使用该法绘制圆时，命令行提示如下。

```
命令: _circle
指定圆的圆心或 [三点(3P)/两点(2P)/切点、切点、半径(T)]:3p    //选择三点画圆
指定圆上的第一个点:                                          //拾取第一点或输入坐标
指定圆上的第二个点:                                          //拾取第二点或输入坐标
指定圆上的第三个点:                                          //拾取第三点或输入坐标
```

4. 两点画圆

选择圆直径的两个端点，则圆心就落在两点连线的中点上，这样就完成了圆的绘制。命令行提示如下。

```
命令: _circle
指定圆的圆心或 [三点(3P)/两点(2P)/切点、切点、半径(T)]: 2p   //选择两点画圆
指定圆直径的第一个端点:                                      //拾取圆直径的第一个端点或输入坐标
指定圆直径的第二个端点:                                      //拾取圆直径的第二个端点或输入坐标
```

5. 半径切点法画圆

选择两个圆、直线或圆弧的切点，输入要绘制圆的半径来完成圆的绘制。命令行提示如下。

```
命令: _circle 指定圆的圆心或 [三点(3P)/两点(2P)/切点、切点、半径(T)]: t   //选择半径切点法
指定对象与圆的第一个切点:                                                 //拾取第一个切点
指定对象与圆的第二个切点:                                                 //拾取第二个切点
指定圆的半径 <100>: 200                                                   //输入圆半径
```

6. 三切点画圆

该方法只能通过菜单命令执行，是三点画圆的一种特殊情况。选择“绘图”|“圆”|“相切、相切、相切”命令，命令行提示如下。

```
命令: _circle
指定圆的圆心或 [三点(3P)/两点(2P)/ 切点、切点、半径(T)]: _3p   //系统提示
指定圆上的第一个点: _tan 到                                    //捕捉第一个切点
指定圆上的第二个点: _tan 到                                    //捕捉第二个切点
指定圆上的第三个点: _tan 到                                    //捕捉第三个切点
```

2.5.4　绘制圆环

圆环是填充环或实体填充圆，是带有宽度的闭合多段线，通过指定它的内外直径和圆心来绘制圆环。选择“绘图”|“圆环”命令，或者在命令行中输入 DONUT，都可以执行“圆环”命令以绘制圆环。

选择“绘图”|“圆环”命令，命令行提示如下。

```
命令: _donut
指定圆环的内径 <0.5000>: 40     //输入圆环的内径值
指定圆环的外径 <1.0000>: 60     //输入圆环的外径值
指定圆环的中心点或 <退出>:      //拾取圆环的中心点或输入坐标
指定圆环的中心点或 <退出>:      //可通过选择不同的中心点，连续绘制该尺寸的圆环，若不再绘制，可按
                                Enter 键，结束绘制
```

2.5.5 绘制椭圆

选择"绘图"|"椭圆"命令，或者单击"椭圆"按钮，或者在命令行中输入ELLIPSE，都可以执行绘制椭圆的命令。选择"绘图"|"椭圆"命令后，弹出如图 2-19 所示的"椭圆"子菜单。

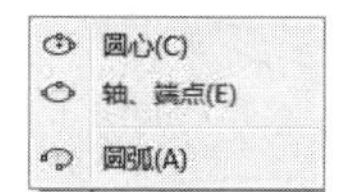

图 2-19 "椭圆"子菜单

"椭圆"子菜单中各项命令功能如下。

- 圆心：通过指定椭圆的圆心、一条轴的端点和另一条轴的半轴长度来绘制椭圆。
- 轴、端点：通过指定一条轴的两个端点和另一条轴的半轴长度来绘制椭圆。
- 圆弧：创建椭圆弧，创建方法与创建椭圆类似。

根据指令执行过程中的不同选择，系统提供了以下 3 种方式用于绘制精确的椭圆。

1. 一条轴的两个端点和另一条轴的长度

单击"椭圆"按钮，按照默认的顺序依次指定长轴的两个端点和另一条半轴的长度，命令行提示如下。

```
命令: _ellipse
指定椭圆的轴端点或 [圆弧(A)/中心点(C)]:      //拾取点或输入坐标确定椭圆一条轴的端点
指定轴的另一个端点:                          //拾取点或输入坐标确定椭圆一条轴的另一个端点
指定另一条半轴长度或 [旋转(R)]:              //输入长度或用光标选择另一条半轴的长度
```

2. 一条轴的两个端点和旋转角度

这种方式相当于将一个圆在空间上绕长轴转动一个角度以后投影在二维平面上，命令行提示如下。

```
命令: _ellipse
指定椭圆的轴端点或 [圆弧(A)/中心点(C)]:      //拾取点或输入坐标确定椭圆一条轴的端点
指定轴的另一个端点:                          //拾取点或输入坐标确定椭圆一条轴的另一端点
指定另一条半轴长度或 [旋转(R)]: R            //输入 R，表示采用旋转方式绘制
指定绕长轴旋转的角度: 45                     //输入旋转角度
```

3. 中心点、一条轴端点和另一条轴的长度

依次指定椭圆的中心点、一条轴的端点，以及另外一条轴的长度，命令行提示如下。

```
命令: _ellipse
指定椭圆的轴端点或 [圆弧(A)/中心点(C)]: c    //采用中心点方式绘制椭圆
指定椭圆的中心点:                            //拾取点或输入坐标确定椭圆中心点
指定轴的端点:                                //拾取点或输入坐标确定椭圆一条轴的端点
指定另一条半轴长度或 [旋转(R)]:              //输入椭圆另一条轴的长度，或者旋转的角度
```

2.6 多段线

多段线是由相连的多段直线或弧线组成的单一对象，用户选择组成多段线的任意一段直线

或弧线时将选择整个多段线。多段线中的线条可以设置成不同的线宽和线型。

选择“绘图”|“多段线”命令，或者单击“多段线”按钮，或者在命令行中输入 PLINE，都可以执行该命令。单击“多段线”按钮，命令行提示如下。

```
命令: _pline
指定起点:                //通过坐标方式或光标拾取方式确定多段线的起点
当前线宽为 0.0000        //提示当前线宽，第 1 次使用默认为 0，多次使用显示上一次线宽
指定下一个点或 [圆弧(A)/半宽(H)/长度(L)/放弃(U)/宽度(W)]:
指定下一个点或 [圆弧(A)/闭合(C)/半宽(H)/长度(L)/放弃(U)/宽度(W)]:
```

在命令行提示中，系统默认多段线由直线组成，要求用户输入直线的下一点，其他几个选项参数的含义和使用方法如下。

- 圆弧(A)：该选项用于将弧线段添加到多段线中。用户在命令行提示后输入 A，命令行提示如下。

```
指定圆弧的端点或[角度(A)/圆心(CE)/方向(D)/半宽(H)/直线(L)/半径(R)/第二个点(S)/放弃(U)/宽度(W)]:
```

其中，“直线(L)”选项用于将直线添加到多段线中，实现弧线到直线的绘制切换。

- 半宽(H)：该选项用于指定从多段线线段的中心到其两端点的宽度。
- 长度(L)：该选项用于在与前一线段相同的角度方向上绘制指定长度的直线段。如果前一线段是圆弧，程序将绘制与该弧线段相切的新直线段。
- 宽度(W)：该选项用于指定下一条直线段或弧线的宽度。
- 闭合(C)：该选项用于从指定的最后一点到起点绘制直线段或弧线，从而创建闭合的多段线，必须至少指定两个点才能使用该选项。
- 放弃(U)：该选项用于删除最近一次添加到多段线上的直线段或弧线。

2.7 多线

多线是由 1～16 条平行线组成的对象，这些平行线称为元素。通过指定距多重平行线初始位置的偏移量来确定元素的位置。在实际绘制前可以设置或修改多线的样式。

选择“格式”|“多线样式”命令，弹出如图 2-20 所示的“多线样式”对话框。在该对话框中，用户可以设置多线样式。

在该对话框中，“当前多线样式”显示当前正在使用的多线样式；“样式”列表框显示已经创建好的多线样式；“预览”框显示当前选中的多线样式的形状；“说明”文本框为当前多线样式所附加的说明。

单击“新建”按钮，弹出如图 2-21 所示的“创建新的多线样式”对话框。“新样式名”文本框用于设置多线的新样式名称，“基础样式”下拉列表用于设置参考样式。设置完成后，单击“继续”按钮，弹

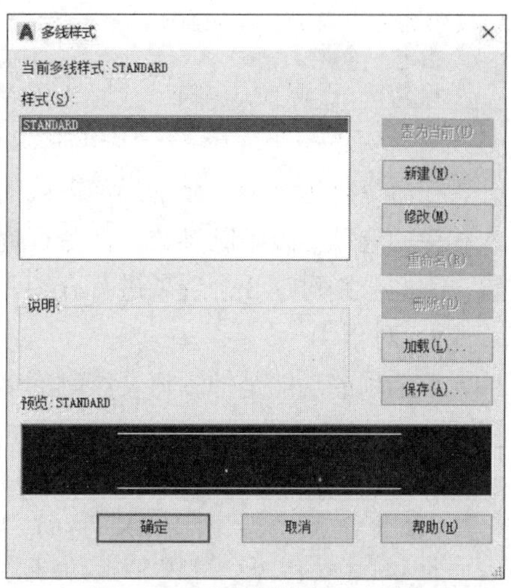

图 2-20　“多线样式”对话框

出如图 2-22 所示的“新建多线样式”对话框。

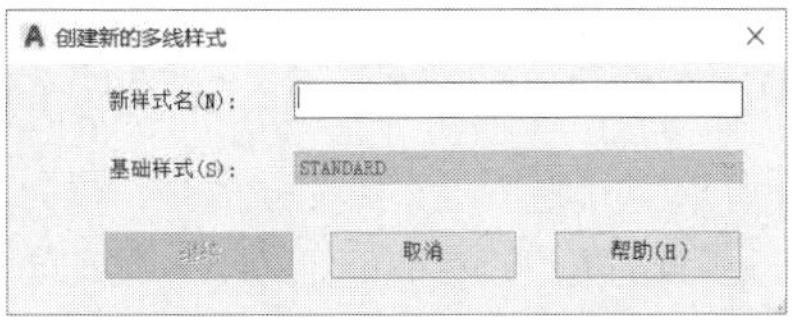

图 2-21 “创建新的多线样式”对话框

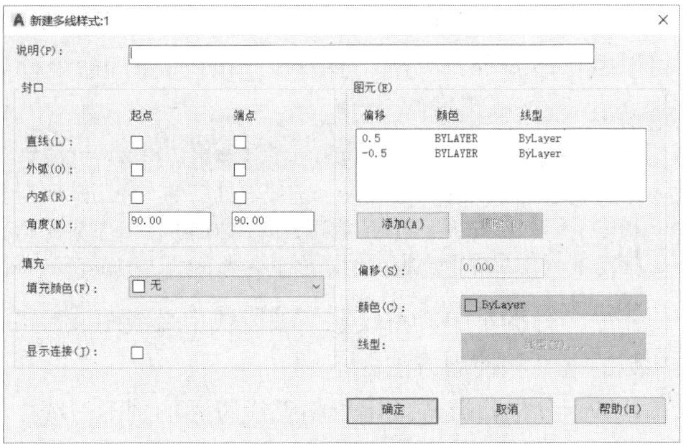

图 2-22 “新建多线样式”对话框

“新建多线样式”对话框中的“说明”文本框用于设置多线样式的简单说明和描述；“封口”选项组用于设置多线起点和终点的封闭形式，包括直线、外弧、内弧和角度 4 个选项；“填充”选项组的“填充颜色”下拉列表用于设置多线背景的填充颜色；“显示连接”复选框用于设置多线每个部分的端点上连接线的显示与否；“图元”选项组用于设置多线元素的特性，元素特性包括直线元素的偏移、颜色和线型；单击“添加”按钮可以将新的多线元素添加到多线样式中，单击“删除”按钮可以从当前的多线样式中删除不需要的直线元素；“偏移”文本框用于设置当前多线样式中某个直线元素的偏移量，偏移量可以是正值，也可以是负值；“颜色”下拉列表用于选择需要的元素颜色，在下拉列表中选择“选择颜色”命令，弹出“选择颜色”对话框，即可设置颜色；单击“线型”按钮，弹出“选择线型”对话框，可以从该对话框中选择已经加载的线型，或者按需要加载线型。

设置好多线样式后，选择“绘图”|“多线”命令，或者在命令行中输入 MLINE，都可执行绘制多线的命令，命令行提示如下。

```
命令: mline
当前设置: 对正 = 上，比例 = 20.00，样式 = STANDARD        //提示当前多线设置
指定起点或 [对正(J)/比例(S)/样式(ST)]:                    //指定多线起始点或修改多线设置
指定下一点:
指定下一点或 [放弃(U)]:                                   //指定下一点或取消
指定下一点或 [闭合(C)/放弃(U)]:                           //指定下一点、闭合或取消
```

在命令行提示中，显示当前多线的对正、比例和样式。用户可以采用这些设置，也可以输入相应的选项修改绘制参数。命令行提供了对正(J)、比例(S)和样式(ST) 3 个选项供用户进行设置。下面分别对这 3 个选项进行介绍。

- 对正(J)

该选项的功能是控制将要绘制的多线相对于十字光标的位置。在命令行输入 j 后，命令行提示如下。

```
命令: mline
当前设置: 对正 = 上，比例 = 20.00，样式 = STANDARD
指定起点或 [对正(J)/比例(S)/样式(ST)]: j                  //输入j，设置对正方式
输入对正类型 [上(T)/无(Z)/下(B)] <上>:                    //选择对正方式
```

mline 命令有 3 种对正方式：上(T)、无(Z)和下(B)。默认选项为“上”，使用此选项绘制多线时，在光标下方绘制多线，因此在指定点处将会出现具有最大正偏移值的直线。使用选项“无”绘制多线时，多线以光标为中心进行绘制，拾取的点在偏移量为 0 的元素上，即多线的中心线与选取的点重合。使用选项“下”绘制多线时，多线在光标上面进行绘制，拾取点在多线负偏移量最大的元素上。使用 3 种对正方式绘图的效果如图 2-23 所示。

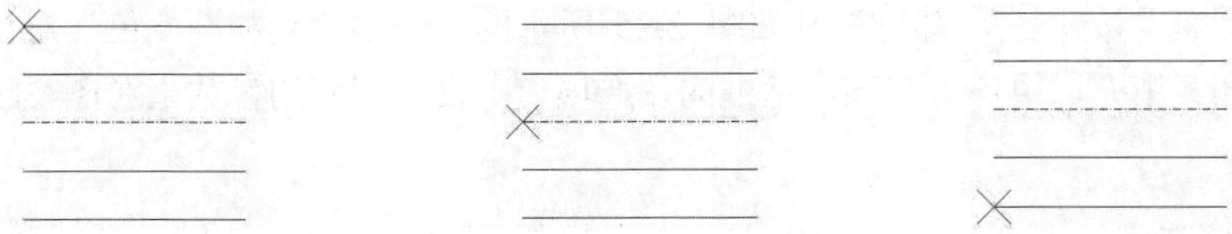

上：最上方元素端点为对齐点　　无：多线中心点为对齐点　　下：最下方元素端点为对齐点

图 2-23　对正样式示意图

- 比例(S)

该选项的功能是决定多线的宽度是在样式中设置宽度的多少倍。在命令行中输入 s，命令行提示如下。

```
命令: mline
当前设置: 对正 = 上，比例 =20.00，样式 =STANDARD
指定起点或 [对正(J)/比例(S)/样式(ST)]: s        //输入 s，设置比例大小
输入多线比例 <20.00>:                           //输入多线的比例值
```

例如，比例输入 0.5，则宽度是设置宽度的一半，即各元素的偏移距离为设置值的一半。因为多线中偏移距离最大的线排在最上面，越小越往下，为负值偏移量的在多线原点下面，所以当比例为负值时，多线的元素顺序颠倒过来。当比例为 0 时，则将多线当作单线进行绘制。使用不同比例绘制，最上面的多线比例为 40，中间的多线比例为 20，最下面的多线比例为 0，如图 2-24 所示。

图 2-24　不同比例绘制的多线

- 样式(ST)

该选项的功能是为将要绘制的多线指定样式。在命令行中输入 st，命令行提示如下。

```
命令: mline
当前设置: 对正 = 上，比例 =20.00，样式 =STANDARD
指定起点或 [对正(J)/比例(S)/样式(ST)]: st        //输入 st，设置多线样式
输入多线样式名或“?”:                            //输入存在并加载的样式名或输入“?”
```

输入“?”后，文本窗口中将显示出当前图形文件加载的多线样式，默认的样式为 STANDARD。

2.8　图案填充

图案填充是指使用预定义填充图案对图形区域进行填充，可以使用当前线型定义简单的线图案，也可以创建更加复杂的填充图案。填充分实体填充和渐变填充两种。实体填充使用实体颜色填

充图形区域；渐变填充是在一种颜色的不同灰度之间或两种颜色之间使用过渡色进行填充。

在机械制图中需要表现机械的断面情况时，就需要用到 AutoCAD 提供的图案填充功能。

2.8.1 创建图案填充

选择“绘图”|“填充图案”命令，或者在命令行中输入 hatch，或者单击“绘图”工具栏中的“填充图案”按钮，都可打开如图 2-25 所示的“图案填充和渐变色”对话框。该对话框用于创建图案填充，用户可在该对话框的各选项卡中设置相应的参数来对图案填充进行相应的设置。

1. 图案填充

“图案填充”选项卡用于设置实体填充，该选项卡包括 5 个选项组，分别为“类型和图案”“角度和比例”“图案填充原点”“边界”和“选项”。下面分别介绍这 5 个方面的内容。

1) 类型和图案

在“类型和图案”选项组中可以设置填充图案的类型及图案等内容，各选项内容分述如下。

- “类型”下拉列表框：包括“预定义”“用户定义”和“自定义”3 种图案类型。其中，“预定义”类型是指 AutoCAD 存储在产品附带的 acad.pat 或 acadiso.pat 文件中的预先定义的图案，均是制图中的常用类型。
- “图案”下拉列表框：控制对填充图案的选择，下拉列表显示填充图案的名称，并且最近使用的 6 个用户预定义图案会出现在列表顶部。单击按钮，弹出如图 2-26 所示的“填充图案选项板”对话框，在该对话框中可以选择合适的填充图案。

图 2-25 “图案填充和渐变色”对话框

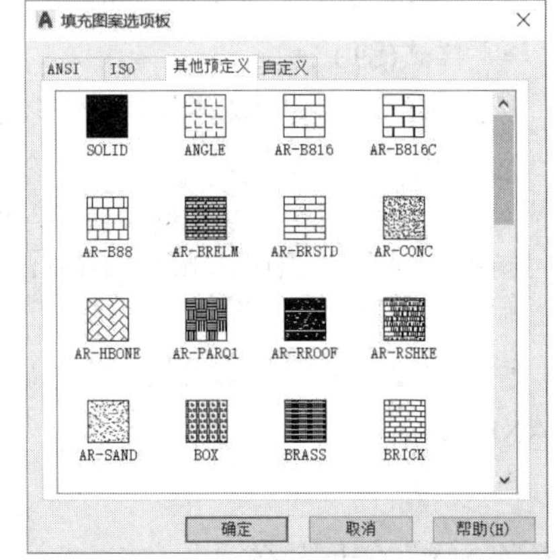

图 2-26 “填充图案选项板”对话框

- “颜色”下拉列表框：用以设置填充图案的颜色和背景色。
- “样例”列表框：显示选定图案的预览。
- “自定义图案”下拉列表框：在“类型”下拉列表框中选择“自定义”图案类型时可

用，其中列出可用的自定义图案，并且最近使用的 6 个自定义图案将排列在列表顶部。

2) 角度和比例

“角度和比例”选项组包含“角度”“比例”“间距”和“ISO 笔宽”4 部分内容，主要控制填充的疏密程度和倾斜程度，各项含义如下。

- “角度”下拉列表框：设置填充图案的角度，每种图案在定义时的旋转角度都为 0°。“双向”复选框用于设置当填充图案选择“用户定义”时所采用线型的线条布置是单向还是双向。
- “比例”下拉列表框：设置填充图案的比例值。图 2-27 所示为选择 AR-BRSTD 填充图案进行不同角度和比例填充的效果。

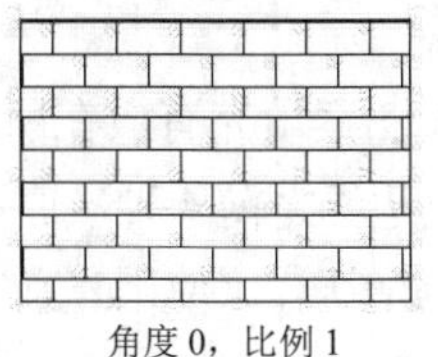
角度 0，比例 1

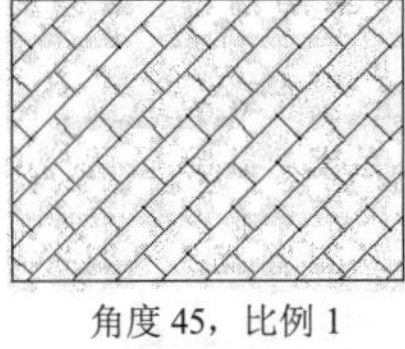
角度 45，比例 1

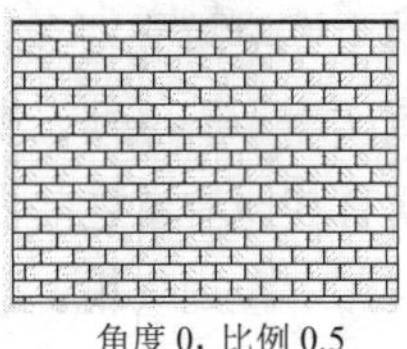
角度 0，比例 0.5

图 2-27　不同角度和比例的填充效果

- “间距”输入框：当用户选择“用户定义”填充图案类型时，可采用的线型的线条间距。输入不同的间距值，将得到不同的效果，如图 2-28 所示。

角度0，间距100

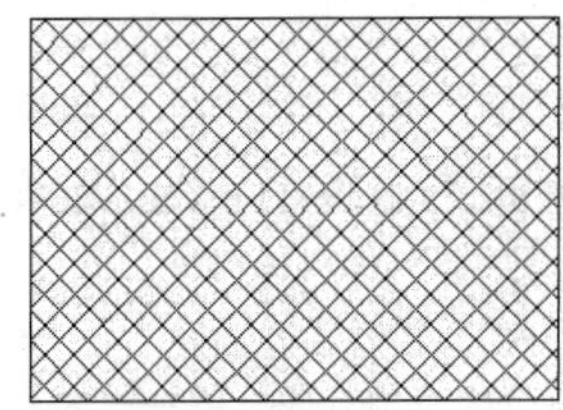
角度45，间距100，双向

角度0，间距50

图 2-28　“用户定义”角度、间距和双向后的填充效果

- “ISO 笔宽”下拉列表框：如果用户选择了“预定义”填充图案类型，在选择了 ISO 预定义图案时，可以通过改变笔宽值来改变填充效果。

3) 图案填充原点

- “使用当前原点”单选按钮：设置填充图案生成的起始位置，在默认情况下，填充图案始终相互对齐，原点位置为(0,0)。
- “指定的原点”单选按钮：有时用户可能需要移动图案填充的起点(称为原点)，在这种情况下，需要重新设置图案填充原点。选中“指定的原点”单选按钮后，单击按钮，在绘图区用光标拾取新原点，或者选中“默认为边界范围”复选框，并在下拉菜单中选择所需点作为填充原点。

4) 边界

“边界”选项组主要用于指定图案填充的边界，用户可以通过指定对象封闭区域中的点或封闭区域对象的方法确定填充边界，通常使用的是“添加:拾取点”按钮和“添加:选择对象”按钮。下面简要介绍这两项的含义。

- “添加:拾取点”按钮：根据围绕指定点构成封闭区域的现有对象确定边界。单击该按钮，此时对话框将暂时关闭，系统将会提示用户拾取一个点。

- “添加:选择对象”按钮：根据构成封闭区域的选定对象来确定边界。单击该按钮，对话框将暂时关闭，系统将会提示用户选择对象。

5) 选项

“选项”选项组主要包括以下 6 个方面的内容。

- “注释性”复选框：设置填充图案是否有注释性。
- “关联”复选框：用于控制填充图案与边界“关联”或“非关联”。关联图案填充随边界的更改而自动更新；非关联的图案填充则不会随边界的更改而自动更新。默认情况下，使用 hatch 创建的图案填充区域是关联的。
- “创建独立的图案填充”复选框：用于确定当选择了多个封闭的边界进行填充时，是创建单个图案填充对象，还是创建多个图案填充对象。
- “绘图次序”下拉列表框：主要为填充指定绘图次序。图案填充有放在所有其他对象之后、所有其他对象之前、图案填充边界之后和图案填充边界之前 4 种次序。
- “图层”下拉列表框：设置当前创建的填充图案所在的图层，“使用当前项”表示位于当前图层。
- “透明度”下拉列表框：设置填充图案的透明度，可在 0 中直接输入透明度值，或者使用微调按钮设置透明度。

2. 渐变色

选择“图案填充和渐变色”对话框中的“渐变色”选项卡，或者直接单击“绘图”工具栏中的“渐变色”按钮，均可以打开如图 2-29 所示的“渐变色”选项卡。利用该对话框可以创建渐变色并对图形进行填充。

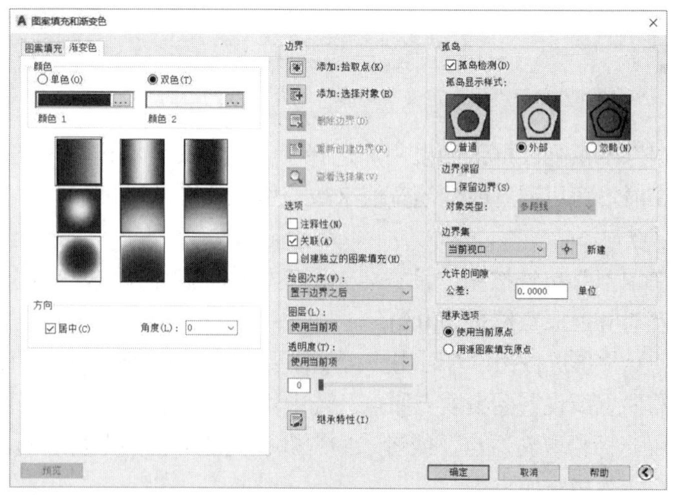

图 2-29 “渐变色”选项卡

“渐变色”选项卡中各选项含义如下。

- “单色”单选按钮：选中该单选按钮可以使用较深着色到较浅着色平滑过渡的方式进行单色填充。
- “双色”单选按钮：选中该单选按钮可以在指定的两种颜色之间平滑过渡地进行双色渐变填充。在“颜色”选项组中可以设置颜色，单击按钮弹出“选择颜色”对话框，在其中可以选择所需颜色，选项卡中共有 9 种渐变的方式可供选择。

- “居中”复选框：控制颜色居中渐变。
- “角度”下拉列表框：控制颜色渐变的角度。

在“孤岛”选项组中，系统提供了“普通”“外部”和“忽略”3 种孤岛检测方式。

- “普通”填充模式从最外层边界向内部填充，先对第一个内部岛形区域进行填充，然后间隔一个图形区域，转向下一个检测到的区域进行填充，如此反复交替进行。
- “外部”填充模式从最外层的边界向内部填充，只对第一个检测到的区域进行填充，填充后就会终止该操作。
- “忽略”填充模式从最外层边界开始，不再进行内部边界检测，对整个区域进行填充，忽略其中存在的孤岛。

其余选项的功能和操作均与图案填充一样。

2.8.2　编辑图案填充

在 AutoCAD 中，填充图案的编辑主要包括变换填充图案、调整填充角度和调整填充比例等。

在需要编辑的填充图案上右击，并在弹出的快捷菜单中选择“图案填充编辑”命令，会弹出“图案填充编辑”对话框。该对话框与“图案填充和渐变色”对话框功能类似，此处不再赘述。

2.9　绘制六角螺母

本节利用之前所学的知识，绘制一个六角螺母的平面图形，绘制后的效果如图 2-30 所示。

具体操作步骤如下。

(1) 选择“文件”|“新建”命令，在弹出的“选择样板”对话框中，选择 acadiso.dat，单击“打开”按钮新建一个图形文件。

(2) 在“图层”工具栏中，单击“图层特性管理器”按钮，弹出“图层特性管理器”选项板，新建“点画线”和“轮廓线”两个图层，并将“点画线”图层设为当前图层。

(3) 在“特性”工具栏上单击“线型控制”下拉列表，选择“其他”命令，会弹出“线型管理器”对话框。

(4) 单击“加载”按钮，弹出“加载或重载线型”对话框，如图 2-31 所示。选择 ACAD_ISO10W100 线型，再单击“确定”按钮完成线型加载，并退出到“线型管理器”对话框。

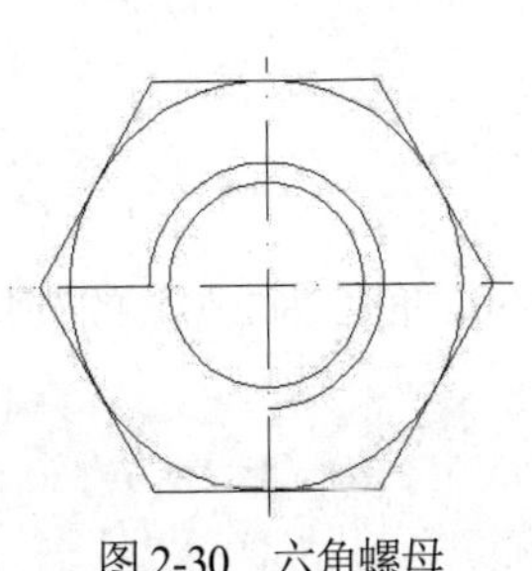

图 2-30　六角螺母

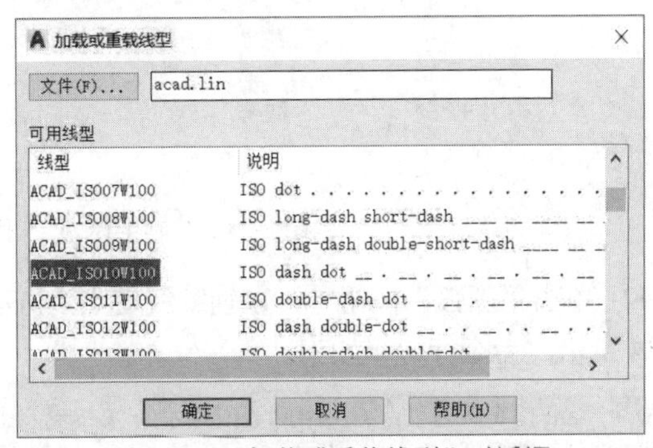

图 2-31　“加载或重载线型”对话框

(5) 选择刚加载的ACAD_ISO10W100线型，单击“当前”按钮，将此线型置为当前线型，再单击“确定”按钮。

(6) 在状态栏中单击“正交”按钮开启正交模式。

(7) 单击“直线”按钮，绘制两条垂直相交的线段，如图2-32所示。

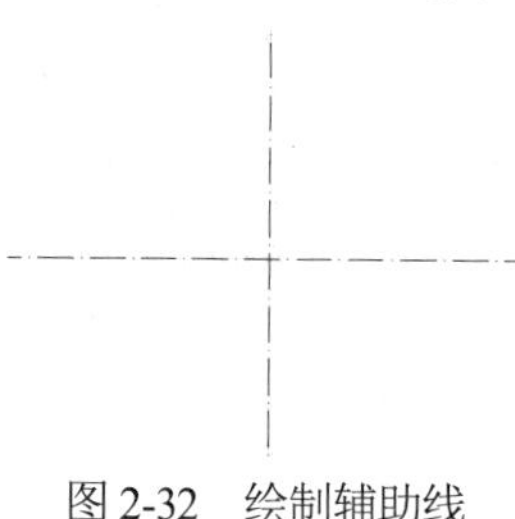

图2-32　绘制辅助线

绘制水平线时命令行提示如下。

```
命令: line                                  //绘制直线命令
指定第一点: 0,120                           //指定起点
指定下一点或 [放弃(U)]: 420,120             //指定终点
```

绘制竖直线时命令行提示如下。

```
命令: line                                  //绘制直线命令
指定第一点: 210,0                           //指定起点
指定下一点或 [放弃(U)]: 210,290             //指定终点
```

(8) 在状态栏中单击“对象捕捉”按钮开启对象捕捉辅助功能，对象捕捉功能采用系统默认的设置。

(9) 在“图层”工具栏的“应用的过滤器”下拉列表中选择“轮廓线”图层，将其置为当前图层。

(10) 在“特性”工具栏中单击“线型控制”下拉列表，选择ByLayer命令设置当前图层线型。

(11) 单击“圆”按钮，以辅助线交点为圆心绘制半径为25的圆，命令行提示如下。

```
命令: _circle 指定圆的圆心或 [三点(3P)/两点(2P)/切点、切点、半径(T)]:   //捕捉辅助线交点为圆心
指定圆的半径或 [直径(D)] <25.0000>: 25                                  //输入圆半径25
```

采用同样的方法绘制半径为12.5的圆，圆心为辅助线交点，如图2-33所示。

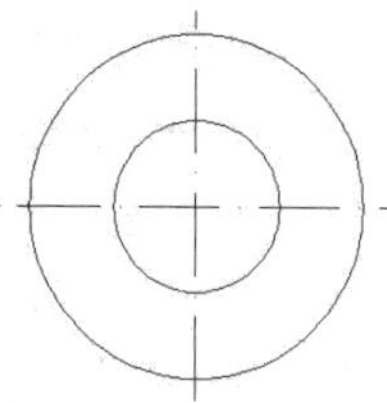

图2-33　绘制半径为25和12.5的两个圆

(12) 单击“圆弧”按钮，以辅助线交点为圆心绘制直径为30、角度为270°的圆弧，如图2-34所示，命令行提示如下。

```
命令: _arc 指定圆弧的起点或 [圆心(C)]: c       //选择指定圆弧中心
指定圆弧的圆心:                                //捕捉辅助线交点为圆心
```

```
指定圆弧的起点: @0,-15                      //指定圆弧起点，采用相对坐标
指定圆弧的端点或 [角度(A)/弦长(L)]: A        //输入圆弧角度方式
指定包含角: 270                             //输入角度
```

(13) 单击“正多边形”按钮⬠，绘制六角螺母的轮廓线，如图 2-35 所示，命令行提示如下。

```
命令: //单击“正多边形”按钮⬠
命令: _polygon 输入侧面数 <4>: 6                //输入正多边形的边数
指定正多边形的中心点或 [边(E)]:                  //捕捉辅助线交叉点为中心点
输入选项 [内接于圆(I)/外切于圆(C)] <I>: c         //选择以外切圆方式绘制
指定圆的半径:                                    //选择竖直辅助线与大圆的交点
```

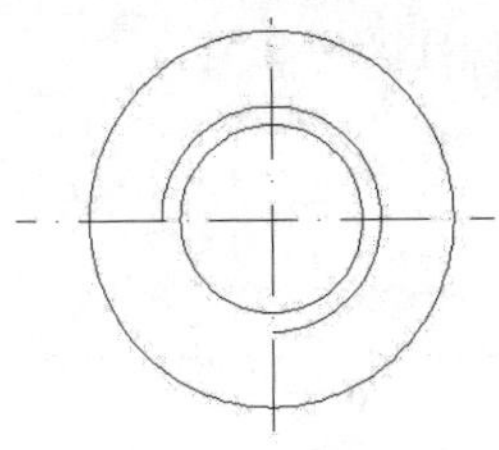

图 2-34　绘制螺纹线圈

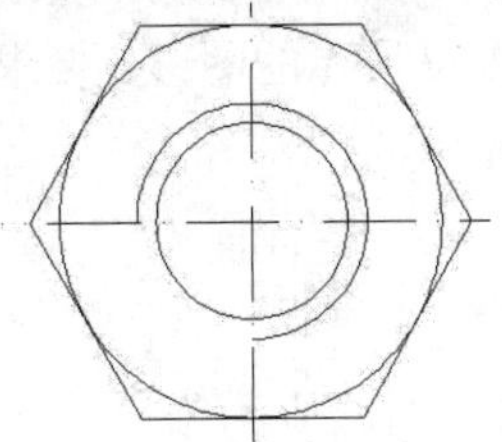

图 2-35　绘制六角螺母的轮廓线

2.10 习题

2.10.1 填空题

(1) 在 AutoCAD 2020 中，可以通过________、________和________3 种方法来创建点对象。

(2) 多段线由________和________两种元素组成。

(3) 绘制多线时，用户需要设置________、________、________3 个选项。

(4) 在 AutoCAD 2020 中，多线是一种由多条____________组成的组合对象，平行线之间的__________和____________是可以调整的。

(5) 构造线为两端可以_________的直线，没有起点和终点，可以放置在三维空间的任何地方，主要用于__________。

2.10.2 选择题

(1) 在命令行中输入(　　)命令，按 Enter 键可以绘制直线。

A. line　　B. arc　　C. ray　　D. mline

(2) 在图案填充中，(　　)选项用于设定填充图案的角度。

A. 角度　　B. 比例　　C. 间距　　D. 边界

(3) 如果要绘制一个圆与两条直线相切，应使用(　　)。

A. 圆心和半径定圆　　B. 三点定圆

C. 两点定圆　　D. 半径和双切定圆

(4) 用于指定物体上一定距离的点或块的命令是(　　)。

A. 点样式　　B. 点　　C. 定距等分　　D. 定数等分

(5) 多线是一种由多条平行线组成的组合对象，最多可以包含16条平行线，每一条平行线称为一个(　　)。

A. 元素　　B. 基线　　C. 界限　　D. 平行线

2.10.3　上机操作题

(1) 绘制一段半径为40 mm、弧长为60 mm的圆弧。

(2) 绘制如图2-36所示的多线，要求满足图上所标注的尺寸。

(3) 绘制如图2-37所示的图形，要求满足图上所标注的尺寸。

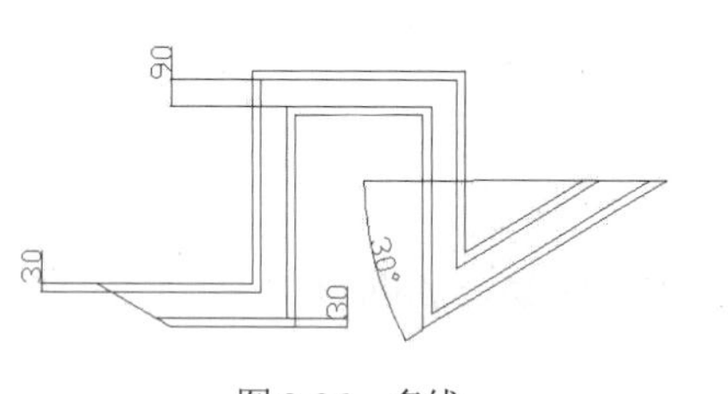

图2-36　多线

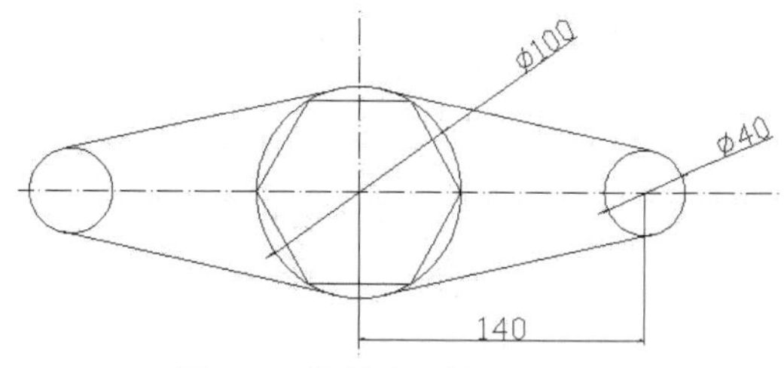

图2-37　旋转臂工件图

第3章

二维图形编辑

在 AutoCAD 2020 中，通过基本的二维绘图命令可以绘制一些简单的图形，但当遇到比较复杂的图形或重复性的、继承性的图形时，就需要使用各种编辑命令对基本图形进行编辑，以快速得到符合要求的图形。本章将讲解移动、旋转、复制、删除、缩放、分解、合并等基本的二维图形编辑方法，这些操作可以通过“修改”工具栏和功能区的“修改”面板上的按钮来实现。通过本章的学习，用户可以熟练掌握二维制图中不同的编辑方法和使用技巧，从而提高绘图效率。

3.1 图形的移动

图形的移动是指对图形的位置进行改变，而不产生新的图形。在 AutoCAD 2020 中，可以使用“移动”和“旋转”命令对当前图形进行移动和旋转。下面分别介绍如何对图形进行移动和旋转。

3.1.1 移动图形

移动图形是指将图形的位置进行移动，而不改变对象的方向和大小，也就是将对象重新定位。

选择“修改”|“移动”命令，或者在“修改”工具栏中单击“移动”按钮✥，或者在命令行中输入 MOVE，都可执行“移动”命令。单击“移动”按钮✥，命令行提示如下。

```
命令: _move
选择对象: 指定对角点: 找到 27 个              //选择需要移动的对象
选择对象:                                    //按 Enter 键，完成选择
指定基点或 [位移(D)] <位移>:                  //输入绝对坐标或在绘图区拾取点作为基点
指定第二个点或 <使用第一个点作为位移>:        //输入相对或绝对坐标，或者拾取点，确定移动的目标位置点
```

图 3-1 演示了移动对象的过程。

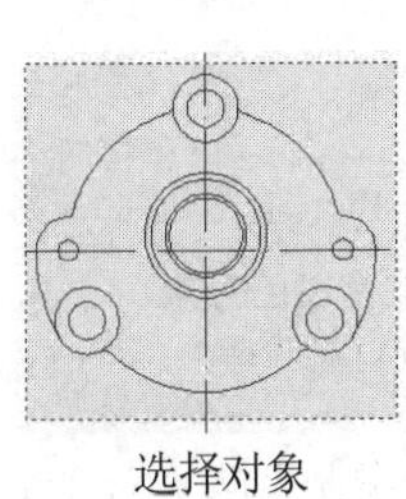
选择对象

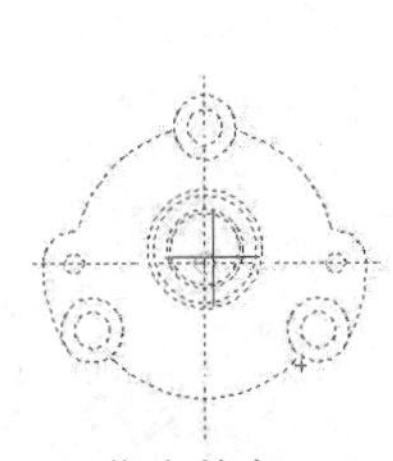
指定基点

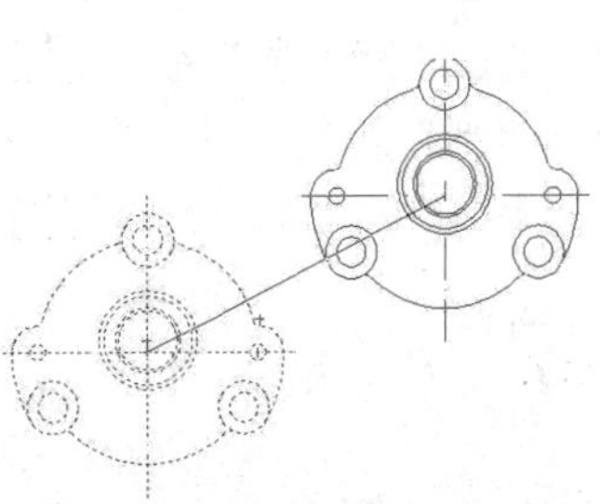
指定移动目标位置

图 3-1　移动对象的过程

3.1.2 旋转图形

旋转图形是按定点旋转图形，只是改变图形的方向，不改变图形的大小，按指定的基点和角度定位新的方向。用户可以通过选择“修改”|“旋转”命令，或者单击“旋转”按钮，或者在命令行中输入ROTATE来执行该命令。

单击“旋转”按钮，命令行提示如下。

```
命令: _rotate
UCS 当前的正角方向: ANGDIR=逆时针    ANGBASE=0
选择对象: 指定对角点: 找到 27 个                    //选择需要旋转的对象
选择对象:                                          //按 Enter 键，完成选择
指定基点:                                          //输入绝对坐标或在绘图区拾取点作为基点
指定旋转角度或 [复制(C)/参照(R)] <0>:180            //输入需要旋转的角度，按 Enter 键完成旋转
```

图3-2演示了旋转图形的操作过程。

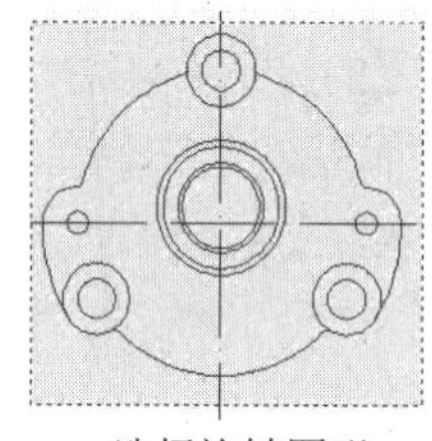

选择旋转图形

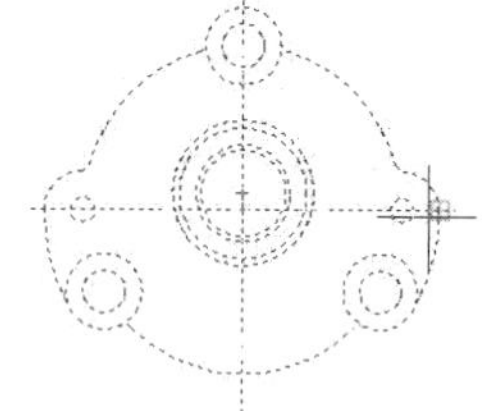

指定旋转基点

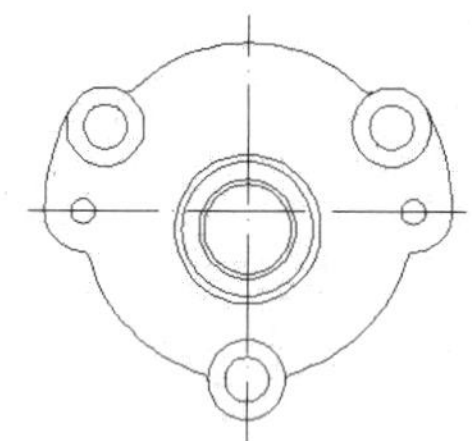

指定旋转角度，完成旋转

图3-2　旋转图形的操作过程

在命令行提示中，“复制”和“参照”选项含义如下。

- “复制”选项：创建要旋转的选定对象的副本。
- “参照”选项：将对象从指定的角度旋转到新的绝对角度。

3.2 图形的复制

当绘制重复性的或继承性的图形时，一般都会选择对图形进行复制操作，在AutoCAD 2020中，复制操作包括复制图形、镜像图形、偏移图形和阵列图形。下面分别对这4种复制方法进行介绍。

3.2.1 复制图形

选择“修改”|“复制”命令，或者单击“复制”按钮，或者在命令行中输入COPY，均可以执行“复制”命令。

执行“复制”命令后，命令行提示如下。

```
命令: _copy
选择对象: 找到 2 个                                 //在绘图区选择需要复制的对象
选择对象:                                          //按 Enter 键，完成对象选择
当前设置: 复制模式 = 多个
指定基点或 [位移(D)/模式(O)] <位移>: o               //输入 o，表示选择复制模式
```

```
输入复制模式选项 [单个(S)/多个(M)] <多个>: s            //输入 s，表示复制一个对象，m 表示连续复制多个
指定基点或 [位移(D)/模式(O)/多个(M)] <位移>:             //在绘图区拾取或输入坐标确认复制对象的基点
指定第二个点或 [阵列(A)] <使用第一个点作为位移>:          //在绘图区拾取或输入坐标确定位移点
```

图 3-3 演示了复制圆环的过程。

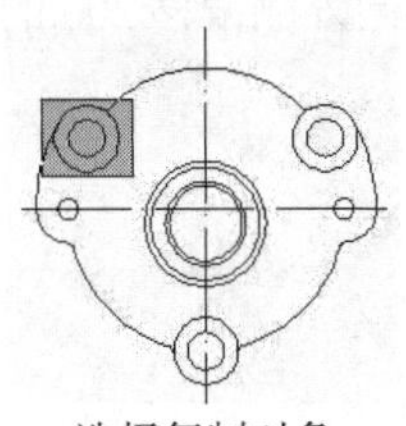
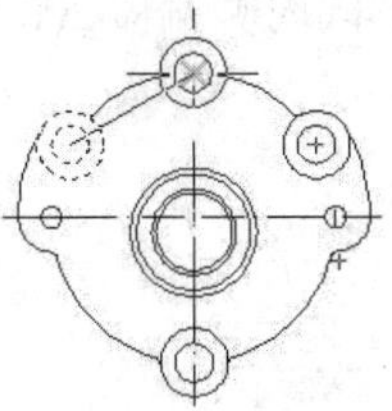
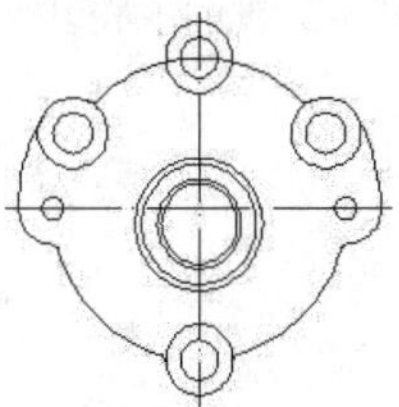

选择复制对象　　捕捉对象基点　　指定插入基点　　完成复制后的效果

图 3-3　复制圆环的过程

3.2.2　镜像图形

当绘制的图形对象相对于某一对称轴对称时，就可以使用“镜像”命令来绘制图形。镜像图形是将选定的对象沿一条指定的直线进行对称复制。

选择“修改”|“镜像”命令，或者单击“镜像”按钮，或者在命令行中输入 MIRROR，都可以执行该命令。执行“镜像”命令后，命令行提示如下。

```
命令: _mirror
选择对象: 找到 2 个                          //在绘图区选择需要镜像的对象
选择对象: 找到 1 个，总计 2 个               //在绘图区选择需要镜像的对象
选择对象:                                    //按 Enter 键，完成对象选择
指定镜像线的第一点:                          //在绘图区拾取或输入坐标确定镜像线的第一点
指定镜像线的第二点:                          //在绘图区拾取或输入坐标确定镜像线的第二点
要删除源对象吗? [是(Y)/否(N)] <N>:           //输入 N 则不删除源对象，输入 Y 则删除源对象
```

图 3-4 演示了镜像操作的过程。

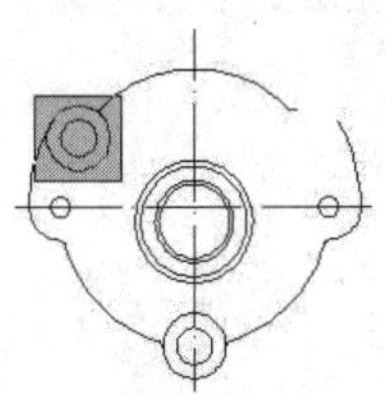
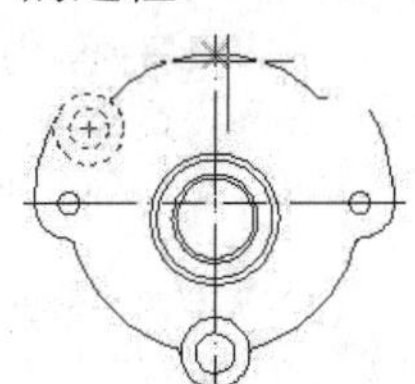
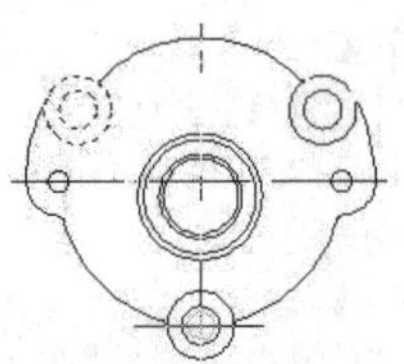
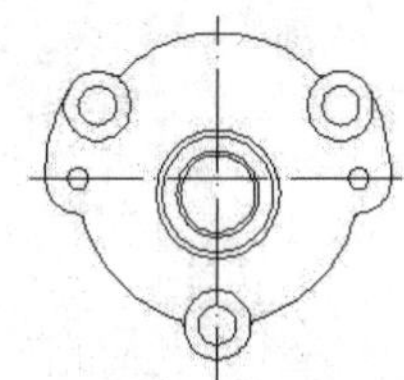

选择镜像对象　　指定镜像线第一点　　指定镜像线第二点　　完成镜像后的效果

图 3-4　镜像操作的过程

3.2.3　偏移图形

偏移图形命令可以根据指定距离或通过点，对直线、圆弧及圆等对象做同心偏移复制操作，实际绘图中经常使用“偏移”功能做平行线或等距离地分布图形。

选择“修改”|“偏移”命令，或者单击“偏移”按钮，或者在命令行中输入 OFFSET，都可执行该命令。执行“偏移”命令后，命令行提示如下。

```
命令: _offset
当前设置: 删除源=否　图层=源　OFFSETGAPTYPE=0
指定偏移距离或 [通过(T)/删除(E)/图层(L)] <1.0000>: 100          //设置需要偏移的距离
```

```
选择要偏移的对象或 [退出(E)/放弃(U)] <退出>:                //在绘图区选择要偏移的对象
指定要偏移的那一侧上的点或 [退出(E)/多个(M)/放弃(U)] <退出>:  //以偏移对象为基准，选择偏移的方向
选择要偏移的对象或 [退出(E)/放弃(U)] <退出>:    //按 Enter 键，完成偏移操作或重新选择偏移对象，
                                              继续进行偏移操作
```

图 3-5 演示了将正五边形向内侧偏移 200 的效果，图 3-6 演示了将圆向外侧偏移 200 的效果。

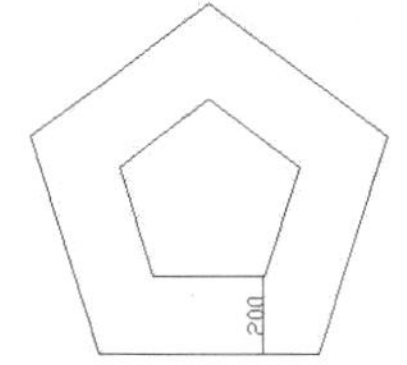

图 3-5　正五边形向内侧偏移 200

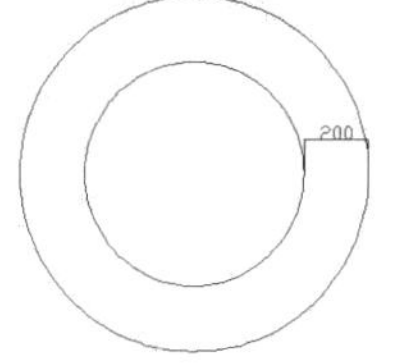

图 3-6　圆向外侧偏移 200

3.2.4　阵列图形

AutoCAD 提供了三种阵列功能，分别是矩形阵列、环形阵列和路径阵列。矩形阵列是指在 X 轴、Y 轴或 Z 轴方向上等间距绘制多个相同的图形；环形阵列是指围绕一个中心，在一定角度上绘制多个图形；路径阵列是指在某个路径上均匀绘制多个相同的图形。

1. 矩形阵列

选择“修改”|“阵列”|“矩形阵列”命令，或者单击“修改”工具栏中的“矩形阵列”按钮，或者在命令行中输入 ARRAYRECT 命令，均可执行“矩形阵列”操作，命令行提示如下。

```
命令: _arrayrect
选择对象: 找到 1 个        //选择图 3-7 所示的左下角的六角螺母为阵列对象
选择对象:                  //按 Enter 键，完成选中
类型 = 矩形  关联 = 是
选择夹点以编辑阵列或 [关联(AS)/基点(B)/计数(COU)/间距(S)/列数(COL)/行数(R)/层数(L)/退出(X)] <退出
>: COL//输入 COL，表示设置列数和列间距
输入列数数或 [表达式(E)] <5>: 5                          //设置列数为 5
指定 列数 之间的距离或 [总计(T)/表达式(E)] <32.6283>: 20  //设置列间距为 20
选择夹点以编辑阵列或 [关联(AS)/基点(B)/计数(COU)/间距(S)/列数(COL)/行数(R)/层数(L)/退出(X)] <退出
>: R//输入 R，表示设置行数和行间距
输入行数数或 [表达式(E)] <4>: 4                          //设置行数为 4
指定 行数 之间的距离或 [总计(T)/表达式(E)] <32.6283>: 20  //设置行间距为 20
指定 行数 之间的标高增量或 [表达式(E)] <0>:               //按 Enter 键，设置标高为 0
选择夹点以编辑阵列或 [关联(AS)/基点(B)/计数(COU)/间距(S)/列数(COL)/行数(R)/层数(L)/退出(X)] <退出
>: X      //输入 X，退出，完成阵列，效果如图 3-7 所示
```

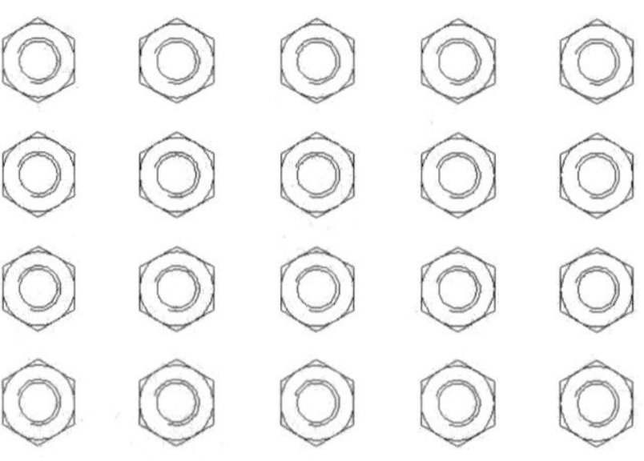

图 3-7　矩形阵列效果

2. 环形阵列

选择“修改”|“阵列”|“环形阵列”命令，或者单击“修改”工具栏中的“环形阵列”按钮，或者在命令行中输入 ARRAYPOLAR 命令，均可执行“环形阵列”操作，命令行提示如下。

```
    命令: _arraypolar
    选择对象: 找到 1 个                                    //选择图 3-8 中左图所示的六角螺母图形
    选择对象:                                              //按 Enter 键，完成选择
    类型 = 极轴  关联 = 是
    指定阵列的中心点或 [基点(B)/旋转轴(A)]:                //拾取大圆的圆心为阵列中心点
    选择夹点以编辑阵列或 [关联(AS)/基点(B)/项目(I)/项目间角度(A)/填充角度(F)/行(ROW)/层(L)/旋转项目
(ROT)/退出(X)] <退出>: I                                  //输入 I，设置项目数
    输入阵列中的项目数或 [表达式(E)] <6>: 8                //设置项目数为 8
    选择夹点以编辑阵列或 [关联(AS)/基点(B)/项目(I)/项目间角度(A)/填充角度(F)/行(ROW)/层(L)/旋转项目
(ROT)/退出(X)] <退出>: F                                  //输入 F，表示设置填充角度
    指定填充角度(+=逆时针、-=顺时针)或[表达式(EX)] <360>:     //按 Enter 键，默认填充角度为 360°
    选择夹点以编辑阵列或[关联(AS)/基点(B)/项目(I)/项目间角度(A)/填充角度(F)/行(ROW)/层(L)/旋转项目
(ROT)/退出(X)] <退出>:                                    //按 Enter 键，完成阵列，效果如图 3-8 右图所示
```

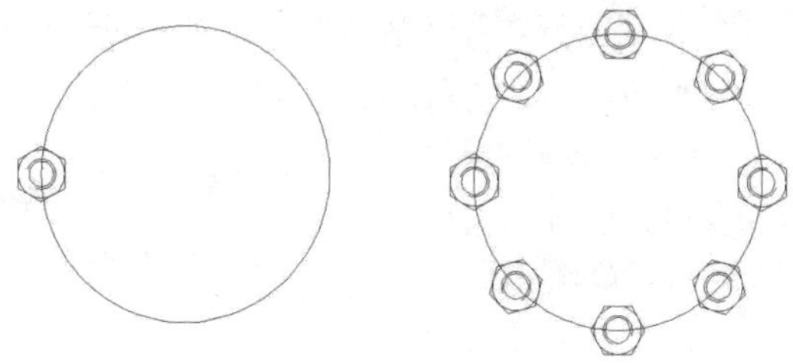

图 3-8　环形阵列效果

3. 路径阵列

选择“修改”|“阵列”|“路径阵列”命令，或者单击“修改”工具栏中的“路径阵列”按钮，或者在命令行中输入 ARRAYPATH 命令，均可执行“路径阵列”操作，命令行提示如下。

```
    命令: _arraypath
    选择对象: 找到 1 个                                    //选择图 3-9 所示的左图中的六角螺母
    选择对象:                                              //按 Enter 键，完成选择
    类型 = 路径  关联 = 是
    选择路径曲线:                                          //选择图 3-9 所示的左图中的样条曲线为路径
    选择夹点以编辑阵列或 [关联(AS)/方法(M)/基点(B)/切向(T)/项目(I)/行(R)/层(L)/对齐项目(A)/Z 方向(Z)/退
出(X)] <退出>: B
    指定基点或 [关键点(K)] <路径曲线的终点>:              //设置六角螺母的中心点为基点
    选择夹点以编辑阵列或 [关联(AS)/方法(M)/基点(B)/切向(T)/项目(I)/行(R)/层(L)/对齐项目(A)/Z 方向(Z)/退
出(X)] <退出>: M                                          //输入 M，表示设置路径阵列的方法
    输入路径方法 [定数等分(D)/定距等分(M)] <定距等分>: D     //输入 D，表示在路径上按照定数等分的方式
                                                              阵列
    选择夹点以编辑阵列或 [关联(AS)/方法(M)/基点(B)/切向(T)/项目(I)/行(R)/层(L)/对齐项目(A)/Z 方向(Z)/退
出(X)] <退出>: I                                          //输入 I，表示设置定数等分的项目数
    输入沿路径的项目数或 [表达式(E)] <255>:5               //输入 5，表示沿路径阵列 5 个项目
    选择夹点以编辑阵列或 [关联(AS)/方法(M)/基点(B)/切向(T)/项目(I)/行(R)/层(L)/对齐项目(A)/Z 方向(Z)/退
出(X)] <退出>:                                            //按 Enter 键，完成阵列，效果如图 3-9 右图所示
```

图 3-9　路径阵列效果

3.3 图形的修改

除了对图形整体进行位移和复制等操作外，在实际绘图中，还经常需要对图形进行其他的一些修改，包括删除、拉伸、延伸、修剪、打断、圆角和倒角、缩放、分解和合并等。本节将逐一介绍这些功能。

3.3.1　删除图形

当绘制的图形不符合要求或要对图形进行的修改量大于重新绘制时，一般都会利用“删除”命令来删除图形。

选择“修改”|“删除”命令，或者单击“删除”按钮，或者在命令行中输入 ERASE，都可执行“删除”命令。单击“删除”按钮，命令行提示如下。

```
命令: _erase
选择对象:        //在绘图区选择需要删除的对象
选择对象:        //按 Enter 键完成对象删除
```

3.3.2　拉伸图形

“拉伸”命令用于拉伸对象中选定的部分，没有被选定的部分保持不变；拉伸的部分形状保持不变，只是与图形选择窗口相交的部分才被拉伸。

选择“修改”|“拉伸”命令，或者单击“拉伸”按钮，或者在命令行中输入 STRETCH，都可执行该命令。单击“拉伸”按钮，命令行提示如下。

```
命令: _stretch
以交叉窗口或交叉多边形选择要拉伸的对象...
选择对象: 指定对角点: 找到 3 个                  //选择需要拉伸的对象，使用交叉窗口选择
选择对象:                                        //按 Enter 键，完成对象选择
指定基点或 [位移(D)] <位移>:                     //在绘图区拾取点作为基点
指定第二个点或 <使用第一个点作为位移>:           //拾取第二点
```

在用交叉窗口方式选择完要拉伸的对象后，指定拉伸的基点和第二点就可以拉伸所选中的对象了，图 3-10 所示是一个拉伸图形的示意图。

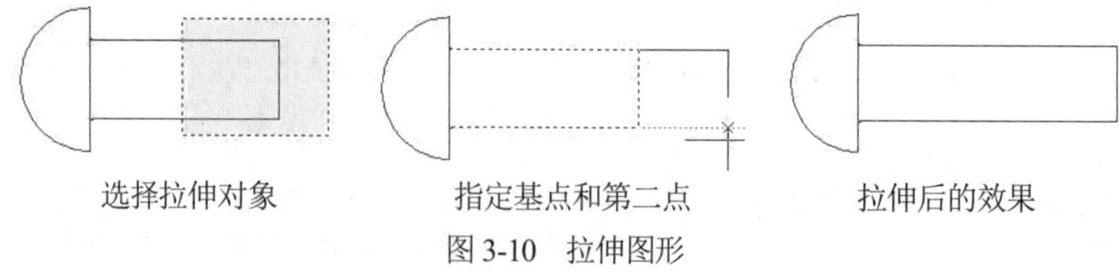

图 3-10　拉伸图形

3.3.3　延伸图形

"延伸"命令可以将选定的图形对象延伸至指定的边界上。选择"修改"|"延伸"命令，或者单击"延伸"按钮，或者在命令行中输入 EXTEND，都可执行该命令。单击"延伸"按钮，命令行提示如下。

```
命令: _extend
当前设置:投影=UCS，边=无
选择边界的边...
选择对象或 <全部选择>:找到 12 个          //选择指定的边界
选择对象:                                //按 Enter 键，完成选择
选择要延伸的对象，或者按住 Shift 键选择要修剪的对象，或者
[栏选(F)/窗交(C)/投影(P)/边(E)/放弃(U)]:     //选择需要延伸的对象
选择要延伸的对象，或者按住 Shift 键选择要修剪的对象，或者
[栏选(F)/窗交(C)/投影(P)/边(E)/放弃(U)]:     //按 Enter 键，完成选择
```

当需要延伸的对象较多时，用户通常还会用到"栏选(F)"和"窗交(C)"两个选项，其含义如下。

- "栏选(F)"选项：表示选择与选择栏相交的所有要延伸的对象。选择栏是一系列临时线段，由两个或多个栏选点指定。
- "窗交(C)"选项：表示通过交叉窗口选择矩形区域(由两点确定)内部或与之相交的需要延伸的对象。

图 3-11 演示了延伸对象的操作过程。

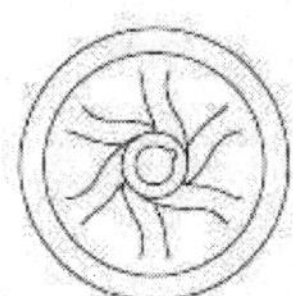

选定的边界　　选定要延伸的对象　　延伸后的效果

图 3-11　延伸图形

3.3.4　修剪图形

"修剪"命令可以将选定的对象在指定边界的一侧部分剪切掉，可以修剪的对象包括直线、射线、圆弧、椭圆弧、二维或三维多段线、构造线及样条曲线等。有效的边界包括直线、射线、圆弧、椭圆弧、二维或三维多段线、构造线和填充区域等。

选择"修改"|"修剪"命令，或者单击"修剪"按钮，或者在命令行中输入 TRIM，都可执行该命令。单击"修剪"按钮后，命令行提示如下。

```
命令: _trim
当前设置:投影=UCS，边=无
选择剪切边...
选择对象或 <全部选择>: 找到 1 个        //选择第一个剪切边界
选择对象: 找到 1 个，总计 2 个          //选择第二个剪切边界
选择对象:                              //按 Enter 键，完成选择
选择要修剪的对象，或者按住 Shift 键选择要延伸的对象，或者
[栏选(F)/窗交(C)/投影(P)/边(E)/删除(R)/放弃(U)]:
```

```
//选择要修剪的对象，光标指定部分边界中间的区域被修剪
选择要修剪的对象，或者按住 Shift 键选择要延伸的对象，或者
[栏选(F)/窗交(C)/投影(P)/边(E)/删除(R)/放弃(U)]:     //按 Enter 键，完成修剪
```

图 3-12 演示了修剪图形的操作过程。

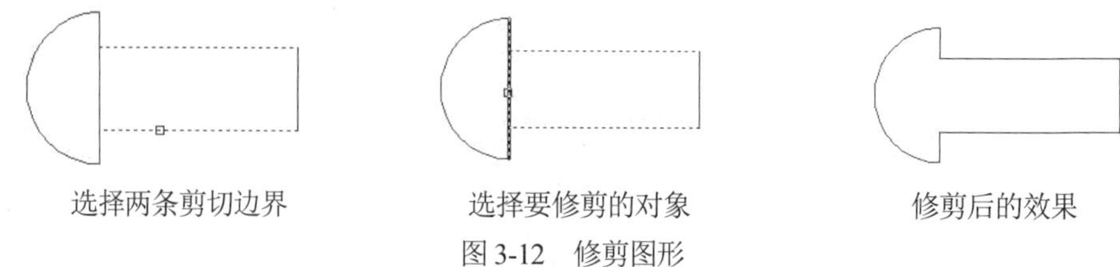

图 3-12　修剪图形

3.3.5　打断图形

在 AutoCAD 2020 中，打断图形分为“打断”和“打断于点”两个命令，下面分别进行介绍。

1. 打断

“打断”命令用于打断所选的对象，即将所选的对象分成两部分，或者删除对象上的某一部分，该命令作用于直线、射线、圆弧、椭圆弧、二维或三维多段线和构造线等。

选择“修改”|“打断”命令，或者单击“打断”按钮，或者在命令行中输入 BREAK，都可执行该命令。单击“打断”按钮，命令行提示如下。

```
命令: _break
选择对象:
指定第二个打断点或[第一点(F)]: f
指定第一个打断点:
指定第二个打断点:
```

在默认情况下，以选择对象时所选取的点作为第一个打断点，这时需要指定第二个打断点。如果直接选取对象上的另一点或在对象的一端之外选取一点，则会删除对象上位于两个选取点之间的部分。如果选择“第一点(F)”选项，则可以重新确定第一个打断点。

如果对圆、矩形等封闭图形使用“打断”命令，系统默认为沿逆时针方向把第一个打断点到第二个打断点之间的曲线删除。

图 3-13 完整演示了打断图形的操作过程。

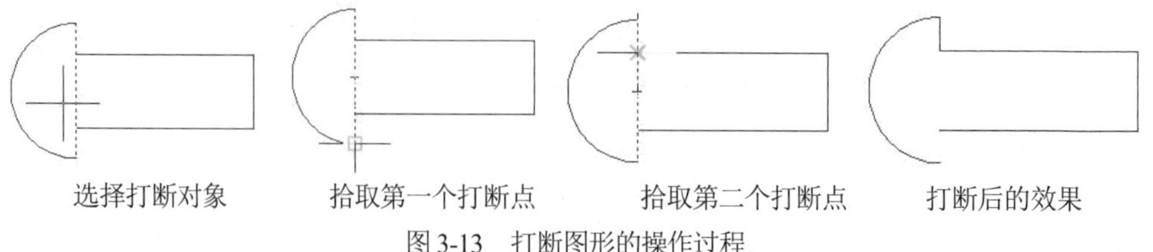

图 3-13　打断图形的操作过程

2. 打断于点

“打断于点”命令用于将对象在一点处打断成两个对象，该命令是由“打断”命令衍生出来的一个命令。

单击“打断于点”按钮，命令行提示如下。

```
命令: _break
选择对象:                                    //选择对象
指定第二个打断点或[第一点(F)]: _f              //系统自动输入 f
指定第一个打断点:                             //指定第一个打断点
指定第二个打断点: @                           //系统默认第二个打断点和第一个打断点重合
```

单击选择打断点后，系统会自动结束该命令。

3.3.6 圆角和倒角图形

在绘制图形时，经常会对图形进行圆角和倒角的操作。“圆角”命令和“倒角”命令是用选定的方式，通过事先确定的圆弧或直线段来连接两条直线、圆、圆弧及椭圆弧等。

1. 圆角

“圆角”命令是将两个图形对象用一个指定半径的圆弧进行光滑连接。

选择“修改”|“圆角”命令，或者单击“圆角”按钮，或者在命令行中输入 FILLET，都可执行“圆角”命令。执行“圆角”命令后，设定半径参数和指定角的两条边，即可完成圆角操作。执行“圆角”命令后，命令行提示如下。

```
命令: _fillet
当前设置: 模式 = 修剪，半径 =0.0000
选择第一个对象或 [放弃(U)/多段线(P)/半径(R)/修剪(T)/多个(M)]: r        //输入 r，设置圆角半径
指定圆角半径 <0.0000>: 10                                             //输入圆角半径
选择第一个对象或[放弃(U)//多段线(P)/半径(R)/修剪(T)/多个(M)]:           //选择第一个圆角对象
选择第二个对象，或者按住 Shift 键选择对象以应用角点或 [半径(R)]:        //选择第二个圆角对象
```

在“圆角”命令中，除“半径(R)”选项外，其他选项含义均与倒角相同，这些选项的含义会在下面介绍“倒角”命令时统一介绍。“半径(R)”选项主要用于控制圆角的半径。

图 3-14 演示了圆角图形的基本操作过程。

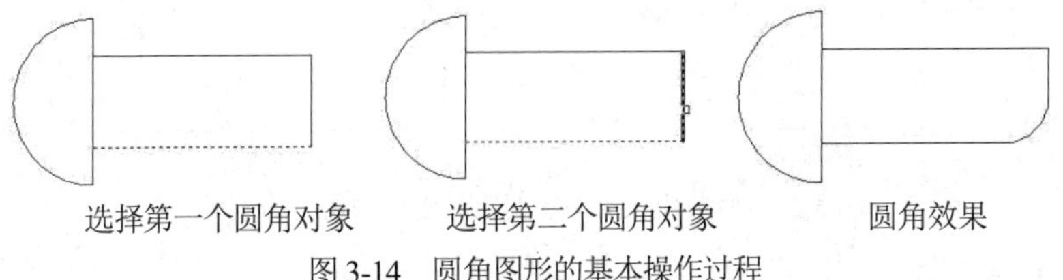

图 3-14 圆角图形的基本操作过程

2. 倒角

倒角是把两条相交线从相交处裁剪指定的长度，并用一条新线段连接两个裁剪边的端点。

在菜单栏中选择“修改”|“倒角”命令，或者单击“倒角”按钮，或者在命令行中输入 CHAMFER，都可执行“倒角”命令。执行“倒角”命令后，需要依次指定倒角的两边、设定倒角在两条边上的距离，倒角的尺寸由这两个距离来决定。执行“倒角”命令，命令行提示如下。

```
命令: _chamfer
(“修剪”模式) 当前倒角距离 1=0.0000，距离 2=0.0000
```

```
选择第一条直线或 [放弃(U)/多段线(P)/距离(D)/角度(A)/修剪(T)/方式(E)/多个(M)]:  d
                                          //输入 d，设置倒角距离
指定第一个倒角距离 <0.0000>: 10             //设置第一个倒角距离
指定第二个倒角距离 <10.0000>: 10            //设置第二个倒角距离
选择第一条直线或 [放弃(U)/多段线(P)/距离(D)/角度(A)/修剪(T)/方式(E)/多个(M)]:
                                          //选择第一条倒角直线
选择第二条直线，或者按住 Shift 键选择直线以应用角点或 [距离(D)/角度(A)/方法(M)]:
                                          //选择第二条倒角直线
```

图 3-15 演示了倒角图形的操作过程。

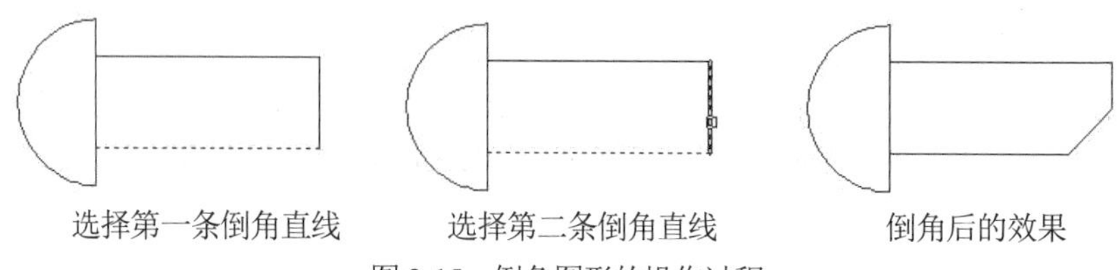

图 3-15　倒角图形的操作过程

在命令行提示中，提供了“多段线(P)”“距离(D)”“角度(A)”“修剪(T)”“方式(E)”和“多个(M)”选项供用户选择。下面对常用选项进行介绍。

- “多段线(P)”选项：用于以当前设置的倒角大小对整个二维多段线进行倒角。如果多段线包含的线段过短以至于不够倒角的距离，则不对这些线段进行倒角。
- “距离(D)”选项：用于设置倒角至选定边端点的距离。如果将两个距离均设置为 0，则 CHAMFER 将延伸或修剪两条直线，以使它们终止于同一点。
- “角度(A)”选项：用第一条线的倒角距离和第二条线的角度来设置倒角距离。
- “修剪(T)”选项：设置是否采用修剪模式执行“倒角”命令，即倒角后是否还保留原来的边线，修剪模式与不修剪模式的倒角效果如图 3-16 所示。
- “多个(M)”选项：用于设置连续操作倒角，不必重新启动命令。

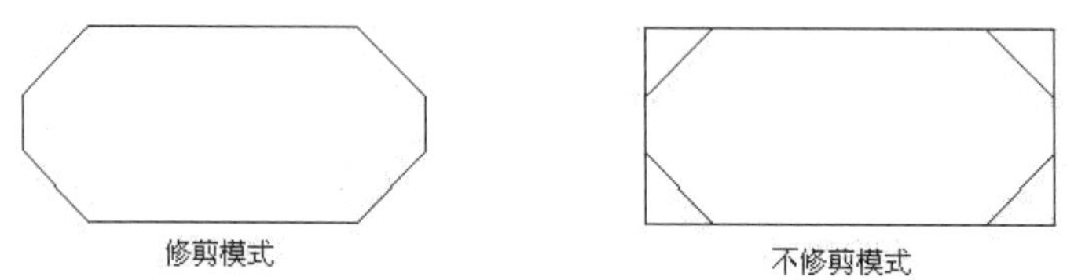

图 3-16　修剪模式与不修剪模式进行倒角后的效果

3.3.7　缩放图形

“缩放”命令是将选择的图形在 X、Y 和 Z 方向按比例放大或缩小。

选择“修改”|“缩放”命令，或者单击“缩放”按钮，或者在命令行中输入 SCALE，都可执行该命令。单击“缩放”按钮，命令行提示如下。

```
命令: _scale
选择对象:  指定对角点: 找到 6 个                 //选择缩放对象
选择对象:                                      //按 Enter 键，完成选择
指定基点:                                      //指定缩放的基点
指定比例因子或 [复制(C)/参照(R)] <1.0000>: 0.5   //输入缩放比例
```

命令行提示中各选项含义如下。

- “比例因子”选项：按指定的比例放大选定对象的尺寸。大于 1 的比例因子能使对象放大，介于 0 和 1 之间的比例因子会使对象缩小。另外，还可以拖动光标使对象变大或变小。
- “复制”选项：创建要缩放的选定对象的副本。
- “参照”选项：按参照长度和指定的新长度缩放所选对象。

图 3-17 演示了缩放图形的操作过程。

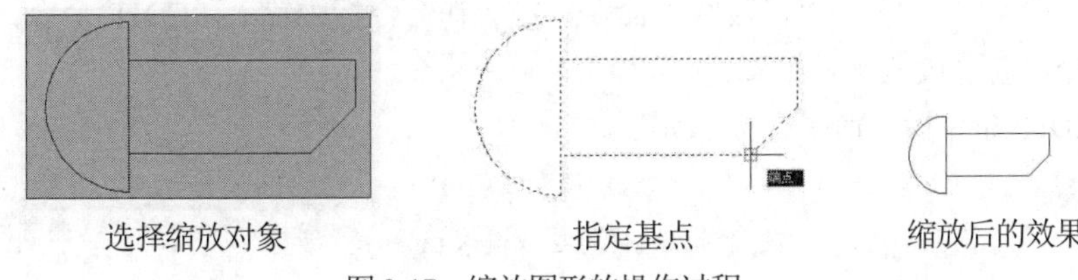

图 3-17　缩放图形的操作过程

3.3.8　分解图形

“分解”命令主要用于将一个对象分解为多个单一的对象，应用于对整体图形、图块、文字、尺寸标注等对象的分解。

选择“修改”|“分解”命令，或者单击“分解”按钮，或者在命令行中输入 EXPLODE，都可执行该命令。单击“分解”按钮，命令行提示如下。

```
命令: _explode              //单击按钮执行命令
选择对象: 找到 1 个          //选择需要分解的图形
```

选择完需要分解的对象后按 Enter 键，即可完成分解。图 3-18 所示为对正六边形进行分解的示意图，分解前正六边形作为一个整体被选择，分解后正六边形的每条边都是一个独立的个体，可以分别被选择。

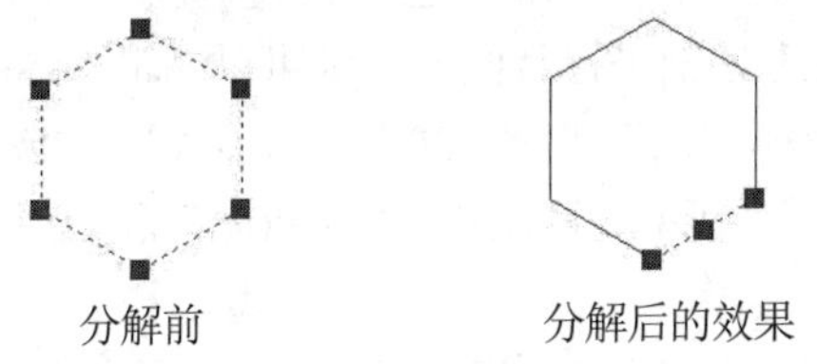

图 3-18　分解图形

3.3.9　合并图形

使用“合并”命令可以将相似的对象合并为一个对象。用户也可以使用圆弧和椭圆弧创建完整的圆和椭圆。将相似的对象与之合并的对象称为源对象。要合并的对象必须位于相同的平面上。

选择“修改”|“合并”命令，或者单击“合并”按钮，或者在命令行中输入 JOIN，都可执行该命令。单击“合并”按钮，命令行提示如下。

```
命令: _join 选择源对象或要一次合并的多个对象: 找到 1 个
                                    //单击按钮执行命令，选择需要合并的第一个对象
选择要合并的对象: 找到 1 个，总计 2 个    //选择第二个合并对象
选择要合并的对象:                       //按 Enter 键，完成对象选择，完成合并
2 条圆弧已合并为 1 条圆弧
```

“合并”命令在命令行的提示信息会因为选择合并的源对象的不同而有所不同。选择的源对象可以是一条直线、多段线、圆弧、椭圆弧、样条曲线或螺旋线。

3.4 多段线的编辑

选择“修改”|“对象”|“多段线”命令，或者在命令行中输入 PEDIT 命令，都可执行多段线编辑命令，对多段线进行编辑。

执行 PEDIT 命令后，命令行提示如下。

```
命令: _pedit
选择多段线或 [多条(M)]:    //使用对象选择方法或输入 m
```

启动多段线编辑命令后，系统会要求用户选择目标对象，此时选择不同的对象将出现不同的提示。提示取决于是选择了二维多段线、三维多段线还是三维多边形网格。

如果选定的对象不是多段线，而是直线或圆弧，则显示以下提示。

```
选定的对象不是多段线。
是否将其转换为多段线？<是>: 输入 y 或 n，或者按 Enter 键
```

如果输入 y，则对象被转换为可编辑的单段二维多段线。使用此操作可以将直线和圆弧合并为多段线；如果 PEDITACCEPT 系统变量设置为 1，将不显示该提示，选定对象将自动转换为多段线。

此处只介绍选定对象是二维多段线的情况，当选择的是二维多段线时，命令行提示如下。

```
输入选项 [闭合(C)/合并(J)/宽度(W)/编辑顶点(E)/拟合(F)/样条曲线(S)/非曲线化(D)/线型生成(L)/反转(R)/
放弃(U)]:    //输入选项或按 Enter 键结束命令
```

如果选择的是闭合多段线，则“打开”选项会替换提示中的“闭合”选项；如果二维多段线的法线与当前用户坐标系的 Z 轴平行且同向，则可以编辑二维多段线。

命令行提示的选项有“闭合(C)”“合并(J)”“宽度(W)”“编辑顶点(E)”“拟合(F)”“样条曲线(S)”“非曲线化(D)”“线型生成(L)”“反转(R)”和“放弃(U)”10 个选项。下面介绍 3 个主要选项的功能。

- “闭合(C)”选项：创建多段线的闭合线，将首尾连接。除非使用“闭合”选项闭合多段线，否则将会认为多段线是开放的。图 3-19 所示为多段线闭合示意图。

闭合前

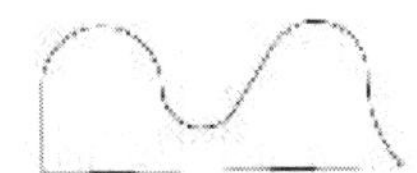

闭合后

图 3-19　多段线闭合示意图

- “合并(J)”选项：在开放的多段线的尾端添加直线、圆弧或多段线和从曲线拟合多段线中删除曲线拟合，构成一个新的多段线。对于要合并多段线的对象，除非在 PEDIT 命令提示下使用“多个”选项，否则它们的端点必须重合。如果一条线段与多段线是 T 形相交或是交叉，则它不会被连接；如果有多条线段与一条多段线在同一端相连，那么只能选其中的一条进行连接，连接完毕后，其他的线段就不能再连接了。

- “宽度(W)”选项：该选项用于为多段线指定一个统一的新宽度。用此方法可以消除多段线宽度不统一的现象，也可以使用“编辑顶点”选项中的“宽度”选项来更改线段的起点宽度和端点宽度。

3.5 样条曲线的绘制和编辑

样条曲线是经过或接近一系列给定点的光滑曲线。在 AutoCAD 中，一般通过指定样条曲线的控制点和起点，以及终点的切线方向来绘制样条曲线，在指定控制点和切线方向时，用户可以在绘图区观察样条曲线的动态效果，这样有助于用户绘制出想要的图形。在绘制样条曲线时，还可以改变样条拟合的偏差，以改变样条与指定拟合点的距离，控制曲线与点的拟合程度。此偏差值越小，样条曲线就越靠近这些点。

3.5.1 绘制样条曲线

选择“绘图”|“样条曲线”命令，或者单击“样条曲线”按钮，或者在命令行中输入 SPLINE，都可执行样条曲线绘制命令。单击“样条曲线”按钮，命令行提示如下。

```
命令: _spline                                          //单击按钮执行命令
当前设置: 方式=拟合    节点=弦
指定第一个点或 [方式(M)/节点(K)/对象(O)]:                 //指定样条曲线的起点
输入下一个点或 [起点切向(T)/公差(L)]: t                   //输入 t，设置起点切向
指定起点切向:                                           //指定样条曲线起点的切线方向
输入下一个点或 [起点切向(T)/公差(L)]:                     //指定样条曲线的第二个控制点
...
输入下一个点或 [端点相切(T)/公差(L)/放弃(U)/闭合(C)]:       //指定样条曲线的其他控制点
输入下一个点或 [端点相切(T)/公差(L)/放弃(U)/闭合(C)]: t     //输入 t，设置终点切线方向
指定端点切向:                                           //指定样条曲线终点的切线方向
```

3.5.2 编辑样条曲线

选择“修改”|“对象”|“样条曲线”命令，或者在命令行中输入 SPLINEDIT，都可以编辑样条曲线。执行 SPLINEDIT 命令后，命令行提示如下。

```
命令: splinedit
选择样条曲线:          //选择需要编辑的样条曲线
输入选项 [闭合(C)/合并(J)/拟合数据(F)/编辑顶点(E)/转换为多段线(P)/反转(R)/放弃(U)/退出(X)] <退出>:
                       //输入样条曲线编辑选项
```

SPLINEDIT 命令行提示中有 8 个选项，下面对主要的 7 个选项进行介绍。

- “闭合(C)”选项：该选项用于闭合原来开放的样条曲线，并使之在端点处相切连续(光滑)，如果起点和端点重合，那么在两点处都相切连续(即光滑过渡)；若选择的样条曲线是闭合的，则“闭合”选项换为“打开”选项。“打开”选项用于打开原来闭合的样条曲线，将其起点和端点恢复到原始状态，移去在该点的相切连续性，即不再光滑连接。
- “合并(J)”选项：该选项用于将选定的样条曲线、直线和圆弧在重合端点处合并到现有的样条曲线中。

- “拟合数据(F)”选项：该选项的功能是对样条曲线的拟合数据进行编辑。
- “编辑顶点(E)”选项：该选项用于对样条曲线控制点进行操作，可以进行添加、删除、移动、提高阶数及设定新权值等操作。
- “转换为多段线(P)”选项：该选项用于将样条曲线转换为多段线。
- “反转(R)”选项：该选项用于将样条曲线的方向调整为反向，但不影响样条曲线的控制点和拟合点。
- “放弃(U)”选项：该选项用于取消最后一步的编辑操作。

3.6 多线的编辑

选择“修改”|“对象”|“多线”命令，或者在命令行中输入 MLEDIT，均可以执行多线的编辑命令。执行 MLEDIT 命令后，弹出如图 3-20 所示的“多线编辑工具”对话框。在此对话框中，可以对十字形、T 字形及有拐角和顶点的多线进行编辑，还可以剪切和合并多线。此对话框中有 4 组编辑工具，每组工具有 3 个选项。要使用这些选项，只需单击选项的图标即可。第 1 列控制的是多线的十字交叉处；第 2 列控制的是多线的 T 形交点的形式；第 3 列控制的是拐角点和顶点；第 4 列控制的是多线的剪切及接合。

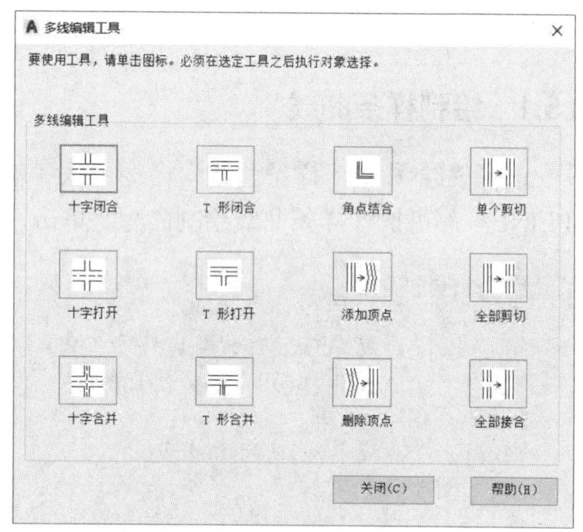

图 3-20 “多线编辑工具”对话框

3.7 块操作

对图块进行的操作包括对图块的定义、插入、编辑等，而动态块的创建是块操作中的一个特殊功能。

3.7.1 定义块

块是一个或多个连接的对象，用于创建单个的对象。块能作为独立的绘图元素插入到一张图纸中，进行任意比例的缩放、旋转并放置在图形中的任意地方。用户还可以将块分解成为其组成对象，并分别对这些对象进行编辑操作后重新定义该块。

1. 块的分类

根据块的不同形式和功能，大致可将块分为内部块和外部块两种。

- 内部块：只能存在于定义该块的图形中，其他图形文件不能使用该图块。
- 外部块：可作为一个图形文件单独存储在磁盘等媒介上，可以被其他图形引用，也可单独调用，进行编辑处理。

2. 内部块的创建

选择“绘图”|“块”|“创建”命令，或者单击“绘图”工具栏中的“创建块”按钮，或者在命令行中输入 BLOCK 命令后按 Enter 键，会弹出如图 3-21 所示的“块定义”对话框。

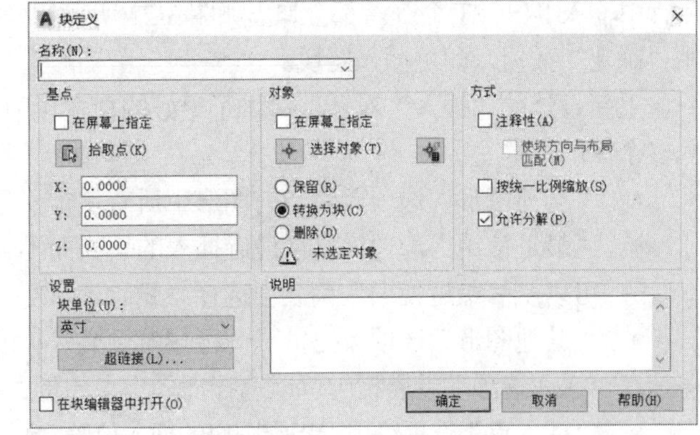

图 3-21　“块定义”对话框

“块定义”对话框中各选项的含义如下。

1) “名称”下拉列表框

该下拉列表框用于输入或选择当前要创建的块的名称。

2) “基点”选项组

该选项组用于指定块的插入基点，默认值是(0,0,0)，即将来该块的插入基准点，也是块在插入过程中旋转或缩放的基点。用户可以分别在 X、Y、Z 文本框中输入坐标值以确定基点，也可以单击“拾取点”按钮，暂时关闭对话框使用户能在当前图形中拾取插入基点。

3) “对象”选项组

该选项组用于指定新块中要包含的对象，以及创建块之后如何处理这些对象，是保留还是删除已选定的对象，或者是将它们转换成块实例。各参数含义如下。

- 单击“选择对象”按钮，暂时关闭“块定义”对话框，允许用户到绘图区选择块对象，完成选择对象后，再按 Enter 键重新显示“块定义”对话框。
- 单击“快速选择”按钮，弹出“快速选择”对话框，该对话框可定义选择集。
- “保留”单选按钮用于设定创建块以后，是否将选定对象保留在图形中以作为参照对象。
- “转换为块”单选按钮用于设定创建块以后，是否将选定对象转换成图形中的块实例。
- “删除”单选按钮用于设定创建块以后，是否从图形中删除选定的对象。
- “选定的对象”选项显示选定对象的数目；未选定对象时，显示“未选定对象”。

4) “设置”选项组

该选项组主要指定块的设置，其中“块单位”下拉列表框可以提供用户选择块参照插入的单位；“超链接”按钮主要用于打开“插入超链接”对话框，用户可以在该对话框中将某个超链接与块定义相关联。

5) “在块编辑器中打开”复选框

选择该复选框，用户单击“确定”按钮后，将在块编辑器中打开当前的块定义，一般用于动态块的创建和编辑。

6) “方式”选项组

该选项组用于指定块的行为。“注释性”复选框用于指定块为注释性的；“按统一比例缩放”复选框指定块参照按统一比例缩放，即各方向按指定的相同比例进行缩放；“允许分解”复选框指定块参照是否可以被分解。

7) “说明”文本框

该文本框用于指定块的文字说明。

3.7.2 插入块

单击“绘图”工具栏中的“插入块”按钮，或者选择“插入”|“块”命令，或者在命令行中输入 INSERT 命令，都会弹出如图 3-22 所示的“插入”对话框，设置相应的参数后，单击“确定”按钮，即可插入图块。

重新设计的“插入”对话框提供了更好的视觉预留，新设计的三个选项板提高了查找和插入多个块的效率。

- “当前图形”选项板将当前图形中所有块定义显示为图标或列表。
- “最近使用”选项板显示最近插入的块，而不管当前图形为何。在块上单击鼠标右键，可以从“最近使用”列表中选择“删除”。
- “其他图形”选项板提供了一种导航到文件夹的方式。

在“插入选项”卷展栏中可以选择插入点、比例、旋转等参数。

- “插入点”选项组用于指定图块的插入位置，通常选中“在屏幕上指定”复选框，在绘图区以拾取点方式配合“对象捕捉”功能进行指定。
- “比例”选项组用于设置图块插入后的比例。选中“在屏幕上指定”复选框，可以在命令行中指定缩放比例，也可以直接在 X、Y 和 Z 文本框中输入数值，以此来指定各个方向上的缩放比例。“统一比例”复选框用于设定图块在 X、Y、Z 方向上缩放是否一致。
- “旋转”选项组用于设定图块插入后的角度。选中“在屏幕上指定”复选框，可以在命令行中指定旋转角度，用户也可以直接在“角度”文本框中输入数值来指定旋转角度。
- “分解”复选框用于控制插入后图块是否自动分解为基本的图元。

3.7.3 定义块属性

块属性是附属于块的非图形的信息，是特定的、可包含在块定义中的对象。块属性描述块的特性，包括标记、提示、值的信息、文字格式、位置等。块属性是块的一个组成部分，当插入一个块时，其属性也一起插入图中；当对块进行编辑时，其属性也将改变。

选择“绘图”|“块”|“定义属性”命令，或者在命令行中输入 ATTDEF，都会弹出如图 3-23 所示的“属性定义”对话框。

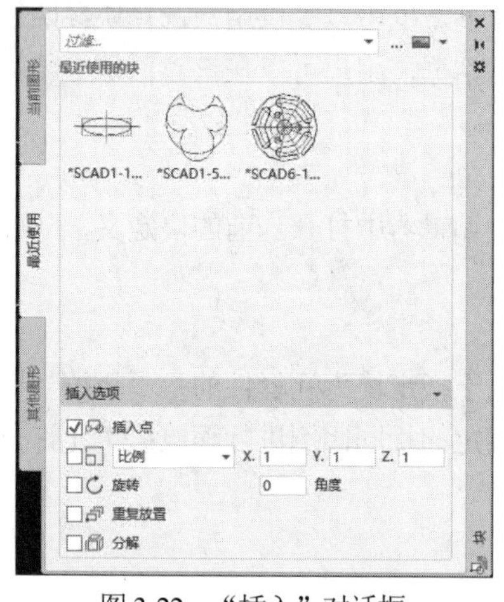

图 3-22 “插入”对话框

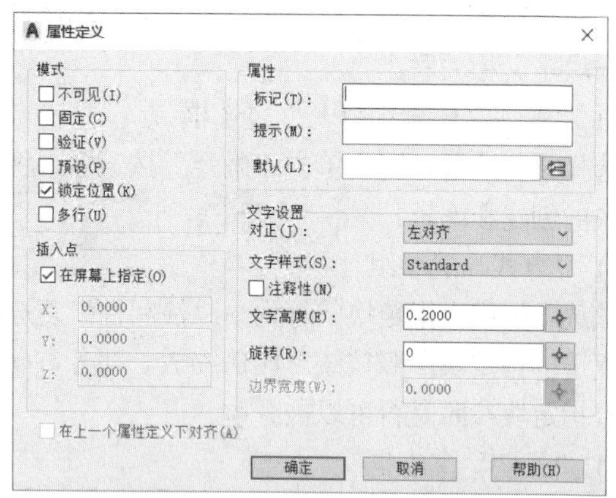

图 3-23 “属性定义”对话框

在“属性定义”对话框中，包含“模式”“属性”“插入点”和“文字设置”4 个选项组及“在上一个属性定义下对齐”复选框，用于定义属性模式、属性标记、属性提示、属性值、插入点及属性的文字选项。下面分别介绍各个选项的含义。

1) “模式”选项组

该选项组用于设置属性模式。“不可见”复选框表示插入图块且输入属性值后，属性值不在图中显示；“固定”复选框表示属性值是一个固定值；“验证”复选框表示会提示输入两次属性值，以便验证属性值是否正确；“预设”复选框表示插入包含预设属性值的块时，将属性设置为默认值；“锁定位置”复选框表示锁定块参照中属性的位置，若解锁，属性可以相对于使用夹点编辑的块的其他部分进行移动，并且可以调整多行属性的大小；“多行”复选框用于指定属性值可以包含多行文字，选中此复选框后，可以指定属性的边界宽度。

2) “属性”选项组

该选项组用于设置属性的数据。“标记”文本框用于标识图形中每次出现的属性；“提示”文本框指定在插入包含该属性定义的块时所显示的提示，提醒用户指定属性值；“默认”文本框用于指定默认的属性值；单击“插入字段”按钮，可以打开“字段”对话框以插入一个字段作为属性的全部或部分值。

3) “插入点”选项组

该选项组用于指定图块属性的位置。选中“在屏幕上指定”复选框，在绘图区中指定插入点，用户也可以直接在 X、Y 和 Z 文本框中输入坐标值以确定插入点，一般采用“在屏幕上指定”方式。

4) “文字设置”选项组

该选项组用于设置属性文字的对正、样式、高度和旋转。“对正”下拉列表框用于设置属性值的对正方式；“文字样式”下拉列表框用于设置属性值的文字样式；“文字高度”文本框用于设置属性值的高度；“旋转”文本框用于设置属性值的旋转角度；“边界宽度”文本框用于指定“多行”复选框所设定的文字行的最大长度。

5) “在上一个属性定义下对齐”复选框

选中该复选框，将属性标记直接置于定义的上一个属性的下面。如果之前没有创建属性定义，则此选项不可用。

通过“属性定义”对话框，用户只能定义一个属性，但是并不能指定该属性属于哪个图块，因此用户必须通过“块定义”对话框将图块和所定义的属性再重新定义为一个新的图块。

3.7.4　编辑块属性

在命令行中输入 ATTEDIT，命令行提示如下。

```
命令: attedit
选择块参照:          //要求指定需要编辑属性值的图块
```

在绘图区选择需要编辑属性值的图块后，会弹出“编辑属性”对话框，如图 3-24 所示，用户可以在定义的提示信息文本框中输入新的属性值，再单击“确定”按钮完成修改。

用户选择相应的图块后，选择“修改”|“对象”|“属性”|“单个”命令，会弹出如图 3-25 所示的“增强属性编辑器”对话框。在“属性”选项卡中，用户可以在“值”文本框中修改属

性的值。在如图3-26所示的“文字选项”选项卡中，可以修改文字属性，包括文字样式、对正、高度等属性，其中“反向”和“倒置”复选框主要用于在图块镜像后进行的修改。在如图3-27所示的“特性”选项卡中可以对属性所在的图层、线型、颜色和线宽等进行设置。

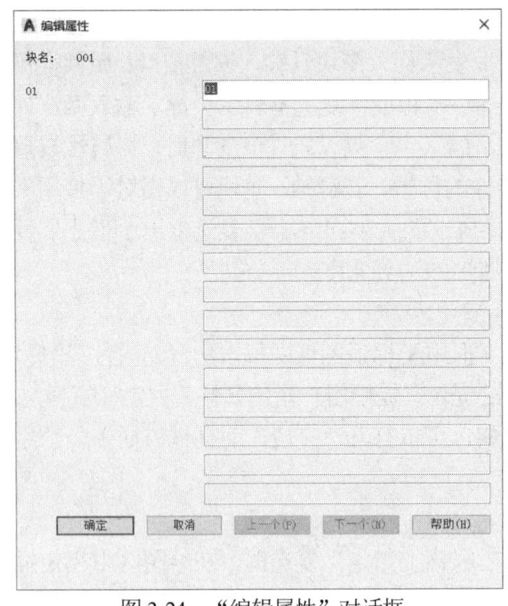

图3-24　“编辑属性”对话框

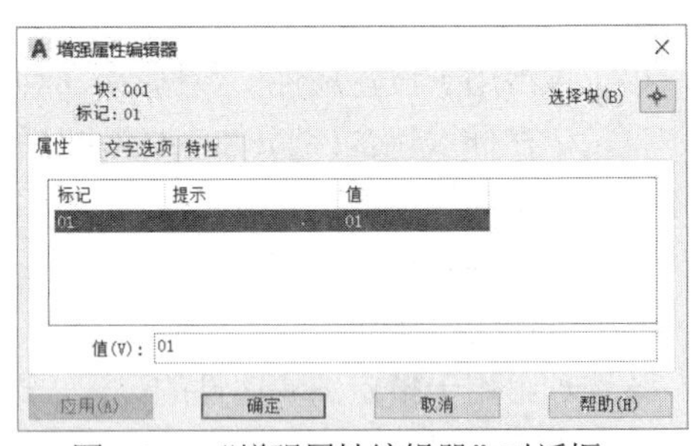

图3-25　“增强属性编辑器”对话框

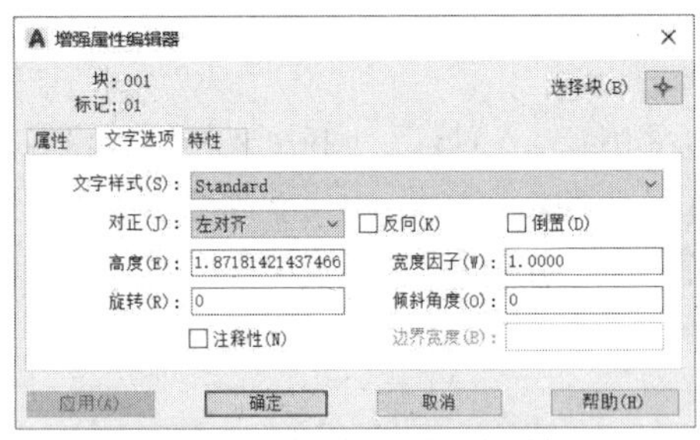

图3-26　“文字选项”选项卡

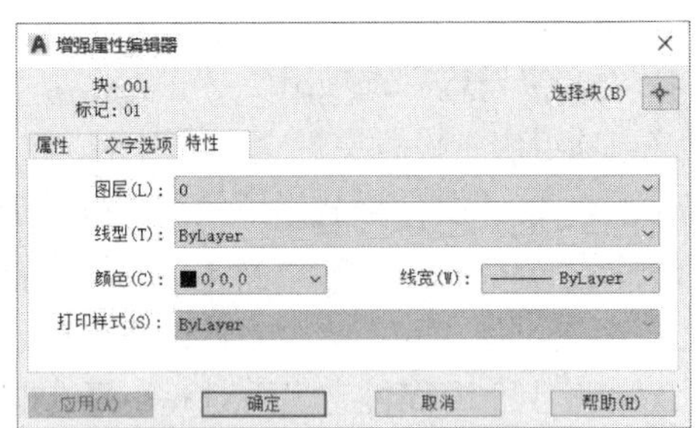

图3-27　“特性”选项卡

用户还可以通过“特性”选项板来编辑图块的属性，选择要编辑的图块，右击，选择“特性”命令，弹出“特性”选项板，如图3-28所示。在选项板的“其他”卷展栏中可以修改旋转角度，在“属性”卷展栏中可以修改属性值。

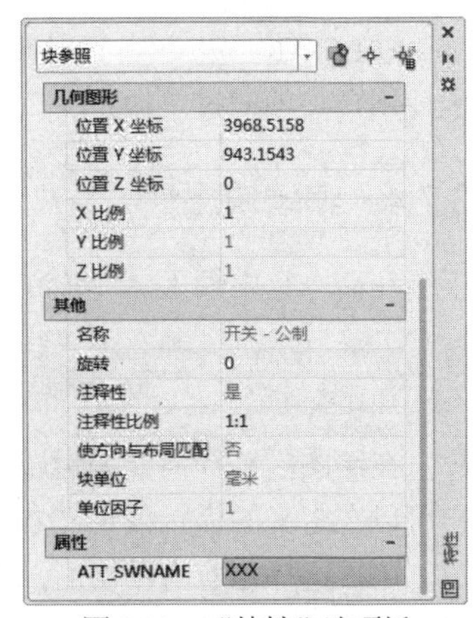

图3-28　“特性”选项板

3.7.5　动态块

通过动态块功能，用户可利用自定义夹点或特性来编辑几何图形，这使得用户不必再通过搜索另一个块来插入或重定义现有的块，可根据需要方便地调整块。

在默认情况下，动态块的自定义夹点的颜色与标准夹点的颜色和样式不同。表3-1显示了可包含在动态块中的不同类型的自定义夹点。如果进行分解或按非统一缩放某个动态块参照来进行操作，它就会丢失其动态特性。

表 3-1 夹点操作方式表

参 数 类 型	夹 点 类 型		可与参数关联的动作
点		标准	移动、拉伸
线性		线性	移动、缩放、拉伸、阵列
极轴		标准	移动、缩放、拉伸、极轴拉伸、阵列
XY		标准	移动、缩放、拉伸、阵列
旋转		旋转	旋转
翻转		翻转	翻转
对齐		对齐	无(此动作隐含在参数中)
可见性		查询	无(此动作是隐含的，并且受可见性状态的控制)
查询		查询	查询
基点		标准	无

要成为动态块的块必须包含一个或多个与该参数关联的动作，该工作可由块编辑器来完成，块编辑器是专门用于创建块定义并添加动态行为的编写区域。在菜单栏中选择“工具”|“块编辑器”命令，或者在命令行中输入 BEDIT 后按 Enter 键，系统会弹出如图 3-29 所示的“编辑块定义”对话框，在“要创建或编辑的块”文本框中可选择已经定义的块，也可选择当前图形创建的新动态块。如果选择“<当前图形>”，则当前图形将在块编辑器中打开。在图形中添加动态元素后，可保存图形并将其作为动态块参照插入另一个图形中，同时还可在“预览”窗口中查看所选择的块，“说明”栏将显示关于该块的一些信息。

单击该对话框中的“确定”按钮，即可进入如图 3-30 所示的“块编辑器”。该编辑器由块编辑器工具栏、块编写选项板和编写区域组成。

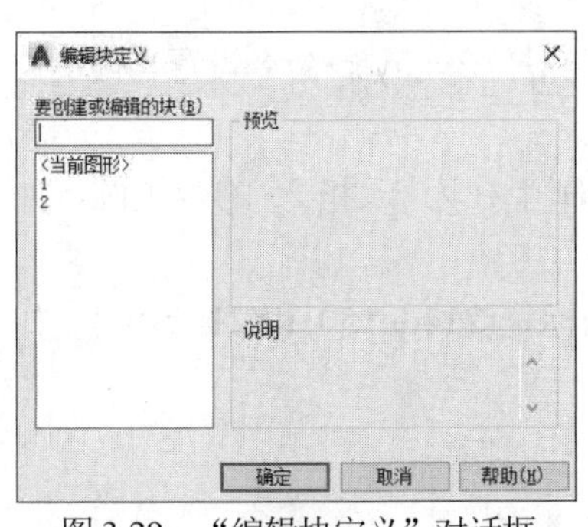

图 3-29 “编辑块定义”对话框

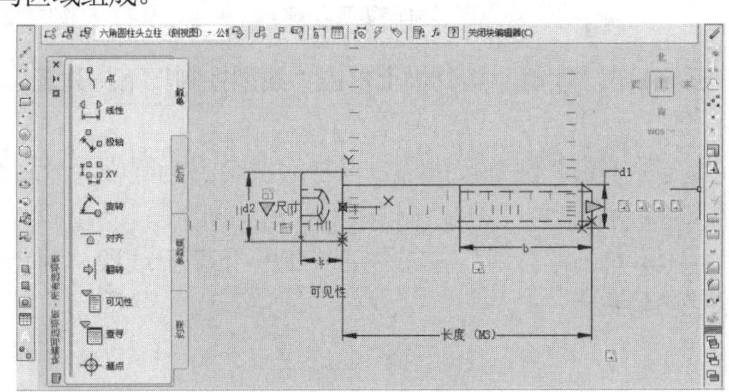

图 3-30 块编辑器

在“块编辑器”中，块编辑器工具栏位于整个编辑区的正上方，提供了用于创建动态块及设置可见性状态的工具。块编写选项板中包含用于创建动态块的工具，它包含“参数”“动作”“参数集”和“约束”4 个选项卡，其中“参数”选项卡用于向块编辑器中的动态块添加参数，动态块的参数包括点参数、线性参数、极轴参数、XY 参数、旋转参数、对齐参数、翻转参数、可见性参数、查询参数和基点参数；“动作”选项卡用于向块编辑器中的动态块添加动作，包括移动动作、缩放动作、拉伸动作、极轴拉伸动作、旋转动作、翻转动作、阵列动作和查询动作，“参数集”选项卡用于在块编辑器中向动态块定义中添加一个参数和至少一个动作的工具，是创建动态块的一种快捷方式；“约束”选项卡用于在块编辑器中向动态块定义中添加几何约束或标注约束。

3.8 绘制矩形花键

本节利用之前所学的知识，主要运用镜像、复制、旋转及修剪等方法绘制一个矩形花键平面图，绘制出的效果如图 3-31 所示。

具体操作步骤如下。

(1) 新建“点画线”和“轮廓线”两个图层，并将“点画线”图层设为当前图层，加载 ACAD_ISO10W100 线型，并将此线型设置为当前线型。

(2) 在状态栏中单击按钮开启正交模式。

(3) 单击“直线”按钮，绘制两条垂直相交的线段，第一条直线两点坐标是(0,120)和(420,120)，第二条直线两点坐标是(210,0)和(210,290)，效果如图 3-32 所示。

(4) 在状态栏中单击按钮，开启对象捕捉辅助功能。对象捕捉功能采用系统默认的设置。

(5) 在“图层”工具栏中选择“轮廓线”图层，并设置为当前图层。

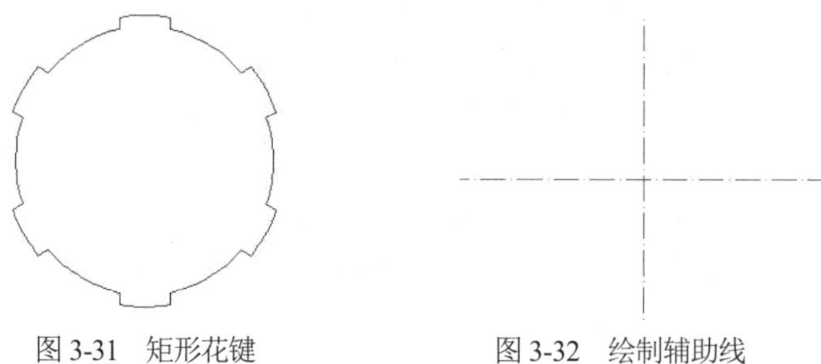

图 3-31　矩形花键　　图 3-32　绘制辅助线

(6) 在“特性”工具栏上单击“线型控制”下拉列表，并选择 ByLayer 命令设置当前图层线型。

(7) 单击“圆”按钮，以辅助线交点为圆心，分别绘制半径为 23 和 25 的两个圆，如图 3-33 所示。

(8) 单击“直线”按钮，绘制一条竖直线段，两点坐标是(214.5,150)和(214.5,90)，如图 3-34 所示。

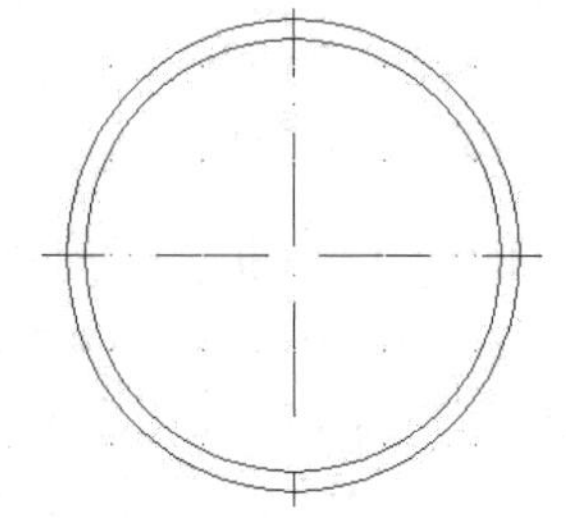

图 3-33　绘制半径为 23 和 25 的两个圆

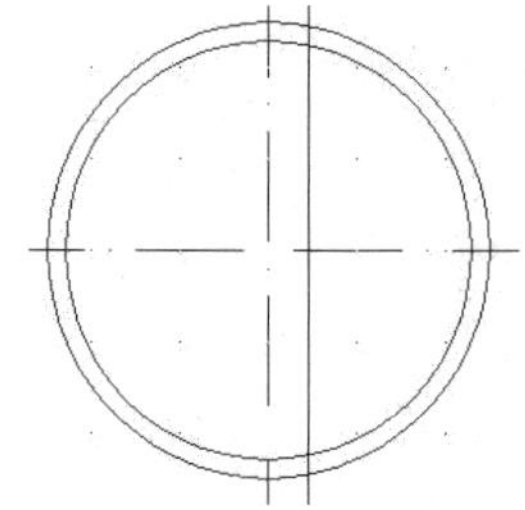

图 3-34　绘制竖直线

(9) 单击“镜像”按钮，以步骤(3)绘制的竖直线为镜像线，镜像步骤(8)所绘制的竖直线，效果如图 3-35 所示。

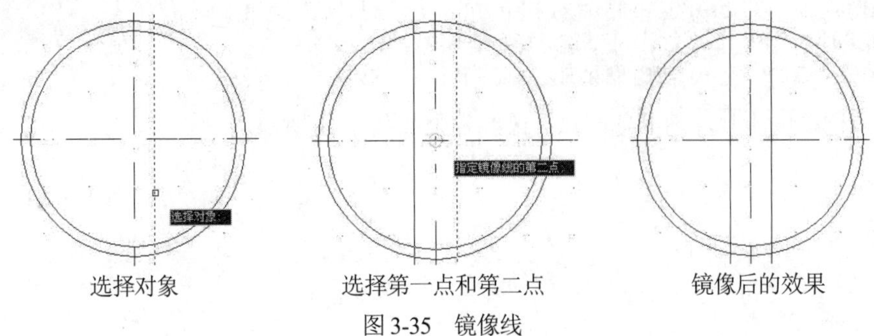

选择对象　　选择第一点和第二点　　镜像后的效果

图 3-35　镜像线

(10) 单击“旋转”按钮，选择两条竖直线，绕步骤(3)绘制的水平和竖直线的交点复制旋转 120°，效果如图 3-36 所示。按同样的步骤把两条竖直线旋转 240°，效果如图 3-37 所示。

(11) 单击“修剪”按钮，修剪直线，效果如图 3-38 所示。

(12) 以同样的步骤修剪其他直线，效果如图 3-39 所示。

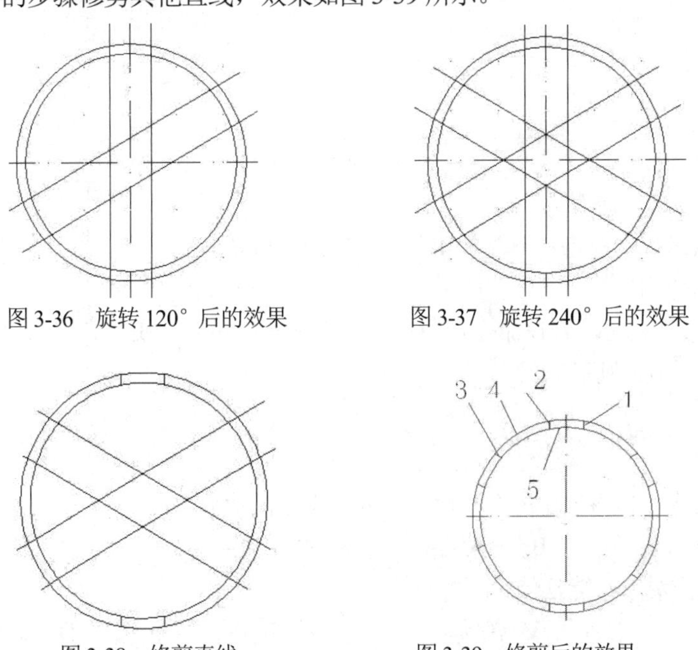

图 3-36　旋转 120°后的效果　　图 3-37　旋转 240°后的效果

图 3-38　修剪直线　　图 3-39　修剪后的效果

(13) 单击“修剪”按钮，修剪圆弧，效果如图 3-40 所示，命令行提示如下。

```
命令: _trim
当前设置:投影=UCS，边=无
选择剪切边...
选择对象或 <全部选择>:  找到 1 个                //选择直线 1
选择对象: 找到 1 个，总计 2 个                  //选择直线 2
选择对象: 找到 1 个，总计 3 个                  //选择直线 3
选择对象:
选择要修剪的对象，或者按住 Shift 键选择要延伸的对象，或者
[栏选(F)/窗交(C)/投影(P)/边(E)/删除(R)/放弃(U)]:      //选择直线之间的圆弧 4
```

```
选择要修剪的对象，或者按住 Shift 键选择要延伸的对象，或者
[栏选(F)/窗交(C)/投影(P)/边(E)/删除(R)/放弃(U)]:        //选择直线之间的圆弧 5
选择要修剪的对象，或者按住 Shift 键选择要延伸的对象，或者
[栏选(F)/窗交(C)/投影(P)/边(E)/删除(R)/放弃(U)]:        //放弃完成
```

(14) 以同样的步骤修剪其他圆弧，最终效果如图 3-41 所示。

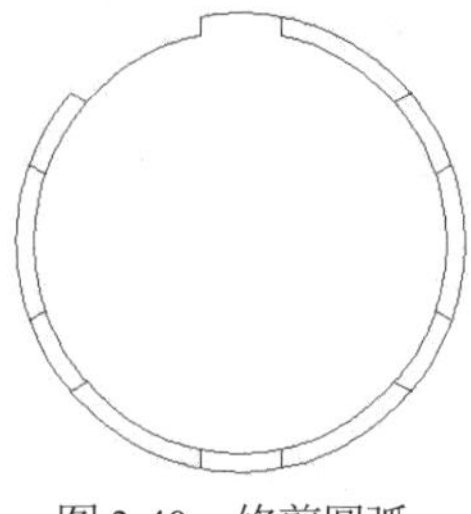
图 3-40　修剪圆弧

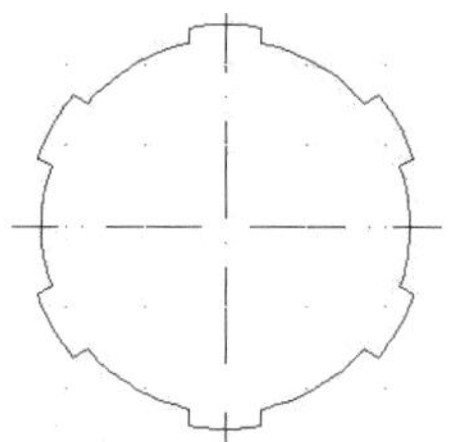
图 3-41　修剪后的效果

3.9 习题

3.9.1 填空题

(1) 在 AutoCAD 中，有________、________、________和________4 种图形复制方式。

(2) 要移动对象，可以使用______命令；要旋转对象，可以使用________命令；要删除对象，可以使用________命令。

(3) 在 AutoCAD 中，有________和________两种倒角方式。

(4) 多线的编辑主要分________、________、________和________。

(5) 使用环形阵列时，若在命令行中输入填充角度的角度为负值，对象沿________复制；若输入的角度为正值，则对象沿________复制。

3.9.2 选择题

(1) (　　)命令可以将选定的图形对象延伸至指定的边界上。

A. 延伸　　B. 分解　　C. 合并　　D. 删除

(2) (　　)图形对象不能延伸。

A. 矩形　　B. 直线　　C. 圆弧　　D. 多线

(3) 用户需要将源对象向右下阵列，则“行之间的距离”参数需要设置为(　　)，“列之间的距离”参数需要设置为(　　)。

A. 负数，正数　　B. 负数，负数　　C. 正数，正数　　D. 正数，负数

(4) (　　)图形对象不能使用同心偏移。

A. 圆　　B. 正六边形　　C. 修订云线　　D. 多线

(5) 下面不属于十字交叉线编辑的是(　　)。

A. 十字合并　　B. 十字打开　　C. 十字闭合　　D. T 形闭合

3.9.3　上机操作题

(1) 绘制如图 3-42 所示的六角形螺栓。

(2) 按照尺寸绘制如图 3-43 所示的泵盖图。

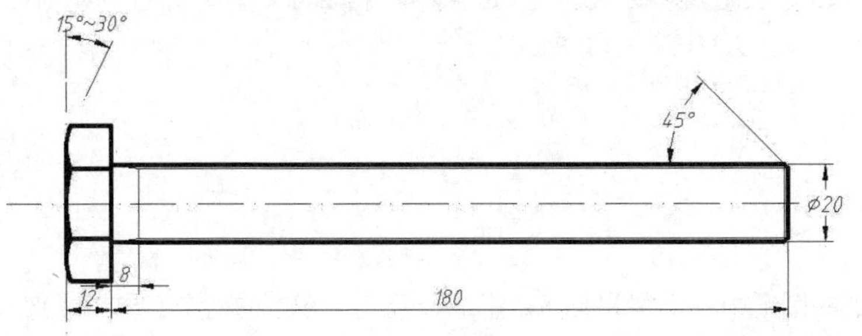

图 3-42　六角形螺栓

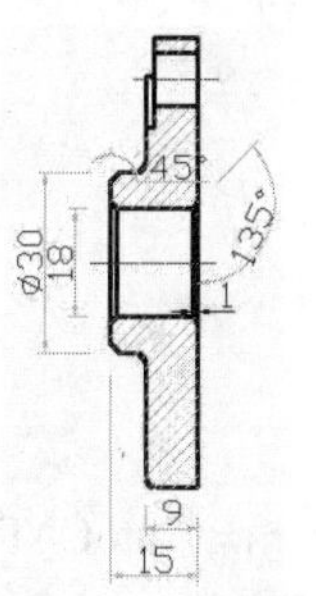

图 3-43　泵盖图

(3) 绘制如图 3-44 所示的支座主视图。

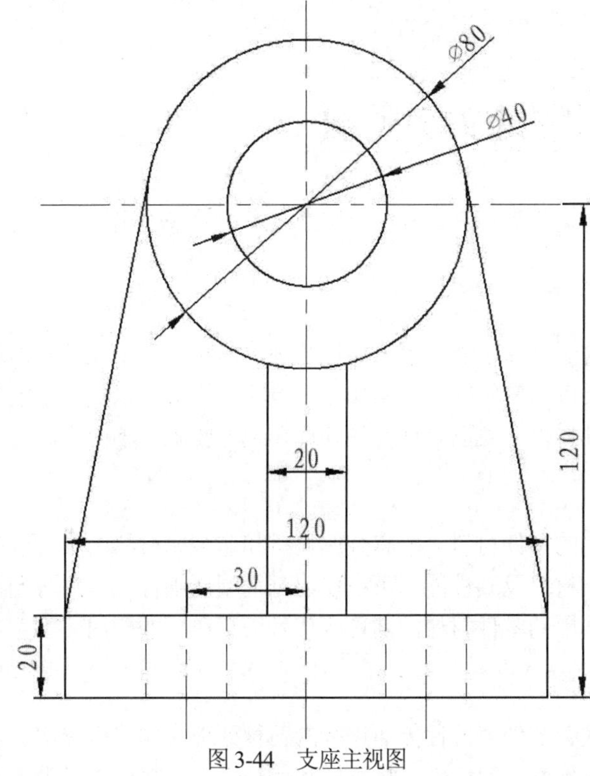

图 3-44　支座主视图

第 4 章
创建文字与表格

在 AutoCAD 2020 绘制的图纸中，文字和表格是组成一幅完整图纸的两个必要组成部分。文字可以对实际工程要求进行必要的说明，能为图形对象提供必要的说明和注释。表格常用于工程制图中的各类需要以表的形式来表达的文字内容。文字和表格一起可以更加明确地表达绘图者的思想。AutoCAD 2020 为用户提供了单行文字、多行文字和表格功能，以方便用户快速地创建文字和表格。

4.1 机械制图常见文字类别

机械制图中常见的文字类别有两种，分别是技术说明和引出文字说明。

4.1.1 技术说明

一张完整、正规的图纸除了能表示出零件结构的形状和大小尺寸外，还应有详细必要的技术说明。技术说明主要包括零件的设计、加工、检验、修饰，以及零件装配与使用等方面的内容。下面主要介绍零件材料、表面处理及热处理和装配要求 3 项内容。

1. 零件材料

机械制造业中所用的零件材料一般有金属材料和非金属材料两类，金属材料用得最多。常用的金属材料和非金属材料及其性能，可在使用时查阅《工程材料》等相关教材和技术手册。在机械图纸中应将所选用的零件材料的名称或代号填写在标题栏内。

2. 表面处理及热处理

表面处理是为了改善零件表面性能而进行的各种处理，如渗碳淬火、表面镀铬等，表面处理可以提高零件表面的硬度、耐磨性、抗蚀性和美观性等。热处理是改变整个零件材料的金属组织以提高或改善材料的机械性能的处理方法，如淬火、回火、退火和调质等。

表面处理和热处理的要求可以直接标注在图上(如图 4-1 所示)，也可以以文字的形式写在技术要求的文字项目内(如图 4-2 所示)。

3. 装配要求

装配要求主要包括装配体在装配过程中应注意的事项及特殊加工要求，装配后应达到的性能要求，以及装配体在检验、试验方面的要求。

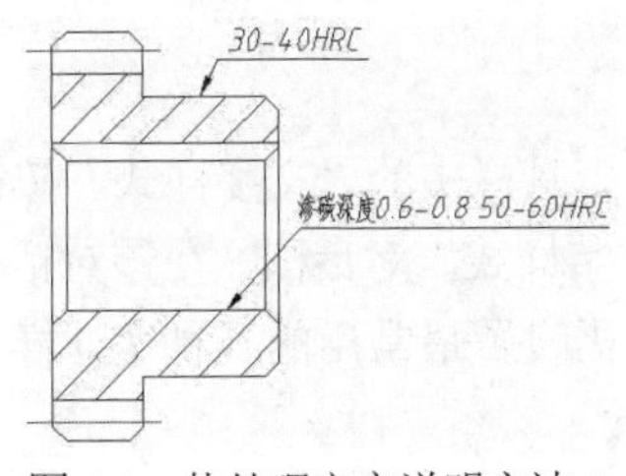

图 4-1　热处理文字说明方法 1

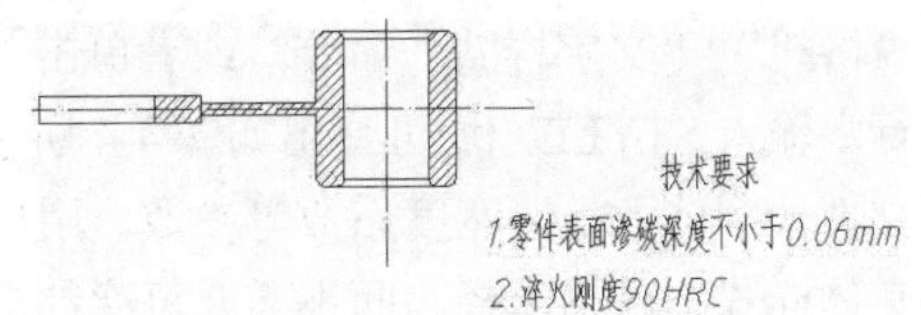

图 4-2　热处理文字说明方法 2

装配要求一般标注在明细表的上方或图纸下部空白处，如果内容很多也可以单独编写成技术文件作为图纸的附件。这部分内容将在后续章节中进行详细介绍。

4.1.2　引出文字说明

引出文字说明一般是对尺寸标注或技术说明的补充，用于标注引出注释，由文字和引出线组成，引出点处可带箭头也可不带，文字由中文和英文组成。图 4-3 所示为孔的引出文字说明示例，用于说明孔的技术要求。

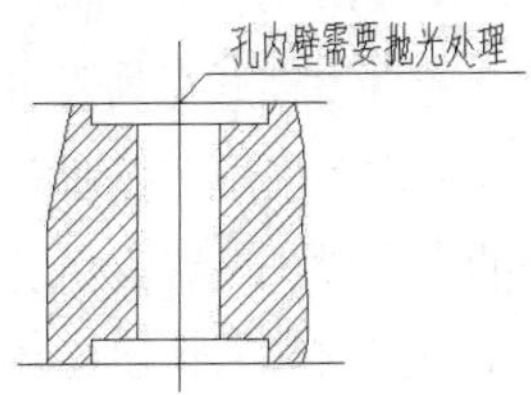

图 4-3　孔的引出文字说明

4.2　文字样式

文字样式是一组可随图形保存的文字设置的集合，包括字体、文字高度及特殊效果等。在 AutoCAD 2020 中所有的文字，包括图块和标注中的文字都是同一定的文字样式相关联的。若要创建文字，应先设置文字样式，从而避免在输入文字时设置文字的字体、字高和角度等参数。设置好文字样式，将文字样式置为当前样式，即可在创建文字时使用该样式。

4.2.1　机械制图文字标准

机械制图中，文字标准主要是指国家对文字的字体、高度等的规定。机械制图国家文字标准与 ISO 标准完全一致，以直线笔道为主，应尽量减少弧线，去掉一些笔画的出头，这样既便于书写，又利于计算机绘图。《技术制图—字体(GB/T 14691—1993)》中对字体有相关的规定，综合起来，机械制图文字标准主要有以下几点。

- 书写字体必须做到字体工整、笔画清楚、间隔均匀及排列整齐。
- 字体高度代表了字体的号数，字体高度国家标准中规定的公称尺寸系列为：1.8mm，2.5mm，3.5mm，5mm，7mm，10mm，14mm 和 20mm。
- 文字中的汉字应该采用长仿宋字体，字体高度 h 不应小于 3.5mm，字宽一般应该为 $h/\sqrt{2}$；文字中的字母和数字分为 A 型和 B 型，A 型字体的笔画宽度 d 为 $h/14$，B 型字体的笔画宽度 d 为 $h/10$。字母和数字可以写成斜体或直体，斜体字的字头应该向右倾斜，与水平基准线成 75°。
- 用作指数、分数、极限偏差、注脚等的数字及字母，一般应用小一号的字体。

4.2.2 创建文字样式

选择“格式”|“文字样式”命令，或者单击“文字”工具栏中的“文字样式”按钮，或者在命令行中输入 STYLE，均可弹出如图 4-4 所示的“文字样式”对话框，在该对话框中可以设置字体文件、字体大小、宽度系数等参数。用户一般只需设置最常用的几种字体样式，需要时从这些字体样式中进行选择，而不需要每次都重新设置。

“文字样式”对话框包含“样式”“字体”“大小”“效果”“预览”5 个选项组，下面分别进行介绍。

1) “样式”列表

“样式”列表中显示了已经创建好的文字样式。默认情况下，“样式”列表中存在 Annotative 和 Standard 两种文字样式，图标表示创建的是注释性文字的文字样式。

当选择“样式”列表中的某个样式时，右侧显示该样式的各种参数，用户可以对参数进行修改，单击“应用”按钮，即可完成样式参数的修改。单击“置为当前”按钮，则可以把当前选择的文字样式设置为当前使用的文字样式。

单击“新建”按钮，弹出如图 4-5 所示的“新建文字样式”对话框，在该对话框的“样式名”文本框中输入样式名称，再单击“确定”按钮，即可创建一种新的文字样式。

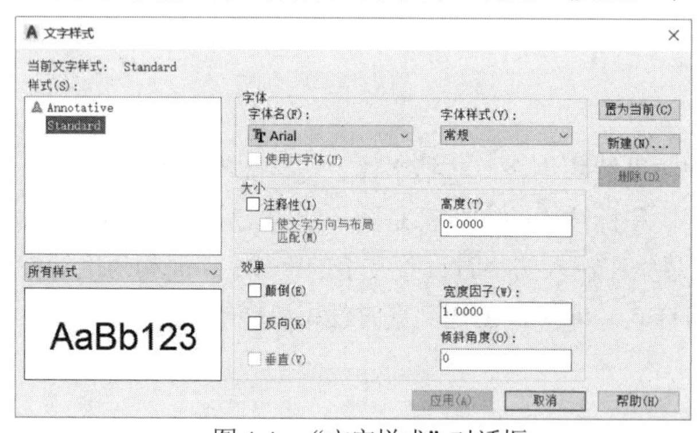

图 4-4 “文字样式”对话框

图 4-5 “新建文字样式”对话框

右击存在的样式名，在弹出的快捷菜单中选择“重命名”命令，可以对除 Standard 以外的文字样式进行重命名。单击“删除”按钮，可以删除所选择的除 Standard 以外的非当前文字样式。

2) “字体”选项组

该选项组用于设置字体文件。字体文件分为两种：一种是普通字体文件，即 Windows 系列应用软件所提供的字体文件，为 TrueType 类型的字体；另一种是 AutoCAD 特有的字体文件，被称为大字体文件。

当选择“使用大字体”复选框时，“字体”选项组存在“SHX 字体”和“大字体”两个下拉列表，如图 4-6 所示。只有在“字体名”中指定 SHX 文件，才能使用“大字体”，也只有 SHX 文件才可以创建“大字体”。

当不选择“使用大字体”复选框时，“字体”选项组仅有“字体名”下拉列表框，下拉列表框内包含用户 Windows 系统中的所有字体文件，如图 4-7 所示。

图 4-6　使用大字体

图 4-7　不使用大字体

3) “大小”选项组

该选项组用于设置文字的大小。选择“注释性”复选框后，表示创建的文字为注释性文字，此时“使文字方向与布局匹配”复选框可选，该复选框指定图纸空间窗口中的文字方向与布局方向相匹配。如果取消选择“注释性”复选框，则显示“高度”文本框，同样可设置文字的高度。

4) “效果”选项组

该选项组方便用户设置字体的具体特征，并有以下几个选项可供选择。

- “颠倒”复选框：用来确定是否将文字旋转 180°。
- “反向”复选框：用来确定是否将文字以镜像方式进行标注。
- “垂直”复选框：用来确定文字是水平标注还是垂直标注。
- “宽度因子”文本框：用来设定文字的宽度系数。
- “倾斜角度”文本框：用来确定文字的倾斜角度。

5) “预览”框

该区域用来预览用户所设置的字体样式，用户可通过预演窗口观察所设置的字体样式是否满足自己的设计要求。

4.2.3　创建文字样式实例

下面创建一个名为 GB 的文字样式，具体步骤如下。

(1) 在“文字”工具栏中单击“文字样式”按钮，弹出“文字样式”对话框。

(2) 单击“新建”按钮，弹出“新建文字样式”对话框，在“样式名”文本框中输入 GB，再单击“确定”按钮，回到“文字样式”对话框。

(3) 选择“使用大字体”复选框，在“SHX 字体”下拉列表中选择 gbeitc.shx，“大字体”设置为 gbcbig.shx，其余选项保持默认，如图 4-8 所示。

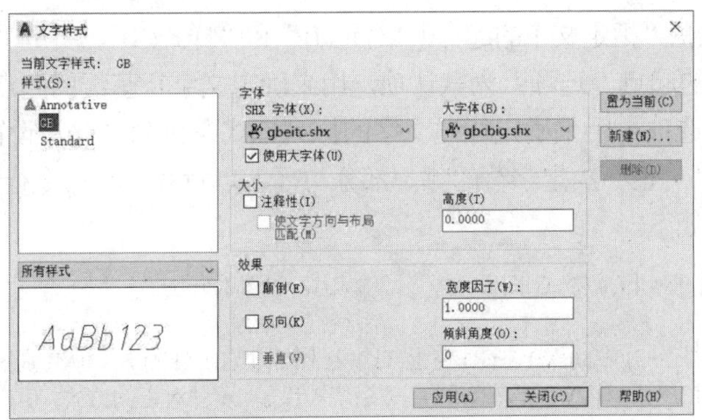

图 4-8　设置文字样式

(4) 单击“应用”按钮，再单击“置为当前”按钮，最后单击“关闭”按钮，完成设置。

4.3 单行文字

在绘图中，当输入的文字只采用一种字体和文字样式时，可以使用“单行文字”命令来输入文字。在AutoCAD 2020中，使用TEXT和DTEXT命令都可以在图形中添加单行文字对象。用TEXT命令从键盘上输入文字时，能同时在屏幕上看到所输入的文字，并且可以输入多个单行文字，每一行文字都是一个单独的对象。

4.3.1 创建单行文字

选择“绘图”|“文字”|“单行文字”命令，或者单击如图4-9所示的“文字”工具栏上的“单行文字”按钮A，或者在命令行中输入TEXT或DTEXT，都可以执行“单行文字”命令。

图4-9 “文字”工具栏

选择“绘图”|“文字”|“单行文字”命令后，命令行提示如下。

```
命令: _dtext
当前文字样式: standard    文字高度: 2.5000    注释性: 否
指定文字的起点或 [对正(J)/样式(S)]:        //指定文字的起点
指定高度 <2.5000>:                         //输入文字的高度
指定文字的旋转角度 <0>:                    //输入文字的旋转角度
```

在命令行提示中，指定文字的起点、设置文字高度和旋转角度后，在绘图区会出现如图4-10所示的单行文字动态输入框，其中包含一个高度为文字高度的边框，该边框会随用户输入的文字而展开。

图4-11所示为单行文字效果示意图。

图4-10 单行文字动态输入框

图4-11 单行文字效果

命令行提示中包括“指定文字的起点”“对正(J)”和“样式(S)”3个选项，各选项含义如下。

- “指定文字的起点”选项：为默认项，用来确定文字行基线的起点位置。
- “对正(J)”选项：用来确定标注文字的排列方式及排列方向，设置创建单行文字时的对齐方式。“对正”决定字符的哪一部分与插入点对齐。在命令行里输入J之后，命令行继续提示如下。

```
指定文字的起点或 [对正(J)/样式(S)]: J          //输入J，设置对正方式
输入选项                                        //系统提示信息
[对齐(A)/调整(F)/中心(C)/中间(M)/右(R)/左上(TL)/中上(TC)/右上(TR)/左中(ML)/正中(MC)
/右中(MR)/左下(BL)/中下(BC)/右下(BR)]:          //系统提供了14种对正的方式，用户可以从中任意选择一种
```

- “样式(S)”选项：该选项的作用是用来选择文字样式的。在命令行中输入S，命令行会继续提示如下。

```
指定文字的起点或 [对正(J)/样式(S)]: S          //输入 S，设置文字样式
输入样式名或 [?] <Standard>:                   //输入需要使用的已定义的文字样式名称
输入要列出的文字样式 <*>:                       //输入文字样式，按 Enter 键弹出文字样式提示文本窗口
```

在命令行中提示输入列出的文字样式时，按 Enter 键后将弹出文本窗口，窗口中列出了已经定义好的文字样式。

4.3.2　在单行文字中输入特殊符号

在一些特殊的文字中，用户常需要输入下画线、百分号等特殊符号。在 AutoCAD 中，这些特殊符号有专门的代码，在标注文字时，输入代码即可。常见的特殊符号代码及含义如表 4-1 所示。

表 4-1　常见的特殊符号代码及含义

代 码 输 入	字　　符	说　　明
%%%	%	百分号
%%c	Φ	直径符号
%%p	±	正负公差符号
%%d	°	度
%%o	‾	上画线
%%u	_	下画线

如果遇到比较复杂的特殊符号，用户可以打开输入法的软键盘，这里以比较流行的 Sogou 输入法为例进行讲解。单击如图 4-12 所示的 Sogou 输入法菜单上的⌨按钮，弹出 Sogou 输入法的软键盘，如图 4-13 所示。

图 4-12　Sogou 输入法

图 4-13　软键盘

用户可以利用软键盘输入特殊字符。使用这种方法，能够向图形中添加 α、β 和 γ 等希腊字母和一些特殊的符号。

4.3.3　编辑单行文字

文字一次创建之后，由于比例设置、对齐方式等难免有所差异，一般都需要进行编辑。下面将介绍如何编辑单行文字。

1. 文字内容编辑

选择“修改”|“对象”|“文字”|“编辑”命令，或者单击“文字”工具栏中的“编辑文字”按钮，或者在命令行中输入 DDEDIT，或者直接双击文字，都可进入编辑状态，对文字内容进行修改。

单击“编辑文字”按钮，命令行提示如下。

```
命令: _ddedit
选择注释对象或 [放弃(U)]:
```

用户可以使用光标在图形中选择需要修改的文字对象，单行文字只能对文字内容进行修改。如果要修改文字的字体样式、字高等属性，用户可以修改该单行文字所采用的文字样式，或者用“缩放”按钮进行修改。

2. 文字比例与对正

在“文字”工具栏中，系统为用户提供了“缩放”和“对正”功能，可对文字比例和对正样式进行调整。

- “缩放”按钮：主要用于调整文字的高度，与图形编辑中的SCALE命令用法类似。单击该按钮，命令行提示如下。

```
命令: _scaletext
选择对象: 找到 1 个                                    //选择文字对象
选择对象:                                              //按 Enter 键，结束选择对象
输入缩放的基点选项
[现有(E)/左(L)/中心(C)/中间(M)/右(R)/左上(TL)/中上(TC)/右上(TR)/左中(ML)/正中(MC)/右中(MR)/左下(BL)/中下(BC)/右下(BR)] <中间>: MC          //选择缩放的参考点
指定新高度或 [匹配对象(M)/缩放比例(S)] <200>: 100       //输入文字新高度
```

- “对正”按钮：主要用于调整单行文字的对齐位置。单击该按钮，命令行提示如下。

```
命令: _justifytext
选择对象: 找到 1 个                                    //选择需要调整对齐点的文字对象
选择对象:                                              //按 Enter 键，退出对象选择
输入对正选项
[左(L)/对齐(A)/调整(F)/中心(C)/中间(M)/右(R)/左上(TL)/中上(TC)/右上(TR)/左中(ML)
/正中(MC)/右中(MR)/左下(BL)/中下(BC)/右下(BR)] <中上>:   //重新设置文字对正
```

4.3.4 单行文字实例

下面以创建图4-14所示的技术要求为例，介绍单行文字的创建步骤。

(1) 在“样式”工具栏中选择GB文字样式作为当前样式。

(2) 在“文字”工具栏上单击“单行文字”按钮A，此时命令行提示如下。

```
命令: _dtext
当前文字样式: GB    文字高度: 2.5000    注释性: 否
指定文字的起点或 [对正(J)/样式(S)]:      //在绘图区单击选择文字起点
指定高度 <2.5000>: 7                     //设置文字高度
指定文字的旋转角度 <0>:                  //指定文字的旋转角度
```

(3) 设置之后，输入区显示文字输入框，输入“表面去除氧化皮”，效果如图4-15所示。

表面去除氧化皮

图4-14　单行文字技术要求

表面去除氧化皮

图4-15　文字输入框

(4) 输入完毕后，连续按两次Enter键以完成输入。

4.4 多行文字

在 AutoCAD 2020 中，对于文字内容较长、格式较复杂的文字段，可以使用多行文字进行输入。多行文字会根据用户设置的文字宽度自动换行。下面介绍如何创建、编辑多行文字，以及如何用多行文字来创建技术说明。

4.4.1 创建多行文字

选择“绘图”|“文字”|“多行文字”命令，或者单击“文字”工具栏上的“多行文字”按钮，或者在命令行中输入 MTEXT，均可执行“多行文字”命令。

单击“文字”工具栏上的“多行文字”按钮，命令行提示如下。

```
命令: _mtext 当前文字样式: standard  文字高度: 90  注释性:  否
指定第一角点:        //指定多行文字输入区的第一个角点
指定对角点或 [高度(H)/对正(J)/行距(L)/旋转(R)/样式(S)/宽度(W)/栏(C)]:      //系统给出 7 个选项
```

命令行提示中有 7 个选项，分别为“高度(H)”“对正(J)”“行距(L)”“旋转(R)”“样式(S)”“宽度(W)”和“栏(C)”，各选项含义如下。

- “高度(H)”：该选项用于设置文字框的高度。用户可以在屏幕上拾取一点，该点与第一角点的距离成为文字的高度，也可以在命令行中输入高度值。
- “对正(J)”：该选项用来确定文字排列方式，与单行文字类似。
- “行距(L)”：该选项用来为多行文字对象指定行与行之间的间距。
- “旋转(R)”：该选项用来确定文字的倾斜角度。
- “样式(S)”：该选项用来确定多行文字采用的字体样式。
- “宽度(W)”：该选项用来确定标注文字框的宽度。
- “栏(C)”：该选项用于指定多行文字对象的栏设置。系统提供了 3 种栏设置，其中“静态”栏设置要求指定总栏宽、栏数、栏间距宽度(栏与栏之间的间距)和栏高；“动态”栏设置要求指定栏宽、栏间距宽度和栏高，“动态”栏由文字驱动，调整栏将影响文字流，而文字流将导致添加或删除栏；“不分栏”设置将不分栏模式设置给当前多行文字对象。

用户设置好以上选项后，系统提示“指定对角点:”，此选项用来确定标注文字框的另一个对角点，AutoCAD 将在这两个对角点形成的矩形区域中进行文字标注，矩形区域的宽度就是所标注文字的宽度。

当指定了对角点之后，如果功能区处于活动状态，将显示“文字编辑器”上下文选项卡，多行文字的文字编辑器如图 4-16 所示。

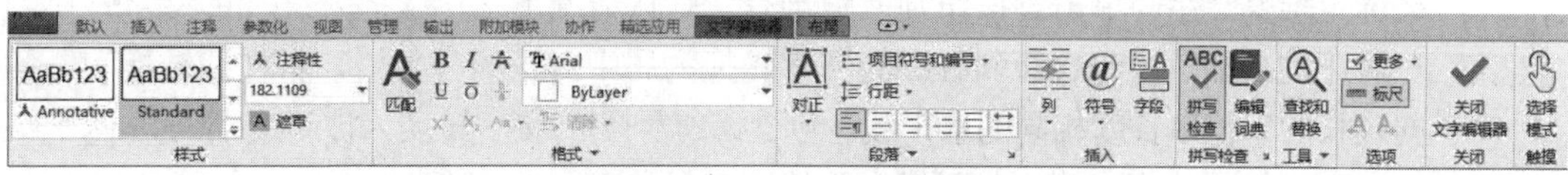

图 4-16　多行文字编辑器

AutoCAD 2020 多行文字的文字编辑器功能更加强大，其运用和 Microsoft Word 相似，可以对文字进行灵活编辑，轻松地创建段落。

在如图4-17所示的多行文字编辑框中，标尺左端上面的小三角为“首行缩进”标记，该标记主要控制首行的起始位置；标尺左端下面的小三角为“段落缩进”标记，该标记主要控制该自然段左端的边界；标尺右端小方块为设置多行文字对象的宽度标记，单击该标记，然后按住鼠标左键进行拖动便可以调整文字的宽度；标尺下端的两个小三角还可用于设置多行文字对象的长度。另外，单击标尺还能够生成用户设置的制表位。

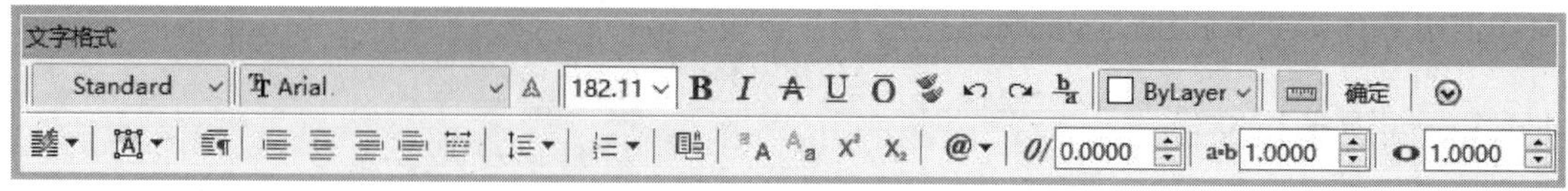

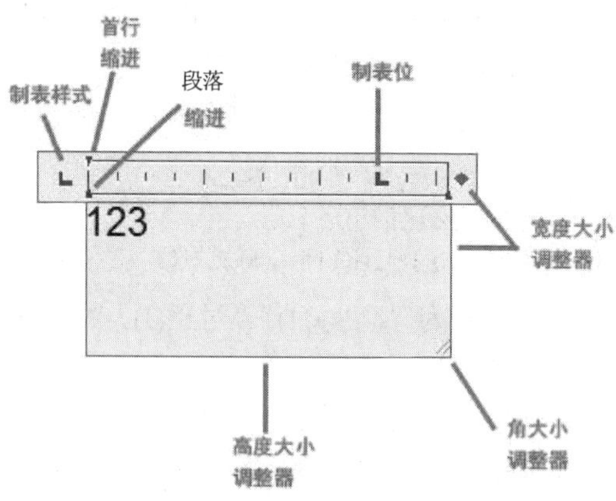

图4-17　多行文字编辑框中标尺的功能

MTEXTTOOLBAR 系统变量控制“文字格式”工具栏的显示，当 MTEXTTOOLBAR 系统变量为1时显示“文字格式”编辑器，下面详细介绍“文字格式”工具栏中各选项的具体含义。

- “文字样式”下拉列表框 Standard 用来选择设置文字样式；“字体”下拉列表框 txt 设置字体类型；“字高”下拉列表框 2.5 设置字符高度；“注释性”按钮表示创建的多行文字是否为注释性文字。
- “粗体”按钮 **B** 可以将被选择的文字设置成粗实体；“斜体”按钮 *I* 可以将被选择的文字设置成斜体；“删除线”按钮可以为选择的文字添加删除线；“下画线”按钮 U 可以为被选择的文字添加下画线；“上画线”按钮 Ō 可以为被选择的文字添加上画线；“匹配文字格式”按钮可以将现有文字对象的样式应用到其他的文字对象上。
- 单击“放弃”按钮放弃操作，包括对文字内容或文字格式所做的修改。单击“重做”按钮重做操作，包括对文字内容或文字格式所做的修改。
- 通过“堆叠”按钮可以创建分数等堆叠文字。使用堆叠字符、插入符(^)、正向斜杠(/)和磅符号(#)时，单击该按钮，堆叠字符左侧的文字将堆叠在字符右侧的文字之上。如果选定堆叠文字，单击该按钮则取消堆叠。默认情况下，包含插入符(^)的文字转换为左对正的公差值；包含正斜杠(/)的文字转换为居中对正的分数值，斜杠被转换为一条同较长的字符串长度相同的水平线；包含磅符号(#)的文字转换为被斜线(高度与两个字符串高度相同)分开的分数，斜线上方的文字向右下对齐，斜线下方的文字向左上对齐。
- “颜色”下拉列表框 ByLayer 用于设置当前文字颜色。
- “显示标尺”按钮控制标尺的显示。

- 单击“选项”按钮，可以弹出菜单栏，菜单栏中集中了绝大部分多行文字的操作命令，用户如果不习惯操作工具栏，可以使用菜单命令设置多行文字。
- 工具栏上的对齐按钮包括“左对齐”“居中对齐”“右对齐”“对正”和“分布”5 种对齐方式。
- 单击“编号”按钮，打开“项目符号和编号”菜单，显示用于创建列表的选项。
- 单击“插入字段”按钮，将弹出“字段”对话框，可选择插入所需字段。字段更新时，将显示最新的字段值，譬如日期、时间等。
- “使用大写”按钮用于控制字母由小写转换为大写；“小写”按钮用于控制字母由大写转换为小写。
- 单击“符号”按钮，弹出如图 4-18 所示的“符号”下拉菜单，菜单中包括一些常用的符号。选择“其他”选项，弹出如图 4-19 所示的“字符映射表”对话框，该对话框中提供了更多的符号供用户选择。

图 4-18　“符号”下拉菜单

图 4-19　“字符映射表”对话框

- “倾斜”文字框用于设置选定文字的倾斜角度。倾斜角度表示的是相对于 90°角方向的偏移角度。
- “追踪”文字框用于控制增大或减小选定字符之间的空间。1.0 设置是常规间距。设置为大于 1.0 可增大间距，设置为小于 1.0 可减小间距。
- “宽度比例”文字框用于控制扩展或收缩选定字符。1.0 设置代表此字体中字母的常规宽度。
- 单击“栏”按钮，弹出“栏”菜单，可以将多行文字对象的格式设置为多栏，可以指定栏和栏间距的宽度、高度及栏数。系统提供了两种不同的创建和操作栏的方法：静态模式和动态模式。要创建多栏，必须始终由单个栏开始。
- 单击“多行文字对正”按钮，显示“多行文字对正”菜单，系统提供了 9 个对齐选项，“左上”为默认选项。
- 单击“段落”按钮，弹出“段落”对话框，可以为段落和段落的第一行设置缩进，指定制表位和缩进，控制段落对齐方式、段落间距和段落行距。

- 单击“行距”按钮，弹出“行距”菜单，通过菜单可以显示建议的行距选项或打开“段落”对话框，在当前段落或选定段落中设置行距。

用户设置完成后，单击“确定”按钮，多行文字就创建完毕了。

4.4.2 创建分数与极限偏差形式文字

分数与极限偏差形式文字是机械制图中比较重要的一种文字。

- 创建分数的方法是在多行文字编辑器中依次输入分数的分子、/和分母，用鼠标选中分数的这些要素，单击按钮，其改写成分数形式。图4-20所示为创建的分数示例。
- 创建极限偏差的方法是在多行文字编辑器中输入基本尺寸后，依次输入极限偏差的上偏差、^、下偏差，选中极限偏差要素后，单击按钮，则其改写成极限偏差形式。图4-21所示为创建的极限偏差示例。

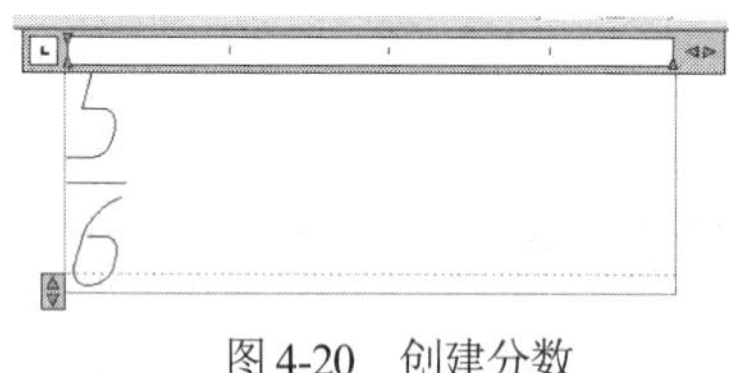

图4-20 创建分数

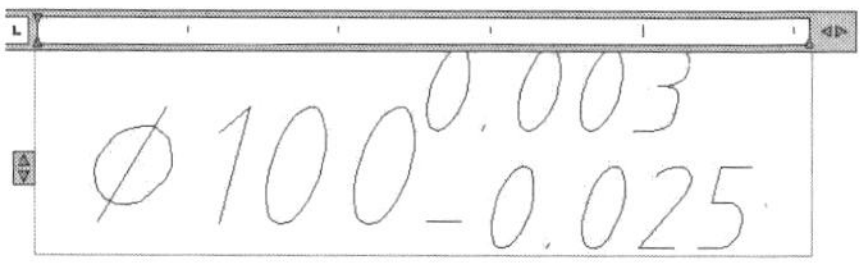

$\varnothing 100^{0.003}_{-0.025}$

图4-21 创建极限偏差

4.4.3 编辑多行文字

多行文字和单行文字的编辑方法类似，只是使用的命令不同，多行文字编辑的命令是MTEDIT。其他内容可参考前面单行文字的编辑。

4.4.4 多行文字实例

下面以创建如图4-22所示的多行文字技术要求为例，介绍创建多行文字的步骤。文字字体为 gbeitc.shx，高度为7。

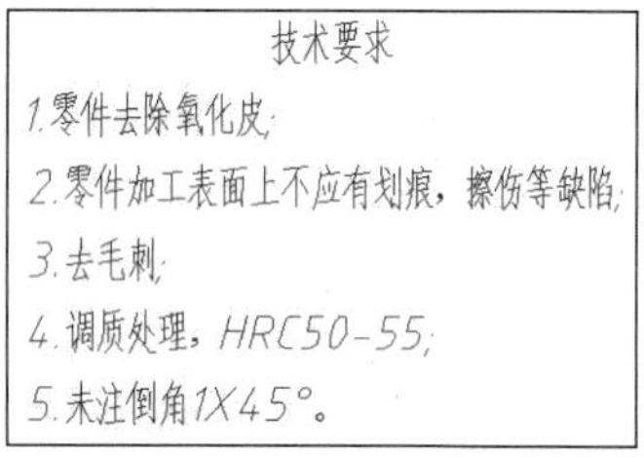

技术要求
1.零件去除氧化皮;
2.零件加工表面上不应有划痕，擦伤等缺陷;
3.去毛刺;
4.调质处理，HRC50-55;
5.未注倒角1X45°。

图4-22 多行文字技术要求

具体操作步骤如下。

(1) 在“文字”工具栏中单击“多行文字”按钮，命令行提示如下。

```
命令: _mtext 当前文字样式: GB    文字高度: 2.5    注释性: 否
指定第一角点:                    //在绘图区任意拾取一点
指定对角点或 [高度(H)/对正(J)/行距(L)/旋转(R)/样式(S)/宽度(W)/栏(C)]:
                                 //用光标拖动出文本编辑框，单击，弹出多行文字编辑器
```

(2) 设置文字高度为7，在文字编辑框中输入文字“技术要求”，按 Enter 键，另起一行，效果如图4-23所示。

图4-23 输入文字“技术要求”

(3) 继续输入如图4-24所示的其他文字。

(4) 在多行文字编辑器中单击“选项”按钮，在弹出的菜单栏中选择“度数”命令，完成度数的输入。输入度数后的效果如图 4-25 所示。

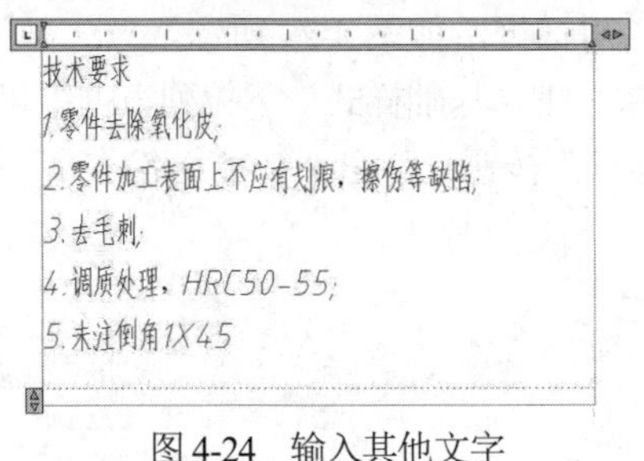

图 4-24　输入其他文字

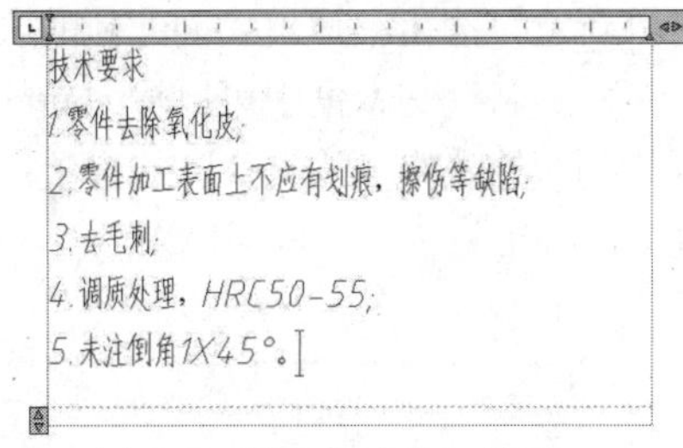

图 4-25　输入“度数”符号

(5) 选中文字“技术要求”，在对齐工具栏中单击“居中”按钮，完成“技术要求”文字的编辑，效果如图 4-26 所示。

(6) 分别拖动文字编辑框标尺右端及下端的两个小三角符号，改变多行文字的宽度及高度，调整效果如图 4-27 所示。

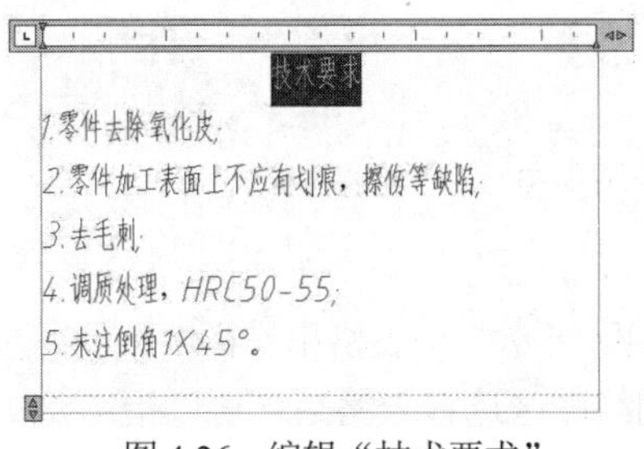

图 4-26　编辑“技术要求”

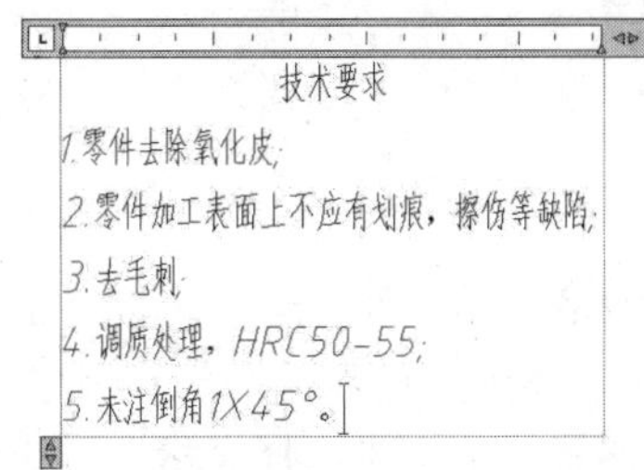

图 4-27　调整多行文字的宽度及高度

(7) 在多行文字编辑器中单击“确定”按钮，完成多行文字的创建与编辑。

4.5 表格

表格在机械制图中有很大的用途，如明细表等都需要表格功能来实现。如果没有表格功能，使用单行文字和直线绘制表格是很烦琐的。表格功能的出现很好地满足了实际工程制图中的需要，大大提高了绘图效率。

4.5.1　表格样式的创建

表格的外观由表格样式控制，表格样式可以指定标题、列标题和数据行的格式。选择“格式”|“表格样式”命令，弹出“表格样式”对话框，如图 4-28 所示。“样式”列表中显示了已创建的表格样式。

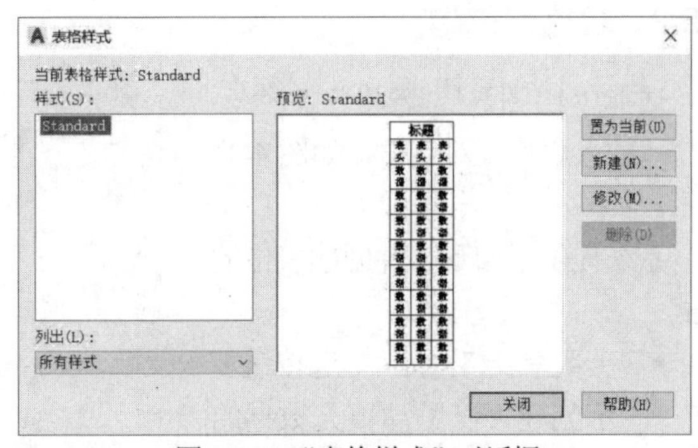

图 4-28　“表格样式”对话框

在默认状态下，表格样式中仅有

Standard 一种样式，第一行是标题行，由文字居中的合并单元行组成，第二行是列标题行，其他行都是数据行。用户设置表格样式时，可以指定标题、列标题和数据行的格式。

单击“新建”按钮，弹出“创建新的表格样式”对话框，如图 4-29 所示。

在“新样式名”文本框中可以输入新的样式名称，在“基础样式”下拉列表框中可选择一个表格样式为新的表格样式提供默认设置；单击“继续”按钮，弹出“新建表格样式”对话框，如图 4-30 所示。

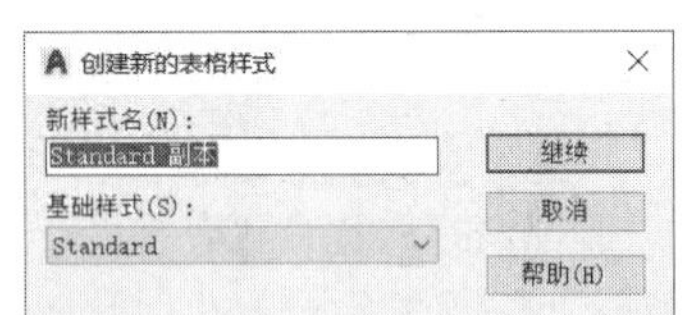

图 4-29 “创建新的表格样式”对话框

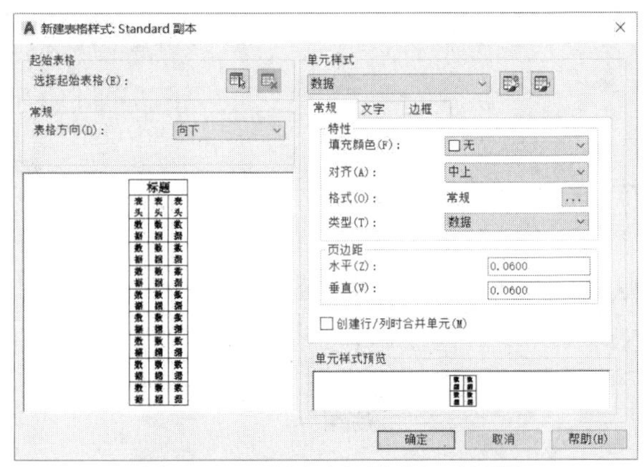

图 4-30 “新建表格样式”对话框

“新建表格样式”对话框中各选项含义如下。

- “起始表格”选项组：该选项组用于在绘图区指定一个表格用作样例来设置新表格样式的格式。单击“选择表格”按钮，回到绘图区选择表格后，可以指定要从该表格复制到表格样式的结构和内容。
- “常规”选项组：该选项组用于更改表格方向，系统提供了“向下”和“向上”两个选项，“向下”表示标题栏在上方，“向上”表示标题栏在下方。
- “单元样式”选项组：该选项组用于创建新单元样式，并对单元样式的参数进行设置，系统默认有数据、标题和表头 3 种单元样式，不可重命名，不可删除。在“单元样式”下拉列表中选择一种单元样式作为当前单元样式，即可在下方的“常规”“文字”和“边框”选项卡中对参数进行设置。用户要创建新的单元样式，可以单击“创建新单元样式”按钮和“管理单元样式”按钮进行相应的操作。

4.5.2 表格的创建

选择“绘图”|“表格”命令，弹出“插入表格”对话框，如图 4-31 所示。

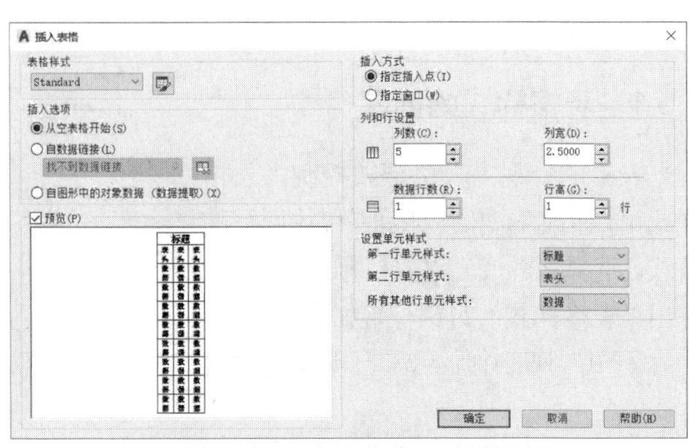

图 4-31 “插入表格”对话框

系统提供了如下 3 种创建表格的方式。

- “从空表格开始”单选按钮表示创建可以手动填充数据的空表格。

- “自数据链接”单选按钮表示从外部电子表格中获得数据来创建表格。
- “自图形中的对象数据(数据提取)”单选按钮表示启动“数据提取”向导来创建表格。

系统默认以“从空表格开始”方式创建表格，当选择“自数据链接”方式时，右侧参数均不可设置，变成灰色。

当使用“从空表格开始”方式创建表格时，选择“指定插入点”单选按钮，需指定表格左上角的位置，其他参数含义如下。

- “表格样式”下拉列表：指定表格样式，默认样式为 Standard。
- “预览”窗口：显示当前表格样式的样例。
- “指定插入点”单选按钮：若选择该选项，则插入表时，需指定表格左上角的位置。用户可以使用定点设备，也可以在命令行输入坐标值。如果表格样式将表的方向设置为由下而上读取，则插入点位于表的左下角。
- “指定窗口”单选按钮：选择该选项，则插入表时，需指定表的大小和位置。选定此选项时，行数、列数、列宽和行高取决于窗口的大小及列和行设置。
- “列数”文本框：指定列数。当选定“指定窗口”选项并指定列宽时，则选定了“自动”选项，且列数由表的宽度控制。
- “列宽”文本框：指定列的宽度。当选定“指定窗口”选项并指定列数时，则选定了“自动”选项，且列宽由表的宽度控制。最小列宽为一个字符。
- “数据行数”文本框：指定行数。当选定“指定窗口”选项并指定行高时，则选定了“自动”选项，且行数由表的高度控制。带有标题行和表头行的表格样式最少应有 3 行。最小行高为 1 行。
- “行高”文本框：按照文字行高指定表的行高。文字行高基于文字高度和单元边距，这两项均在表格样式中设置。当选定“指定窗口”选项并指定行数时，则选定了“自动”选项，且行高由表的高度控制。

参数设置完成后，单击“确定”按钮，即可插入表格。

当选择“自数据链接”单选按钮时，“插入表格”对话框仅有“指定插入点”选项可选，用户单击“启动数据链接管理器”按钮，可打开“选择数据链接”对话框。

单击“创建新的 Excel 数据链接”选项，弹出“输入数据链接名称”对话框，在“名称”文本框中输入数据链接名称，单击“确定”按钮，弹出“新建 Excel 数据链接”对话框。

单击按钮，在弹出的“另存为”对话框中选择需要作为数据链接文件的 Excel 文件。单击“确定”按钮，回到“新建 Excel 数据链接”对话框。

单击“确定”按钮，回到“选择数据链接”对话框，可以看到创建完成的数据链接。单击“确定”按钮回到“插入表格”对话框，在“自数据链接”下拉列表中可以选择刚才创建的数据链接，单击“确定”按钮，进入绘图区，拾取合适的插入点即可创建与数据链接相关的表格。表格创建完成后，效果可能不是用户所需要的形式，此时用户可以使用表格编辑技术对表格进行各种外观的编辑。

4.5.3　表格的编辑

表格创建完成后，用户可以单击该表格上的任意网格线以选中该表格，然后使用“特性”

选项板或夹点来修改表格。单击网格的边框线选中表格，将显示如图 4-32 所示的夹点模式。各个夹点的功能如下。

- 左上夹点：移动表格。
- 右上夹点：修改表宽并按比例修改所有列。
- 左下夹点：修改表高并按比例修改所有行。
- 右下夹点：修改表高和表宽并按比例修改行和列。
- 列夹点：在表头行的顶部，将列的宽度修改到夹点的左侧，并加宽或缩小表格以适应此修改。
- 表格打断夹点：可以将包含大量数据的表格打断成主要和次要的表格片段。

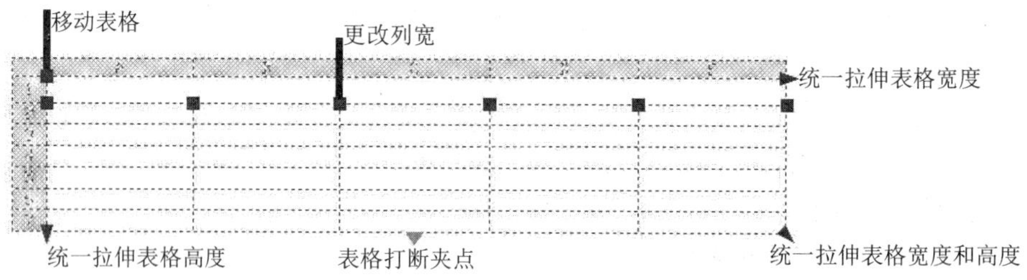

图 4-32　表格的夹点编辑模式

更改表格的高度或宽度时，只有与所选夹点相邻的行或列会被更改，并且表格的高度或宽度保持不变。如果需要根据正在编辑的行或列的大小按比例缩放表格的大小，只需在使用列夹点的同时按住 Ctrl 键即可。

当用户选择表格中的单元格时，如果功能区处于活动状态，将显示“表格单元”上下文选项卡，如图 4-33 所示。如在“AutoCAD 经典”模式下，表格状态如图 4-34 所示，用户可以对表格中的单元格进行编辑处理，在表格上方的“表格”工具栏中提供了多种对表格单元格进行编辑的工具。

图 4-33　“表格单元”选项卡

	A	B	C	D	E	F
6	5	JQR-03	胸腔	1	铝合金	
5	4	GB70-85	内六角螺钉	6		
4	3	GB93-87	∅8弹簧垫片	6		
3	2	JQR-02	连接座	1	铝合金	
2	1	JQR-01	髋关节	1	铝合金	
1	序号	型号	名称	数量	材料	备注

图 4-34　单元格选中状态

“表格”工具栏中各选项的含义如下。

- “在上方插入行”按钮：单击该按钮，在选中的单元格上方插入一行，插入行的格式与其下一行的格式相同。

- “在下方插入行”按钮：单击该按钮，在选中的单元格下方插入一行，插入行的格式与其上一行的格式相同。
- “删除行”按钮：单击该按钮，删除选中单元格所在的行。
- “在左侧插入列”按钮：单击该按钮，在选中单元格的左侧插入整列。
- “在右侧插入列”按钮：单击该按钮，在选中单元格的右侧插入整列。
- “删除列”按钮：单击该按钮，删除选中单元格所在的列。
- “合并单元”按钮：单击该按钮右侧的下三角按钮，在弹出的“合并单元方式”下拉菜单中选择合并方式，可以选择以“全部”“按行”和“按列”的方式合并所选中的多个单元格。
- “取消合并单元”按钮：单击该按钮，取消被选中的单元格中已合并的单元格。
- “单元边框”按钮：单击该按钮，弹出“单元边框特性”对话框，在该对话框中可以设置所选单元格边框的线型、线宽、颜色等特性，以及所设置的边框特性的应用范围。
- “对齐方式”按钮：单击该按钮右侧的下三角按钮，弹出“对齐方式”菜单，可以在该菜单中选择单元格中文字的对齐方式。
- “锁定”按钮：单击该按钮右侧的下三角按钮，在弹出的“锁定内容”菜单中选择要锁定的内容。若选择“解锁”命令，则所选单元格的锁定被解除；若选择“内容已锁定”命令，所选单元格的内容不能被编辑；若选择“格式已锁定”命令，所选单元格的格式不能被编辑；若选择“内容和格式已锁定”命令，则所选单元格的内容和格式都不能被编辑。
- “数据格式”按钮：单击该按钮右侧的下三角按钮，在弹出的菜单中选择数据的格式。
- “插入块”按钮：单击该按钮，弹出“在表格单元中插入块”对话框，在其中选择合适的块后单击“确定”按钮，块即被插入单元格中。
- “插入字段”按钮：单击该按钮，弹出“字段”对话框，选择或创建需要的字段后，再单击“确定”按钮可将字段插入单元格中。
- “插入公式”按钮：单击该按钮，在弹出的下拉菜单中选择公式的类型，在弹出的“文本”编辑框中编辑公式的内容。
- “匹配单元”按钮：单击该按钮，然后在其他需要匹配已选单元格式的单元格中单击，即可完成匹配单元格内容格式的匹配。
- “按行/列”下拉列表框 按行/列 ：在此下拉列表框中可以选择单元格的样式。
- “链接单元”按钮：单击该按钮，弹出“选择数据链接”对话框，在其中选择已有的 Excel 表格或创建新的表格后，单击“确定”按钮，可以插入完成的表格。
- “从源文件下载更改”按钮：单击该按钮，将 Excel 表格中数据的更改下载到表格中，以完成数据的更新。

当选中表格中的单元格后，单元边框的中央将显示夹点，效果如图 4-35 所示。在另一个单元内单击可以将选中的内容移到该单元，拖动单元上的夹点可以改变单元及其列或行的大小。

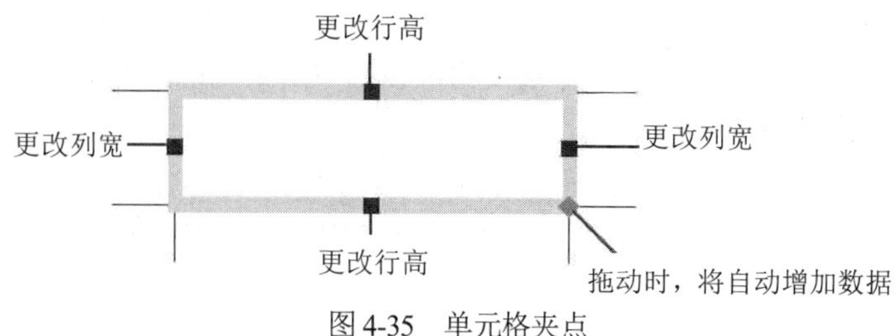

图 4-35　单元格夹点

如果用户要选择多个单元，则单击并在多个单元上进行拖动。按住 Shift 键并在另一个单元内单击，可以同时选中这两个单元及它们之间的所有单元，单元格被选中后，可以使用“表格”工具栏中的工具，或者执行如图 4-36 所示的右键快捷菜单中的命令，对单元格进行操作。

在右键快捷菜单中选择“特性”命令，会弹出如图 4-37 所示的“特性”选项板，用户可以在选项板中设置单元宽度、单元高度、对齐方式、文字内容、文字样式、文字高度、文字颜色等内容。

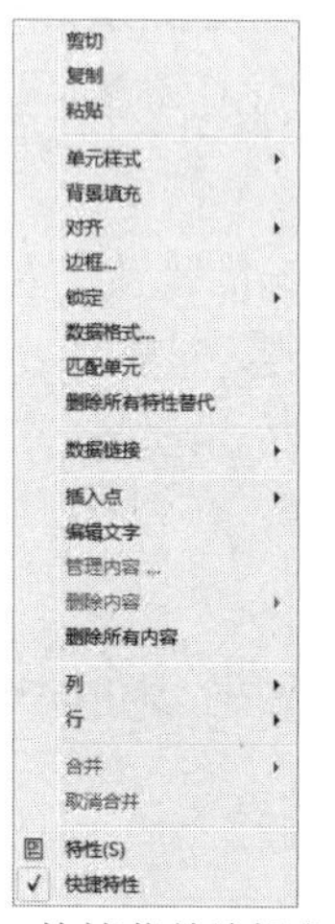

图 4-36　快捷菜单编辑方式

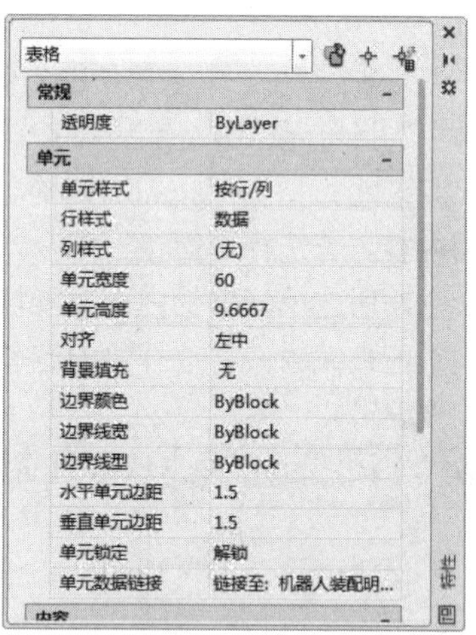

图 4-37　“特性”选项板编辑方式

在“草图与注释”工作空间，用户选择需要编辑的单元格，在功能区会出现“表格单元”选项卡，该选项卡中的功能与“表格”工具栏上的功能相同，也可以对表格的单元格进行各种设置和操作，这里就不再详细介绍了。

4.6 明细表

明细表在机械制图中有着广泛的应用，在机械装配图中一般都要配置零件的明细表。机械制图中的明细表也有相应的国家标准，主要包括明细表在装配图中的位置、内容和格式等方面。

4.6.1 明细表基础知识

1. 基本要求

明细表的基本要求主要包括位置、字体、线型等，具体内容如下。

- 装配图中一般应该有明细表，并配置在标题栏的上方，按由下而上的顺序进行填写，其格数应根据需要而定。当由下而上延伸的位置不够时，可以在紧靠标题栏的左边由下而上延续。
- 当装配图中不能在标题栏的上方配置明细表时，可以将明细表作为装配图的续页按 A4 幅面单独给出，且其顺序应该变为由上而下延伸。可以连续加页，但是应该在明细表的下方配置标题栏，并且在标题栏中填写与装配图相一致的名称和代号。
- 当同一图样代号的装配图有两张或两张以上的图纸时，明细表应该放置在第一张装配图上。
- 明细表中的字体应该符合“GB/T 14691—1993”中的规定。
- 明细表中的线型应按“GB/T 4457.4—2002”中规定的粗实线和细实线的要求进行绘制。

2. 明细表的内容和格式

明细表的内容和格式要求如下。

- 机械制图中的明细表一般由序号、代号、名称、材料、数量、重量(单件、总计)、分区、备注等内容组成，可以根据实际需要增加或减少。
- 明细表放置在装配图中时，格式应该遵守图纸的要求。

3. 明细表中项目的填写

明细表中的项目是指每栏应该填写的内容，具体包括如下内容。

- “序号”一栏中应填写图样中相应组成部分的序号。
- “代号”一栏中应填写图样中相应组成部分的图样代号或标准号。
- “名称”一栏中应填写图样中相应组成部分的名称。必要时，还应写出形式和尺寸。
- “材料”一栏中应填写图样中相应组成部分是金属或非金属的具体材质。
- “数量”一栏中应填写图样中相应组成部分在装配中所需要的数量。
- “重量”一栏中应填写图样中相应组成部分单件和总件数的计算重量，以千克为计量单位时，可以不写出其计量单位。
- “备注”一栏中应填写各项的附加说明或其他有关的内容。若需要，分区代号可按有关规定填写在备注栏中。

4.6.2 表格法创建明细表实例

下面以创建图 4-38 所示的明细表为例，介绍表格的创建步骤。

7	GB/T 5783	六角头全螺纹螺栓 M12X60	钢	12			
6	JQR-1	胸腔	铝合金	1			
5	JQR-2	底盘连接座	铝合金	1			
4	GB/T 93	标准弹簧垫圈	橡胶	20			
3	JQR-3	腕关节	铝合金	2			
2	GB/T 70	内六角圆柱头螺钉M5X30	钢/8.8	30			
1	GB/T 119	圆柱销 A6X30	35钢	4			
序号	代号	名称	材料	数量	单件	总计	备注
					重量（kg）		
机器人装配图明细表							

图 4-38 明细表

创建“机器人装配图明细表”的步骤如下。

(1) 在 Excel 电子表格中创建如图 4-39 所示的表格，并将该表格文件命名为“机器人装配图明细表”，创建完成后保存该文件。

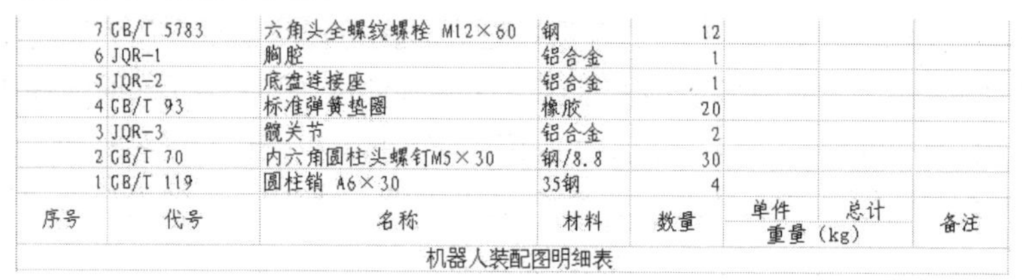

序号	代号	名称	材料	数量	单件	总计	备注
					重量（kg）		
7	GB/T 5783	六角头全螺纹螺栓 M12×60	钢	12			
6	JQR-1	胸腔	铝合金	1			
5	JQR-2	底盘连接座	铝合金	1			
4	GB/T 93	标准弹簧垫圈	橡胶	20			
3	JQR-3	髋关节	铝合金	2			
2	GB/T 70	内六角圆柱头螺钉M5×30	钢/8.8	30			
1	GB/T 119	圆柱销 A6×30	35钢	4			

机器人装配图明细表

图 4-39　创建 Excel 表格

(2) 在 AutoCAD 2020 中选择“绘图”|“表格”命令，弹出“插入表格”对话框。选中“自数据链接”单选按钮，选择下拉列表中的“启动数据链接管理器”选项，打开“选择数据链接”对话框；再单击“创建新的 Excel 数据链接”选项，弹出“输入数据链接名称”对话框，在“名称”文本框中输入如图 4-40 所示的“机器人装配图明细表”链接名称。

图 4-40　“输入数据链接名称”对话框

(3) 单击“确定”按钮，弹出“新建 Excel 数据链接”对话框，单击[...]按钮，在弹出的如图 4-41 所示的“另存为”对话框中选择需要作为数据链接文件的 Excel 文件“机器人装配图明细表”；单击“打开”按钮，回到“新建 Excel 数据链接：机器人装配图明细表”对话框，如图 4-42 所示。

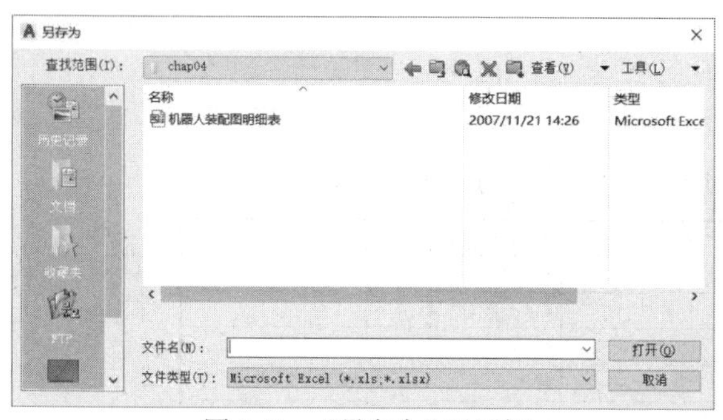

图 4-41　“另存为”对话框

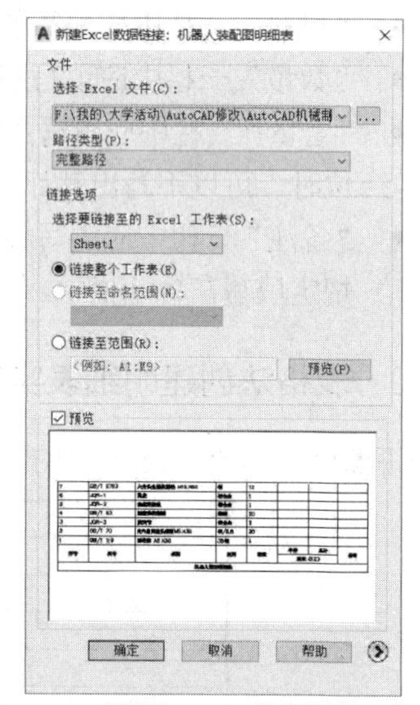

图 4-42　“新建 Excel 数据链接：机器人装配图明细表”对话框

(4) 单击“确定”按钮，返回到如图 4-43 所示的“选择数据链接”对话框，在“预览”区域中显示了表格。

(5) 单击“确定”按钮，返回到“插入表格”对话框，在“预览”区域中显示了表格；再单击“确定”按钮，命令行提示在绘图区指定插入点，在绘图区任意拾取插入点后，插入效果如图 4-44 所示。

(6) 选中整个表格，打开“表格”工具栏，单击“单元边框”按钮，在弹出的“单元边框特性”对话框的“线宽”下拉列表中选择“0.5mm”，再单击“外边框”按钮，单击“确定”按钮以完成外边框的线宽设置，效果如图 4-45 所示。

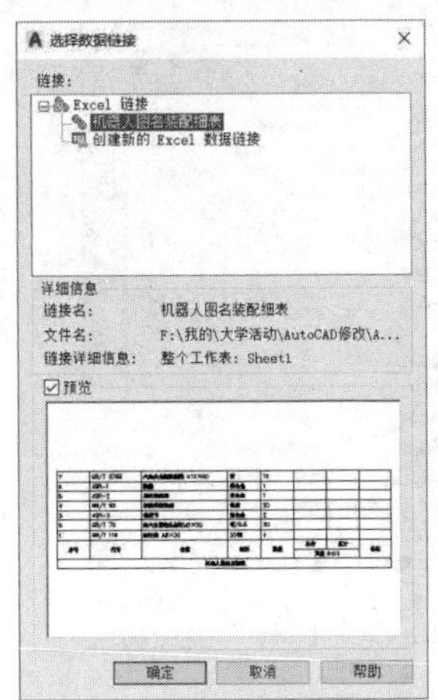

图 4-43 “选择数据链接”对话框

7	GB/T 5783	六角头全螺纹螺栓 M12×60	钢	12			
6	JQR-1	胸腔	铝合金	1			
5	JQR-2	底盘连接座	铝合金	1			
4	GB/T 93	标准弹簧垫圈	橡胶	20			
3	JQR-3	髋关节	铝合金	2			
2	GB/T 70	内六角圆柱头螺钉M5×30	钢/8.8	30			
1	GB/T 119	圆柱销 A6×30	35钢	4			
序号	代号	名称	材料	数量	单件	总计	备注
					重量（kg）		
机器人装配图明细表							

图 4-44 表格效果

7	GB/T 5783	六角头全螺纹螺栓 M12×60	钢	12			
6	JQR-1	胸腔	铝合金	1			
5	JQR-2	底盘连接座	铝合金	1			
4	GB/T 93	标准弹簧垫圈	橡胶	20			
3	JQR-3	髋关节	铝合金	2			
2	GB/T 70	内六角圆柱头螺钉M5×30	钢/8.8	30			
1	GB/T 119	圆柱销 A6×30	35钢	4			
序号	代号	名称	材料	数量	单件	总计	备注
					重量（kg）		
机器人装配图明细表							

图 4-45 设置外边框线宽

(7) 继续单击按钮，设置内边框的线宽为“0.25 mm”。

(8) 双击 C1 单元格，弹出“文字格式”工具栏，选中该单元格的内容，在“文字样式”下拉列表中选择 GB，设置文本高度为 3，单击“确定”按钮，完成表格中文字格式的编辑，效果如图 4-46 所示。

	A	B	C	D	E	F	G	H
1	7	GB/T 5783	六角头全螺纹螺栓 M12×60	钢	12			
2	6	JQR-1	胸腔	铝合金	1			
3	5	JQR-2	底盘连接座	铝合金	1			
4	4	GB/T 93	标准弹簧垫圈	橡胶	20			
5	3	JQR-3	髋关节	铝合金	2			
6	2	GB/T 70	内六角圆柱头螺钉M5×30	钢/8.8	30			
7	1	GB/T 119	圆柱销 A6×30	35钢	4			
8	序号	代号	名称	材料	数量	单件	总计	备注
9						重量（kg）		
10	机器人装配图明细表							

图 4-46 设置文字格式

(9) 使用相同的方法，将表格中其他单元格的文字格式指定为GB，文字高度为3，效果如图4-46所示。

(10) 选中C列全部单元格，拖动“更改列宽”右侧夹点，当C列第一行单元格的内容单行放置时，松开鼠标完成列宽调整，效果如图4-47所示。

(11) 单击选择表格最下面一行，再右击，在弹出的快捷菜单中选择“特性”命令，弹出如图4-48所示的“特性”选项板。

7	GB/T 5783	六角头全螺纹螺栓 M12X60	钢	12			
6	JQR-1	胸腔	铝合金	1			
5	JQR-2	底盘连接座	铝合金	1			
4	GB/T 93	标准弹簧垫圈	橡胶	20			
3	JQR-3	髋关节	铝合金	2			
2	GB/T 70	内六角圆柱头螺钉M5X30	钢/8.8	30			
1	GB/T 119	圆柱销 A6X30	35钢	4			
序号	代号	名称	材料	数量	单件	总计	备注
					重量(kg)		
机器人装配图明细表							

图4-47　调整列宽

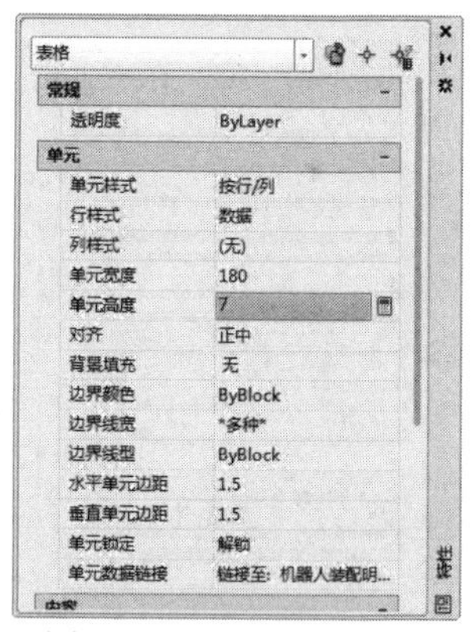

图4-48　“特性”选项板

(12) 在“特性”选项板中，设置“单元宽度”为180，“单元高度”为7。以同样的方法，设置各行高度为7，设置各列宽度依次为14、30、60、20、14、14、14、14，最终结果如图4-37所示。

4.7 习题

4.7.1 填空题

(1) 对于较长、较复杂的文字内容，可以使用__________，可布满指定宽度，同时还可以在垂直方向上无限延伸。同时，用户可以设置多行文字对象中单个字符的格式。

(2) 对于文字样式来说，文字的特性主要包括以下几个方面：__________、__________、__________和__________。

(3) 用户除了可以在“文字样式”对话框中将需要运用的文字样式置为当前外，还可以在工具栏中的__________下拉列表框中选择当前需要使用的文字样式。

(4) 一个完整的表格由__________、__________和__________组成。

4.7.2 选择题

(1) 对于已经存在的文字对象，可以使用多种编辑工具对其进行编辑，使其适应图形的要求。编辑文本内容的命令为(　　)。

A. DDEDIT　　B. DEDIT　　C. MDEDIT

(2) 文字样式不可以设置文字的(　　)。

A. 字体　　B. 对齐方式　　C. 字高　　D. 倾斜角度

4.7.3　上机操作题

(1) 创建如图 4-49 所示的单行文字，要求文字样式为 GB，文字高度为 7，宽度比例为 1。

机器人头部旋转电机谐波传动

图 4-49　单行文字

(2) 创建多行文字，其中要求文字“技术要求”采用文字样式 GB、高度为 10，其余文字采用文字样式 GB、高度为 7，效果如图 4-50 所示。

技术要求

1. 去毛刺，锐边倒钝

2. 零件表面渗碳深度不小于0.05mm

3. 淬火刚度90HRC

图 4-50　多行文字

(3) 创建表格样式“明细表”，没有标题，只有数据单元，文字样式均采用 GB，文字高度为 5，对齐方式为“正中”，如图 4-51 所示的明细表。表格总宽度为 180，每列宽度为 30，每行高度为 7。

5	JQR-03	胸腔	1	铝合金	
4	GB70-85	内六角螺钉	6		
3	GB93-87	∅8弹簧垫片	6		
2	JQR-02	连接座	1	铝合金	
1	JQR-01	髋关节	1	铝合金	
序号	型号	名称	数量	材料	备注

图 4-51　明细表

第5章 尺寸标注

尺寸标注是向图形中添加测量注释的过程，对于工程制图来讲，精确的尺寸是工程技术人员照图施工的关键。尺寸标注包括基本尺寸标注、文字注释、尺寸公差、形位公差、表面粗糙度等内容。国家标准和有关行业标准对标注的内容及准则都有严格的规定，绘图人员在标注过程中必须遵守相关规定。

本章将重点介绍各种标注的方法及与机械制图有关的功能。

5.1 尺寸标注组成

标注显示了对象的测量值、对象之间的距离、角度或特征距指定点的距离等。AutoCAD 2020 提供了 3 种基本的标注：长度、半径和角度。标注可以是水平、垂直、对齐、旋转、坐标、基线、连续、角度或弧长。

标注具有以下独特的元素：标注文字、尺寸线、箭头和尺寸界线，对于圆标注还有圆心标记和中心线，如图 5-1 所示。

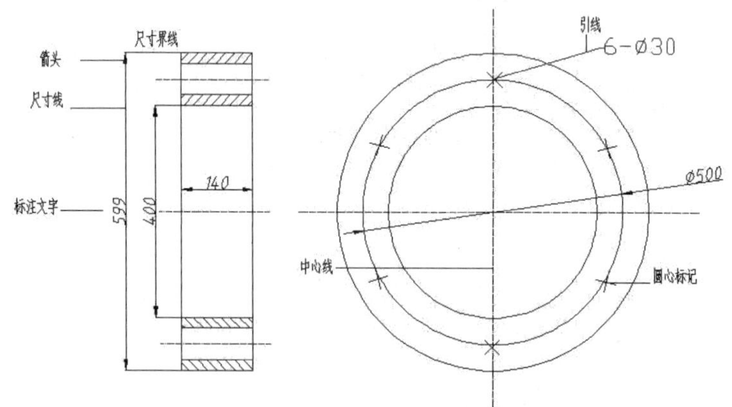

图 5-1　尺寸标注元素组成示意图

- 标注文字：用于指示测量值的字符串。文字可以包含前缀、后缀和公差。
- 尺寸线：用于指示标注的方向和范围。对于角度标注，尺寸线是一段圆弧。
- 箭头：也称为终止符号，显示在尺寸线的两端。可以为箭头或标记指定不同的尺寸和形状。

- 尺寸界线：也称为投影线，从部件延伸到尺寸线。
- 圆心标记：是标记圆或圆弧中心的小十字。
- 中心线：是标记圆或圆弧中心的虚线。

AutoCAD将标注置于当前图层。每一个标注都采用当前标注样式，用于控制诸如箭头样式、文字位置和尺寸公差等的特性。

用户通过在“标注”菜单中选择合适的命令，或者单击如图5-2所示的“标注”工具栏或功能区“注释”选项板的“标注”面板中的相应按钮，都可进行相应的尺寸标注。

图5-2 “标注”工具栏和“标注”面板

5.2 尺寸标注标准规定

在机械制图国家标准中，对尺寸标注的规定主要有尺寸线、尺寸界线、标注尺寸的符号、简化注法及尺寸公差与配合标注法等。在此，对其中比较常用的一些规定进行介绍。

5.2.1 尺寸标注基本规定

尺寸标注的基本规定有以下几个方面。

- 零件的真实大小应以图样上所注的尺寸数值为依据，与图形的大小及绘图的准确度无关。
- 图样中的尺寸以毫米为单位时，无须标注计量单位的代号或名称；如果采用其他单位，则必须注明相应的计量单位的代号或名称。
- 图样中所标注的尺寸，为该图样所示机件的最后完工尺寸，否则应该加以说明。

零件的每一个尺寸，一般只应该标注一次，并标注在反映该特征最清晰的位置上。

5.2.2 尺寸组成

一个完整的尺寸，包括尺寸线、尺寸界线、尺寸线终端和尺寸数字4个尺寸要素。

1. 尺寸线和尺寸界线

关于尺寸线和尺寸界线的规定有以下几种。

- 尺寸线和尺寸界线均以细实线画出。
- 线性尺寸的尺寸线应平行于表示其长度或距离的线段，如图5-3所示。
- 图形的轮廓线、中心线或它们的延长线，可以用作尺寸界线但是不能用作尺寸线，如图5-3所示。
- 尺寸界线一般应与尺寸线垂直。当尺寸界线过于贴近轮廓线时，允许将其倾斜画出，在光滑过渡处，需用细实线将其轮廓线延长，从其交点引出尺寸界线，如图5-4所示。

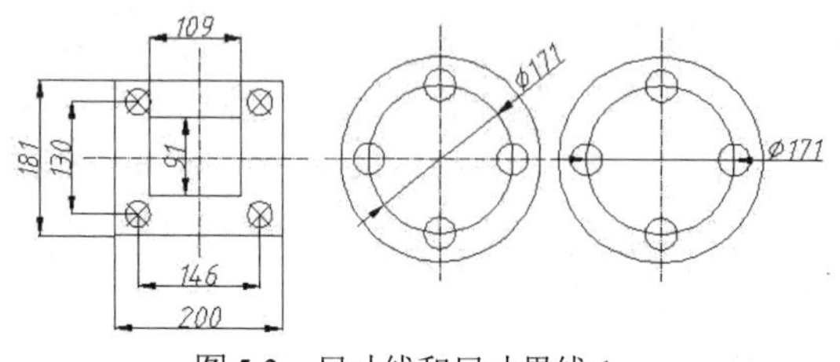

图 5-3　尺寸线和尺寸界线 1

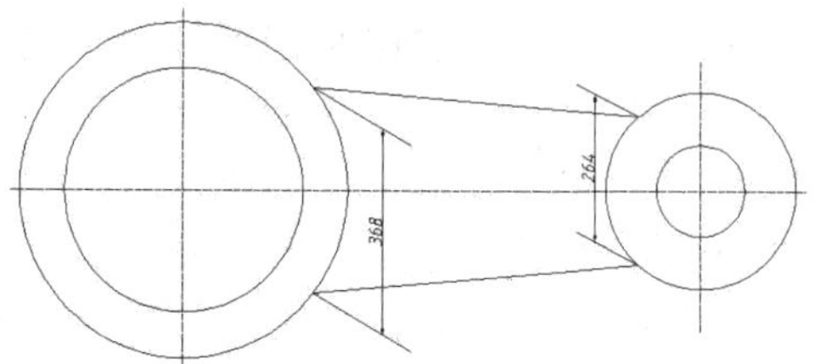

图 5-4　尺寸线和尺寸界线 2

2. 尺寸线终端

尺寸线终端有如图 5-5 所示的箭头或细斜线两种形式。箭头适合于各种类型的图形，箭头尖端与尺寸界线接触，不得超出或离开。当尺寸线终端采用斜线形式时，尺寸线与尺寸界线必须相互垂直，并且同一图样中只能采用一种尺寸线终端形式。

图 5-5　尺寸线终端的两种形式

- 尺寸线的终端为箭头，箭头的画法如图 5-6 所示。线性尺寸线的终端允许采用斜线，其画法如图 5-7 所示。

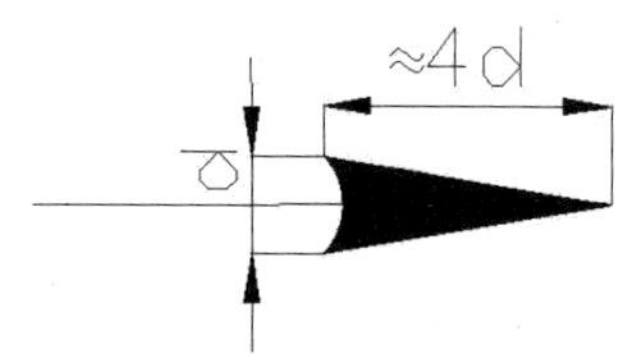

图 5-6　箭头画法(d 为粗实线的宽度)

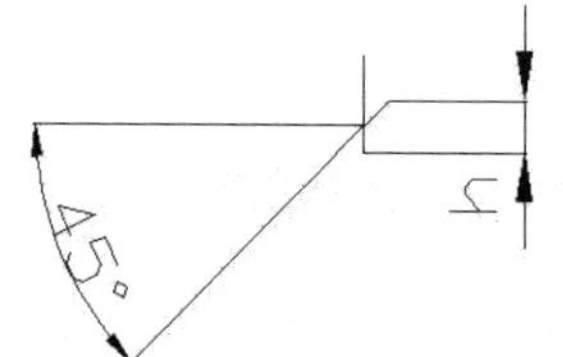

图 5-7　斜线画法(h=字体高度)

- 当采用斜线时，尺寸线和尺寸界线必须垂直，如图 5-8 所示。同一张图样，尺寸线的终端只能采用一种形式。
- 对于未完整表示的要素，可仅在尺寸线的一端画出箭头，但尺寸线应超过该要素中心线或断裂处，如图 5-9 所示。

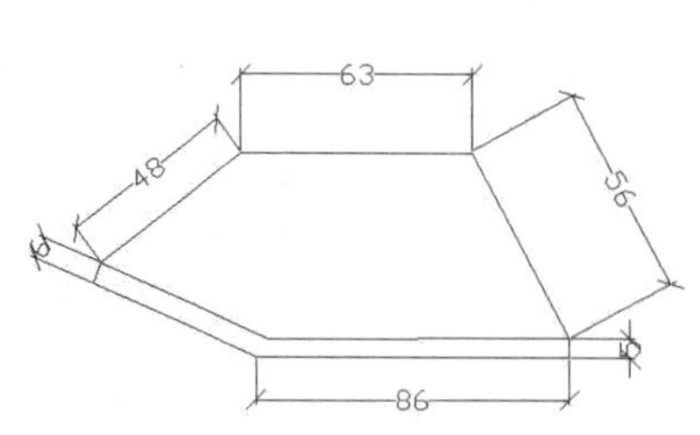

图 5-8　一种形式的尺寸线终端

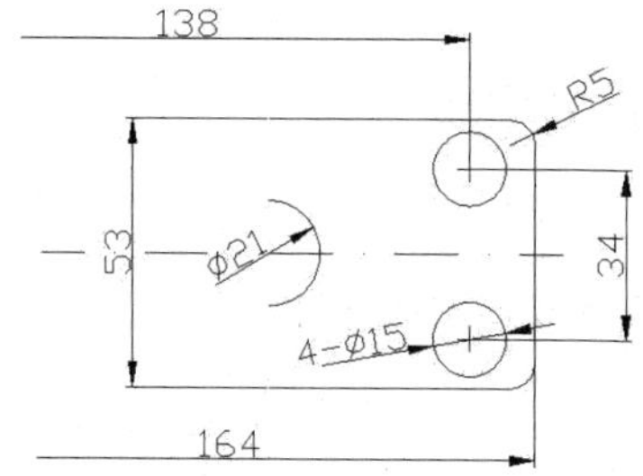

图 5-9　不完整要素标注

3. 尺寸数字

线性尺寸的数字一般注写在尺寸线上方或尺寸线中断处。同一图样内，尺寸数字的字号大小应一致，位置不够可引出标注。当尺寸线呈铅垂方向时，尺寸数字在尺寸线左侧，字头朝左；当尺寸线为其余方向时，字头有朝上趋势。尺寸数字不可被任何图线通过。当尺寸数字不可避免被图线通过时，图线必须断开。

尺寸数字前的符号用来区分不同类型的尺寸：ϕ表示直径、R表示半径、S表示球面、t表示板状零件厚度、□表示正方形、±表示正负偏差、×表示参数分隔符、∠表示斜度、－表示连字符。

- 线性尺寸数字的方向应按图5-10所示的方式注写，并尽量避免在图上30°范围内标注尺寸；无法避免时，可按图5-11所示的方式标注。

图5-10　线性尺寸数字1

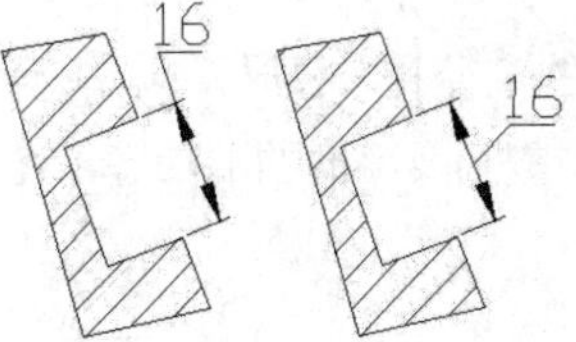

图5-11　线性尺寸数字2

- 允许将非水平方向的尺寸数字水平地注写在尺寸线的中断处，如图5-12所示。
- 尺寸数字不可被任何图线通过，不可避免时，需把图线断开，如图5-13所示。

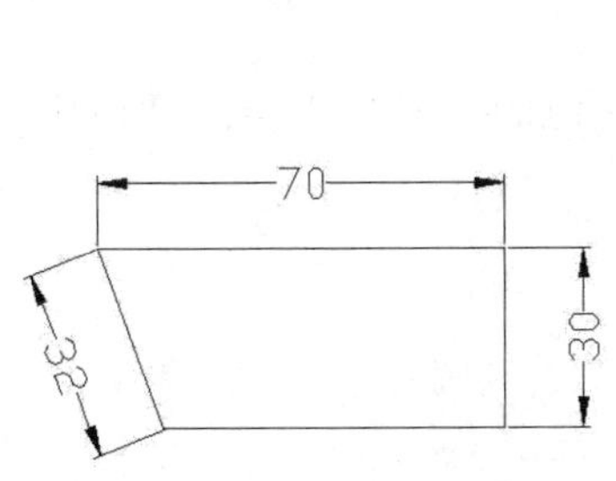

图5-12　标注在中断处

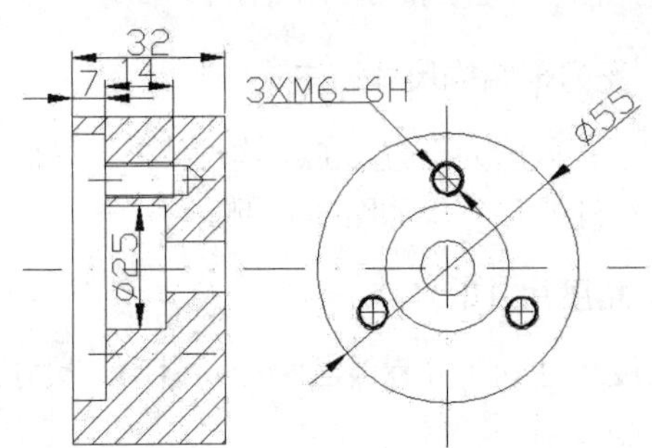

图5-13　尺寸数字不被任何图线通过

5.2.3　各类尺寸的注法

1. 直径及半径尺寸的注法

直径尺寸的数字前加注符号“ϕ”，半径尺寸的数字前加注符号“R”，其尺寸线应通过圆弧的中心。半径尺寸应注在投影为圆弧的视图上。当圆弧半径过大或在图纸范围内无法标注圆心位置时，可按图5-14(a)所示的形式标注半径尺寸；图5-14(b)所示是不需要标注圆心位置的注法。

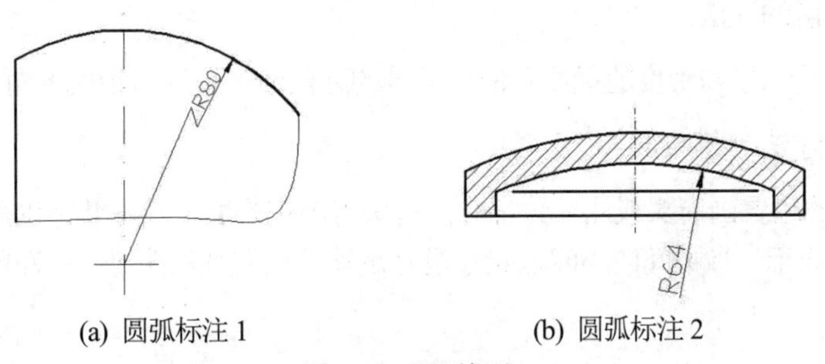

(a) 圆弧标注1　　(b) 圆弧标注2

图5-14　圆弧标注

2. 弦长及弧长尺寸的注法

弦长及弧长的尺寸界线应平行于该弦(或该弧)的垂直平分线，当弧度较大时，可沿径向引出尺寸界线。

弦长的尺寸线为直线，弧长的尺寸线为圆弧。

弧长的尺寸数字上方，必须用细实线画出符号“⌒”，如图 5-15 所示。

3. 球面尺寸的注法

标注球面的直径和半径时，应在符号“ϕ”和“R”前再加注符号“S”；对于螺钉、铆钉的头部、轴(包括螺杆)及手柄的端部等，在不至于引起误解时可省略该符号，如图 5-16 所示。

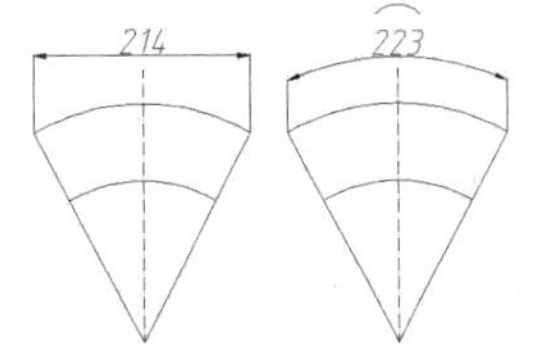

图 5-15　弦长和弧长的标注

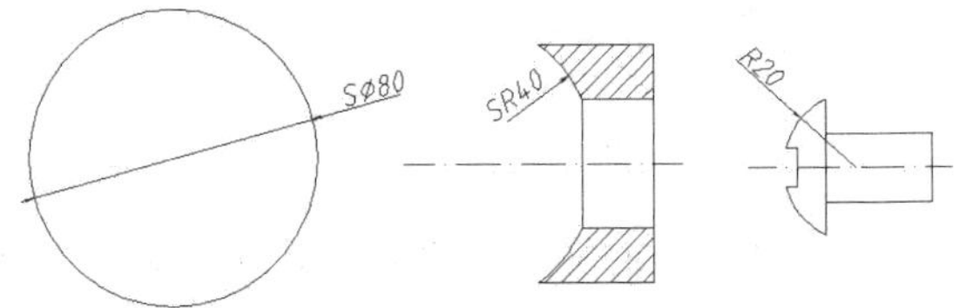

图 5-16　球面尺寸的标注

4. 正方形结构尺寸的注法

对于正截面为正方形的结构，可在正方形边长尺寸之前加注符号“□”或以“边长×边长”的形式标注其尺寸，如图 5-17 所示。

5. 角度尺寸的注法

角度尺寸的尺寸界线应沿径向引出，尺寸线应画成圆弧，其圆心是该角的顶点，尺寸线的终端应画成箭头。

角度的数字一律写成水平方向，一般注写在尺寸线的中断处，必要时可按图中的形式标注，如图 5-18 所示。

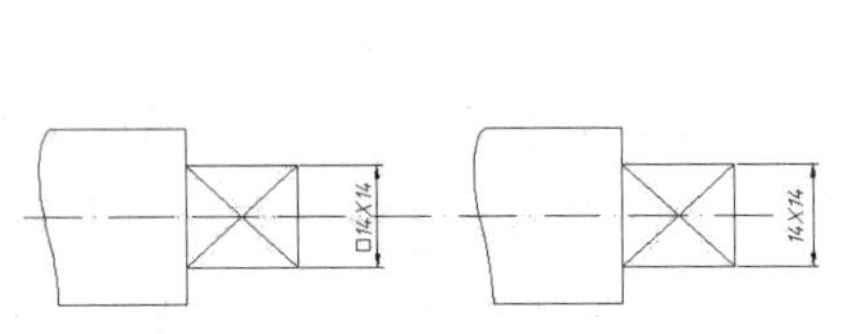

图 5-17　正方形结构尺寸的标注

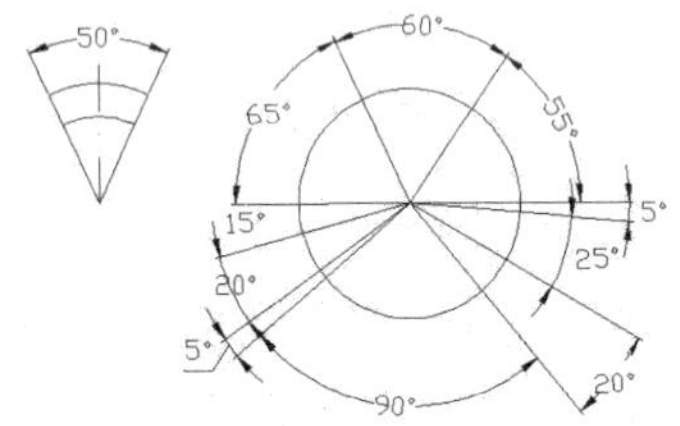

图 5-18　角度尺寸的标注

6. 斜度和锥度的注法

图 5-19 所示是斜度和锥度的标注示例，符号的方向应和斜度与锥度方向一致。

7. 小尺寸的注法

在没有足够的位置画箭头或注写数字时，箭头可画在外面，尺寸数字也可采用旁注或引出标注，如图 5-20 所示。当中间的小间隔尺寸没有足够的位置画箭头时，允许用圆点或斜线代替箭头。

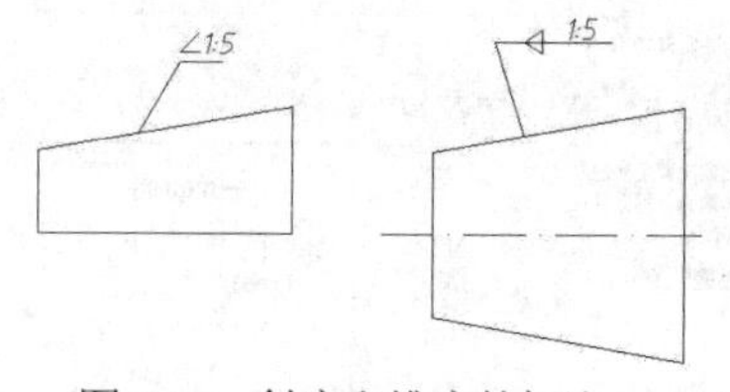

图 5-19 斜度和锥度的标注

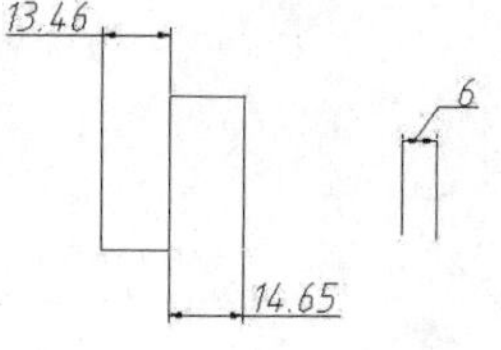

图 5-20 小尺寸的标注

8. 其他结构尺寸的注法

其他结构尺寸的注法参考国家相关标准。

5.3 尺寸标注样式

使用 AutoCAD 进行尺寸标注时，尺寸的外观及功能取决于当前尺寸样式的设定。选择“格式”|“标注样式”命令，或者单击“标注”工具栏上的“标注样式”按钮，弹出如图 5-21 所示的“标注样式管理器”对话框，用户可以在该对话框中创建新的尺寸标注样式和管理已有的尺寸标注样式。“标注样式管理器”对话框的主要功能有：预览、创建、修改、重命名和删除尺寸标注样式等。

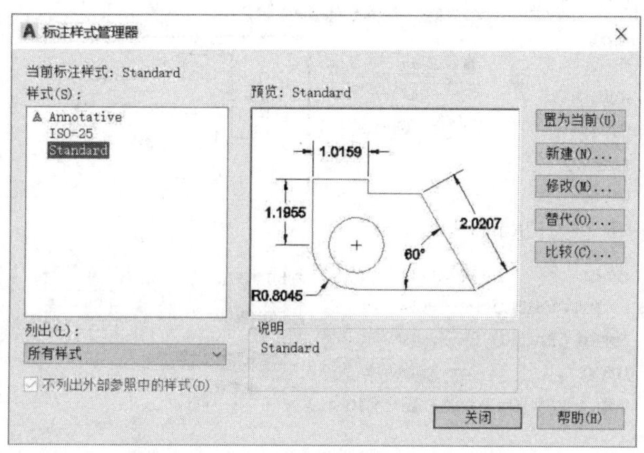

图 5-21 “标注样式管理器”对话框

5.3.1 创建尺寸标注样式

单击“标注样式管理器”对话框中的“新建”按钮，弹出如图 5-22 所示的“创建新标注样式”对话框。在“新样式名”文本框中设置新创建的尺寸标注样式的名称；在“基础样式”下拉列表框中可以选择新创建的尺寸标注样式以哪个已有的样式为模板；在“用于”下拉列表框中指定新创建的尺寸标注样式用于哪些类型的尺寸标注。

单击“继续”按钮将关闭“创建新标注样式”对话框，并弹出如图 5-23 所示的“新建标注样式”对话框。在该对话框的各选项卡中设置相应的参数，设置完成后单击“确定”按钮，返回“标注样式管理器”对话框，在“样式”列表框中可以看到新建的标注样式。

在“新建标注样式”对话框中共有“线”“符号和箭头”“文字”“调整”“主单位”“换算单位”和“公差”7 个选项卡，下面分别介绍。

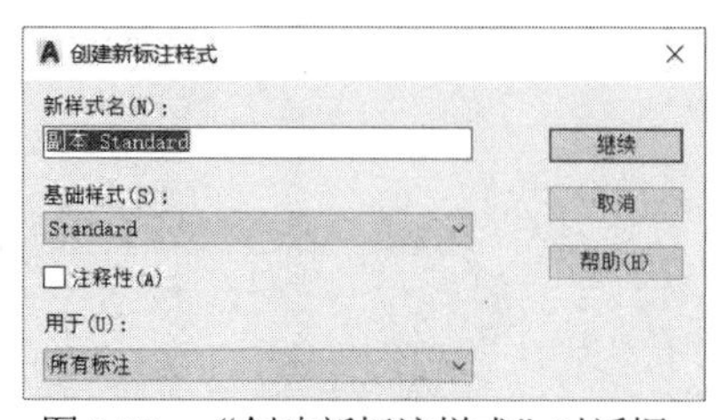

图 5-22　“创建新标注样式”对话框

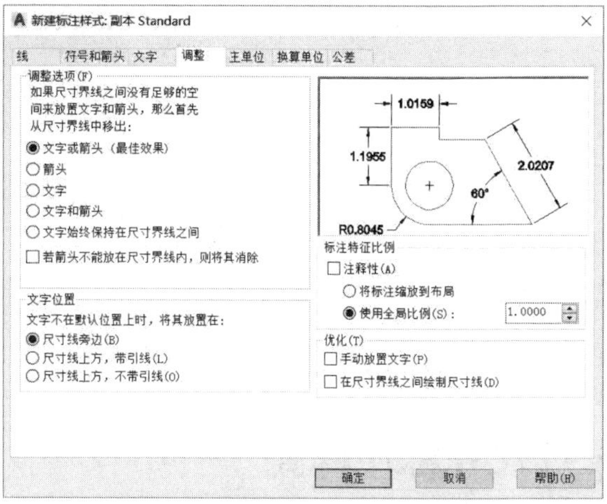

图 5-23　“新建标注样式”对话框

1. “线”选项卡

“线”选项卡如图 5-24 所示，由“尺寸线”和“尺寸界线”两个选项组组成，该选项卡用于设置尺寸线和尺寸界线的特性，以控制尺寸标注的几何外观。

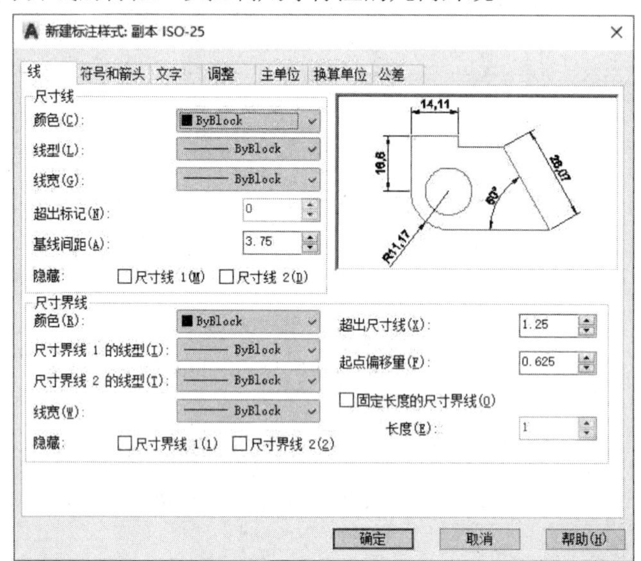

图 5-24　“线”选项卡

1) 在“尺寸线”选项组中，主要选项含义如下。

- “超出标记”微调框用于设定使用倾斜尺寸界线时，尺寸线超过尺寸界线的距离。
- “基线间距”微调框用于设定使用基线标注时各尺寸线间的距离。
- “隐藏”及其复选框用于控制尺寸线的显示，“尺寸线 1”复选框用于控制第 1 条尺寸线的显示，“尺寸线 2”复选框用于控制第 2 条尺寸线的显示。

2) 在“尺寸界线”选项组中，主要选项含义如下。

- “超出尺寸线”微调框用于设定尺寸界线超过尺寸线的距离。
- “起点偏移量”微调框用于设置尺寸界线相对于尺寸界线起点的偏移距离。
- “隐藏”及其复选框用于设置尺寸界线的显示，“尺寸界线 1”复选框用于控制第 1 条尺寸界线的显示，“尺寸界线2”复选框用于控制第2条尺寸界线的显示。

2. “符号和箭头”选项卡

“符号和箭头”选项卡如图5-25所示，用于设置箭头、圆心标记、弧长符号、半径折弯标注和线性折弯标注的特性，以控制尺寸标注的几何外观。

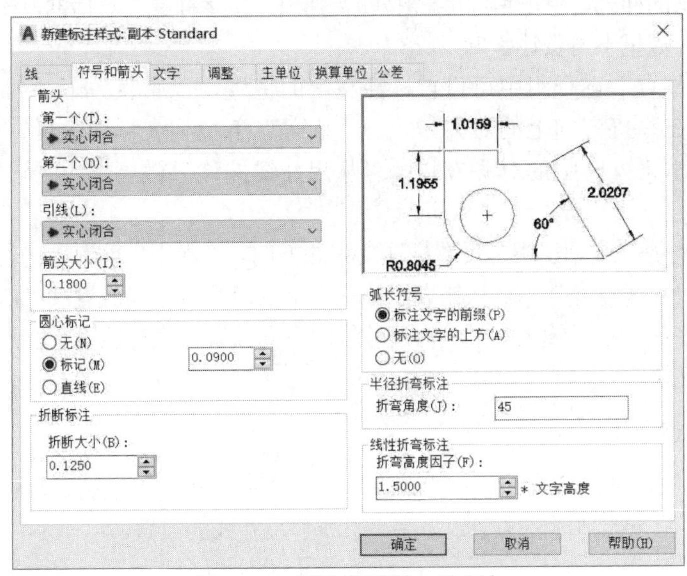

图5-25　“符号和箭头”选项卡

1) “箭头”选项组用于选定表示尺寸线端点的箭头的外观形式。“第一个”“第二个”下拉列表框列出常见的箭头形式，常用的为“实心闭合”和“建筑标记”两种。“引线”下拉列表框列出尺寸线引线部分的形式。“箭头大小”文本框用于设定箭头相对其他尺寸标注元素的大小。

2) “圆心标记”选项组用于控制当标注半径和直径尺寸时，中心线和中心标记的外观。选择“标记”单选按钮将在圆心处放置一个与“大小”文本框中的值相同的圆心标记，选择“直线”单选按钮将在圆心处放置一个与“大小”文本框中的值相同的中心线标记，选择“无”单选按钮将在圆心处不放置中心线和圆心标记，“大小”文本框用于设置圆心标记或中心线的大小。

3) “折断标注”选项组用于控制折断标注的间距宽度，在“折断大小”文本框中可以显示和设置折断标注的间距大小。

4) “弧长符号”选项组用于控制弧长标注中圆弧符号的显示。“标注文字的前缀”单选按钮设置将弧长符号“⌒”放在标注文字的前面，“标注文字的上方”单选按钮设置将弧长符号“⌒”放在标注文字的上面，“无”将不显示弧长符号。

5) “半径折弯标注”选项组主要用于控制折弯(Z字形)半径标注的显示。折弯半径标注通常在中心点位于页面外部时创建，即半径十分大时。用户可以在“折弯角度”文本框中输入折弯角度。

6) “线性折弯标注”选项组用于控制线性标注折弯的显示。通过形成折弯角度的两个顶点之间的距离确定折弯高度，线性折弯大小由“折弯高度因子×文字高度”确定。

3. “文字”选项卡

“文字”选项卡如图 5-26 所示，由“文字外观”“文字位置”和“文字对齐”3 个选项组组成，用于设置标注文字的格式、位置及对齐方式等特性。

1) 在“文字外观”选项组中可设置标注文字的样式和大小。“文字样式”下拉列表框用于设置标注文字所用的样式，单击后面的...按钮，弹出“文字样式”对话框，该对话框的用法在前面已经讲解过，这里不再赘述。

2) 在“文字位置”选项组中可设置标注文字的位置。“垂直”下拉列表框用于设置标注文字沿尺寸线在垂直方向上的对齐方式，“水平”下拉列表框用于设置标注文字沿尺寸线和尺寸界线在水平方向上的对齐方式；“从尺寸线偏移”微调框用于设置文字与尺寸线的间距。

3) 在“文字对齐”选项组中可设置标注文字的方向。“水平”单选按钮表示标注文字沿水平线放置；“与尺寸线对齐”单选按钮表示标注文字沿尺寸线方向放置；“ISO 标准”单选按钮表示当标注文字在尺寸界线之间时，沿尺寸线的方向放置，当标注文字在尺寸界线外侧时，则水平放置标注文字。

4. “调整”选项卡

“调整”选项卡如图 5-27 所示，由“调整选项”“文字位置”“标注特征比例”和“优化”4 个选项组组成，用于控制标注文字、箭头、引线和尺寸线的放置。

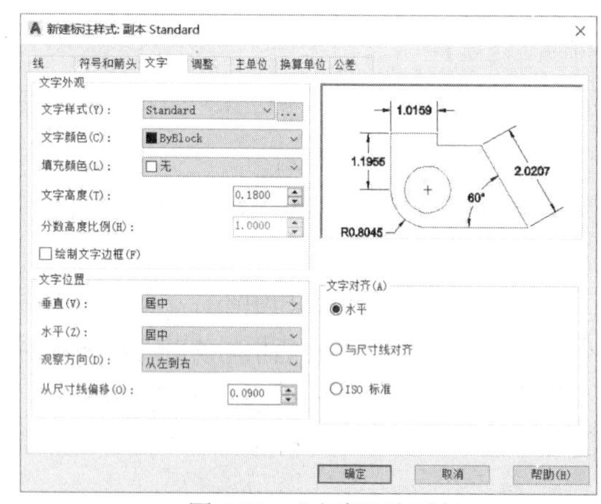

图 5-26 “文字”选项卡

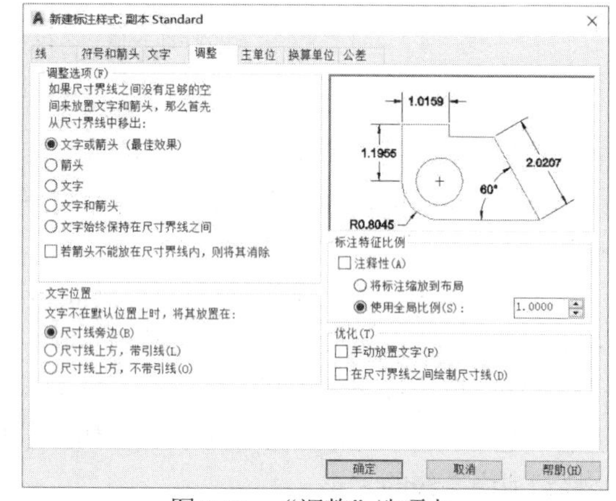

图 5-27 “调整”选项卡

1) “调整选项”选项组用于控制基于尺寸界线之间可用空间的文字和箭头的位置。如果有足够大的空间，文字和箭头都将放在尺寸界线内；否则，将按照“调整”选项放置文字和箭头。

2) “文字位置”选项组用于设置标注文字从默认位置(由标注样式定义的位置)移动时标注文字的位置。

3) “标注特征比例”选项组用于设置全局标注比例值或图纸空间比例。

4) “优化”选项组提供用于放置标注文字的其他选项。“手动放置文字”复选框表示忽略所有水平对正设置并把文字放在“尺寸线位置”提示下指定的位置；“在尺寸界线之间绘制尺寸线”复选框表示即使箭头放在测量点之外，也在测量点之间绘制尺寸线。

5. “主单位”选项卡

“主单位”选项卡如图 5-28 所示，用于设置主单位的格式及精度，同时还可以设置标注文字的前缀和后缀。

1) 在“线性标注”选项组中可设置线性标注单位的格式及精度。

2) “测量单位比例”选项组用于确定测量时的缩放系数。“比例因子”文本框用于设置线性标注测量值的比例因子。例如，如果输入 2，则 1mm 直线的尺寸将显示为 2mm。其经常用在建筑制图中，绘制 1∶100 的图形，比例因子为 1；绘制 1∶50 的图形，比例因子为 0.5。该值不应用于角度标注，也不应用于舍入值或正负公差值。

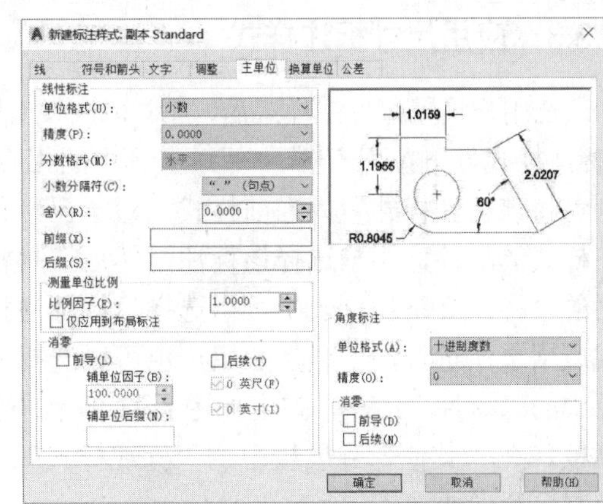

图 5-28 “主单位”选项卡

3) “消零”选项组用于控制是否显示前导 0 或后续 0。

4) “角度标注”选项组用于设置角度标注的单位格式及精度。

6. “换算单位”选项卡

“换算单位”选项卡如图 5-29 所示。“换算单位”用于指定标注测量值中换算单位的显示并设置其格式和精度。一般情况下，保持“换算单位”选项卡默认值不变。

7. “公差”选项卡

“公差”选项卡如图 5-30 所示。“公差”是指允许尺寸的变动量，常用于在机械标注中对零件加工的误差范围进行限制。“公差”设置用于指定标注文字中公差的显示及格式。

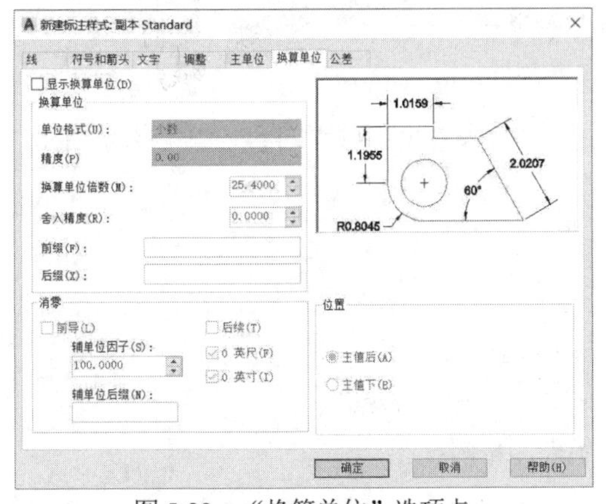

图 5-29 “换算单位”选项卡

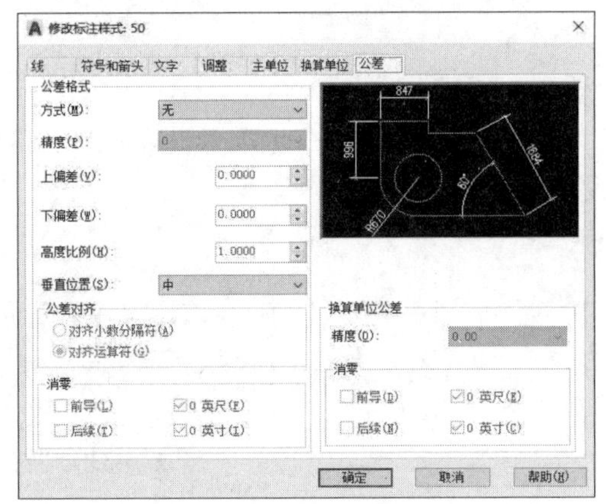

图 5-30 “公差”选项卡

5.3.2 修改尺寸标注样式

在“标注样式管理器”对话框的“样式”列表框中选择需要修改的标注样式，然后单击“修改”按钮，弹出“修改标注样式”对话框，用户可以在该对话框中对该样式的参数进行修改。

“修改标注样式”对话框和“新建标注样式”对话框仅对话框标题不一样，其他参数设置均一样，用户可参考 5.3.1 节“新建标注样式”对话框的设置。

5.3.3 应用尺寸标注样式

在用户设置好标注样式后，在“标注”工具栏中选择“标注样式”下拉列表框 ISO-25 中的相应标注样式，则可将该标注样式置为当前样式。对于已经使用某种标注样式的标注，用户选择该标注，然后在“样式”工具栏的“样式”下拉列表中可以选择目标标注样式，将样式应用于所选标注。当然，用户也可以选择右键快捷菜单中的“特性”命令，弹出如图 5-31 所示的“特性”选项板，在“其他”卷展栏中的“标注样式”下拉列表中设置标注样式。

图 5-31 “特性”选项板

5.3.4 创建尺寸标注样式实例

本节以创建机械制图中最常用的标注样式为例，说明创建及修改尺寸标注样式的基本步骤。下面创建一个名为“零件图标注样式”的标注样式，具体步骤如下。

(1) 在“标注”工具栏上单击“标注样式”按钮，弹出“标注样式管理器”对话框。

(2) 单击“新建”按钮，弹出“创建新标注样式”对话框，将“新样式名”设为“零件图标注样式”，“基础样式”设为“ISO-25”，“用于”选择“所有标注”。

(3) 单击“继续”按钮，弹出“新建标注样式”对话框。“线”选项卡设置如图 5-32 所示，“基线间距”设置为 6，“超出尺寸线”设置为 2，“起点偏移量”设置为 1，其他保持不变。

图 5-32 “线”选项卡

(4) “符号和箭头”选项卡设置如图 5-33 所示。“箭头大小”设置为 5，“折弯高度因子”设置为 5，其他保持不变。

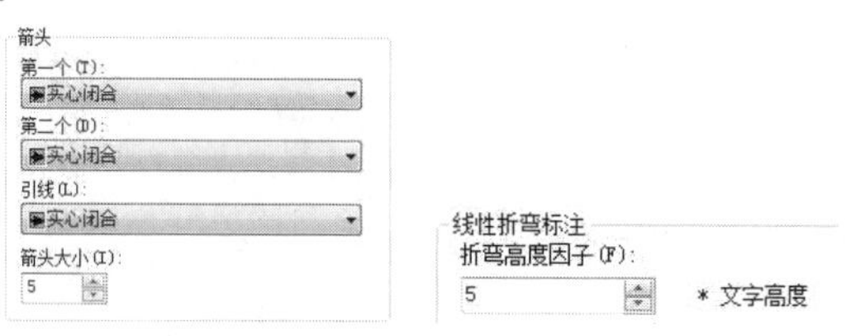

图 5-33 “符号和箭头”选项卡

(5) “文字”选项卡设置如图 5-34 所示。在“文字样式”下拉列表中选择 GB，“从尺寸线偏移”设置为 1，“文字对齐”选择“ISO 标准”单选按钮，其他保持不变。

(6) “调整”选项卡中“文字位置”选择“尺寸线上方，选中带引线”单选按钮，其他保持不变。

(7) “主单位”选项卡中设置“舍入”为 0，“小数分隔符”设置为“句点”。

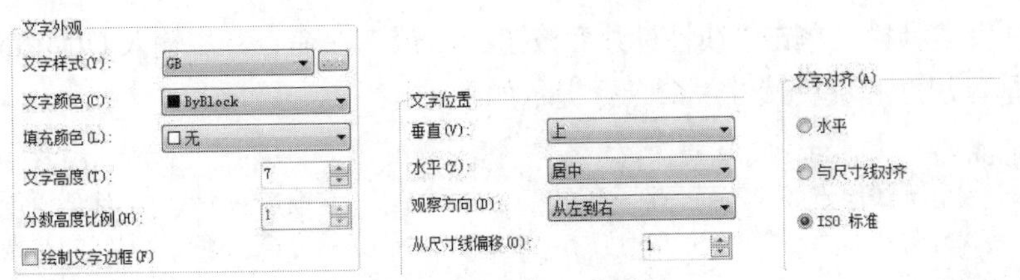

图 5-34 “文字”选项卡

(8) 设置完毕，单击“确定”按钮回到“标注样式管理器”对话框，单击“置为当前”按钮，将新建的“零件图标注样式”样式设置为当前使用的标注样式。单击“关闭”按钮完成新样式的创建。

5.4 基本尺寸标注

AutoCAD 2020 根据工程实际情况，为用户提供了各种类型的尺寸标注方法，主要有以下 4 种方法：基本尺寸标注、形位公差标注、尺寸公差标注和表面粗糙度标注。本节将对基本尺寸标注的相关内容进行详细介绍。

5.4.1 基本尺寸的类别和常用标注命令

基本尺寸标注是指对零件长、宽、高、半径和直径等基本尺寸的标注，是最常见的一种标注样式，也是比较简单的一种标注。

1. 基本尺寸的类别

基本尺寸分为线性尺寸和非线性尺寸两类。线性尺寸指两点之间的距离，如直径、半径、宽度、深度、高度、中心距等。线性尺寸之外的尺寸，如倒角和角度等称为非线性尺寸。

2. 常用标注命令

- 对于单个的长度、宽度等尺寸，在 AutoCAD 2020 中可以使用线性标注或对齐标注。对于有若干尺寸的标注原点相同的情况，可以使用基线标注。对于有若干尺寸是连续相邻放置的情况，可以使用连续标注。
- 对于圆弧和圆，可以使用半径标注和直径标注；对于弧长可以使用弧长标注。如果需要标注的圆或圆弧半径过大，可以使用折弯标注。
- 对于角度，可以使用角度标注。在某些特殊情况下，如圆心角，可以分别标注圆弧长度和半径来代替圆心角的标注。

5.4.2 尺寸标注常用方法

一般尺寸标注主要包括线性尺寸标注、对齐尺寸标注、弧长尺寸标注、坐标标注、半径和直径尺寸标注、角度尺寸标注、基线尺寸标注和连续尺寸标注等。下面介绍这些尺寸标注的方法。

1. 线性尺寸标注

线性尺寸标注常用于标注水平尺寸、垂直尺寸和旋转尺寸。选择“标注”|“线性”命令，

或者在“标注”工具栏上单击“线性标注”按钮，或者在命令行中输入 DIMLINEAR 来标注水平尺寸、垂直尺寸和旋转尺寸，命令行提示如下。

```
命令: _dimlinear
指定第一个尺寸界线原点或 <选择对象>:                    //拾取第一个尺寸界线的原点
指定第二条尺寸界线原点:                                 //拾取第二条尺寸界线的原点
指定尺寸线位置或
[多行文字(M)/文字(T)/角度(A)/水平(H)/垂直(V)/旋转(R)]:   //一般移动光标指定尺寸线位置
标注文字 =10
```

在命令行提示中，“尺寸线位置”“多行文字”“文字”和“角度”选项是尺寸标注命令行中的常见选项。其中“尺寸线位置”选项表示确定尺寸线的角度和标注文字的位置。“多行文字”选项表示显示在位文字编辑器，可用它来编辑标注文字，如可以通过文字编辑器来添加前缀或后缀，用控制代码和 Unicode 字符串来输入特殊字符或符号；要编辑或替换生成的测量值，可以删除文字，输入新文字，然后单击“确定”按钮；如果标注样式中未打开换算单位，则可以通过输入方括号[ ]来显示它们。“文字”选项表示在命令行自定义标注文字，要包括生成的测量值，可用尖括号<>表示生成的测量值。“角度”选项用于修改标注文字的角度。

命令行提示中的其他 3 个选项“水平”“垂直”和“旋转”都是线性标注特有的选项，其含义如下：“水平”选项创建水平线性标注；“垂直”选项创建垂直线性标注；“旋转”选项创建旋转线性标注。图 5-35 分别显示了水平线性标注、垂直线性标注和旋转 45° 的线性标注效果。

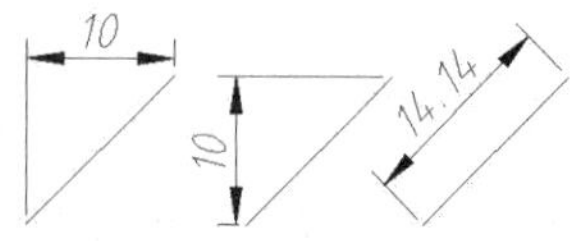

图 5-35　线性标注效果

2. 对齐尺寸标注

对齐尺寸标注用于创建与指定位置或对象平行的标注，在对齐标注中，尺寸线平行于尺寸界线原点连成的直线。

选择“标注”|“对齐”命令，或者在“标注”工具栏上单击“对齐标注”按钮，或者在命令行中输入 DIMALIGNED 来完成对齐标注，命令行提示如下。

```
命令: _dimaligned
指定第一个尺寸界线原点或 <选择对象>:     //拾取第一个尺寸界线的原点
指定第二条尺寸界线原点:                  //拾取第二条尺寸界线的原点
指定尺寸线位置或                         //在合适位置单击放置尺寸
[多行文字(M)/文字(T)/角度(A)]:
标注文字 =14.14
```

图 5-36 所示为对齐尺寸标注的效果。

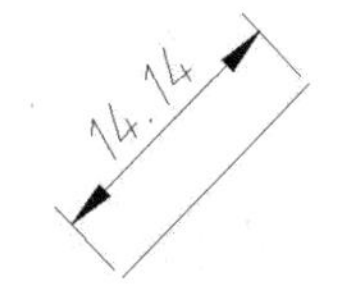

图 5-36　对齐尺寸标注的效果

3. 弧长尺寸标注

弧长尺寸标注用于测量圆弧或多段线弧线段上的距离，默认情况下，弧长标注将显示一个圆弧符号。弧长尺寸标注的尺寸界线可以正交或径向，仅当圆弧的包含角度小于 90° 时才显示正交尺寸界线。

选择“标注”|“弧长”命令，或者在“标注”工具栏上单击“弧长标注”按钮，或者在命令行中输入 DIMARC 来完成弧长标注，命令行提示如下。

```
命令: _dimarc
选择弧线段或多段线弧线段:                                          //选择要标注的弧
指定弧长标注位置或 [多行文字(M)/文字(T)/角度(A)/部分(P)/引线(L)]:   //指定尺寸线的位置
标注文字 =43
```

命令行提示中，“部分”选项表示缩短弧长标注的长度，命令行会提示重新拾取测量弧长的起点和终点；“引线”选项表示添加引线对象，仅当圆弧(或弧线段)大于 90° 时才会显示此选项，引线是按径向绘制的，指向所标注圆弧的圆心。图 5-37 所示分别为弧度大于 90° 、弧度小于 90° 和添加引线的弧长尺寸标注效果。

4. 坐标标注

坐标标注由 X 或 Y 值和引线组成。X 基准坐标标注沿 X 轴测量特征点与基准点的距离，Y 基准坐标标注沿 Y 轴测量距离。程序使用当前 UCS 的绝对坐标值确定坐标值。在创建坐标标注之前，通常需要重设 UCS 原点与基准相符。

选择“标注” | “坐标”命令，或者在“标注”工具栏上单击“坐标标注”按钮，或者在命令行中输入 DIMORDINATE 命令来执行坐标标注，命令行提示如下。

```
命令: _dimordinate
指定点坐标:                                                   //拾取需要创建坐标标注的点
指定引线端点或 [X 基准(X)/Y 基准(Y)/多行文字(M)/文字(T)/角度(A)]:   //指定引线端点
标注文字 =1009
```

图 5-38 所示为坐标标注示例。

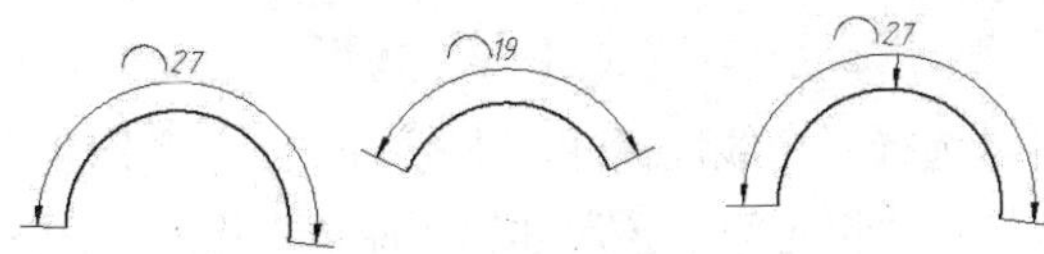

图 5-37　弧长尺寸标注效果

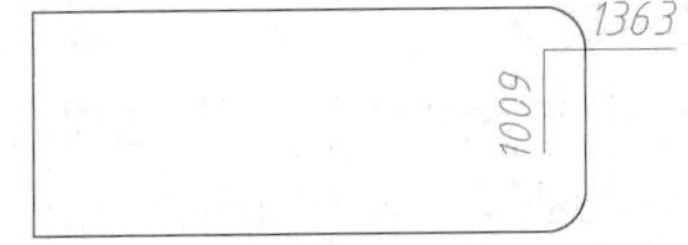

图 5-38　坐标标注示例

5. 半径和直径尺寸标注

半径和直径尺寸标注使用可选的中心线或中心标记测量圆弧或圆的半径和直径。半径尺寸标注用于测量圆弧或圆的半径，并显示前面带有字母“R”的标注文字；直径尺寸标注用于测量圆弧或圆的直径，并显示前面带有直径符号“ϕ”的标注文字。

选择“标注” | “半径”命令，或者在“标注”工具栏上单击“半径标注”按钮，或者在命令行中输入 DIMRADIUS 命令来执行半径标注，命令行提示如下。

```
命令: _dimradius
选择圆弧或圆:                                  //选择要标注半径的圆或圆弧对象
标注文字 =10
指定尺寸线位置或 [多行文字(M)/文字(T)/角度(A)]:   //移动光标至合适位置单击
```

直径标注的执行方法与半径类似。图 5-39 所示为直径标注和半径标注的效果。

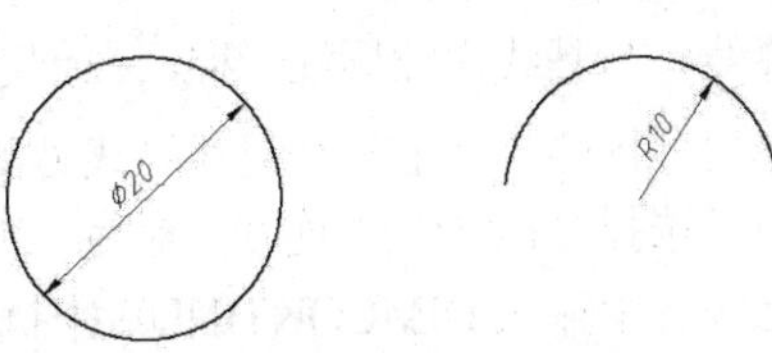

图 5-39　直径标注和半径标注示例

6. 角度尺寸标注

角度尺寸标注用于标注两条直线或 3 个点之间的角度。要测量圆的两条半径之间的角度，可以选择此圆，然后指定角度端点。对于其他对象，则需要先选择对象，然后指定标注位置。

选择“标注”|“角度”命令，或者在“标注”工具栏上单击“角度标注”按钮，或者在命令行中输入DIMANGULAR命令来执行角度标注，命令行提示如下。

```
命令: _dimangular
选择圆弧、圆、直线或 <指定顶点>:                    //选择标注角度尺寸对象，选择小圆弧
指定标注弧线位置或 [多行文字(M)/文字(T)/角度(A)]:    //移动光标至合适位置单击
标注文字 =168
```

图5-40所示为圆弧角度和直线角度标注的效果。

7. 基线尺寸标注

基线尺寸标注是自同一基线处测量的多个标注，在创建基线标注之前，必须创建线性、对齐或角度标注，基线标注是从上一个尺寸界线处测量的，除非指定另一点作为原点。

选择“标注”|“基线”命令，或者在“标注”工具栏上单击“基线标注”按钮，或者在命令行中输入DIMBASELINE来执行基线标注，命令行提示如下。

```
命令: _dimbaseline
选择基准标注:                                      //选择一条尺寸界线作为基准
指定第二条尺寸界线原点或 [放弃(U)/选择(S)] <选择>:  //拾取第二条尺寸界线原点
标注文字 =19
指定第二条尺寸界线原点或 [放弃(U)/选择(S)] <选择>:  //继续提示拾取第二条尺寸界线原点
标注文字 =34
指定第二条尺寸界线原点或 [放弃(U)/选择(S)] <选择>:
……
```

命令行提示中的“选择”选项表示用户可以选择一个线性标注、坐标标注或角度标注作为基线标注的基准。选择基准标注之后，将再次显示“指定第二条尺寸界线原点”提示。图5-41所示为基线尺寸标注效果。

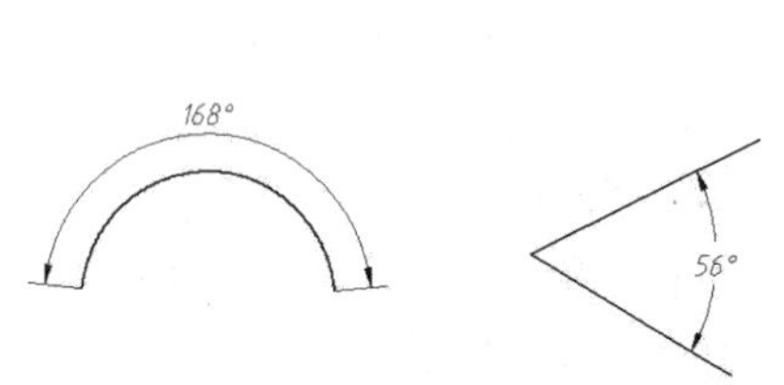

图5-40　圆弧角度标注和直线角度标注示例

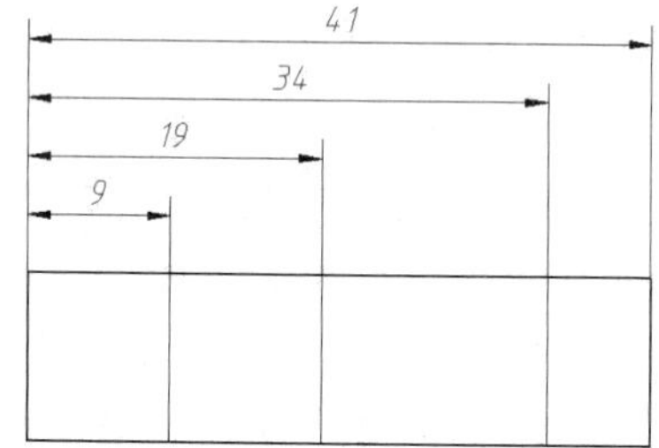

图5-41　基线尺寸标注效果

8. 连续尺寸标注

连续尺寸标注是首尾相连的多个标注，前一尺寸的第二尺寸界线就是后一尺寸的第一尺寸界线，与基线尺寸标注一样，在创建连续尺寸标注之前，必须创建线性、对齐或角度标注，连续尺寸标注是从上一个尺寸界线处测量的，除非指定另一点作为原点。

选择“标注”|“连续”命令，或者在“标注”工具栏上单击“连续标注”按钮，或者在命令行中输入DIMCONTINUE来执行连续标注，命令行提示如下。

```
命令: _dimcontinue
选择连续标注                                              //选择线性标注 9
指定第二条尺寸界线原点或 [放弃(U)/选择(S)] <选择>:        //拾取第二条尺寸界线原点
标注文字 =10
指定第二条尺寸界线原点或 [放弃(U)/选择(S)] <选择>:        //继续提示拾取第二条尺寸界线原点
标注文字 =15
指定第二条尺寸界线原点或 [放弃(U)/选择(S)] <选择>:
标注文字 =7

……
```

图 5-42 所示为连续尺寸标注效果。

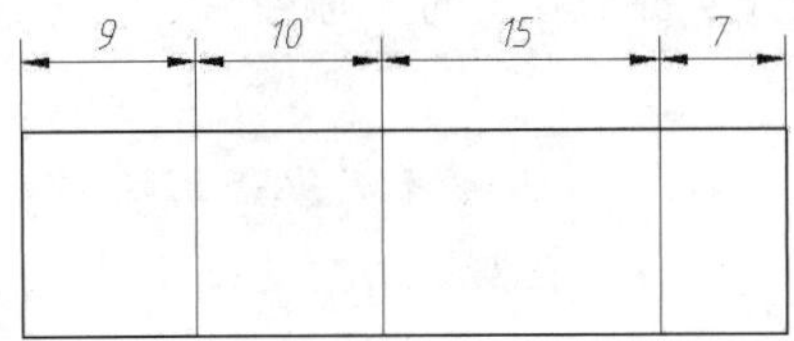

图 5-42 连续尺寸标注效果

5.5 尺寸公差标注

尺寸公差是指实际生产中尺寸可以上下浮动的数值。生产中的公差，可以控制部件所需的精度等级。在实际绘图过程中，可以通过为标注文字附加公差的方式，直接将公差应用到标注中。如果标注值在两个方向上变化，则所提供的正值和负值将作为极限公差附加到标注值中；如果两个极限公差值相等，则 AutoCAD 2020 将在它们前面加上“±”符号，也称为对称，否则，正值将位于负值上方。

下面以创建如图 5-43 所示的支座零件中的尺寸公差为例，介绍尺寸公差的标注方法。

具体操作步骤如下。

(1) 创建标注样式“线性公差标注”，该标注样式中的“公差”选项卡设置后如图 5-44 所示，其他选项卡的设置内容与 5.3.4 节一般尺寸标注中的选项卡设置相同。

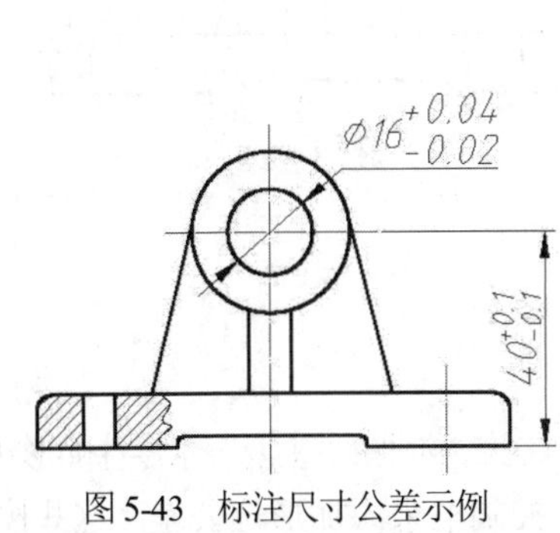

图 5-43 标注尺寸公差示例

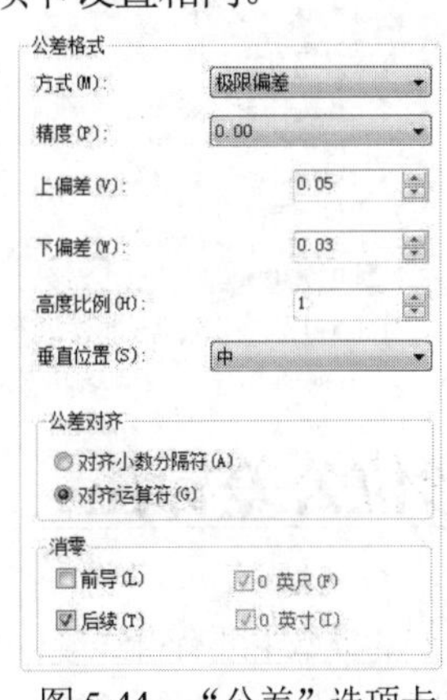

图 5-44 “公差”选项卡

(2) 执行“直径标注”命令，选择半径小一点儿的圆，标注效果如图 5-45 所示。

(3) 单击“线性标注”按钮⊢，命令行提示如下。

```
命令: _dimlinear
指定第一条尺寸界线原点或<选择对象>:                          //选择图 5-45 所示的右下顶点
指定第二条尺寸界线原点:                                      //选择图 5-45 所示的内圆圆心
指定尺寸线位置或
[多行文字(M)/文字(T)/角度(A)/水平(H)/垂直(V)/旋转(R)]: m   //输入 m，按 Enter 键，弹出在位文字编辑器
指定尺寸线位置或
[多行文字(M)/文字(T)/角度(A)/水平(H)/垂直(V)/旋转(R)]:
标注文字 =40
```

(4) 在在位文字编辑器中，添加如图 5-46 所示的公差“0.1^-0.1”，添加完成后选中“0.1^-0.1”并单击按钮，再单击“文字格式”工具栏上的“确定”按钮，在图形的合适位置单击完成标注。

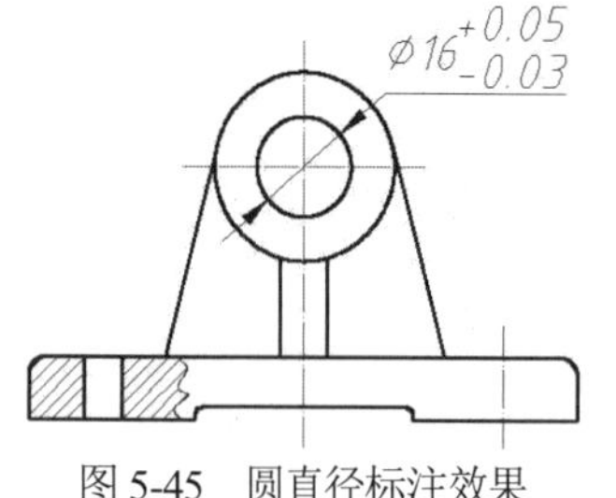

图 5-45 圆直径标注效果

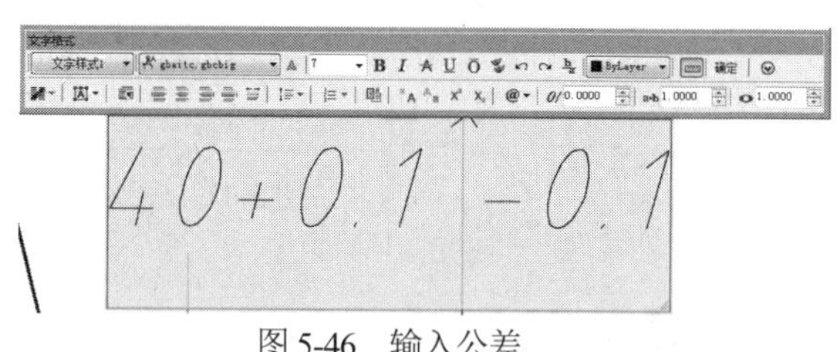

图 5-46 输入公差

(5) 在确定公差时还可以通过“特性”面板来实现。例如，要确定尺寸 16 的极限偏差，可以在标注基本尺寸后，选中该尺寸并右击，在弹出的快捷菜单中选择“特性”命令，打开“特性”面板，该面板的“公差”卷展栏用于设置极限偏差，设置偏差后的“公差”卷展栏如图 5-47 所示，标注效果如图 5-48 所示。

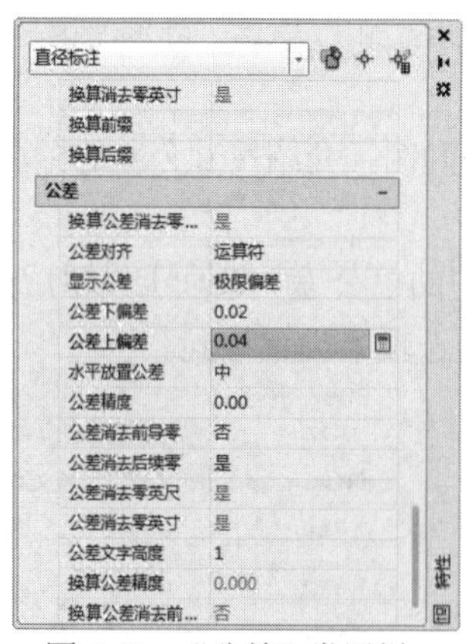

图 5-47 “公差”卷展栏

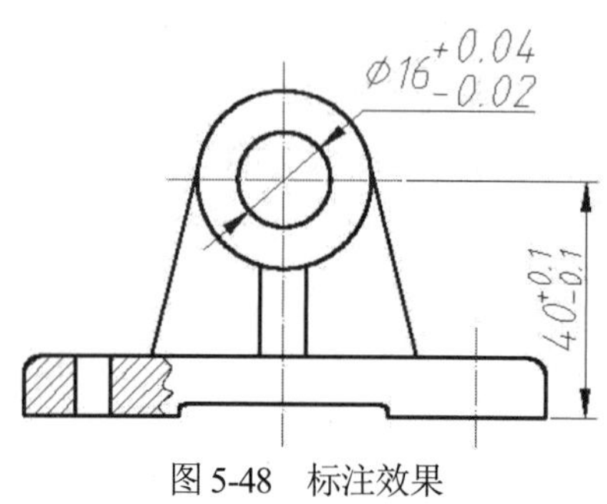

图 5-48 标注效果

5.6 形位公差标注

形位公差的类型主要有直线度、垂直度、圆度等，它在机械制图中主要表示零件的形状、轮廓、方向、位置和跳动的允许偏差等。用户可以通过特征控制框来添加形位公差，这些控制框中包含单个标注的所有公差信息。特征控制框能够被复制、移动、删除、比例缩放和旋转，可以用

对象捕捉的模式进行捕捉操作，也可以用夹点编辑和 DDEDIT 命令进行编辑。

特征控制框至少由两个组件组成。第一个特征控制框包含一个几何特征符号，表示应用公差的几何特征，如位置、轮廓、形状、方向或跳动。其他组件：形位公差控制直线度、平面度、圆度和圆柱度；轮廓控制直线和表面。

常见的形位公差由引线、几何特征符号、直径符号、形位公差值、材料状况和基准代号等组成，图 5-49 所示为一个完成后的形位公差标注效果。公差特性符号按意义分为形状公差和位置公差，按类型又分为定位、定向、形状、轮廓和跳动。系统提供了 14 种符号，在如图 5-50 所示的“特征符号”对话框中可进行选择。形位公差符号及含义如表 5-1 所示。

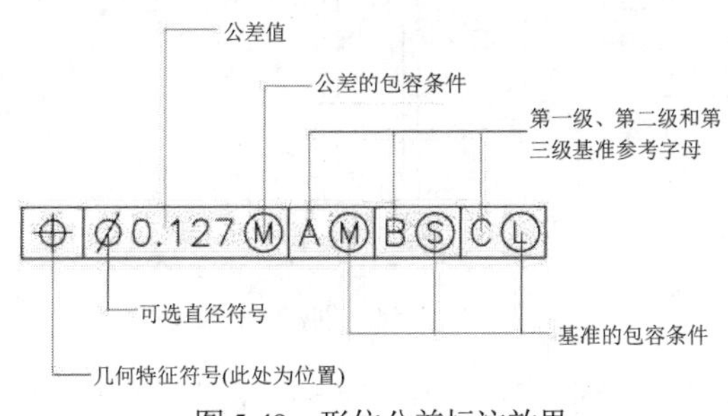

图 5-49 形位公差标注效果

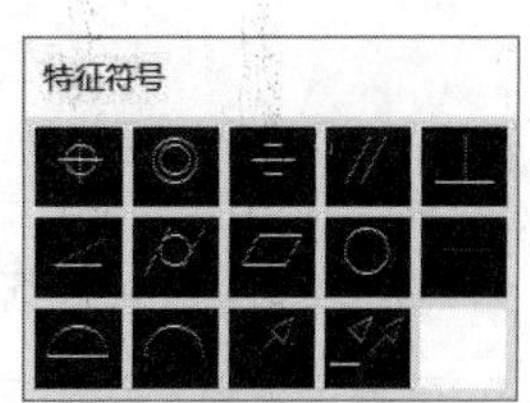

图 5-50 “特征符号”对话框

表 5-1 形位公差符号及含义

符 号	含 义	符 号	含 义
⌖	直线度(定位)	⏥	平面度(形状)
◎	同轴度(定位)	○	圆度(形状)
⌯	对称度(定位)	—	直线度(形状)
//	平行度(定向)	⌓	面轮廓度(轮廓)
⊥	垂直度(定向)	⌒	线轮廓度(轮廓)
∠	倾斜度(定向)	↗	圆跳动(跳动)
⌭	柱面性(形状)	⌰	全跳动(跳动)

在“标注”面板中单击“公差”按钮，弹出如图 5-51 所示的“形位公差”对话框，用于指定特征控制框的符号和值，选择几何特征符号后，“形位公差”对话框将关闭，指定合适位置即可完成标注。但是，这样生成的形位公差没有尺寸引线，所以通常形位公差标注需通过 QLEADER 命令(即快速引线标注)来完成。

单击“形位公差”对话框中“公差 1”“公差 2”“基准 1”“基准 2”或“基准 3”后的■按钮，弹出如图 5-52 所示的“附加符号”对话框，该对话框可以指定修饰符号，这些符号可以作为几何特征和大小可改变的特征公差值的修饰符。

下面以创建如图 5-53 所示的形位公差为例讲述形位公差的创建方法。具体操作步骤如下。

(1) 本例中需要创建的形位公差为平行度，因此首先需要创建平行度形位公差标注中的平行度参考，如图 5-54 所示。创建的方法可以参考第 2 章基本二维图形的绘制方法。

(2) 在“多重引线”工具栏上单击“多重引线”按钮创建引线，效果如图 5-55 所示。

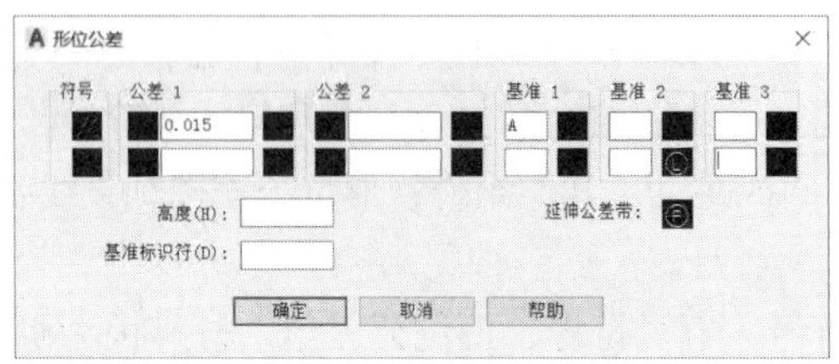
图 5-51　“形位公差”对话框

图 5-52　“附加符号”对话框

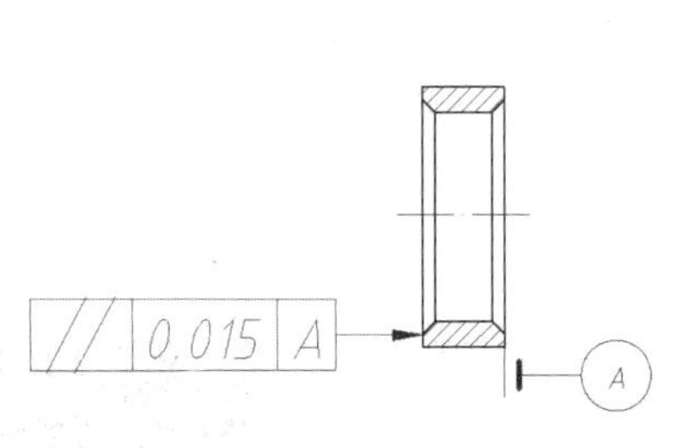

图 5-53　形位公差

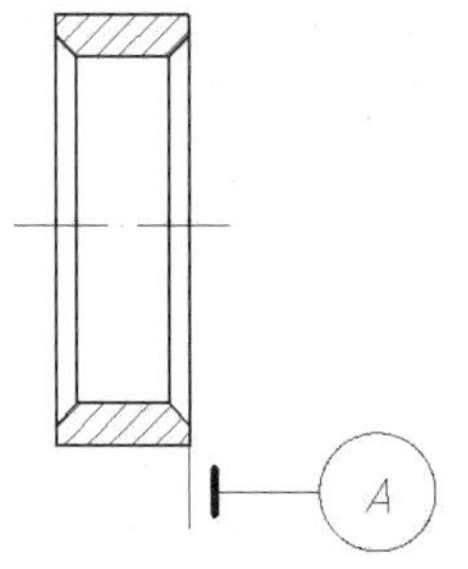

图 5-54　创建平行度参考

(3) 单击“公差”按钮，弹出“形位公差”对话框，按图 5-56 所示进行设置。

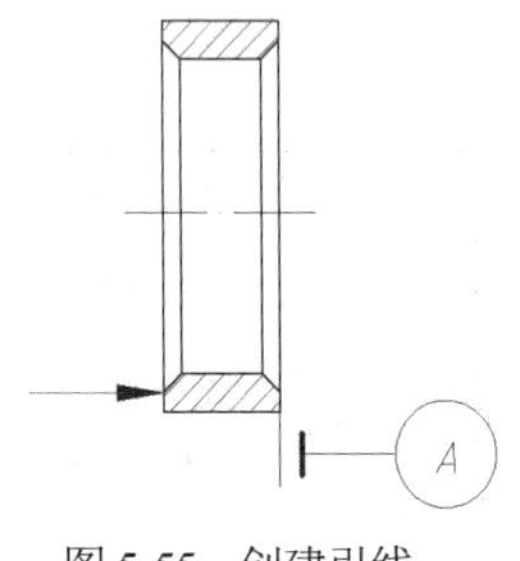

图 5-55　创建引线

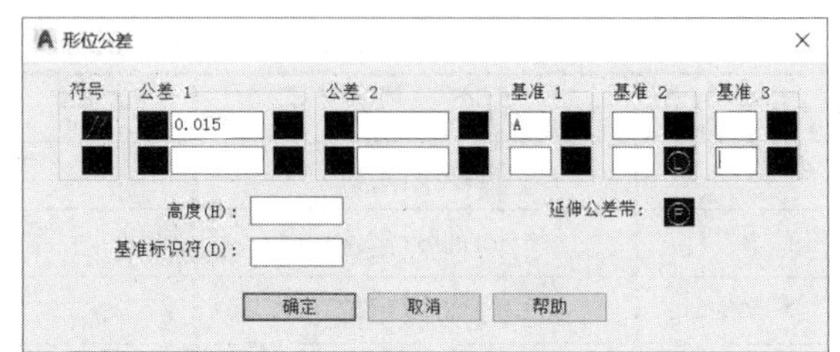

图 5-56　“形位公差”对话框

(4) 单击“确定”按钮，提示输入公差位置，单击引线端点即可。

5.7 其他特殊标注

5.7.1　折弯半径标注

当圆弧或圆的中心位于布局外并且无法显示在其实际位置时，可以创建折弯半径标注，也称为“缩略的半径标注”，可以在更方便的位置指定标注的原点(在命令行中称为中心位置替代)。

选择“标注”|“折弯”命令，或者单击“标注”工具栏上的“折弯标注”按钮，或者在命令行中输入 DIMJOGGED 命令来执行折弯半径标注，命令行提示如下。

```
命令: _dimjogged
选择圆弧或圆:                  //选择需要标注的圆弧或圆对象
指定中心位置替代:              //拾取替代圆心位置的中心点
标注文字 =81
指定尺寸线位置或 [多行文字(M)/文字(T)/角度(A)]://指定尺寸线位置
指定折弯位置:                  //指定折弯位置
```

图 5-57 所示为折弯半径标注效果。

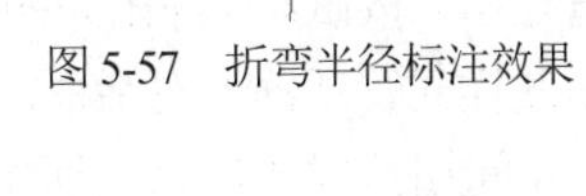

图 5-57 折弯半径标注效果

5.7.2 快速尺寸标注

快速尺寸标注主要用于快速创建或编辑一系列标注，在创建系列基线或连续标注，或者为一系列圆或圆弧创建标注时，此命令特别有用。

选择“标注”|“快速标注”命令，或者单击“标注”工具栏上的“快速标注”按钮，或者在命令行中输入 QDIM 命令，都可以进行快速标注。

单击“快速标注”按钮，命令行提示如下。

```
命令: _qdim
关联标注优先级 = 端点
选择要标注的几何图形: 找到 1 个        //选择要标注的图形对象
选择要标注的几何图形:                  //按 Enter 键，完成选择
指定尺寸线位置或 [连续(C)/并列(S)/基线(B)/坐标(O)/半径(R)/直径(D)/基准点(P)/编辑(E)/设置(T)] <当前>:
                                       //输入选项或按 Enter 键
```

5.7.3 圆心标记标注

圆心标记标注用于创建圆或圆弧的圆心标记或中心线，可以选择圆心标记或中心线，并在设置标注样式时指定它们的大小。

选择“标注”|“圆心标记”命令，或者在“标注”工具栏上单击“圆心标记”按钮，或者在命令行中输入 DIMCENTER 命令以进行圆心标记标注。

单击“圆心标记”按钮，命令行提示如下。

```
命令: _dimcenter
选择圆弧或圆:        //拾取需要执行“圆心标记”命令的圆弧或圆
```

图 5-58 所示为进行圆心标记标注前后的效果图。

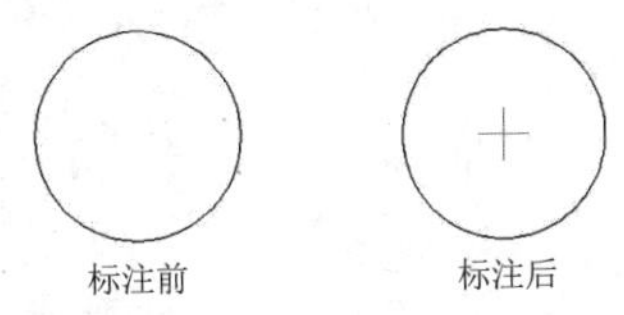

图 5-58 圆心标记标注前后效果图

5.8 创建和编辑多重引线

引线对象是一条线或样条曲线，其一端带有箭头，另一端带有多行文字对象或块。在某些情况下，有一条短水平线(又称为基线)将文字或块和特征控制框连接到引线上。由于基线和引线与多行文字对象或块关联，因此当重定位基线时，内容和引线将随其移动。在 AutoCAD 2020 版本中提供了如图 5-59 所示的“多重引线”工具栏供用户对多重引线进行创建和编辑。

图 5-59 “多重引线”工具栏

5.8.1 创建引线样式

选择“格式”|“多重引线样式”命令，或者单击“多重引线”工具栏中的“多重引线样式管理器”按钮，弹出如图5-60所示的“多重引线样式管理器”对话框，该对话框可设置当前多重引线样式，以及创建、修改和删除多重引线样式。

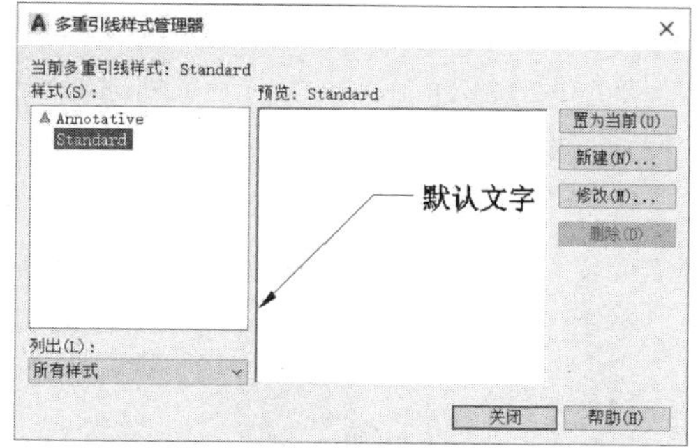

图5-60 “多重引线样式管理器”对话框

“多重引线样式管理器”对话框中各选项的含义如下。

- “当前多重引线样式”状态栏：显示应用于所创建的多重引线样式的名称；“样式”列表中显示多重引线样式列表，当前样式被高亮显示。
- “列出”下拉列表框：用于控制“样式”列表的内容。选择“所有样式”选项，可显示图形中可用的所有多重引线样式；选择“正在使用的样式”选项，仅显示被当前图形中的多重引线参照的多重引线样式。
- “预览”框：用于显示“样式”列表中选定样式的预览图像。
- “置为当前”按钮：单击此按钮，将“样式”列表中选定的多重引线样式设置为当前样式。
- “新建”按钮：单击此按钮，弹出“创建新多重引线样式”对话框，可以定义新的多重引线样式。
- “修改”按钮：单击此按钮，弹出“修改多重引线样式”对话框，可以修改多重引线样式。
- “删除”按钮：单击此按钮，可以删除“样式”列表中选定的多重引线样式。

“创建新多重引线样式”对话框如图5-61所示，单击“继续”按钮，弹出如图5-62所示的“修改多重引线样式”对话框，在此可以设置直线、引线、箭头和内容的格式。

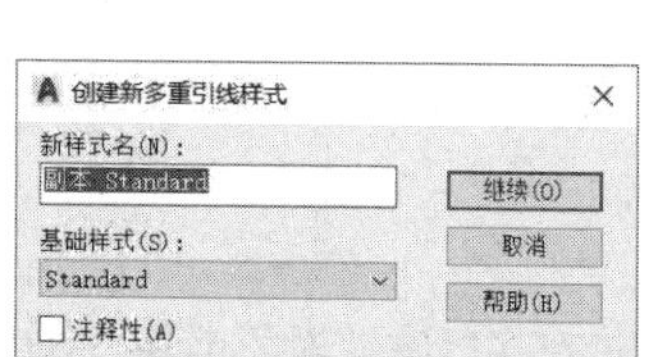

图5-61 “创建新多重引线样式”对话框

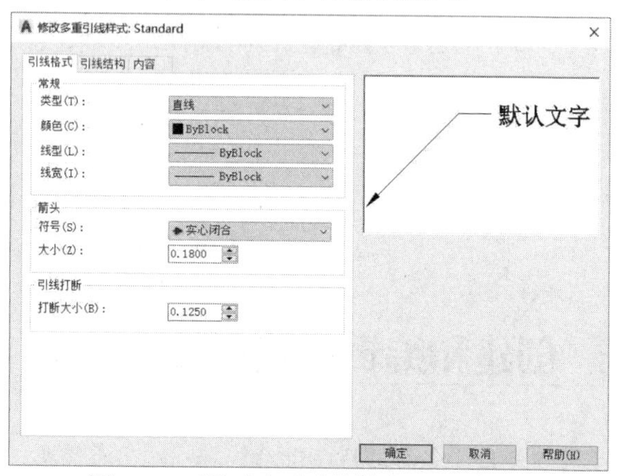

图5-62 “修改多重引线样式”对话框

“修改多重引线样式”对话框有“引线格式”“引线结构”和“内容”3个选项卡，下面分别介绍各选项卡的含义。

1. “引线格式”选项卡

1) “常规”选项组：用于控制多重引线的基本外观，包括引线的类型、颜色、线型和线宽。引线类型可以选择直线、样条曲线或无引线，图 5-63 所示为引线类型是直线和样条曲线的效果。

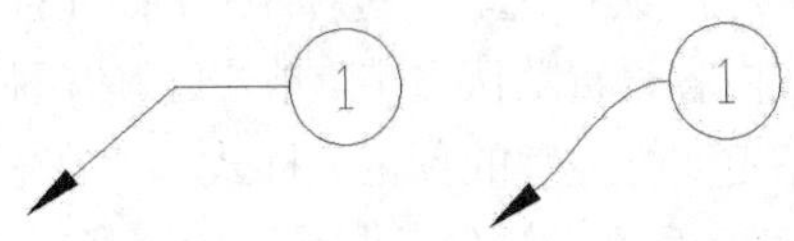

图 5-63 直线引线和样条曲线引线效果

2) “箭头”选项组：用于控制多重引线箭头的外观。“符号”下拉列表框中提供了各种多重引线的箭头符号，“大小”文本框用于显示和设置箭头的大小。

3) “引线打断”选项组：用于控制将打断标注添加到多重引线时使用的设置，“打断大小”文本框用于显示和设置选择多重引线后用于 DIMBREAK 命令的打断大小。

2. “引线结构”选项卡

“引线结构”选项卡如图 5-64 所示，它包含“约束”选项组、“基线设置”选项组和“比例”选项组。

1) “约束”选项组：用于控制多重引线的约束。选择“最大引线点数”复选框后，可以在后面的文本框中指定引线的最大点数；选择“第一段角度”复选框后，需要指定引线中的第一段的角度；选择“第二段角度”复选框后，需要指定多重引线基线中的第二段的角度。

2) “基线设置”选项组：用于控制多重引线的基线设置。“自动包含基线”复选框控制是否将水平基线附着到多重引线内容；“设置基线距离”复选框控制是否为多重引线基线确定固定距离，如果是则需要设定具体的距离。

3) “比例”选项组：用于控制多重引线的缩放。“注释性”复选框用于指定多重引线是否为注释性。如果多重引线为非注释性，则“将多重引线缩放到布局”和“指定比例”单选按钮可用。

3. “内容”选项卡

“内容”选项卡如图 5-65 所示，它包括“多重引线类型”下拉列表、“文字选项”选项组和“引线连接”选项组。

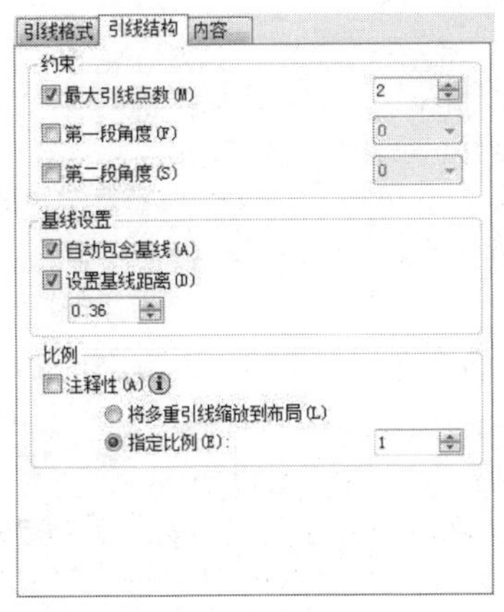

图 5-64 “引线结构”选项卡

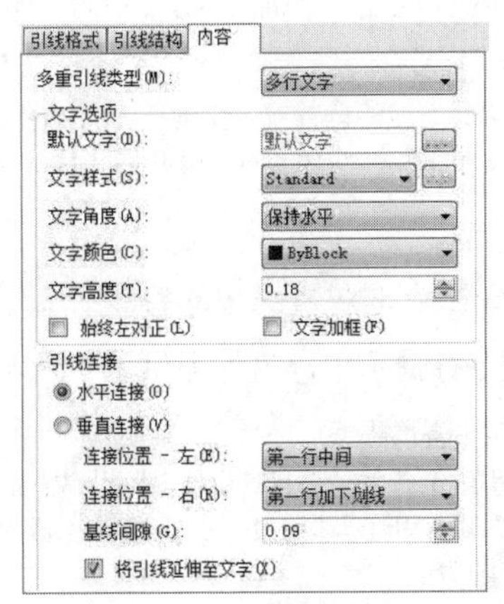

图 5-65 “内容”选项卡

1) “多重引线类型”下拉列表：用于确定多重引线是包含文字还是包含块。当选择“多行文字”选项时，需要设置“文字选项”和“引线连接”两个选项组。

2）“文字选项”选项组：用于设置多重引线文字的外观。“默认文字”文本框用于为多重引线内容设置默认文字，单击按钮将启动多行文字在位编辑器；“文字样式”下拉列表框用于指定属性文字的预定义样式；“文字角度”下拉列表框用于指定多重引线文字的旋转角度；“文字颜色”下拉列表框用于指定多重引线文字的颜色；“文字高度”文本框用于指定多重引线文字的高度；“始终左对正”复选框用于设置多重引线文字是否始终左对齐；“文字加框”复选框用于设置是否使用文本框对多重引线文字内容加框。

3）“引线连接”选项组：用于控制多重引线的引线连接设置，用户可以设置引线使用水平连接方式还是垂直连接方式，当选择不同的连接方式时，“连接位置”选项也会出现相应的变化。“将引线延伸至文字”复选框用于控制是否将基线延伸到附着引线的文字行边缘(而不是多行文本框的边缘)处的端点。

5.8.2 创建引线

选择“标注”|“多重引线”命令，或者单击“多重引线”工具栏中的“多重引线”按钮，均可执行“多重引线”命令。

创建多重引线时可以选择“箭头优先”“引线基线优先”或“内容优先”3 种方法，如果已使用多重引线样式，则可以从该指定样式创建多重引线。在命令行中，如果以箭头优先，则按照命令行提示在绘图区指定箭头的位置，命令行提示如下。

```
命令: _mleader
指定引线箭头的位置或 [引线基线优先(L)/内容优先(C)/选项(O)] <选项>:  //在绘图区指定箭头的位置
指定引线基线的位置:  //在绘图区指定基线的位置，弹出在位文字编辑器，可输入多行文字或块
```

如果引线基线优先，则需要在命令行中输入 L，命令行提示如下。

```
命令: _mleader
指定引线箭头的位置或 [引线基线优先(L)/内容优先(C)/选项(O)] <选项>: l    //输入 l，表示引线基线优先
指定引线基线的位置或 [引线箭头优先(H)/内容优先(C)/选项(O)] <选项>:      //在绘图区指定基线的位置
指定引线箭头的位置:  //在绘图区指定箭头的位置，弹出在位文字编辑器，可输入多行文字或块
```

如果内容优先，则需要在命令行中输入 C，命令行提示如下。

```
命令: _mleader
指定引线基线的位置或 [引线箭头优先(H)/内容优先(C)/选项(O)] <选项>: c  //输入 c，表示内容优先
指定文字的第一个角点或 [引线箭头优先(H)/引线基线优先(L)/选项(O)] <选项>:
                                                    //指定多行文字的第一个角点
指定对角点:              //指定多行文字的对角点，弹出在位文字编辑器，输入多行文字
指定引线箭头的位置:      //在绘图区指定箭头的位置
```

在命令行提示中，另外提供了“选项(O)”，输入该命令后，命令行提示如下。

```
命令: _mleader
指定引线箭头的位置或 [引线基线优先(L)/内容优先(C)/选项(O)] <引线基线优先>: o
输入选项 [引线类型(L)/引线基线(A)/内容类型(C)/最大节点数(M)/第一个角度(F)/第二个角度(S)/退出选项(X)] <内容类型>:
```

在后续的命令行中，用户还可以设置引线类型、引线基线、内容类型等参数。

5.8.3 编辑引线

在多重引线创建完成后，用户可以通过夹点的方式对多重引线进行拉伸和移动位置，也可以对多重引线进行添加和删除引线，还可以对多重引线进行排列和对齐，下面分别讲述这些方法。

1. 夹点编辑

用户可以使用夹点修改多重引线的外观，当选中多重引线后，夹点效果如图5-66所示。使用夹点，可以拉长或缩短基线、引线，重新指定引线头点，可以调整文字位置、基线间距，或者移动整个引线对象。

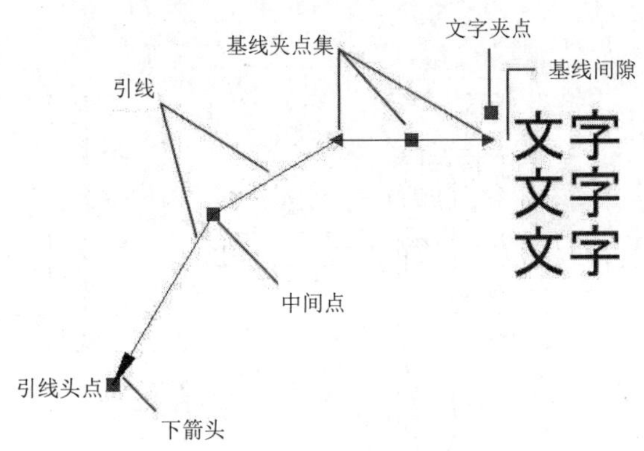

图5-66　多重引线夹点

2. 添加和删除引线

多重引线对象可包含多条引线，因此一个注解可以指向图形中的多个对象。单击“多重引线”面板中的“添加引线”按钮，可以将引线添加至选定的多重引线对象中。

如果用户需要删除添加的引线，则可以单击“删除引线”按钮，从选定的多重引线对象中删除引线。

3. 多重引线合并

单击“多重引线合并”按钮，可以将选定的包含块的多重引线合并为一组并附着到单引线，效果如图5-67所示。

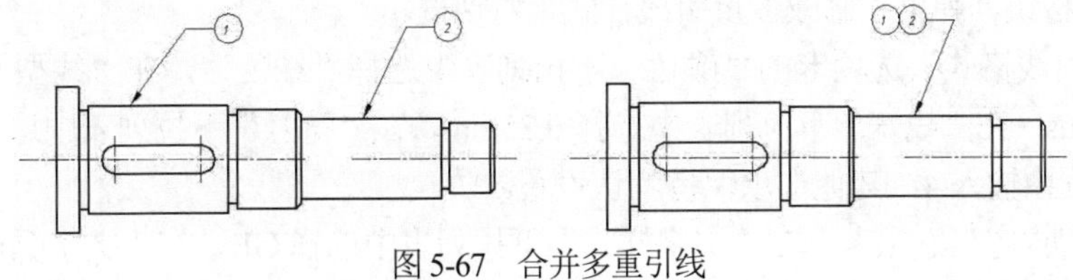

图5-67　合并多重引线

4. 对齐多重引线

单击“多重引线对齐”按钮，可以将多重引线对象沿指定的直线均匀排序，图5-68所示为将编号1和2的多重引线对齐的效果。

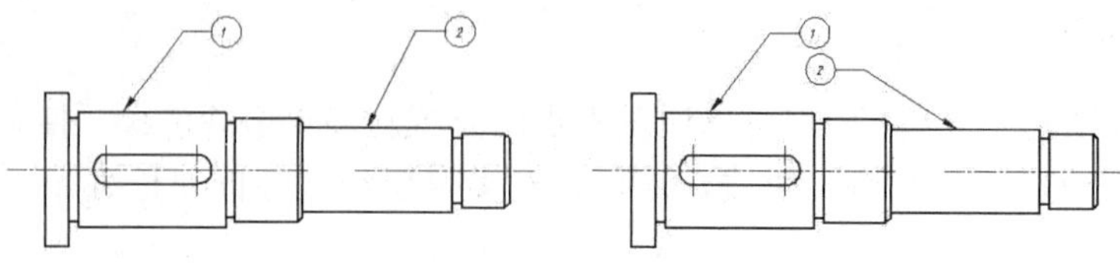

图 5-68　对齐多重引线

5.8.4　多重引线应用举例

多重引线在机械制图中最重要的应用是在装配图中标注零件的序号，使用多重引线标注的装配图中零件图序号效果如图 5-69 所示。

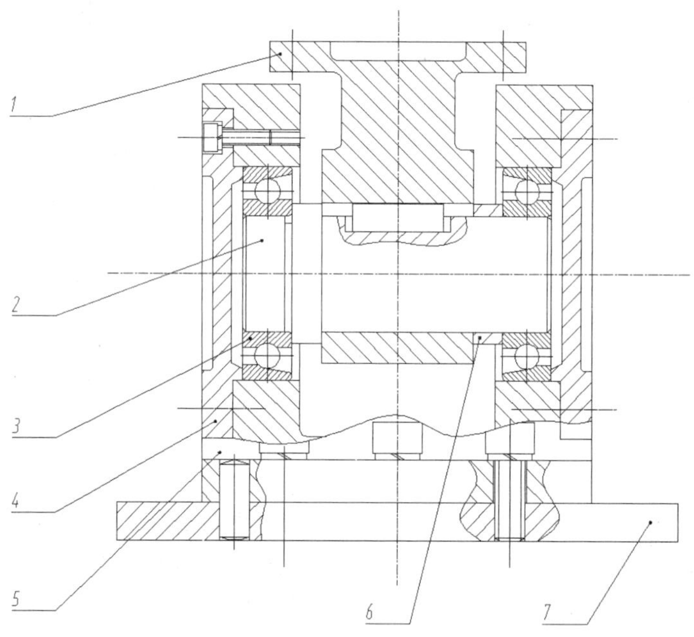

图 5-69　装配图中的引线效果

其绘制的具体操作步骤如下。

(1) 选择“格式”|“多重引线样式”命令，在弹出的“多重引线样式管理器”对话框中单击“新建”按钮，弹出“创建新多重引线样式”对话框，在“新样式名”文本框中输入 YA3，单击“继续”按钮，弹出“修改多重引线样式”对话框。

(2) 在“引线格式”选项卡的“颜色”下拉列表中选择“红色”，在“线型”下拉列表中选择 Continuous，在“线宽”下拉列表中选择 0.25mm，在“符号”下拉列表中选择“点”，在“大小”文本框中输入 4，其他选项保持默认设置。

(3) 打开“内容”选项卡，在“文字样式”下拉列表中选择 GB，在“文字颜色”下拉列表中选择“红色”，在“连接位置-左”和“连接位置-右”下拉列表中均选择“所有文字加下画线”，在“基线间隙”文本框中输入 1，设置文字高度为 5；回到“引线格式”选项卡，单击“确定”按钮；然后在“多重引线样式管理器”对话框中依次单击“置为当前”和“关闭”按钮，完成多重引线样式的创建。

(4) 打开如图 5-70 所示的“转动副装配图”，在“多重引线”工具栏中单击“多重引线”

按钮，命令行提示如下。

```
命令: _mleader
指定引线箭头的位置或 [引线基线优先(L)/内容优先(C)/选项(O)] <选项>:
//在图 5-70 所示的圆点位置单击
指定引线基线的位置:
//弹出“文字格式”工具栏，在文本框中输入“1”，效果如图 5-70 所示
```

(5) 继续使用“多重引线”功能，创建其余引线，如图 5-71 所示。

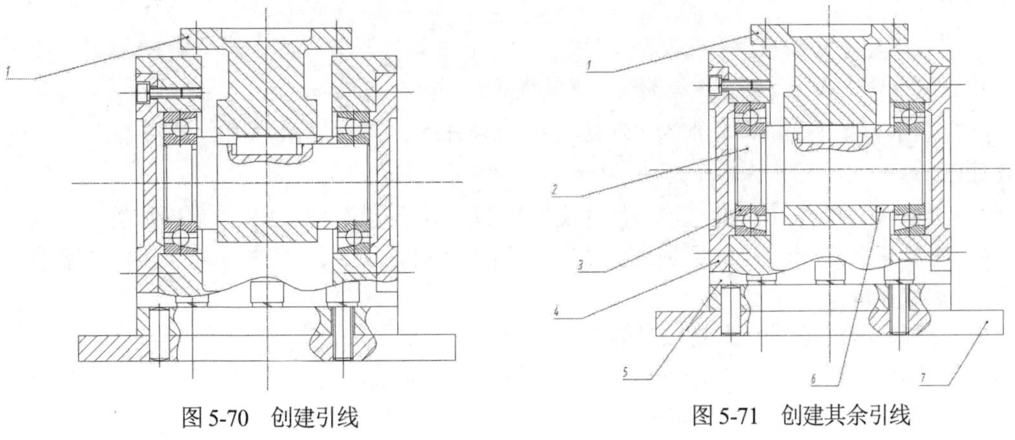

图 5-70 创建引线　　图 5-71 创建其余引线

(6) 在“多重引线”工具栏中单击“多重引线对齐”按钮，对齐创建的引线，命令行提示如下。

```
命令: _mleaderalign
选择多重引线: 找到 1 个                              //选择引线“1”
选择多重引线: 找到 1 个，总计 2 个                   //选择引线“2”
选择多重引线: 找到 1 个，总计 3 个                   //选择引线“3”
选择多重引线: 找到 1 个，总计 4 个                   //选择引线“4”
选择多重引线: 找到 1 个，总计 5 个                   //选择引线“5”
选择多重引线:                                        //按 Enter 键，完成多重引线选取
当前模式: 使用当前间距 <正交 开>
选择要对齐到的多重引线或 [选项(O)]:                  //选择引线“1”，并打开正交功能
指定方向: //单击，完成多重引线对齐，最终绘制的多重引线如图 5-69 所示
```

5.9 编辑尺寸标注

对于已经存在的尺寸标注，AutoCAD 2020 提供了许多种编辑的方法，各种方法的便捷程度不同，适用的范围也不相同，应根据实际需要选择适当的编辑方法。

5.9.1 利用“特性”面板修改尺寸标注属性

修改尺寸标注数字可以通过双击数字，在弹出的“特性”面板中完成。在“特性”面板中，可以对尺寸标注的基本特性进行修改，如图层、颜色、线型等特性；还能够改变尺寸标注所使用的标注样式，包括直线、箭头、文字、调整、主单位、换算单位和公差。

5.9.2 使用命令编辑尺寸标注

AutoCAD 提供了多种方法以满足用户对尺寸标注进行编辑，DIMEDIT 和 DIMTEDIT 是两种最常用的对尺寸标注进行编辑的命令。

1. DIMEDIT

单击“编辑标注”按钮，或者在命令行中输入 DIMEDIT 都可以执行该命令，命令行提示如下。

```
命令: _dimedit
输入标注编辑类型 [默认(H)/新建(N)/旋转(R)/倾斜(O)] <默认>:
```

此提示中有 4 个选项，分别为“默认(H)”“新建(N)”“旋转(R)”和“倾斜(O)”，各选项含义如下。

- “默认(H)”选项：此选项将尺寸文本按 DDIM 所定义的默认位置重新放置。
- “新建(N)”选项：此选项是更新所选择的尺寸标注的尺寸文本，使用在位文字编辑器更改标注文字。
- “旋转(R)”选项：此选项是旋转所选择的尺寸文本。
- “倾斜(O)”选项：此选项实行倾斜标注，即编辑线性尺寸标注，使其尺寸界线倾斜一个角度，不再与尺寸线相垂直，常用于标注锥形图形。

2. DIMTEDIT

单击“编辑标注文字”按钮，或者在命令行中输入 DIMTEDIT 都可以执行该命令，命令行提示如下。

```
命令: _dimtedit
选择标注:                                                    //选择需要编辑的尺寸标注
指定标注文字的新位置或 [左(L)/右(R)/中心(C)/默认(H)/角度(A)]:     //拖动文字到需要的位置
```

此提示中有“左(L)”“右(R)”“中心(C)”“默认(H)”和“角度(A)”5 个选项，各选项含义如下。

- “左(L)”选项：此选项的功能是更改尺寸文本沿尺寸线左对齐。
- “右(R)”选项：此选项的功能是更改尺寸文本沿尺寸线右对齐。
- “中心(C)”选项：此选项的功能是更改尺寸文本沿尺寸线中心对齐。
- “默认(H)”选项：此选项的功能是将尺寸文本按 DDIM 所定义的默认位置、方向重新放置。
- “角度(A)”选项：此选项的功能是旋转所选择的尺寸文本。

5.10 习题

5.10.1 填空题

(1) AutoCAD 2020 提供了系统变量__________来控制尺寸标注的关联性。

(2) 线性标注提供了 3 种标注的类型：__________、__________、__________。

(3) 若要标注倾斜直线的实际长度，则要使用___________。

(4) 形位公差使用__________或__________命令进行标注。

(5) AutoCAD 提供了__________和__________两种最常用的对尺寸标注进行编辑的命令。

5.10.2 选择题

(1) 半径标注的命令为(　　)。
A. DIMORD　　B. DIMRA　　C. DIMDIA

(2) 标注直径符号ϕ时，需要输入的前缀符号为(　　)。
A. %%C　　B. %%D　　C. %%P

(3) (　　)不可以作为基线标注和连续标注的基准标注。
A. 水平尺寸标注　　B. 对齐标注　　C. 角度标注　　D. 半径标注

(4) 形位公差符号◎表示(　　)。
A. 水平度　　B. 平滑度　　C. 同轴度　　D. 平行度

(5) 标注工具中的(　　)命令用于编辑尺寸标注，既可以编辑尺寸标注的文字内容、旋转尺寸标注文本的方向，又可以指定尺寸界线倾斜的角度。
A. DIMEDIT　　B. DIMTEDIT　　C. EDIT

5.10.3 上机操作题

(1) 创建表 5-2 所示的尺寸标注样式，并将其命名为“机械标注样式”。

表 5-2 “机械标注样式”标注样式参数设置表

类　型	项　目	具体参数
尺寸界线	超出尺寸线	1.5
	起点偏移量	1
箭头	第一个	实心闭合
	第二个	实心闭合
	引线	实心闭合
	箭头大小	5
	圆心标记	3
文字外观	文字高度	5
文字位置	从尺寸线偏移	1.5
	文字位置调整	文字始终保持在尺寸界线间，不在默认位置时，置于尺寸线上方，不加引线
文字对齐	文字对齐	与尺寸线对齐
标注比例		1

(2) 使用习题(1)创建的标注样式，创建如图 5-72 所示的机械尺寸标注。

(3) 使用习题(1)创建的标注样式，创建如图 5-73 所示的轴的尺寸标注。

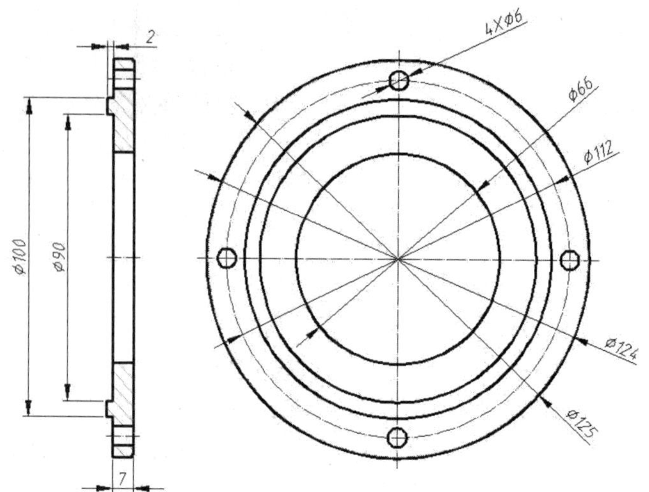

图 5-72　机械尺寸标注

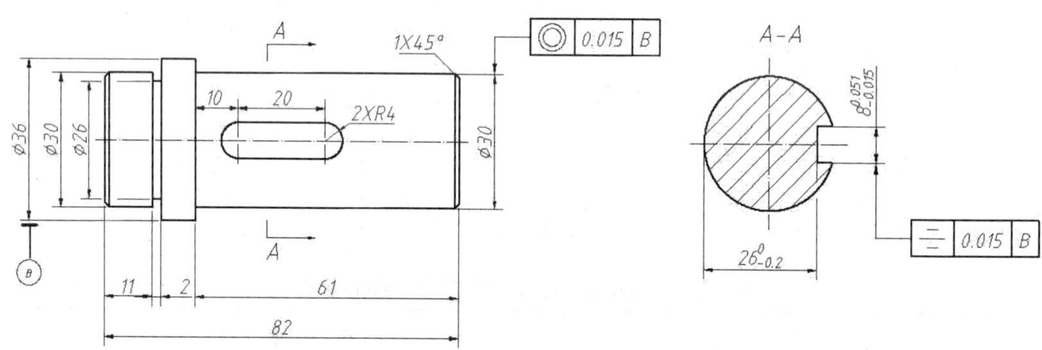

图 5-73　轴的尺寸标注

(4) 使用习题(1)创建的标注样式，创建如图 5-74 所示的支座的尺寸标注。

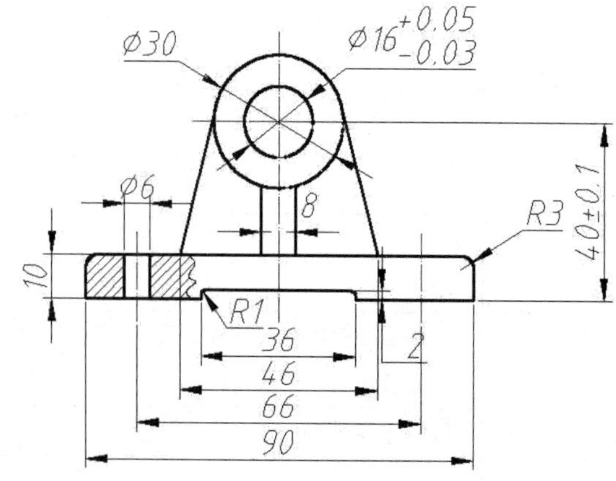

图 5-74　支座的尺寸标注

第6章

机件的表达方法

在实际生产中，机件的形状和结构是复杂多样的，必须把机件的结构和内外形状都表达清楚才行。在机械制图《图样画法》的国家标准中规定了视图、剖视图、断面图、局部放大图、简化和规定画法等，掌握这些方法是正确绘制和阅读机械图样的基本条件，也是清楚表达机件结构的有效方法。

6.1 视图

《中华人民共和国国家标准》(以下简称国标)规定，将机件放在第一分角内，使机件处于观察者与投影面之间，用正投影法将机件向投影面投影所得到的图形称为视图。视图主要用来表达机件的外部结构形状，必要时才画出不可见部分。视图分为基本视图、向视图、局部视图和斜视图。

6.1.1 基本视图

当机件的形状结构较复杂时，用 3 个视图是不能清楚地表达机件的右面、底面和后面形状的。为此，国标规定，在原有 3 个投影面的基础上增加 3 个投影面组成一个正六面体，六面体的 6 个表面称为投影面，机件放在六面体内分别向基本投影面投影得到的视图称为基本视图。

图 6-1 所示为基本投影面与展开情况示意图。该图合并在一起就是正六面体。

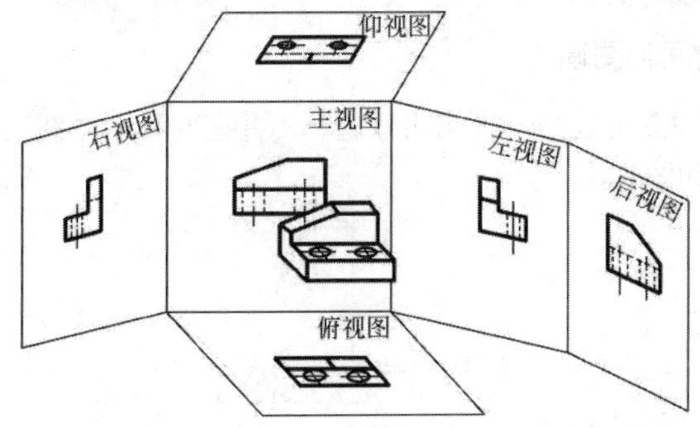

图 6-1 基本投影面与展开情况示意图

由前向后投影所得到的视图为主视图，由上向下投影所得到的视图为俯视图，由左向右投影所得到的视图为左视图，由右向左投影所得到的视图为右视图，由下向上投影所得到的视图为仰视图，由后向前投影所得到的视图为后视图。这 6 个视图为基本视图，各视图展开后要保持“长对正、高平齐、宽相等”的投影规律。

6.1.2 向视图

向视图是可以自由配置的视图。在实际绘图时，为了合理利用图纸和绘制特殊部位，可以不按规定位置绘制基本视图。绘图时，应在向视图上方标注大写拉丁字母，在相应视图的附近用箭头指明投影方向，并标注相同的字母。图 6-2 所示为向视图示意图。

6.1.3 局部视图

当机件的某一部分形状未表达清楚，又没有必要画出完整的基本视图时，可以只将机件的这一部分画出，这种画法称为局部视图。局部视图是将机件的某一部分向基本投影面投影得到的视图。局部视图一般用于以下两种情况。

1. 用于表达机件的局部形状

如图 6-3 和图 6-4 所示，画局部视图时，一般可按向视图的配置形式配置(如图 6-3 中 *A*、*B*、*C* 视图)；当局部视图按基本视图的配置形式配置时，可省略标注(如图 6-4 所示的俯视图)。视图中的断裂边界用波浪线或双折线表示，如图 6-3 中的 *B*、*C* 视图所示；当所表示的局部结构的外形轮廓是完整的封闭图形时，断裂边界可省略不画。

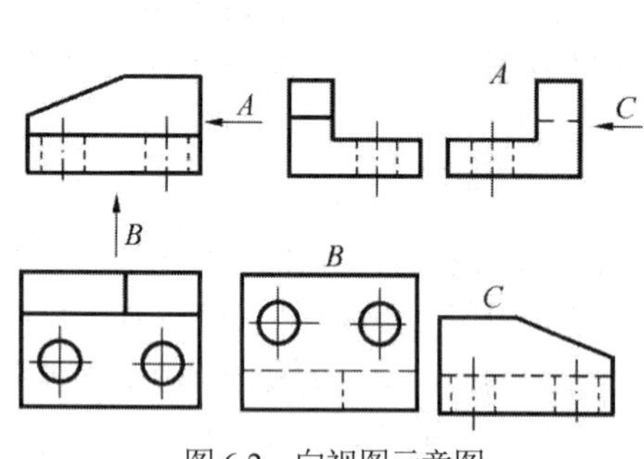

图 6-2 向视图示意图

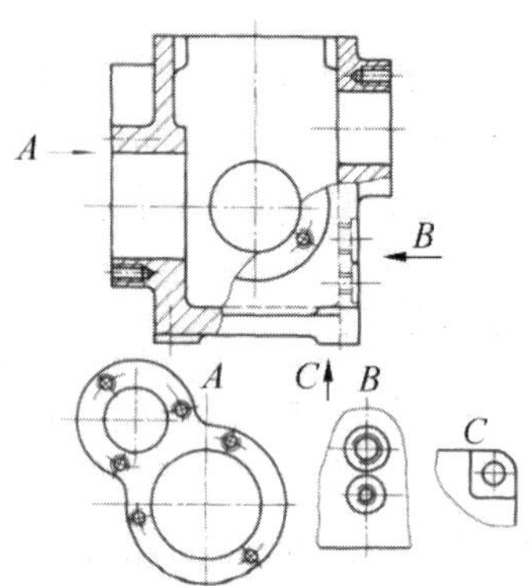

图 6-3 向视图配置形式的局部视图

2. 用于节省绘图时间和图幅

对称构件或零件的视图可只画一半或四分之一，并在对称中心线两端画出两条与其垂直的平行细实线，如图 6-5 和图 6-6 所示。

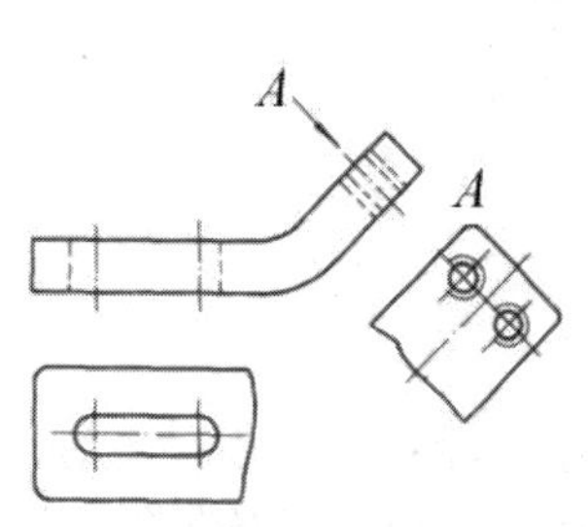

图 6-4 省略标注的局部俯视图

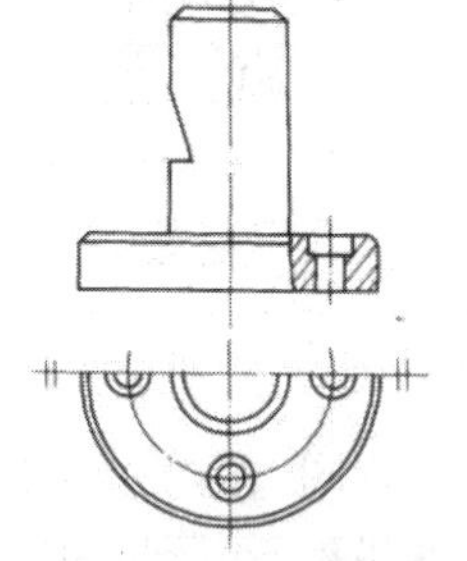

图 6-5 画一半的局部视图

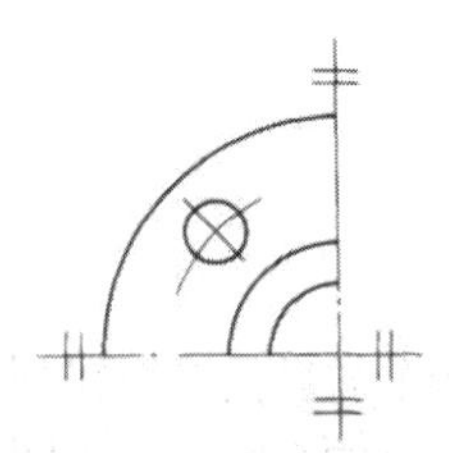

图 6-6 画四分之一的局部视图

6.1.4　斜视图

斜视图是物体向不平行于基本投影面的平面投影所得的视图，用于表达机件上倾斜结构的真实形状。斜视图通常按向视图的配置形式配置并标注，如图 6-7 所示。在必要时，允许将斜视图进行旋转，如图 6-8 所示。此时，应在该斜视图上方画出旋转符号，并且表示该视图名称的大写拉丁字母应靠近旋转符号的箭头端，也允许将旋转角度标注在字母之后。旋转符号为带有箭头的半圆，半圆的线宽等于字体笔画宽度，半圆的半径等于字体高度，箭头表示旋转方向。

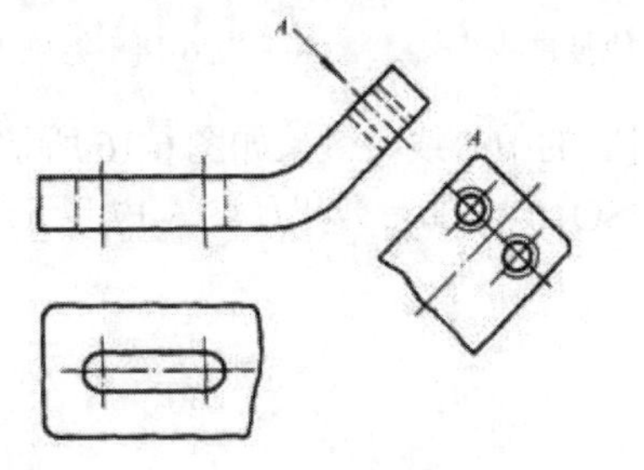

图 6-7　向视图配置形式的斜视图

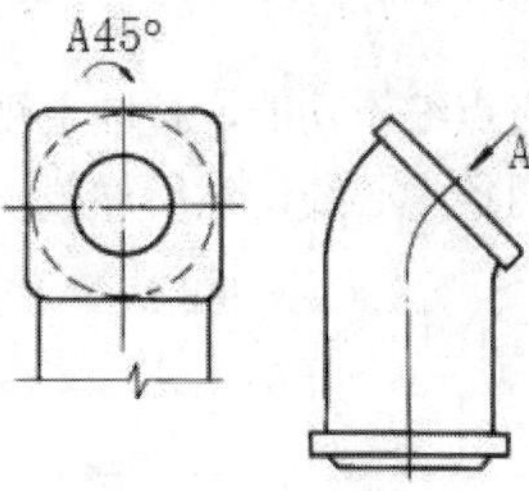

图 6-8　旋转斜视图

6.1.5　基本视图实例

根据各视图展开后要保持“长对正、高平齐、宽相等”的投影规律，补全图 6-9 所示的组合体的三视图。其操作步骤如下。

(1) 启动 AutoCAD 2020，打开文件 6-1.dwg，如图 6-9 所示。

(2) 执行“直线”命令绘制直线，第一个点为(200,100)，第二个点为(@100<−45)，效果如图 6-10 所示。

(3) 如图 6-11 所示，绘制俯视图的上下水平线，绘制到斜线，利用“宽相等”原则在斜线的交点处绘制对称于斜线的竖直线。

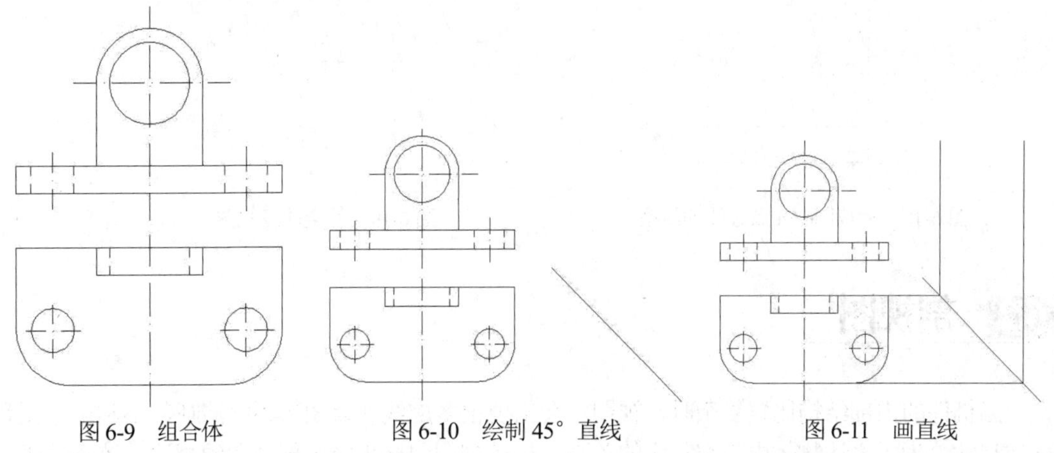

图 6-9　组合体　　图 6-10　绘制 45°直线　　图 6-11　画直线

(4) 根据“高平齐”原则，绘制底座的上下两条水平线，如图 6-12 所示。

(5) 利用“宽相等”的规则，绘制其他俯视图对应的竖直线，效果如图 6-13 所示。

(6) 利用“高平齐”原则，在左视图中绘制零件各部分的水平线，如图 6-14 所示。

(7) 根据零件对应关系，修剪、删除多余的直线，效果如图 6-15 所示。

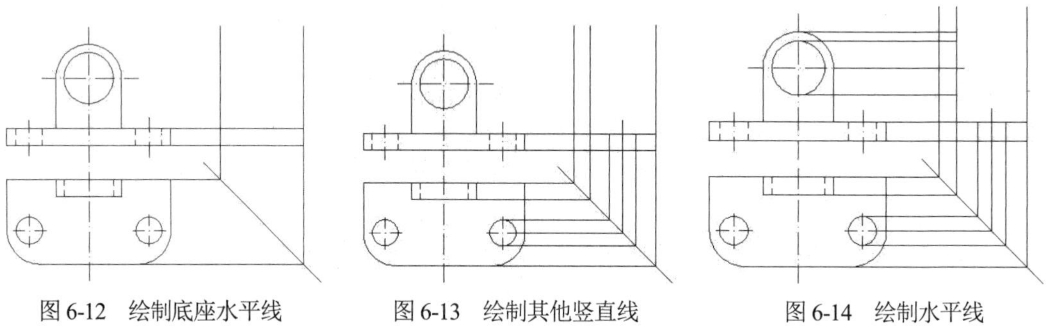

图 6-12　绘制底座水平线　　图 6-13　绘制其他竖直线　　图 6-14　绘制水平线

(8) 利用夹点编辑功能，拉伸主视图中圆孔对应的中心线，效果如图 6-16 所示。

(9) 选中两条中心线，然后加载线型 ACAD_ISO10W100，效果如图 6-17 所示。

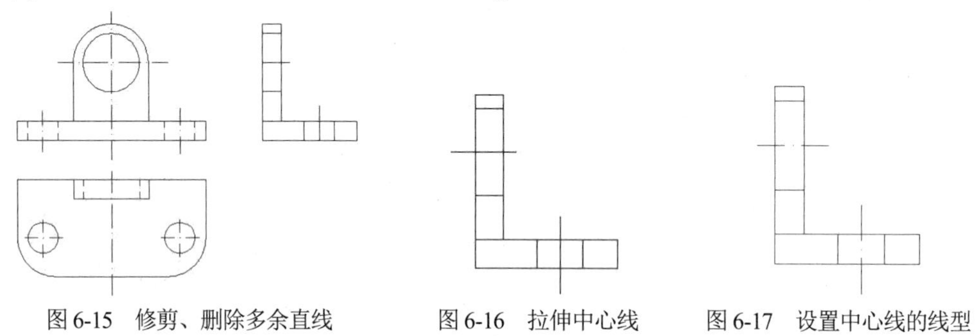

图 6-15　修剪、删除多余直线　　图 6-16　拉伸中心线　　图 6-17　设置中心线的线型

(10) 选中左视图中圆孔的 4 条边线，然后加载线型 DASHED2，效果如图 6-18 所示。由于在左视图中，两个圆孔都是看不到的，所以要设置虚线，以表示实际情况。

(11) 补全的三视图如图 6-19 所示。单击“保存”按钮，保存文件 6-1.dwg。

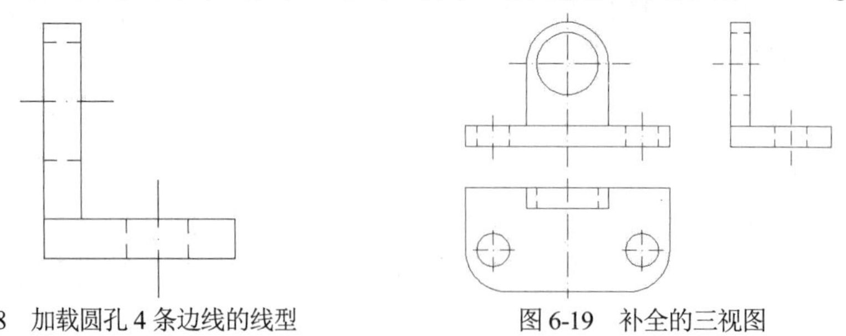

图 6-18　加载圆孔 4 条边线的线型　　图 6-19　补全的三视图

6.2 剖视图

当机件的内部结构比较复杂时，视图中会出现很多虚线使得图形不够清晰，不利于看图和标注尺寸。为了表达物体内部空与实的关系，机械制图国标规定了剖视图的画法，该画法既能清楚表达机件的内部形状，又可避免在视图中出现过多的虚线。

6.2.1 剖视图的概念

假想用剖切面剖开机件，将处于观察者和剖切面之间的部分移去，则余下的部分向投影面投射所得的图形称为剖视图，简称剖视，如图 6-20 所示。

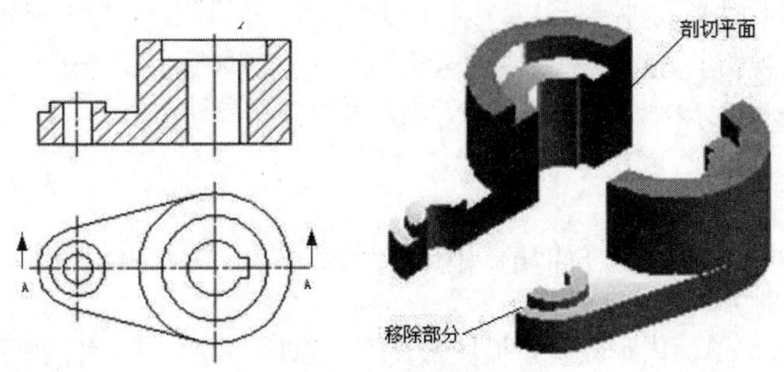

图 6-20　剖视图概念

6.2.2　剖视图的画法

为了清楚地表达机件的内部形状，剖视图的画法应遵循以下规则。

- 在选择剖切面时，应选择平行于相应投影面的平面，该剖切平面应通过机件的对称平面或回转轴线。
- 由于剖切是假想的，所以当某个视图以剖视图表达后，不会影响其他视图，其他视图仍按完整的机件画出，如图 6-20 中的主视图以剖视图和俯视图完整画出。
- 在剖视图中，已表达清楚的结构形状在其他视图中的投影若为虚线，一般省略不画；未表达清楚的结构允许画出必要的虚线。
- 剖视图由两部分组成，一部分是机件和剖切面接触的部分，该部分称为剖面区域；另一部分是剖切面后面的可见部分的投影。
- 在剖面区域上应画出剖面符号，表 6-1 所示为常用的剖面符号。
- 不要漏线或多线。

表 6-1　常用的剖面符号

材料名称	剖面符号	材料名称	剖面符号
金属材料(已有规定剖面符号者除外)		型砂、填砂、粉末冶金、砂轮、陶瓷、刀片、硬质合金刀片等	
线圈绕组元件		玻璃及供观察用的其他透明材料	
转子、电枢、变压器和电抗器等的迭钢片		非金属材料(已有规定剖面符号者除外)	
格网 (筛网、过滤网等)		液体	

6.2.3　剖视图的配置分类与标注

剖视图的配置分类主要包括全剖、半剖和局部剖视图。首先介绍一下一般规定，然后分别进行介绍。一般规定如下所述。

- 剖视图的配置仍按视图配置的规定。一般按投影关系配置，必要时允许配置在其他适当位置，但此时必须进行标注。
- 一般应在剖视图上方标注剖视图的名称“×—×”(×为大写拉丁字母)。在相应的视图上用剖切符号表示剖切位置和投影方向，并标注相同字母。

1. 全剖视图的绘制

用剖切面完全地剖开物体所得的剖视图称为全剖视图。全剖视图可用下列剖切方法获得。

1) 单一剖切面剖切

当机件的外形较简单、内形较复杂而图形又不对称时，常采用这种剖视图。外形简单而又对称的机件，为了使剖开后图形清晰，便于标注尺寸，也可以采用这种剖视图。

用单一剖切面剖切的全剖视图同样适用于表达某些机件倾斜部分的内形。当物体倾斜部分的内、外形在基本视图上均不能反映实形时，可用一平行于倾斜部分而垂直于某一基本投影面的平面剖切，然后再投射到与剖切面平行的辅助投影面上，就能得到它的实形了，如图 6-21 所示。

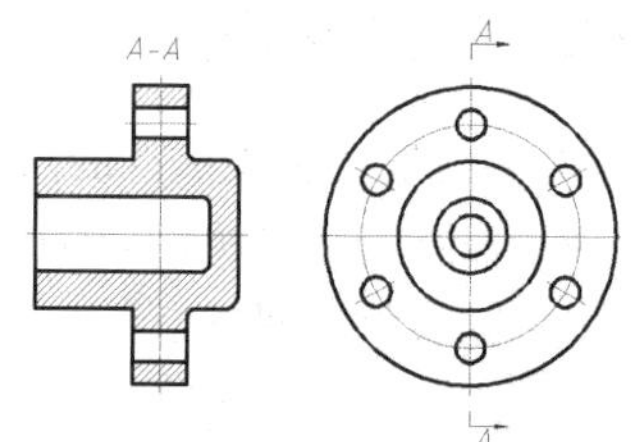

图 6-21　端盖全剖视图

图中弯管倾斜部分的内、外形在基本视图上均不能反映实形。此时用一平行于倾斜部分而垂直于 *V* 面的平面 *A* 剖切，弯管倾斜部分在与剖切面 *A* 平行的辅助投影面内的投影——剖视图 *A*–*A*，反映了它的实形。

画图时，剖视图最好按投射方向配置。在不致引起误解时，允许将图形旋转，但此时必须在视图上方标出旋转符号，如图 6-21 右图所示。

2) 几个平行的剖切平面剖切

机件上结构不同的孔的轴线分布在相互平行的两个平面内。欲表达这些孔的形状， 显然用单一剖切面剖切是不能实现的。此时，可采用一组相互平行的剖切平面依次将它们剖开。

这是用几个平行的剖切平面剖切物体获得的全剖视图。用两个平行于 *V* 面的剖切平面分别沿两组孔的轴线完全地剖开机件，并向 *V* 面投射，得到如图 6-22 所示的图形。

当机件内形的层次较多，用单一剖切面剖切不能同时显示出来时，可采用这种剖视图。

3) 几个相交的剖切面剖切

机件上有 3 种形状、大小不同的孔和槽，它们分布在同轴的、直径不同的圆柱面上。欲同时表达它们的形状，显然用单一剖切面或几个平行的剖切平面剖切都是不能实现的。此时，可采用几个相交的剖切面分别沿不同的孔的轴线依次将它们剖开。

采用几个相交的剖切平面完全地剖开机件：其一通过轴孔和阶梯孔的轴线，它平行于 *V* 面；其二通过轴孔和小孔的轴线，它倾斜于 *V* 面。两个剖切平面的交线垂直于 *W* 面。将被剖切面剖开的结构要素及有关部分旋转到与选定的投影面——*V* 面平行的位置后，再向 *V* 面进行投射，如图 6-23 所示。

从以上实例可以看出，这种剖视图常用于盘类零件，如凸缘盘、轴承压盖、手轮、带轮等，以表达孔、槽的形状和分布情况，也可用于具有一个回转中心的非回转面零件。

2. 半剖视图的绘制

当物体具有对称平面时，其向垂直于对称平面的投影面上投射所得的图形，可以对称中心线为界，一半画成剖视图，另一半画成视图。这种剖视图称为半剖视图。

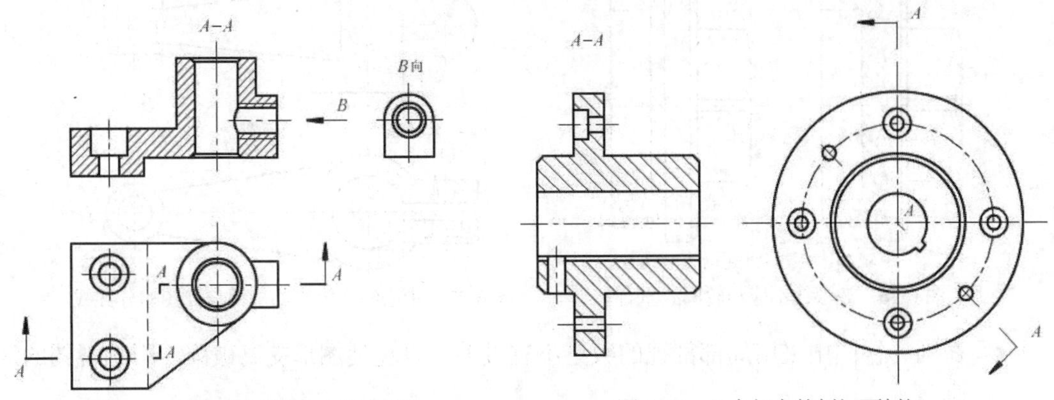

图 6-22　几个平行的剖切平面剖切　　　　图 6-23　几个相交的剖切面剖切

由于机件的结构左右对称，因此机件的主视图外形是左右对称的，主视图的全剖视图也是左右对称的。那么，主视图就可以以对称中心线为界，一半画成剖视图，另一半画成视图，如图 6-24 所示。

同理，机件的俯视图前后也是对称的，也可以用半剖视图表示，如图 6-25 所示。

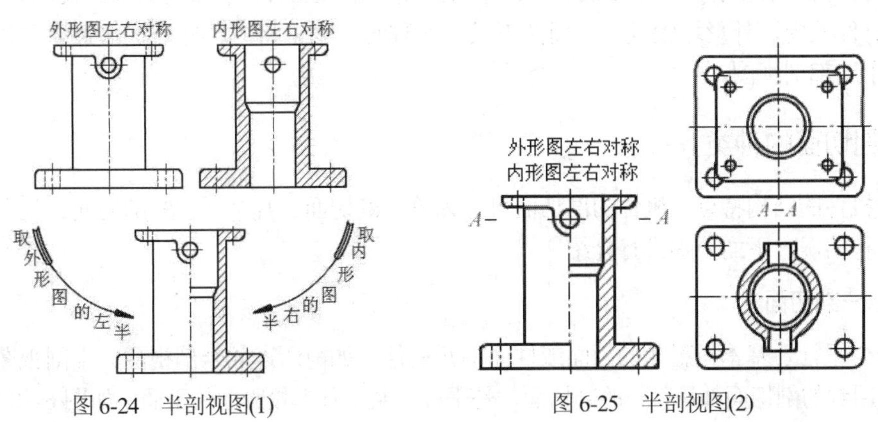

图 6-24　半剖视图(1)　　　　图 6-25　半剖视图(2)

由于图形对称，因此表示外形的视图中的虚线不必画出；同样，表示内形的剖视图中的虚线也不必画出。该例中，主视图的剖切面与机件前后方向的对称面重合，且视图按投射方向配置，剖切符号和视图名称均可省略；而机件的上下方向没有对称面，因此俯视图必须标出剖切位置及视图名称，但由于视图是按投射方向配置的，故箭头可以省略。

当机件的内形、外形均需表达，而其形状又是对称平面时，常采用半剖视图；若机件的形状接近于对称，并且不对称部分已另有图形表达清楚时，亦允许采用半剖视图。

3. 局部剖视图的绘制

用剖切面局部地剖开物体所得的剖视图称为局部剖视图。局部剖视图用波浪线或双折线分界，以示剖切范围。

- 表示剖切范围的波浪线或双折线不应与图样中的其他图线重合，如图 6-26 所示。
- 当被剖结构为回转体时，允许将该处结构的中心线作为局部剖视与视图的分界线，如图 6-27 所示。

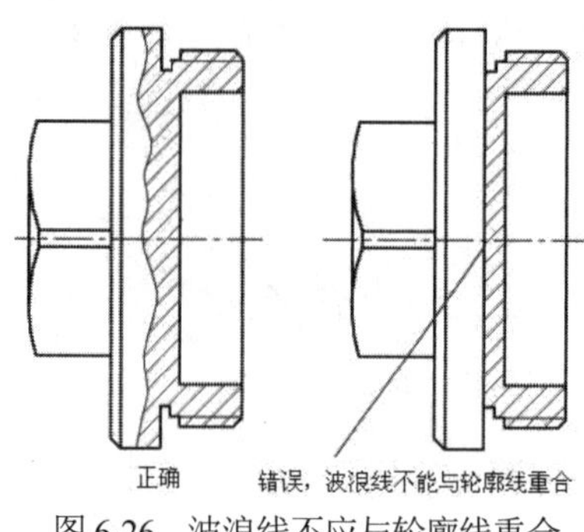

图 6-26　波浪线不应与轮廓线重合

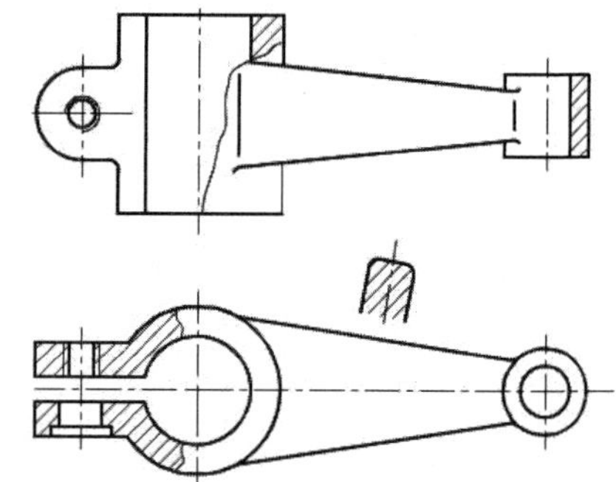
图 6-27　中心线作为局部剖视与视图的分界线

- 在同一视图中采用局部剖视的数量不宜过多，以免使图形支离破碎，影响视图的清晰度。

局部剖视图是一种灵活的表示方法，适用范围比较广，在何处剖切、剖切范围大小均应视具体情况而定。下面列举几种常用的情况。

- 机件仅局部内形需剖切表示，而又不宜采用全剖视图时取局部剖视图。
- 轴、手柄等实心杆件上有孔、键槽需表达时，应采用局部剖视图。
- 对称机件的轮廓线与中心线重合，不宜采用半剖视图时，应采用局部剖视图。
- 机件的内、外形均较复杂，而图形又不对称时，为了将内、外形状都表达清楚，可采用局部剖视图。

6.2.4　剖切面的种类

根据机件的结构特点，机件的剖切面可分为单一剖切面、几个平行的剖切面、几个相交的剖切面 3 种情况，下面分别进行介绍。

1. 单一剖切面

用一个平行于基本投影面的剖面或柱面剖开机件，如前所述的全剖视图、半剖视图、局部剖视图所用到的剖切面都是单一的剖切面，是平行于某一基本投影面的平面，如图 6-28 所示。

用一个不平行于任何基本投影面的单一剖切面剖开机件得到的剖视图称为斜剖视图，如图 6-29 所示。斜剖视图一般用来表达机件上倾斜部分的内部结构形状，其原理与斜视图相同。其配置和标注方法通常如图 6-29 所示。必要时，允许将斜剖视图进行旋转配置，但必须在剖视图上方标注旋转符号(同斜视图)，剖视图名称应靠近旋转符号的箭头端。有以下几点需要注意：

- 用斜剖视图画图时，必须用剖切符号、箭头和字母标明剖切位置及投射方向，并在剖视图上方注明“×—×”(“×—×”为大写拉丁字母)，同时字母一律水平书写。
- 斜剖视图最好按照投影关系配置在箭头所指的方向上。
- 当斜剖视图的主要轮廓线与水平线成 45° 或接近 45° 时，应将图形中的剖面线画成与水平线成 60° 或 30° 的倾斜线，倾斜方向要与该机件的其他剖视图中的剖面线方向一致。

2. 几个平行的剖切面

用几个平行的剖切平面剖开机件的方法称为阶梯剖。阶梯剖多用于表达不具有公共旋转轴的机件。采用这种方法画剖视图时，有以下几点需要注意。

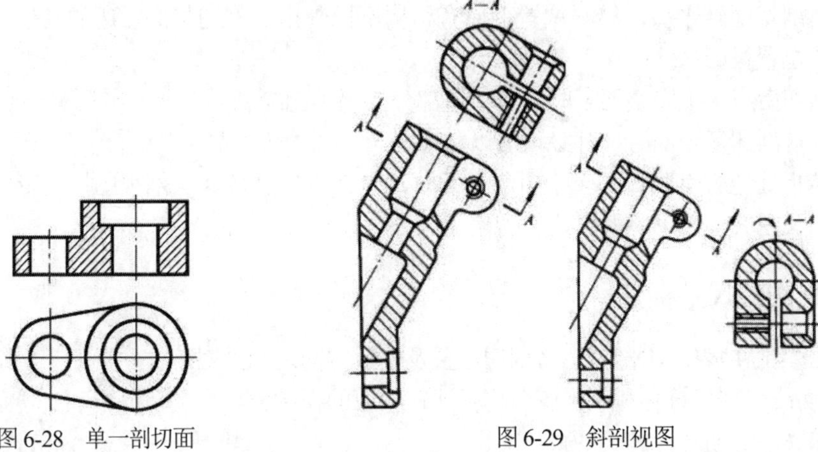

图 6-28　单一剖切面　　　　图 6-29　斜剖视图

- 各剖切平面的转折处必须为直角，并且要使所表达的内形不相互遮挡，在图形内不应出现完整的要素。
- 剖切平面不得互相重叠。
- 仅当两个要素在图形上具有公共的对称中心线或轴线时，可以各画一半，此时应以对称中心线或轴线为界。
- 画阶梯剖视图时必须标注。在剖切平面的起始、转折处画出剖切符号，标注相同字母，并在剖视图上方标注相应的名称“×—×”。

图 6-30 所示为阶梯剖的示意图。

3. 几个相交的剖切面

几个相交的剖切面是交线垂直于某一段投影面的剖切面，分为旋转剖和复合剖。

- 旋转剖

采用这种方法画剖视图时，先假想按剖切位置剖开机件，然后将剖开后所显示的结构及其有关部分旋转到与选定的投影面平行，再进行投影。剖切平面后的结构仍按原来的位置投影，如图 6-31 所示中的油孔。

- 复合剖

复合剖切面还可以采用柱面剖切机件，此时剖视图应该按展开的形式绘制，如图 6-32 所示。

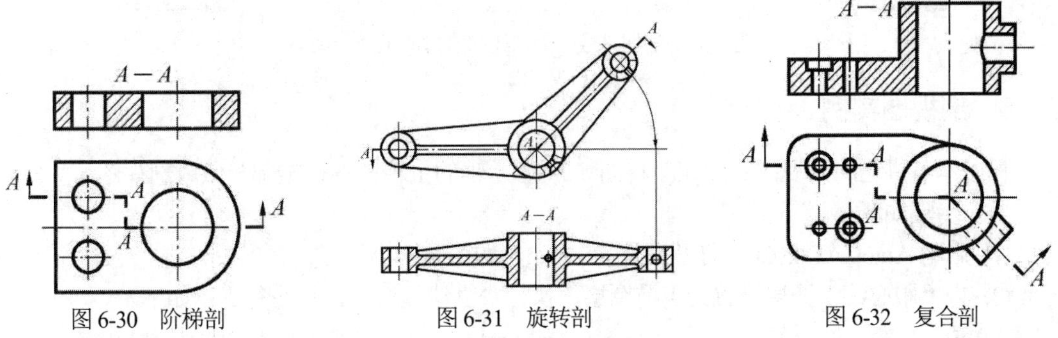

图 6-30　阶梯剖　　　　图 6-31　旋转剖　　　　图 6-32　复合剖

有以下几点需要注意：

- 剖切平面的交线应与机件上的某孔中心线重合。

- 倾斜剖切面转平后，转平位置上原有结构不再画出，剖切平面后边的其他结构仍按原来的位置投影。
- 当剖切后产生不完整要素时，应将该部分按照不剖绘制。
- 画旋转剖和复合剖时，都必须加以标注。
- 当转折处地方有限又不至于引起误解时，允许省略字母。当剖视图按投影关系配置，中间又无其他图形隔开时，可省略箭头。

6.2.5 剖视图的尺寸标注

为了能够清晰地表示出剖视图与剖切位置及投射方向之间的对应关系，便于看图，画剖视图时应将剖切线、剖切符号和剖视图名称标注在相应的视图上。

剖视图的标注一般包括以下内容。

- 剖切线：指示剖切位置的线(用点画线表示)。
- 剖切符号：指示剖切面起、止和转折位置及投射方向的符号。剖切面起、止和转折位置，用粗短线表示；投射方向，用箭头或粗短线表示，机械制图中均用箭头。
- 视图名称：一般应标注剖视图名称“×—×”(“×—×”为大写拉丁字母或阿拉伯数字)，在相应视图上用剖切符号表示剖切位置和投影方向，并标注相同的字母。

剖切符号、剖切线和字母的组合标注如图6-33左图所示；剖切线亦可省略不画，如图6-33右图所示。

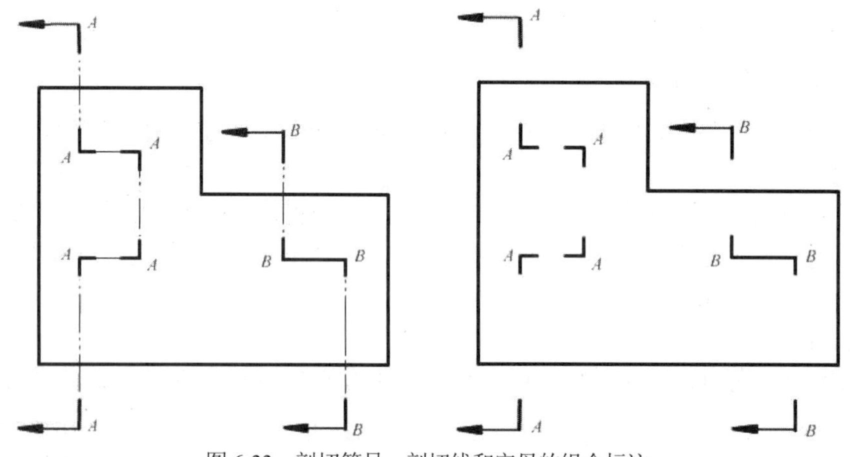

图6-33　剖切符号、剖切线和字母的组合标注

6.2.6 剖视图实例

根据本节讲述的剖视图的知识，将图6-34所示轴的主视图的键槽部分做成剖视图。

操作步骤如下。

(1) 启动AutoCAD 2020，打开文件6-2.dwg，如图6-34所示。

(2) 将“中心线”图层设置为当前图层，执行“直线”命令，命令行提示如下。

```
命令: _line 指定第一点: 170,120        //输入剖视图中心线的起点坐标
指定下一点或 [放弃(U)]: 60             //打开“正交”功能，向右移动光标，输入移动距离
指定下一点或 [放弃(U)]:                //按Enter键，完成直线的绘制
```

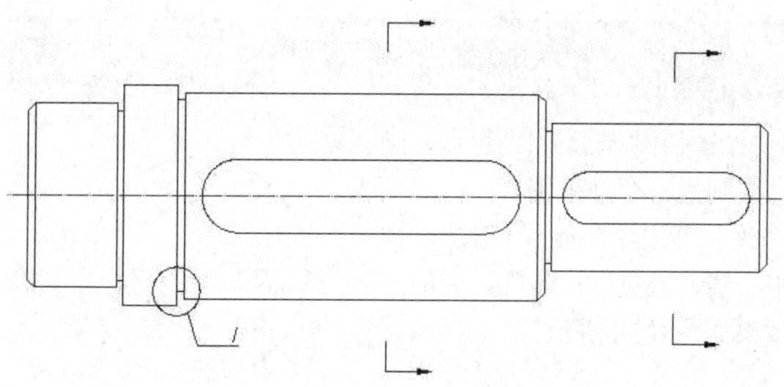

图 6-34　轴的主视图

(3) 继续使用“直线”命令，绘制剖视图的其余中心线，中心线的各点坐标依次为(200,150)、(200,90)、(260,120)、(300,120)、(280,140)和(280,100)，绘制完成的剖视图中心线如图 6-35 所示。

(4) 执行“偏移”命令，将左侧的垂直中心线向右偏移 20。

(5) 继续执行“偏移”命令，将左侧剖视图的水平中心线向其上下两侧各偏移 10，将左侧剖视图的垂直中心线向其右侧偏移 26，将右侧剖视图的垂直中心线向其右侧偏移 15 和 19，将右侧剖视图的水平中心线向其上下两侧各偏移 7，偏移完成后的效果如图 6-36 所示。

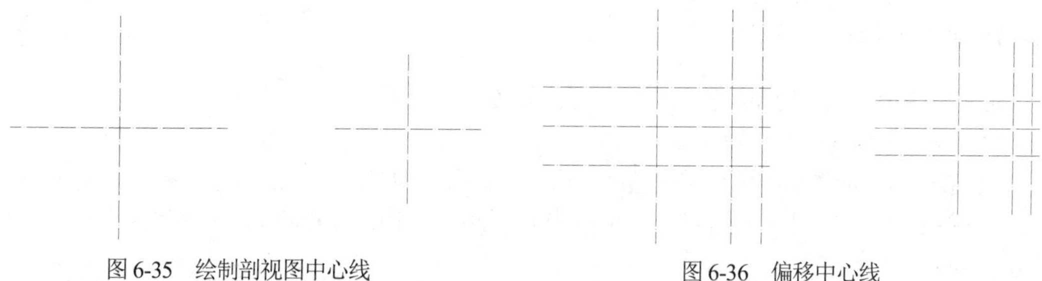

图 6-35　绘制剖视图中心线　　　　图 6-36　偏移中心线

(6) 将“轮廓线”图层设置为当前图层，选择“绘图”|“直线”命令，命令行提示如下。

```
命令: _line 指定第一点:                //捕捉左侧剖视图中最右侧偏移后的中心线与最上侧偏移中心线的交点
指定下一点或 [放弃(U)]:                //捕捉左侧剖视图中第二条垂直线与最上侧偏移中心线的交点
指定下一点或 [放弃(U)]:                //捕捉左侧剖视图中第二条垂直线与最下侧偏移中心线的交点
指定下一点或 [闭合(C)/放弃(U)]:        //捕捉左侧剖视图中最右侧偏移后的中心线与最下侧偏移中心线的交点
指定下一点或 [闭合(C)/放弃(U)]:        //按 Enter 键，完成连续直线的绘制
```

(7) 继续执行“直线”命令，绘制右侧剖视图中的键槽，绘制完成的键槽如图 6-37 所示。

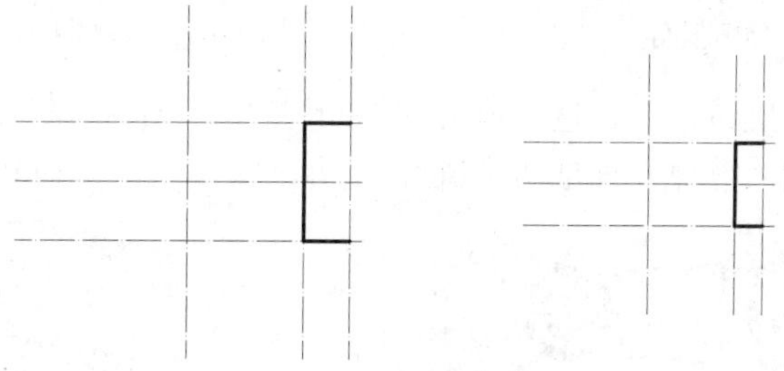

图 6-37　绘制剖视图中的键槽

(8) 选择“绘图”|“圆弧”|“起点、圆心、端点”命令，命令行提示如下。

```
命令: _arc 指定圆弧的起点或 [圆心(C)]:                          //鼠标捕捉左侧键槽直线的起点
指定圆弧的第二个点或 [圆心(C)/端点(E)]: _c 指定圆弧的圆心:       //鼠标捕捉左侧剖视图中心线的交点
指定圆弧的端点或 [角度(A)/弦长(L)]:                            //鼠标捕捉左侧键槽直线的终点
```

(9) 继续使用“绘图”|“圆弧”|“起点、圆心、端点”命令，绘制另一个剖视图。

(10) 选择“修改”|“删除”命令，删除剖视图中偏移后的各中心线，通过以上步骤，完成了剖视图的绘制，效果如图 6-38 所示。

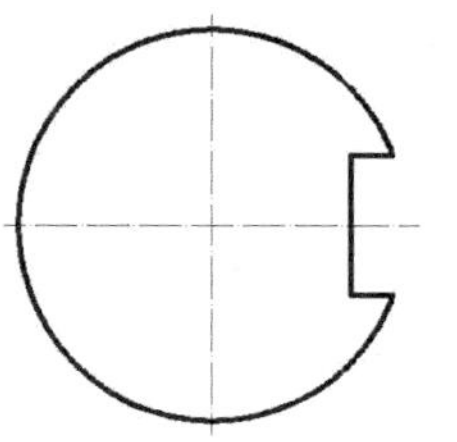
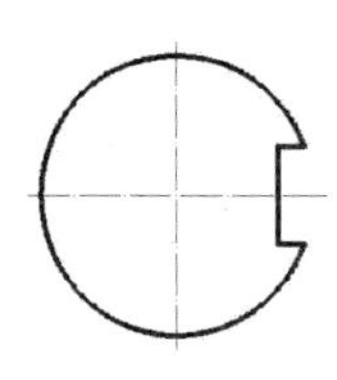

图 6-38　剖视图

6.3 断面图

假想用剖切平面将机件某处切断，仅画出剖切平面与机件接触部分的图形，称为断面图，简称断面。为了得到断面结构的实形，剖切平面一般应垂直于机件的轴线或该处的轮廓线。断面一般用于表达机件某部分的断面形状，如轴、杆上的孔、槽等结构。断面图分为移出断面和重合断面两种，下面分别进行介绍。

6.3.1 移出断面

画在视图轮廓线外的断面称为移出断面，如图 6-39 所示。

绘制移出断面的操作步骤如下。

(1) 移出断面的轮廓线用粗实线绘制，通常配置在剖切线的延长线上，如图 6-39 所示。

(2) 必要时可将移出断面配置在其他适当的位置。在不引起误解时，允许将图形旋转，如图 6-40 所示。

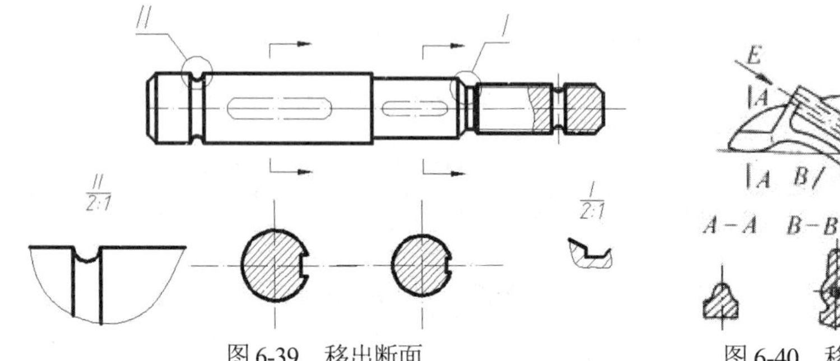

图 6-39　移出断面

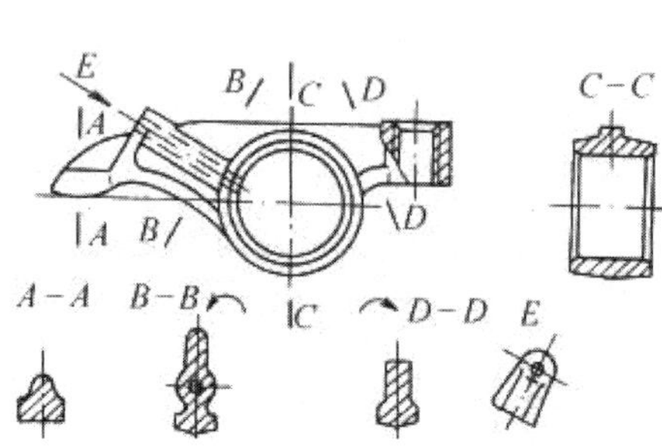

图 6-40　移出断面配置在其他适当位置

(3) 当移出断面的图形对称时，也可画在视图的中断处，如图 6-41 所示。

(4) 由两个或多个相交剖切平面剖切得到的移出断面，中间一般应断开，如图 6-42 所示。

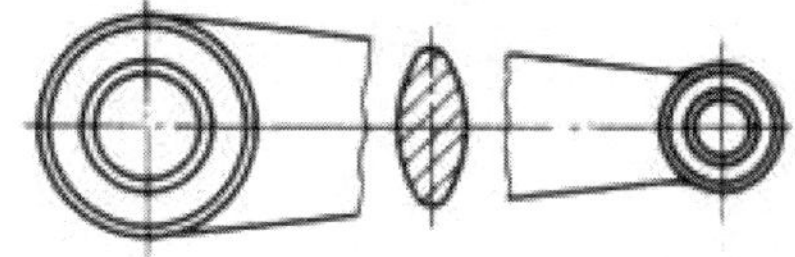

图 6-41　移出断面画在视图的中断处

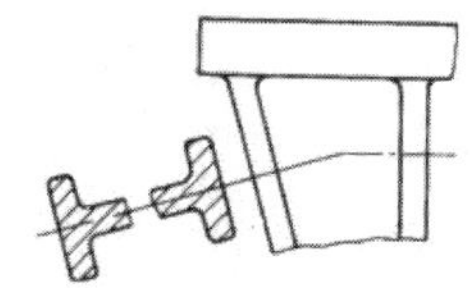

图 6-42　两个相交剖切平面剖切后的移出断面

(5) 当剖切平面通过回转面形成的孔或凹坑的轴线时，这些结构按剖视图绘制，如图 6-43(a)所示；当剖切平面通过非圆孔时，会导致出现完全分离的两个断面，则这些结构应按剖视图绘制，如图 6-43(b)所示。

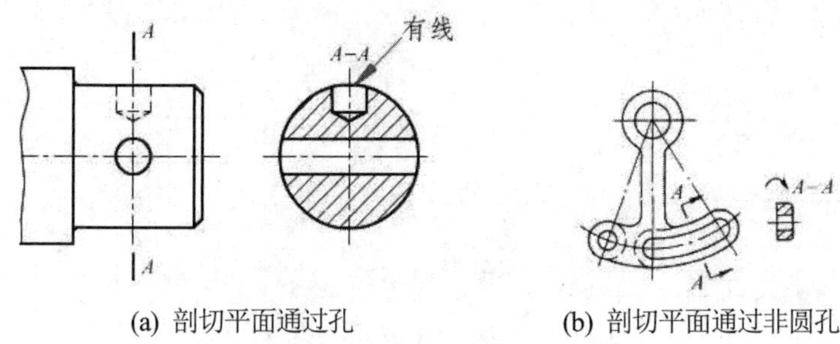

(a) 剖切平面通过孔　　(b) 剖切平面通过非圆孔

图 6-43　剖切平面通过孔或非圆孔

(6) 移出断面的标注和剖视图相同。

6.3.2　重合断面

画在视图轮廓线之内的断面称为重合断面。

1. 重合断面的画法

重合断面剖面图只有在剖面形状简单而又不影响清晰度时方可使用。下面介绍绘制重合断面的操作步骤。

(1) 重合断面的轮廓线用细实线绘制，当视图中的轮廓线与重合断面的图形重叠时，视图中的轮廓线仍应连续画出，不可间断，如图 6-44 所示。

(2) 不对称的重合断面可省略标注，如图 6-45 所示。

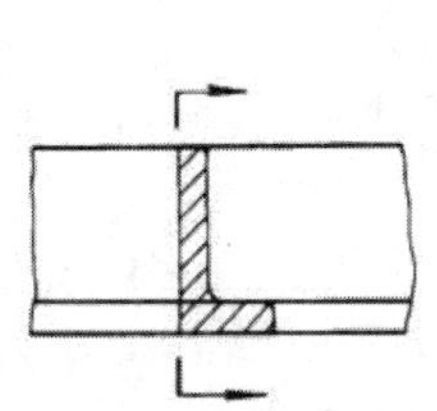

图 6-44　重合断面画法 1

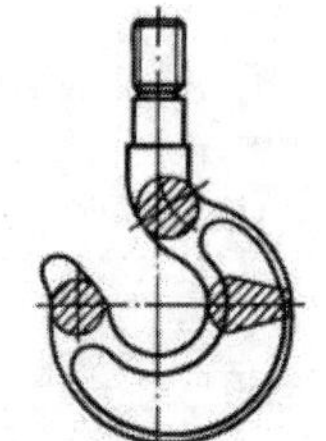

图 6-45　重合断面画法 2

2. 重合断面的标注

重合断面的标注和剖视图的标注大致相同，但是需要注意下面两点。

- 对称的重合断面不必标注。
- 不对称的重合断面，用剖切符号表示剖切平面位置，用箭头表示投影方向，不必标注字母。

6.3.3　断面图实例

根据本节讲述的断面图的知识，为图 6-46 所示的通孔和键槽绘制移出断面，将通孔和键槽标示清楚，其操作步骤如下。

(1) 启动 AutoCAD 2020，打开文件 6-3.dwg，如图 6-46 所示。

(2) 绘制辅助中心线，如图 6-46 所示，辅助中心线的竖直线分别与圆心和键槽的中心线重合。绘制直径为 79 和 40 的两个同心圆，表示外圆和内圆孔，利用标注尺寸辅助绘图，如图 6-47 所示。

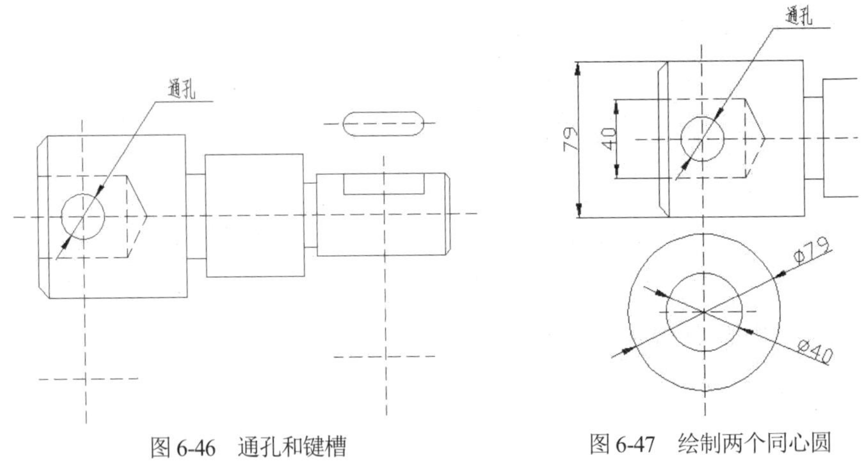

图 6-46　通孔和键槽　　图 6-47　绘制两个同心圆

(3) 删除之前的辅助标注，标注通孔直径为 22，在下图绘制对称于水平中心线的两条直线，直线间距为 22，如图 6-48 所示。

(4) 执行“修剪”命令，修剪两条水平线和水平线之间的内圆弧，效果如图 6-49 所示。

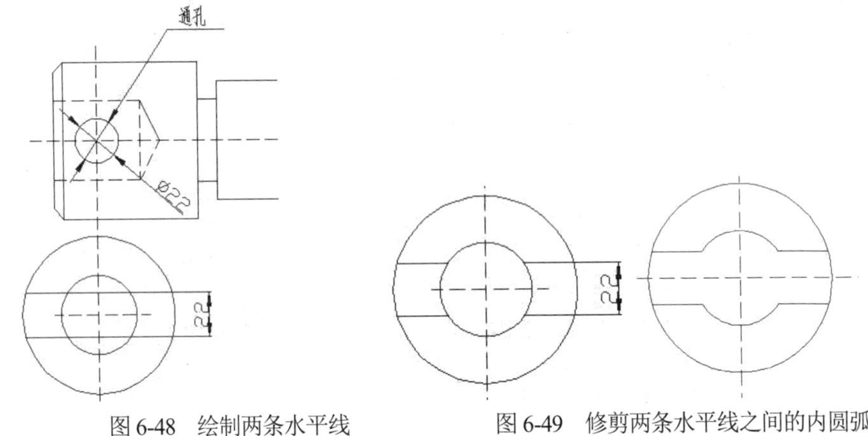

图 6-48　绘制两条水平线　　图 6-49　修剪两条水平线之间的内圆弧

(5) 选择“绘图”|“图案填充”命令，弹出“图案填充和渐变色”对话框。

(6) 在“图案”下拉列表中选择 ANSI31，在“比例”文本框中输入 2。

(7) 单击“添加：拾取点”按钮，在图形中拾取填充区域，图 6-50 所示的虚线包围区域即为填充区域。

(8) 拾取完毕，右击，在弹出的快捷菜单中选择“确定”命令，返回“图案填充和渐变色”对话框。

(9) 在“图案填充和渐变色”对话框中单击“确定”按钮，完成填充。删除之前的辅助标注，效果如图 6-51 所示。

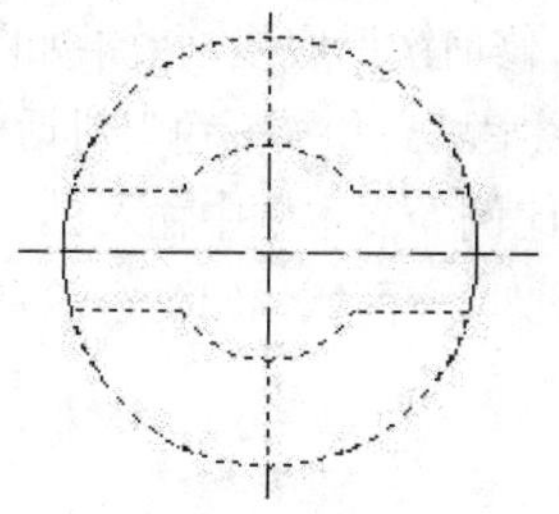

图 6-50　拾取填充区域

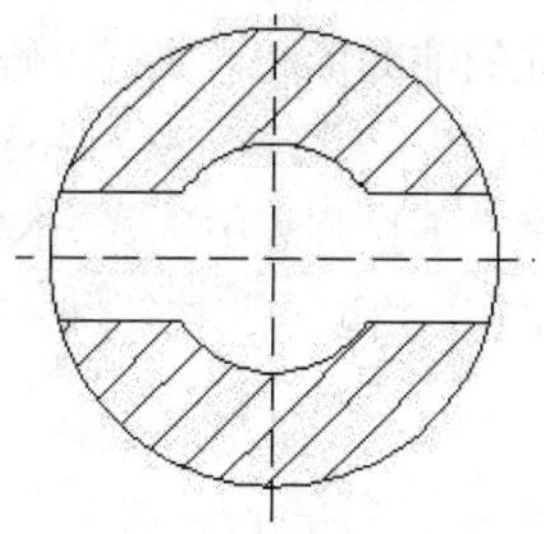

图 6-51　移出的通孔断面

(10) 在如图 6-52 所示的圆孔的竖直中心线上方绘制一条直线，长度适当即可；利用“多重引线”工具栏上的“多重引线”按钮绘制引线，引线水平位置与刚绘制的竖直线的上端平齐，左端点与竖直线上端点重合，右端点适当放置，保证长度合适、清晰即可，如图 6-52 所示。

(11) 按照上一步同样的方法绘制零件下方的引线，效果如图 6-53 所示。

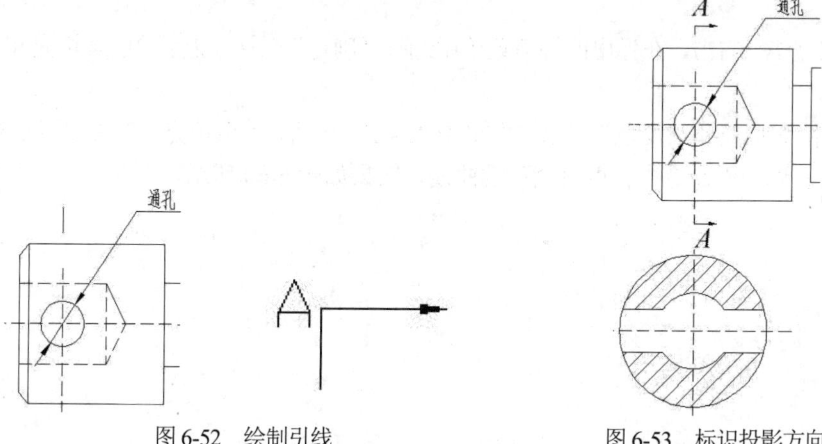

图 6-52　绘制引线　　图 6-53　标识投影方向

(12) 以开始绘制的辅助中心线交点为圆心绘制直径为 40 的圆，表示外圆面，利用标注尺寸辅助绘图，如图 6-54 所示。

(13) 删除之前的标注，绘制表示键槽深度的直线，如图 6-55 所示，利用标注辅助绘图。

(14) 删除上一步的辅助标注，绘制表示键槽宽度的两条直线，利用标注辅助绘图，效果如图 6-56 所示。

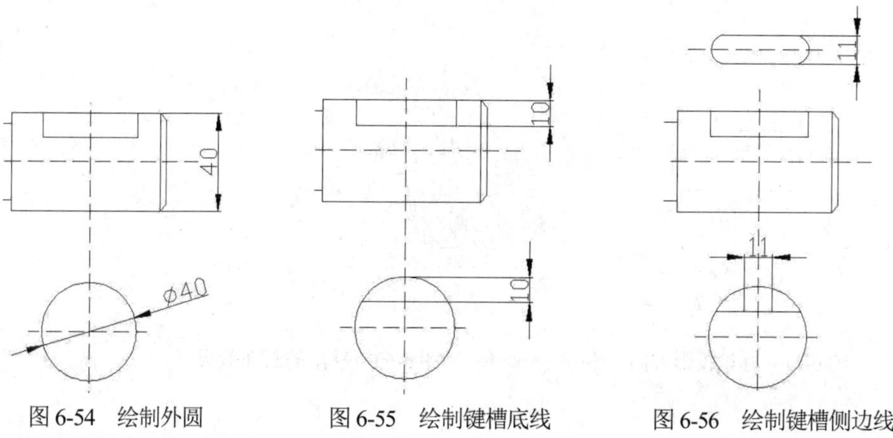

图 6-54　绘制外圆　　图 6-55　绘制键槽底线　　图 6-56　绘制键槽侧边线

(15) 删除之前的辅助标注，执行“修剪”命令，修剪键槽底线，效果如图 6-57 所示。

(16) 选择“绘图”|“图案填充”命令，弹出“图案填充和渐变色”对话框。

(17) 在“图案”下拉列表中选择 ANSI31，在“比例”文本框中输入 2。

(18) 单击“添加：拾取点”按钮，在图形中拾取填充区域，如图 6-58 所示的虚线包围区域即为填充区域。

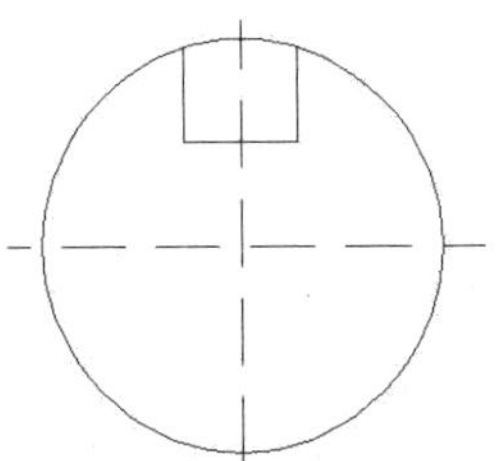

图 6-57 修剪键槽底线

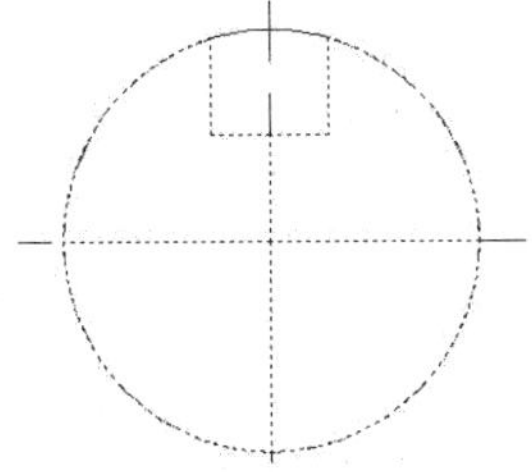

图 6-58 拾取填充区域

(19) 拾取完毕，右击，在弹出的快捷菜单中选择“确定”命令，返回“图案填充和渐变色”对话框。

(20) 在“图案填充和渐变色”对话框中单击“确定”按钮，完成填充，效果如图 6-59 所示。

(21) 执行“修剪”命令，修剪键槽顶端曲线，效果如图 6-60 所示。

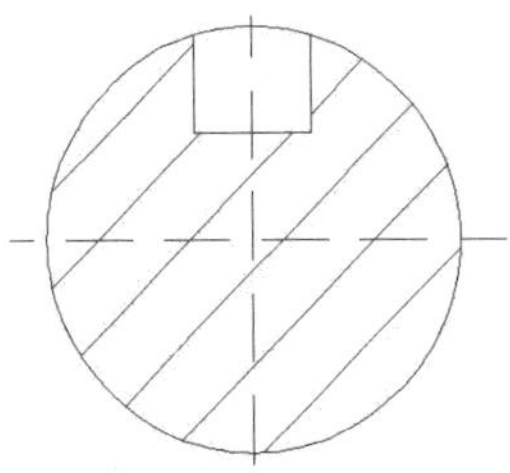

图 6-59 填充效果

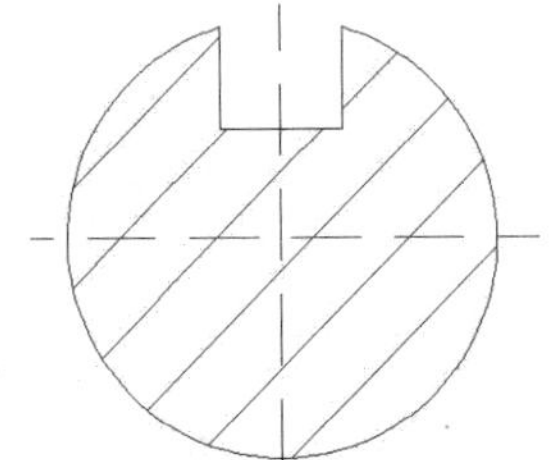

图 6-60 修剪键槽顶端曲线

(22) 单击“多重引线”工具栏上的“多重引线”按钮，按照步骤(10)和(11)的方法绘制多重引线表示投影方向，如图 6-61 所示。

(23) 单击“保存”按钮，保存文件 6-3.dwg，效果如图 6-62 所示。

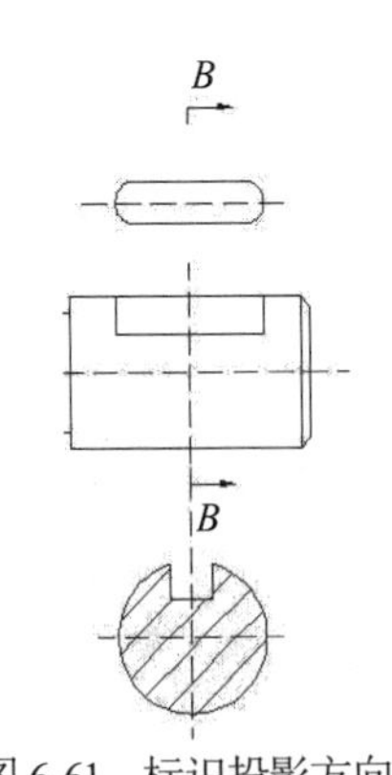

图 6-61 标识投影方向

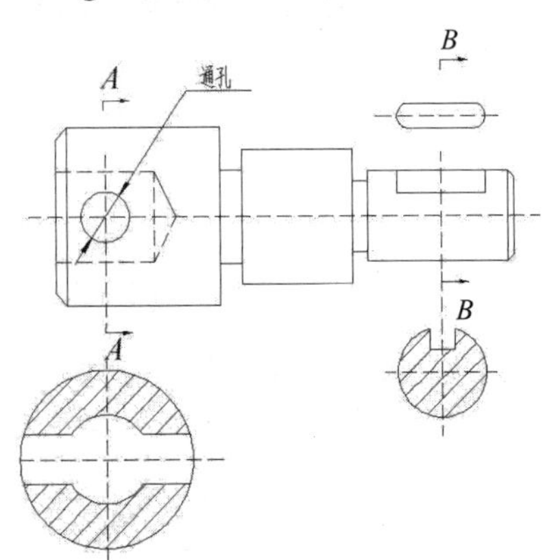

图 6-62 移出的断面效果

6.4 其他表达方法

6.4.1 局部放大图

为了清楚地表达机件上的某些细小结构，将这部分结构用大于原图形的比例画出，画出的图形称为局部放大图。

绘制局部放大图的操作步骤如下。

(1) 局部放大图可画成视图、剖视图、剖面图，它与被放大部分的表达方式无关，如图 6-63 所示。

(2) 局部放大图应尽量配置在被放大部位的附近，当机件上被放大部分仅一个时，在局部放大图上方只需注明所采用的比例，如图 6-64 所示。

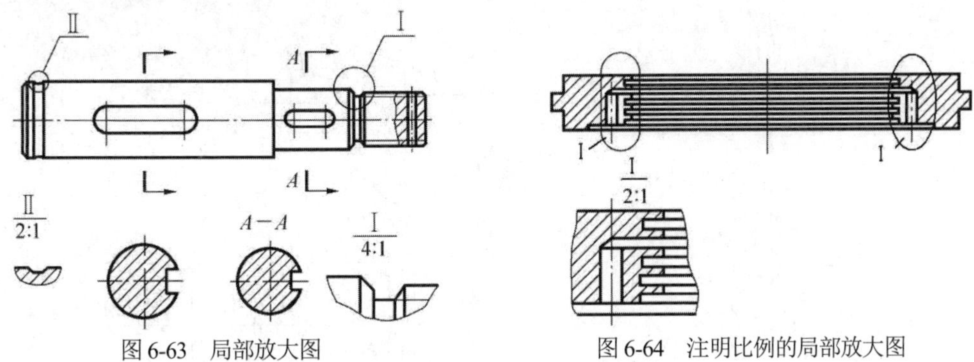

图 6-63　局部放大图　　图 6-64　注明比例的局部放大图

(3) 同一机件上不同部位需要局部放大时，图形相同或对称的部分，只需画出一个，如图 6-64 所示。

(4) 必要时可用几个图形来表达同一个被放大部分的结构，如图 6-65 所示。

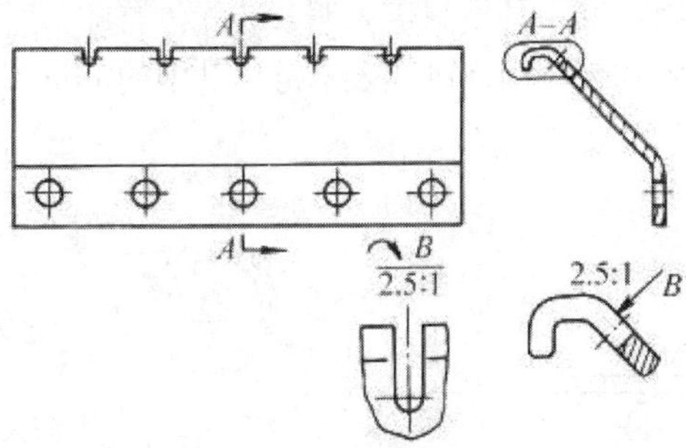

图 6-65　多个图形表达同一个被放大部分的结构

6.4.2 简化画法

在机械制图中，简化画法很多，下面对比较常用的几项进行介绍。

- 对于机件的肋、轮辐及薄壁等，如按纵向剖切，这些结构都不画剖面符号，而用粗实线将它与其邻接部分分开，如图 6-66 所示。
- 当肋板或轮辐上的部分内形需要表示时，可画成局部视图，如图 6-67 所示。

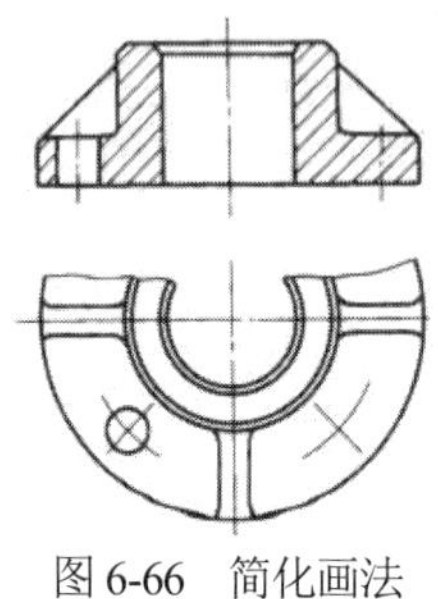

图 6-66　简化画法

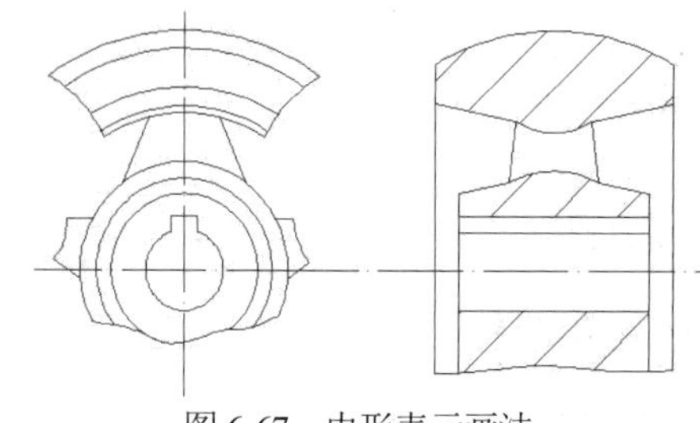

图 6-67　内形表示画法

- 当零件回转体上均匀分布的肋、轮辐、孔等结构不处于剖切平面时，可将这些结构旋转到剖切平面上画出，如图 6-68 所示小孔的画法。
- 在剖视图的剖面区域中可再做一次局部剖视图，两者的剖面线应同方向、同间隔，但要互相错开，并用引出线标注局部剖视图的名称，如图 6-69 所示。

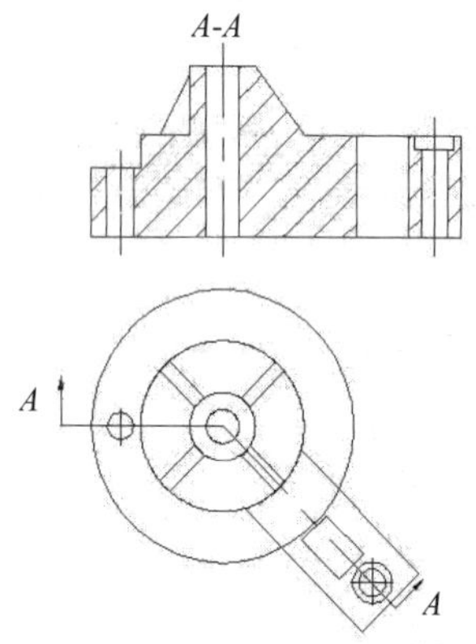

图 6-68　不处于剖切平面时小孔的画法

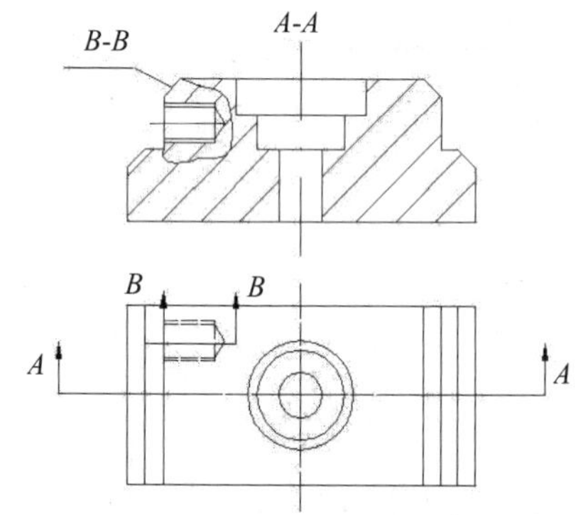

图 6-69　两次剖视画法

- 零件的工艺结构如小圆角、倒角、退刀槽可不画出；若干相同零件组如螺栓连接等，可仅画出一组或几组，其余各组只需表明其装配位置即可，如图 6-70 中的中心线。
- 用细实线表示传动中的带，用点画线表示链传动中的链条，如图 6-71 所示。

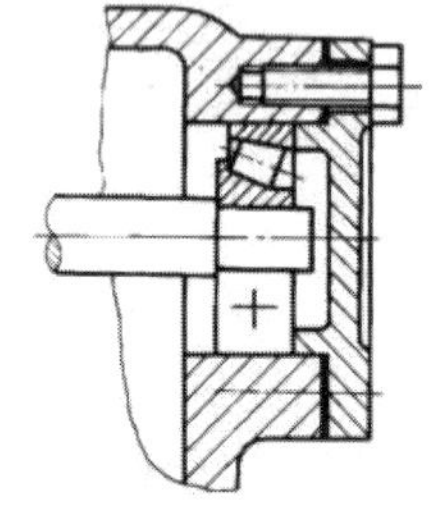

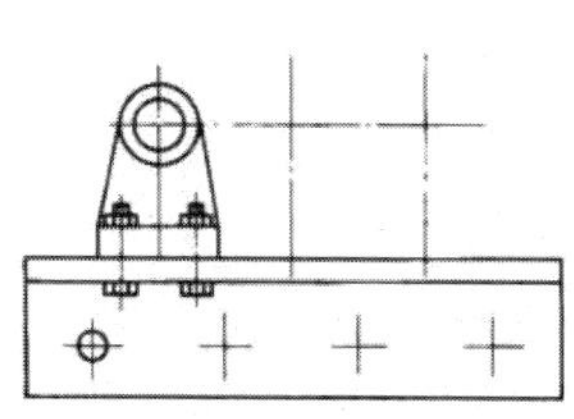

图 6-70　简化的工艺结构

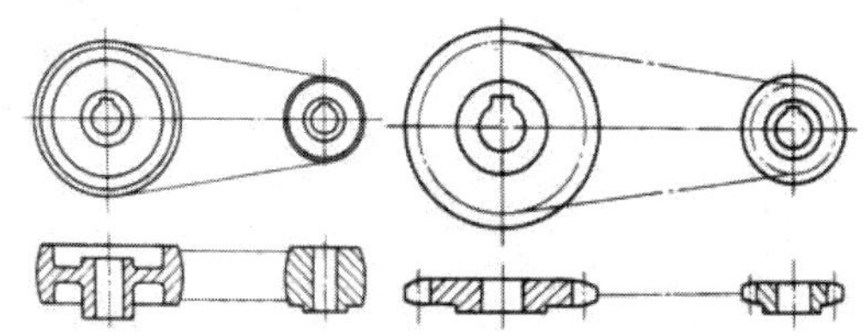

图 6-71　链传动简化画法

在《中华人民共和国国家标准》的《技术制图　图样画法》中规定了机件的简化画法、规定画法和其他表达方法，读者可以在实际应用中进行查找参考，并在绘制机件的零件图时加以运用。

本章前面介绍了机件的各种表达方式，如视图、剖视、断面等。在实际绘图中，应根据机件的结构形状、复杂程度等进行具体分析，以完整、清晰为目的，以看图方便、绘图简便为原则进行表达方式的选择；同时力求减少视图数量，既要认识到每个视图、剖视图和断面图等具有明确的表达内容，又要注意它们之间的联系，正确选择适当的视图方式。在后面讲解的零件和装配图中将会使用各种表达方式进行视图的绘制。

6.4.3　局部放大图实例

将图 6-72 所示的主视图中凹槽部分做成局部放大图，用于更清楚地表达主视图中的凹槽，绘制局部放大图的具体操作步骤如下。

(1) 启动 AutoCAD 2020，打开文件 6-4.dwg，如图 6-72 所示。

(2) 将“轮廓线”图层设置为当前图层，执行“圆”命令，命令行提示如下。

```
命令: _circle 指定圆的圆心或 [三点(3P)/两点(2P)/相切、相切、半径(T)]: 142,228
//该圆心为阶梯槽左侧竖直短线段的中心
指定圆的半径或 [直径(D)] <8.0000>: 8
```

此时绘制的圆如图 6-73 所示。

(3) 在“多重引线”工具栏中单击“多重引线”按钮，绘制多重引线，如图 6-74 所示。

(4) 单击绘制的引线，右击，在弹出的快捷菜单中选择“特性”命令，弹出“特性”面板，如图 6-75 所示，在“箭头”下拉列表中选择“无”选项。关闭“特性”面板，效果如图 6-76 所示。

(5) 在“文字”工具栏中单击“多行文字”按钮A，输入数字 1，效果如图 6-76 所示。

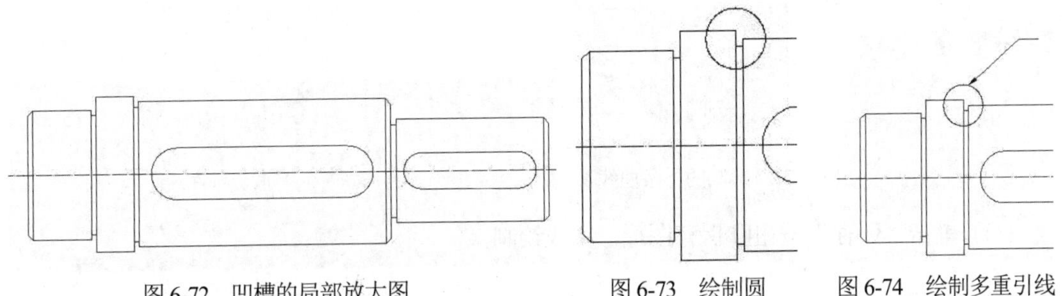

图 6-72　凹槽的局部放大图　　图 6-73　绘制圆　　图 6-74　绘制多重引线

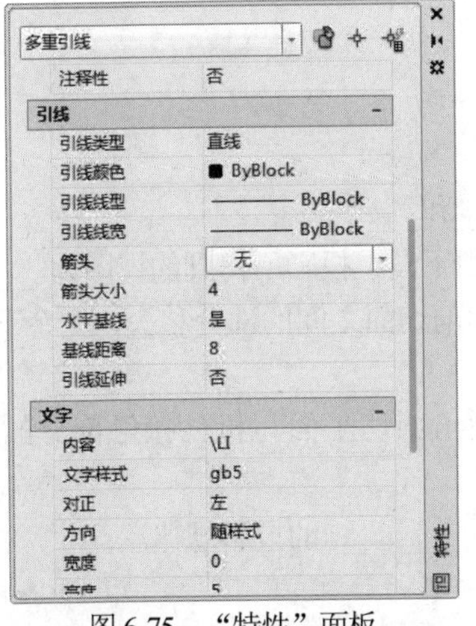

图 6-75　“特性”面板

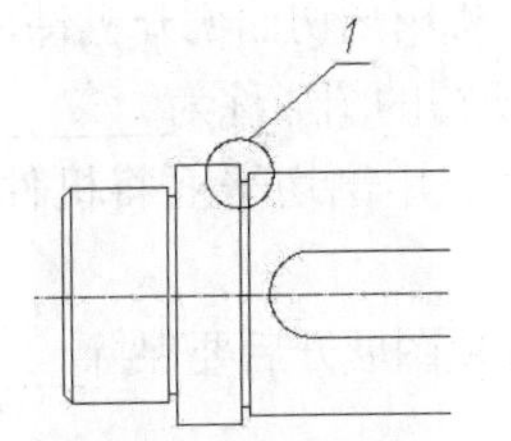

图 6-76　指示局部放大位置

(6) 执行“复制”命令，复制圆内的直线到图形附近的位置，命令行提示如下。

```
命令: _copy
选择对象: 找到 1 个
选择对象: 找到 1 个，总计 2 个
选择对象: 找到 1 个，总计 3 个
选择对象: 找到 1 个，总计 4 个
选择对象: 找到 1 个，总计 5 个
选择对象:
当前设置: 复制模式 = 多个
指定基点或 [位移(D)/模式(O)] <位移>:                    //在图形的适当位置单击选择一个点作为基点
指定第二个点或 [阵列(A)] <使用第一个点作为位移>:         //将图形复制到绘图区的某一位置
指定第二个点或 [阵列(A)/退出(E)/放弃(U)] <退出>:         //按 Enter 键
```

(7) 执行“样条曲线”命令，绘制样条曲线，如图 6-77 所示。

(8) 执行“修剪”命令，以样条曲线之外的直线为修剪对象，修剪多余轮廓，结果如图 6-78 所示。

(9) 选择“修改”|“缩放”命令，以圆心(也就是阶梯槽左侧竖直短线段的中心)为放大基点，将该图形放大 5 倍，如图 6-78 所示。

(10) 执行“多行文字”命令，在填充图上方附近输入局部放大图标示，文字高度为 10，文字格式为 GB5(前面章节中已经讲解如何设置)，结果如图 6-78 所示。

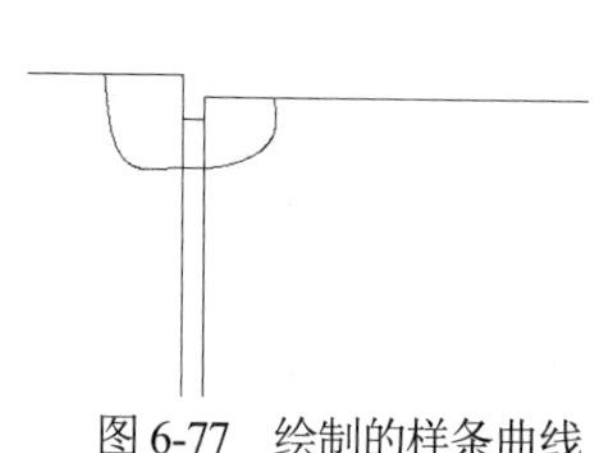

图 6-77　绘制的样条曲线

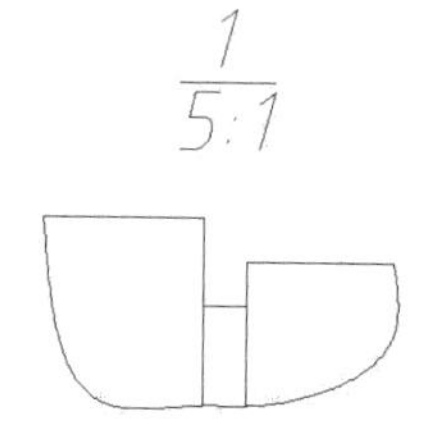

图 6-78　局部放大视图

(11) 单击“保存”按钮保存图形，完成绘制。

6.5 习题

6.5.1 填空题

(1) 视图分为________、________、________和_______。

(2) 由右向左投影所得到的视图为_______，由下向上投影所得到的视图为_______。

(3) 假想用剖切面剖开机件，将处于观察者和剖切面之间的部分移去，则余下的部分向投影面投射所得的图形称为_______。

(4) 假想用剖切平面将机件某处切断，仅画出剖切平面与机件接触部分的图形，称为_________。

(5) 各视图展开后要保持_______、________、________的投影规律。

6.5.2 选择题

(1) 下面是其他表达方法的是(　　)。

A. 视图　　B. 剖视图　　C. 剖切面　　D. 局部放大图

(2) 下列不属于剖切面的是(　　)。

A. 单一剖切面　　B. 几个平行的剖切面

C. 几个相交的剖切面　　D. 断面图

(3) 下列不属于剖视图的是(　　)。

A. 半剖　　B. 全剖　　C. 局部剖视　　D. 不剖

(4) 下列不属于视图的是(　　)。

A. 基本视图　　B. 向视图　　C. 局部视图　　D. 剖视图

(5) 下列不属于机件的常用表达方法的是(　　)。

A. 视图　　B. 断面图　　C. 局部放大视图　　D. 剖视图

6.5.3　上机操作题

(1) 基本视图习题。

根据各视图展开后要保持“长对正、高平齐、宽相等”的投影规律，补全如图 6-79 所示的组合体的三视图。

(2) 剖视图习题。

根据本章讲述的剖视图的知识，绘制如图 6-80 所示的剖视图。

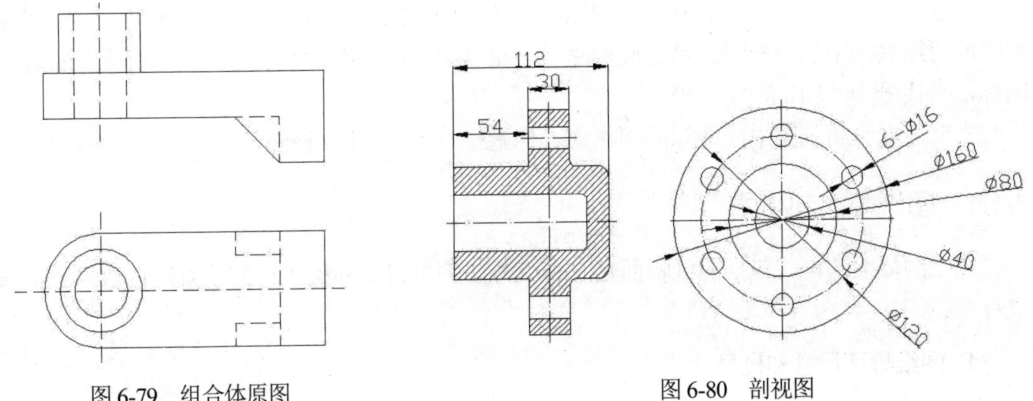

图 6-79　组合体原图　　图 6-80　剖视图

(3) 重合断面图习题。

根据本章讲述的重合断面图的知识，根据图 6-81 所示的重合区域绘制重合断面。

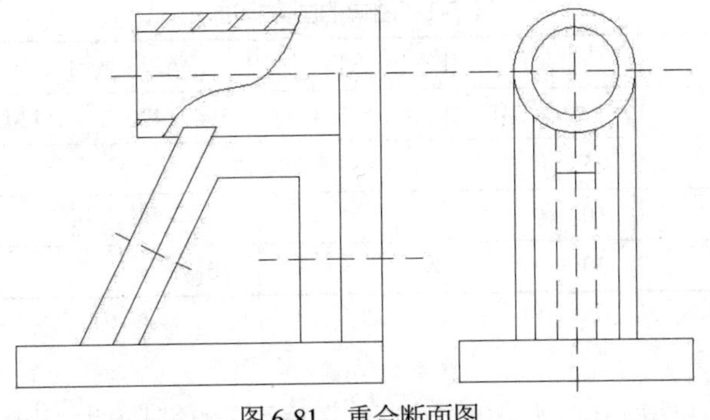

图 6-81　重合断面图

第7章

制作图幅和样板图

机械制图中一张完整的图幅包括图框、标题栏、比例、图线、尺寸标注等内容。本章首先讲述图纸的国家标准规定，其次讲述图框、明细表、样板图的绘制方法，最后以“A3 图纸横放”图幅为典型实例讲述具体的绘制步骤。

7.1 国家标准中的基本规定

机械图形作为机械工程领域中一种通用的表达方法，必须遵循统一的标准和规范，为此，国家标准中专门制定了相关的机械制图标准规范。国标的代号为“GB ×—×”，字母“GB”后面的两组数字中的第一组表示标准顺序号，第二组表示标准批准的年份。若标准为推荐性的国标，则代号为“GB/T ×—×”。

本节主要介绍制图中图纸幅面和格式、标题栏、比例、图线等国家标准的有关规定。

7.1.1 图纸幅面和格式

图纸的幅面和格式包括图纸幅面尺寸和代号、图框格式和标题栏的位置等内容，下面分别进行介绍。

1. 图纸幅面尺寸和代号

在机械制图国家标准中对图纸的幅面大小做了统一的规定，各图纸幅面的规格如表 7-1 所示。

表 7-1 图幅的国家标准

幅面代号		A0	A1	A2	A3	A4
长×宽(mm)		1189×841	841×594	594×420	420×297	297×210
周边尺寸	a	25				
	c	10			5	
	e	20		10		

2. 图框格式

国家标准规定，在图样上必须用粗实线绘制图框线。机械制图中图框的格式分为不留装订边和留装订边两种类型，分别如图 7-1 和图 7-2 所示。

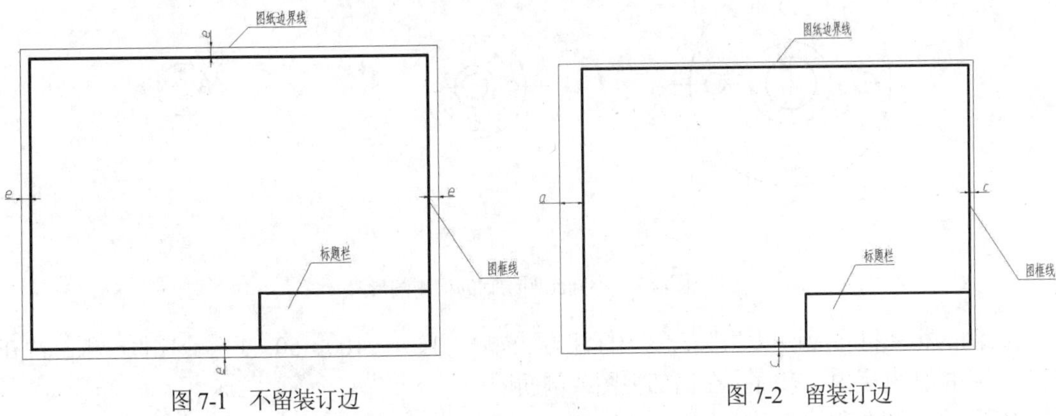

图 7-1　不留装订边　　　　图 7-2　留装订边

提示：

同一组件的各零件图及装配图必须采用同样的格式。

3. 标题栏的位置

国家标准规定标题栏应位于图纸的右下角或下方，看图的方向应与标题栏中的文字方向一致。标题栏的外框为粗实线，右边线和底边线应与图框线重合。

7.1.2　标题栏

国家标准规定机械图纸中必须附带标题栏，标题栏的内容一般为图样的综合信息，如图样名称、图纸代号、设计、材料标记、绘图日期等。标题栏一般位于图纸的右下角或下方。

7.1.3　比例

比例是指机械制图中图形与实物相应要素的线性尺寸之比。例如，比例为 1 表示图形与实物中相对应的尺寸相等，比例大于 1 表示为放大比例，比例小于 1 表示为缩小比例。表 7-2 所示为国家标准规定的制图中比例的种类和系列。

表 7-2　比例的种类和系列

比 例 种 类	比 例 系 列	
	优先选取的比例	允许选取的比例
原比例	1∶1	
放大比例	5∶1　2∶1 5×10n∶1　2×10n∶1	4∶1　2.5∶1 4×10n∶1　2.5×10n∶1
缩小比例	1∶2　1∶5　1∶10 1∶2×10n　1∶5×10n　1∶10×10n	1∶1.5　1∶2.5　1∶3　1∶4 1∶1.5×10n　1∶2.5×10n　1∶3×10n　1∶4×10n

机械制图中，常用的 3 种比例为 2∶1、1∶1 和 1∶2。图 7-3 所示为用这 3 种比例绘制的图形。

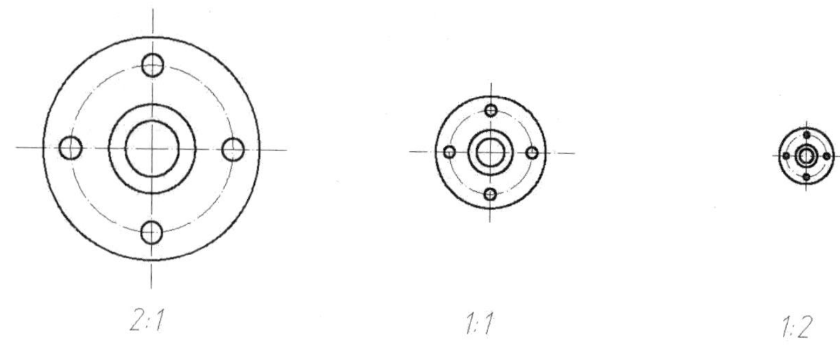

图 7-3　不同比例绘制的机械图形

比例的标注符号应该以“:”表示，标注方法如 1∶1、1∶100、50∶1 等。比例一般标注在标题栏中的比例栏内。有时，在局部视图或剖面图中也需要在视图名称的下方或右侧标注比例，如图 7-4 所示。

$\frac{I}{2:1}$　　$\frac{A}{1:50}$　　$\frac{B-B}{4:1}$

图 7-4　比例的标注

7.1.4　图线

在机械制图中，不同图形的线型和线宽表示不同的含义，因此需要设置不同的图层以分别绘制图形中不同的部分。

在机械制图国家标准中对机械图形中使用的各种图线的名称、线型、线宽及在图形中的应用范围做了规定，这些规定如表 7-3 所示。

表 7-3　图线的形式和应用

图线名称	线　型	线　宽	应用范围
粗实线		b	可见轮廓线、可见过渡线
细实线		约 $b/3$	剖面线、尺寸线、尺寸界线、引出线、弯折线、牙底线、齿根线、辅助线等
细点画线		约 $b/3$	中心线、轴线、齿轮节线等
虚线		约 $b/3$	不可见轮廓线、不可见过渡线
波浪线		约 $b/3$	断裂处的边界线、剖视图与视图的分界线
双折线		约 $b/3$	断裂处的边界线
粗点画线		b	有特殊要求的线或面的表示线
双点画线		约 $b/3$	相邻辅助零件的轮廓线、极限位置的轮廓线、假想投影的轮廓线

在机械制图中，一般将粗实线的线宽设置为 0.5 mm，细实线的线宽设置为 0.25 mm。

提示：

在机械制图中进行尺寸标注后，系统会自动增加一个名为 DefPoints 的图层，用户可以在该图层中绘制图形，但是使用该图层绘制的所有内容将无法输出。

机械制图中所有线型的宽度系列分别为 0.13、0.18、0.25、0.35、0.5、1、1.4、2。一般粗实线的线宽应该在 0.5mm～3mm 之间进行选取，同时应尽量保证在图样中不出现宽度小于 0.18 mm 的图元。

7.2 图幅绘制

图幅包括图框和标题栏两部分内容，下面分别介绍其具体的绘制方法。

7.2.1　绘制图框的 3 种方法

图框由水平直线和垂直直线组成。绘制图框的方法主要有利用直线进行绘制、利用“矩形”和“修剪”命令进行绘制、利用矩形绘制。下面分别以绘制留有装订边的 A3 横放图幅为例，介绍这 3 种绘制方法。

1. 利用直线绘制图框

利用直线绘制图框是指完全利用“直线”命令绘制图框，具体操作步骤如下。

(1) 选择“绘图”|“直线”命令，命令行提示如下。

```
命令: _line 指定第一点: 0,0                      //输入连续直线的起点坐标
指定下一点或 [放弃(U)]:  <正交 开> 420,0         //输入连续直线的第二点坐标
指定下一点或 [放弃(U)]: 420,297                  //输入连续直线的第三点坐标
指定下一点或 [闭合(C)/放弃(U)]: 0,297            //输入连续直线的第四点坐标
指定下一点或 [闭合(C)/放弃(U)]: c                //输入 c，使绘制的多段直线闭合
```

(2) 继续使用“直线”命令绘制图框，直线各端点的坐标依次为(25,10)、(410,10)、(410,287)和(25,287)，绘制完成后的效果如图 7-5 所示。

图 7-5　有装订边的横放 A3 幅面的图框

2. 利用“矩形”和“修剪”命令绘制图框

利用“矩形”和“修剪”命令绘制图框是指首先绘制矩形作为幅面的边线，然后通过“修剪”命令绘制图框线，具体操作步骤如下。

(1) 选择“绘图”|“矩形”命令，绘制第一个角点为(0,0)，另一个角点为(420,297)的矩形。

(2) 选择“修改”|“分解”命令，将步骤(1)绘制的矩形分解。

(3) 选择“修改”|“偏移”命令，将分解后矩形的左边线向右偏移 25。

(4) 继续使用“偏移”命令，将其余 3 条线段向其内侧偏移 10，偏移后的效果如图 7-6 所示。

(5) 执行“修剪”命令，对偏移的 4 条直线进行修剪，效果如图 7-7 所示。

3. 利用矩形绘制图框

利用矩形绘制图框的具体操作步骤如下。

(1) 执行“矩形”命令，绘制第一个角点为(0,0)，另一个角点为(420,297)的矩形。

(2) 继续使用“矩形”命令，绘制角点分别为(25,10)和(410,287)的矩形，完成图幅的绘制。

图 7-6 偏移操作

图 7-7 修剪后的效果

7.2.2 绘制标题栏

标题栏一般显示图形的名称、代号、绘制日期和比例等属性，绘制标题栏的基本方法为直线偏移法，该方法的具体操作步骤如下。

(1) 执行“矩形”命令，绘制 180 mm×56 mm 的矩形，并将矩形分解，效果如图 7-8 所示。

(2) 选择“修改”|“偏移”命令，偏移右侧边界线，向左偏移 50。

(3) 继续使用“偏移”命令，将右侧边界线分别向其左侧偏移 100、116、128，执行操作后的效果如图 7-9 所示。

图 7-8 标题栏边界

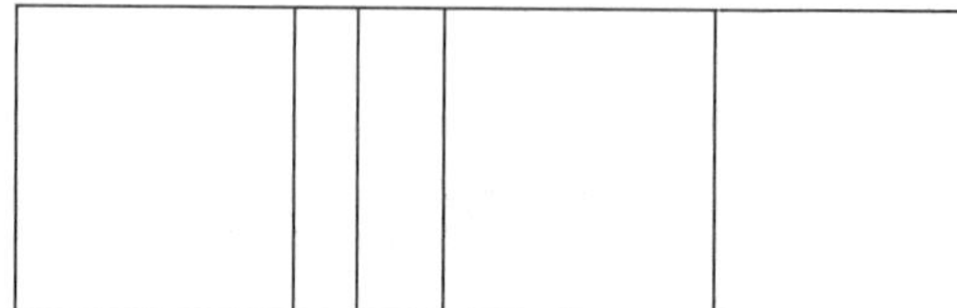

图 7-9 偏移操作后的效果

(4) 继续使用“偏移”命令，将下侧边界线向上分别平移 9、18、28、38，执行操作后的效果如图 7-10 所示。

(5) 选择“修改”|“修剪”命令，修剪步骤(4)绘制的直线。

```
命令: _trim
当前设置:投影=UCS，边=无
选择剪切边...                                    //系统提示信息
选择对象或 <全部选择>:  找到 1 个                //选择图 7-10 所示的线 1
选择对象: 找到 1 个，总计 2 个                   //选择图 7-10 所示的线 2
选择对象:                                        //按 Enter 键，完成对象选取
选择要修剪的对象，或者按住 Shift 键选择要延伸的对象，或者
[栏选(F)/窗交(C)/投影(P)/边(E)/删除(R)/放弃(U)]:  //在线 1 左侧的线 2 上单击，完成修剪
```

(6) 继续使用“修剪”命令，修剪图 7-10 所示的线 3、线 4 和线 5，操作完成后的效果如图 7-11 所示。

图 7-10 平移底侧边界线后的效果

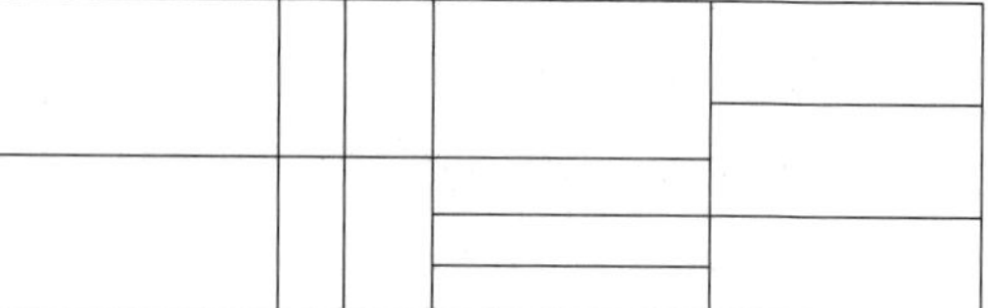

图 7-11 修剪线段后的效果

(7) 重复使用“直线”“偏移”和“修剪”命令，按图7-12所示的尺寸绘制标题栏剩余的线段。

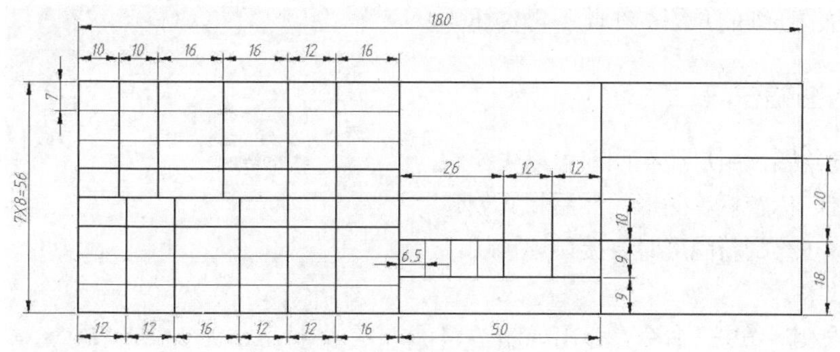

图7-12　标题栏基本尺寸

(8) 标题栏绘制完成后，一般将其创建为块，然后以图块的形式插入图框中。在命令行中输入WBLOCK命令，弹出如图7-13所示的“写块”对话框，单击“拾取点”按钮，在绘图区选择标题栏的右下角点为基点；然后单击“选择对象”按钮，在绘图区选择所有的标题栏图形，设置块的名称为“A3图纸标题栏块”，选择保存路径；最后单击“确定”按钮，完成块的创建。

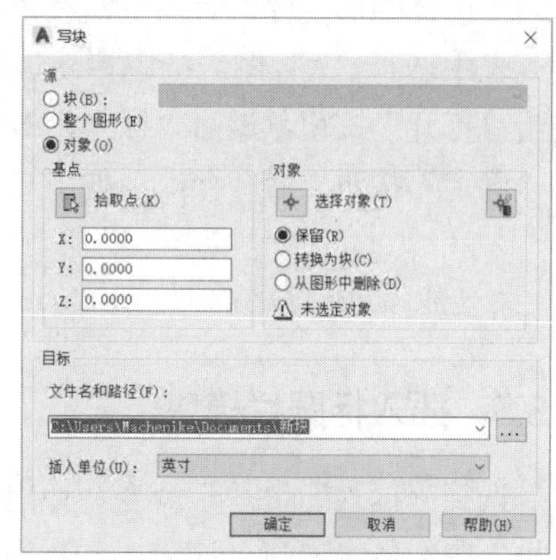

图7-13　“写块”对话框

7.3 样板图的创建

创建一个完整的样板图包括设置单位类型和精度、设置图形界限、设置图层、创建文字样式、创建标注样式、插入图幅模块、插入标题栏模块、样板的保存与使用。其中，设置单位类型和精度、设置图形界限等内容已经在第1章进行了详细介绍，下面介绍其他内容。

7.3.1 设置图层

在样板图中一般要设置需要在绘图过程中使用的图层，如轮廓、标注、引线、文字图层等，创建图层的方法在前面的章节中已经有了很详细的介绍，在此不再赘述。

7.3.2 创建文字样式

文字样式是指在标注尺寸、填写技术要求、标题栏等内容时所需要创建的文字属性。国家标准对机械制图中文字的样式，如文字的字体类型、高度等属性均有相关的规定，创建文字样式的方法在前面的章节也有很详细的介绍，在此不再赘述。

7.3.3 创建标注样式

标注样式用于控制图形中标注的格式和外观，通过创建标注样式可以控制尺寸的尺寸线、尺寸界线、箭头、文字的外观、位置、对齐方式、标注比例等特性。标注样式的创建方法在第 5 章已经有了详细的介绍，在此不再赘述。

7.3.4 插入图幅模块

为了方便绘图，用户在绘图前可以先绘制好通用的图幅、标题栏等图形，然后将其创建为块的形式，在绘制新图形时直接调用该块，以提高工作效率。

选择“插入”|“块”命令，弹出如图 7-14 所示的“插入”对话框，单击“浏览”按钮，打开“选择图形文件”对话框，在“名称”下拉列表中选择“A3 图纸标题栏块”选项，再单击“打开”按钮，返回“插入”对话框，单击“确定”按钮，命令行提示如下。

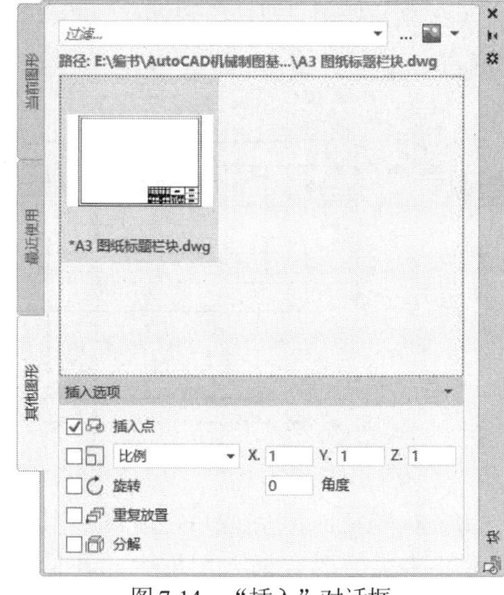

图 7-14 “插入”对话框

```
命令: _insert
指定插入点或 [基点(B)/比例(S)/X/Y/Z/旋转(R)]: 0,0        //输入插入点的坐标
```

7.3.5 插入标题栏模块

选择“插入”|“块”命令，弹出“插入”对话框，单击 ··· 按钮，打开“选择图形文件”对话框，在“名称”下拉列表中选择“A3 图纸标题栏块”选项，再单击“打开”按钮，返回“插入”对话框，单击“确定”按钮，命令行提示如下。

```
命令: _insert
指定插入点或 [基点(B)/比例(S)/X/Y/Z/旋转(R)]:  //用鼠标捕捉图框的右下角点，完成标题栏块的插入
```

标题栏块插入的效果如图 7-15 所示。

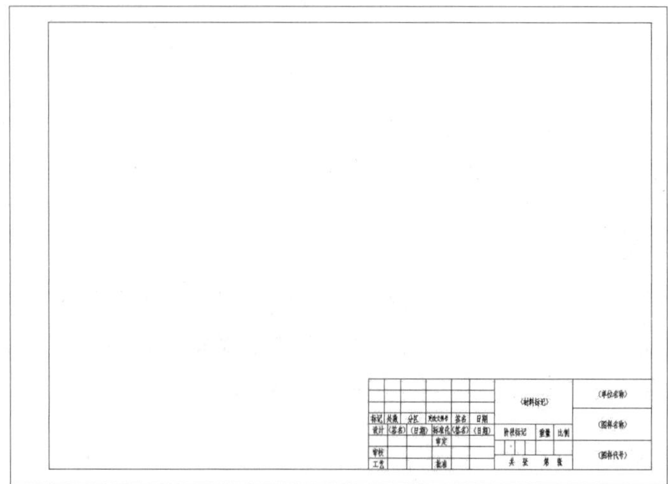

图 7-15 插入标题栏块

7.3.6　样板的保存与使用

绘制机械图形模板的作用是为了在以后的绘图过程中方便调用，以提高绘图效率，因此有必要了解将机械制图模板保存成样板图文件的方法。保存模板的具体操作步骤如下。

选择“文件”|“另存为”命令，打开如图 7-16 所示的“图形另存为”对话框，在“文件类型”下拉列表框中选择“AutoCAD 图形样板(*.dwt)”选项，在“文件名”文本框中输入模板名称“A3 样板图”，再单击“保存”按钮保存该文件，此时弹出“样板选项”对话框，用户可以在“说明”文本框中输入对该模板图形的描述和说明。

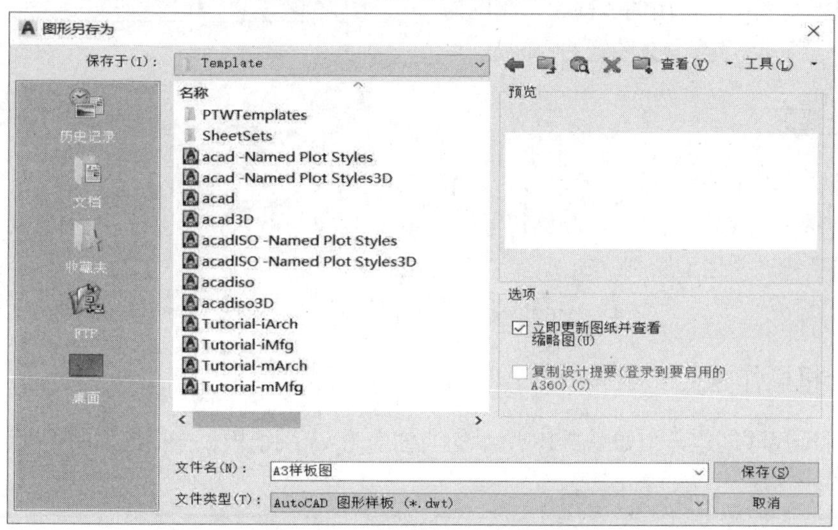

图 7-16　“图形另存为”对话框

通过以上步骤建立了一个符合机械制图国家标准的 A3 样板图文件。用户在以后的绘图过程中如果需要该模板，只需要在新建机械制图时，在如图 7-17 所示的“选择文件”对话框中选择已经存在的样板文件即可。

图 7-17　“选择文件”对话框

7.4 习题

7.4.1 填空题

(1) 国家标准规定，在图样上必须用________绘制图框线。机械制图中图框的格式分为________和________两种类型。

(2) 机械制图中，常用的 3 种绘图比例为________、________和________。

(3) 国家标准规定，A2 图纸的幅面是________。

7.4.2 选择题

(1) 机械图纸中的标题栏一般包含(　　)信息。

A. 图样名称　　B. 图例符号　　C. 材料标记　　D. 绘图日期

(2) 粗实线通常用于绘制(　　)。

A. 可见轮廓线　　B. 中心线　　C. 可见过渡线　　D. 轴线

7.4.3 上机操作题

按照标准尺寸创建一个如图 7-18 所示的名称为“A3 图纸模板—横放”的不留装订边的样板图。

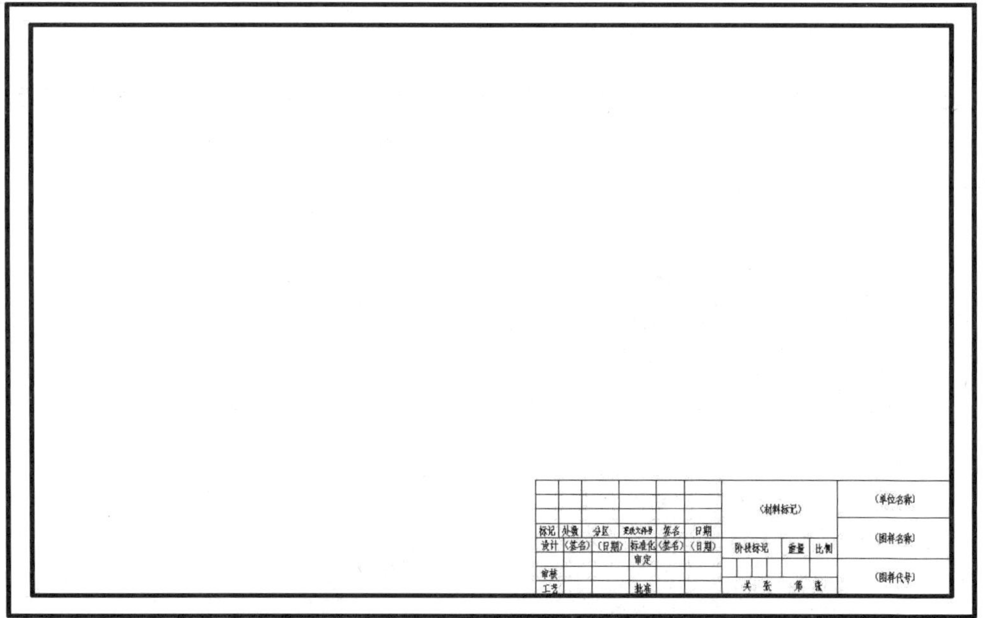

图 7-18　“A3 图纸模板—横放”样板图

第8章

绘制轴测图

轴测图其实也是一种二维绘图技术，它属于单面平行投影，能同时反映立体的正面、侧面和水平面的形状，立体感较强，因此，在工程设计和工业生产中，轴测图经常被用作辅助图样。本章主要介绍轴测图的基本理论及正等轴测图、斜二测图的绘制方法。

8.1 轴测图概述

轴测图的具体定义可归纳为：采用平行投影法将物体连同确定该物体的直角坐标系一起沿着不平行于任一坐标面的方向，投射在单一投影面上所得的具有立体感的图形。该投影面称为轴测投影面。空间直角坐标轴(投影轴)在轴测投影面内的投影称为轴测轴，用 O1X1、O1Y1、O1Z1 表示。两轴测轴之间的夹角称为轴间角。

8.1.1 轴测图的特点

由于轴测图是用平行投影法得到的，因此它具有以下特点。

- 平行性：物体上相互平行的直线的轴测投影仍然平行；空间上平行于某坐标轴的线段，在轴测图上仍平行于相应的轴测轴。
- 定比性：空间上平行于某坐标轴的线段，其轴测投影与原线段长度之比，等于相应的轴向伸缩系数。

由轴测图的上述特点可知，若已知轴测各轴向伸缩系数，即可绘制出平行于轴测轴的各线段的长度，这就是轴测图中“轴测”两字的含义。

AutoCAD 2020 为绘制轴测图创建了一个特定的环境。在这个环境中，系统提供了相应的辅助手段以帮助用户方便地构建轴测图，这就是轴测图绘制模式(简称轴测模式)。用户可以使用“草图设置”或 SNAP 命令来激活轴测投影模式。

8.1.2 使用“草图设置”激活

选择“工具”|“绘图设置”命令，弹出“草图设置”对话框，选择“捕捉和栅格”选项卡，选中“启用捕捉”和“启用栅格”复选框，如图 8-1 所示；在“捕捉类型”选项组中，选中“等轴测捕捉”单选按钮，单击“确定”按钮可启用等轴测捕捉模式。

用户也可以激活状态栏上的“等轴测草图”按钮，在如图 8-2 所示的下拉菜单中选择轴测面状态。

草图设置
捕捉和栅格 | 极轴追踪 | 对象捕捉 | 三维对象捕捉 | 动态输入 | 快捷特性 | 选择循环
□启用捕捉 (F9)(S)
捕捉间距
捕捉 X 轴间距(P)： 0.5000
捕捉 Y 轴间距(C)： 0.5000
☑X 轴间距和 Y 轴间距相等(X)
极轴间距
极轴距离(D)： 0.0000
捕捉类型
◉栅格捕捉(R)
◉矩形捕捉(E)
○等轴测捕捉(M)
○PolarSnap(O)
☑启用栅格 (F7)(G)
栅格样式
在以下位置显示点栅格：
□二维模型空间(D)
☑块编辑器(K)
□图纸/布局(H)
栅格间距
栅格 X 轴间距(N)： 0.5000
栅格 Y 轴间距(I)： 0.5000
每条主线之间的栅格数(J)： 5
栅格行为
☑自适应栅格(A)
□允许以小于栅格间距的间距再拆分(B)
☑显示超出界限的栅格(L)
□遵循动态 UCS(U)
选项(T)... 确定 取消 帮助(H)

图 8-1 “草图设置”对话框

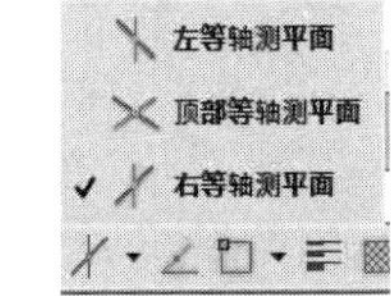

图 8-2 轴测面状态的选项

8.1.3 使用 SNAP 命令激活

SNAP 命令中的“样式”选项可用于在标准模式和轴测模式之间进行切换。在命令行中输入 SNAP 命令，命令行提示如下。

```
命令: snap
指定捕捉间距或 [开(ON)/关(OFF)/纵横向间距(A)/样式(S)/类型(T)] <10.0000>: s   //激活“样式”模式
输入捕捉栅格类型 [标准(S)/等轴测(I)] <S>: I    //激活“等轴测”选项
指定垂直间距 <10.0000>:    //按 Enter 键，启用等轴测模式，光标显示为如图 8-2 所示的形式
```

8.1.4 轴测图的形成

若需要在一个投影面上能够同时反映物体的 3 个向度，必须改变形成多面正投影的条件——物体、投射方向、投影面三者之间的位置关系。轴测图的实现主要通过以下两个途径。

- 在正投影的条件下，如图 8-3 所示改变物体和投影面的相对位置，使物体的正面、顶面和侧面与投影面均处于倾斜位置，然后将物体向投影面投射。我们称这个单一的投影面为轴测投影面，物体在轴测投影面内的投影称为轴测投影，简称轴测图。用正投影方法得到的轴测图称为正轴测图。
- 如图 8-4 所示保持物体和投影面的相对位置，改变投射方向，使投射线与轴测投影面处于倾斜位置，然后将物体向投影面投射，这是用斜投影方法得到的轴测图。称为斜轴测图。

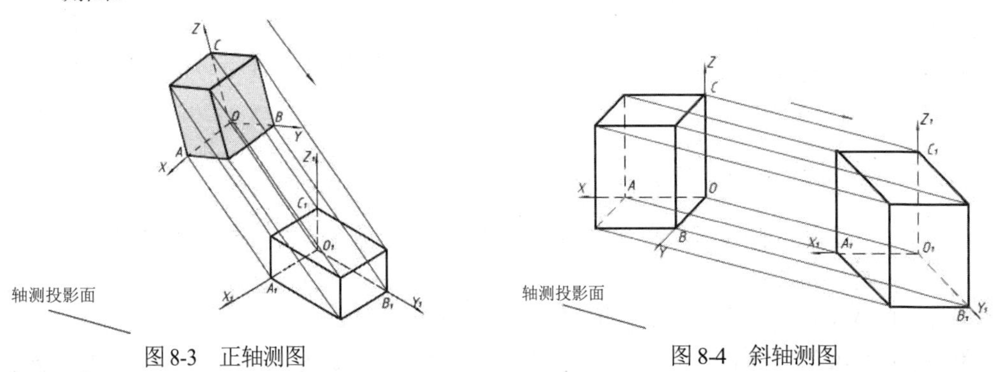

图 8-3 正轴测图　　图 8-4 斜轴测图

8.1.5　轴测图的分类

轴测图根据投射线方向和轴测投影面的位置不同，可分为正轴测图和斜轴测图两大类。所谓正轴测图就是投射线方向垂直于轴测投影面所得到的图形，它又可分为正等轴测图(简称正轴测)、正二轴测图(简称正二测)和正三轴测图(简称正三测)。在正轴测图中，最常用的为正等轴测图。

斜轴测图是投射线方向倾斜于轴测投影面所得到的图形，它又可分为斜等轴测图(简称斜等测)、斜二轴测图(简称斜二测)和斜三轴测图(简称斜三测)。在斜轴测图中，最常用的是斜二轴测图。

8.2　在轴测投影模式下绘图

将绘图模式设置为轴测模式后，用户可以方便地绘制出直线、圆、圆弧和文本的轴测图，并由这些基本的图形对象组成复杂形体(组合体)的轴测投影图。

在绘制轴测图的过程中，用户需要不断地在上平面、右平面和左平面之间进行切换，图 8-5 所示为 3 个正等轴测投影平面，分别为上平面、右平面和左平面。正等轴测上的 X、Y 和 Z 轴分别与水平方向成 30°、90°和 150°。

在绘制等轴测图时，切换表面状态的方法很简单，按 F5 键或 Ctrl+E 组合键，程序将在“等轴测上平面”“等轴测右平面”和“等轴测左平面”设置之间进行循环，3 种平面状态时的光标显示如图 8-6 所示。

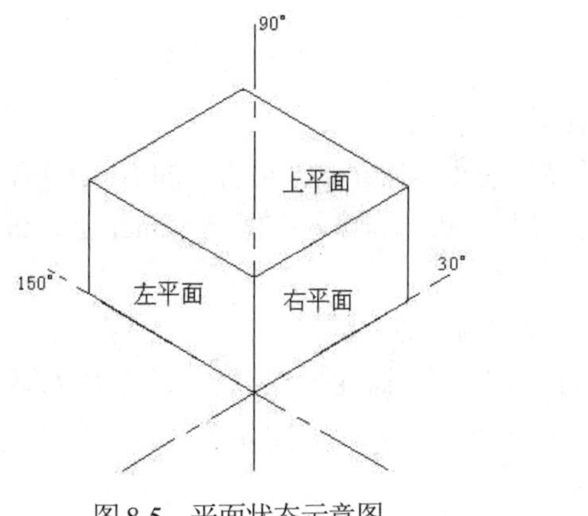

图 8-5　平面状态示意图

上平面　右平面　左平面

图 8-6　3 种平面状态时的光标显示

在绘制等轴测图形时，通常使用极坐标，或者使用“正交”按钮配合绘制。

8.2.1　绘制直线

根据轴测投影特性，在绘制轴测图时，对于与直角坐标轴平行的直线，可在切换至当前轴测面后，打开正交模式(ORTHO)，仍将它们绘成与相应的轴测轴平行；对于与 3 个直角坐标轴均不平行的一般位置直线，则可关闭正交模式，沿轴向测量获得该直线两个端点的轴测投影，然后相连即得一般位置直线的轴测图。对于组成立体的平面多边形，其轴测图是由边直线的轴测投影连接而成的。其中，矩形的轴测图是平行四边形。

在等轴测模式下绘制直线的具体操作步骤如下。

(1) 在命令行中输入 SNAP 命令，启用等轴测模式。

(2) 单击状态栏上的“正交限制光标”按钮∟，启用正交功能。

(3) 按 F5 键，将当前轴测平面切换到上等轴测平面。

(4) 执行“直线”命令，绘制轴测图的底面轮廓，命令行提示如下。

```
命令: _line 指定第一点: 100，100
指定下一点或 [放弃(U)]: 72                //利用正交功能，水平向右移动光标，在命令行输入 72
指定下一点或 [放弃(U)]: 122               //竖直向下移动光标，在命令行输入 122
指定下一点或 [闭合(C)/放弃(U)]: 24        //水平向左移动光标，在命令行输入 24
指定下一点或 [闭合(C)/放弃(U)]: 40        //竖直向上移动光标，在命令行输入 40
指定下一点或 [闭合(C)/放弃(U)]: 24        //水平向左移动光标，在命令行输入 24
指定下一点或 [闭合(C)/放弃(U)]: 40        //竖直向下移动光标，在命令行输入 40
指定下一点或 [闭合(C)/放弃(U)]: 24        //水平向左移动光标，在命令行输入 24
指定下一点或 [闭合(C)/放弃(U)]: c         //闭合直线，效果如图 8-7 所示
```

(5) 按 F5 键，将当前轴测平面切换到左等轴测平面。

(6) 执行“直线”命令，按照步骤(4)的方法进行绘制，直线第一点为(100,100)，向上移动光标输入 82，向右移动光标输入 60，向下移动光标输入 34，向右移动光标输入 62，向下移动光标输入 48，按 Enter 键，效果如图 8-8 所示。

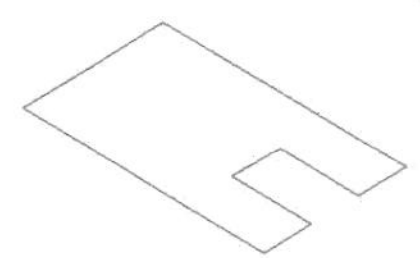

图 8-7　绘制底面轮廓

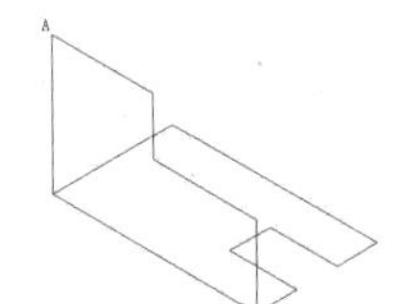

图 8-8　绘制左侧轮廓

(7) 按 F5 键，将当前轴测平面切换到上等轴测平面。

(8) 执行“直线”命令，绘制轴测图的顶部轮廓，捕捉图 8-8 所示的 A 点为第一点，向右移动光标输入 72，向下移动光标输入 60，向左移动光标输入 72，按 Enter 键，效果如图 8-9 所示。

(9) 按 F5 键，将当前轴测平面切换到右等轴测平面。

(10) 执行“直线”命令，绘制轴测图的右侧轮廓，捕捉图 8-9 所示的点 B 为第一点，向下移动光标输入 34，向左移动光标输入 72，按 Enter 键，效果如图 8-10 所示。

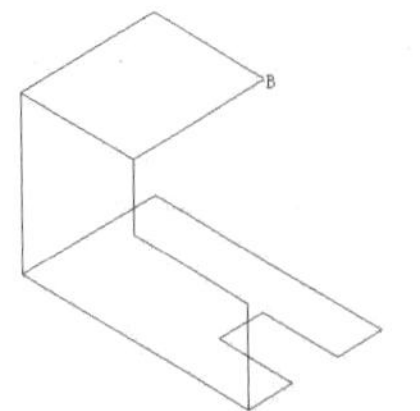

图 8-9　绘制顶部轮廓

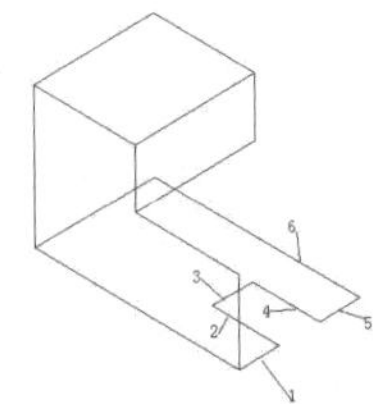

图 8-10　绘制右侧轮廓

(11) 执行“复制”命令，使用“位移”复制模式，将直线 1、2、3、4、5、6 复制，位移为(48,90)，效果如图 8-11 所示。

(12) 在菜单栏中选择“绘图”|“直线”命令，连接图 8-11 所示的轮廓线的端点，效果如

图 8-12 所示。

(13) 综合使用“修剪”和“删除”命令，对图 8-12 所示的图形进行编辑，去掉被遮挡住的轮廓线，轴测图绘制完成，效果如图 8-13 所示。

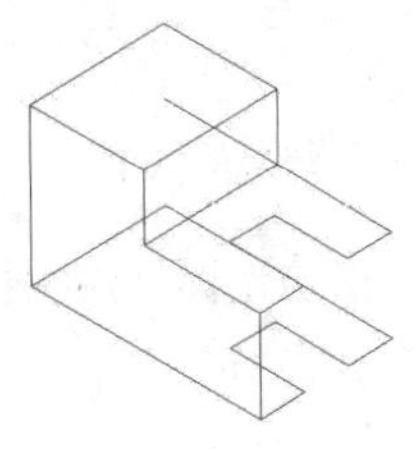
图 8-11　复制操作

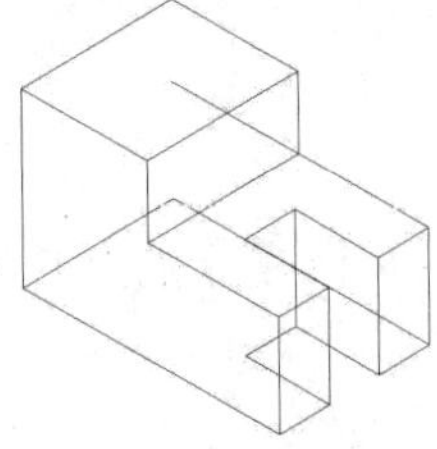
图 8-12　绘制直线

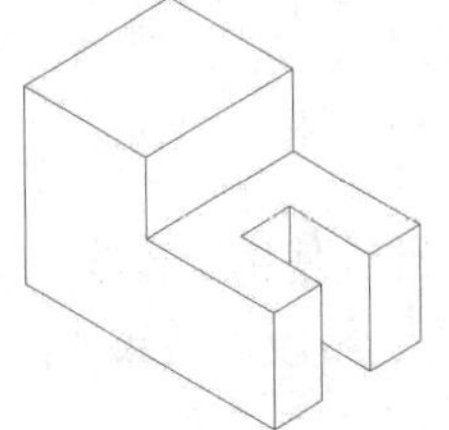
图 8-13　最终效果

提示：

在等轴测绘图模式下绘制直线经常要使用极坐标，当所绘制的直线与不同的轴测轴平行时，输入的极坐标角度值也不同，有以下 4 种情况。

- 直线与 X 轴平行时，极坐标角度是 30°或-150°。
- 直线与 Y 轴平行时，极坐标角度是 150°或-30°。
- 直线与 Z 轴平行时，极坐标角度是 90°或-90°。
- 如果直线与任何轴测轴都不平行，一般必须找到直线上的两个点，再连线。

8.2.2　绘制平行线

在轴测平面内绘制平行线时，一般使用“复制”命令来完成。绘制平行线的具体操作步骤如下。

(1) 在命令行中输入 SNAP 命令，启用等轴测模式。

(2) 单击状态栏上的“正交限制光标”按钮，启用正交功能。

(3) 按两次 F5 键，将当前轴测平面切换到左等轴测平面。

(4) 在菜单栏中选择“绘图”|“直线”命令，命令行提示如下。

```
命令: _line 指定第一点: 150,200            //输入连续直线起点坐标
指定下一点或 [放弃(U)]: 10                 //向右移动光标，输入下一点的绝对距离
指定下一点或 [放弃(U)]: 20                 //向下移动光标，输入下一点的绝对距离
指定下一点或 [闭合(C)/放弃(U)]: 30         //向右移动光标，输入下一点的绝对距离
指定下一点或 [闭合(C)/放弃(U)]: 15         //向下移动光标，输入下一点的绝对距离
指定下一点或 [闭合(C)/放弃(U)]:  <等轴测平面 上> 20
          //按 F5 键，将当前轴测平面切换到上等轴测平面，向右移动光标，输入下一点的绝对距离
指定下一点或 [闭合(C)/放弃(U)]:            //按 Enter 键，完成连续直线的绘制，效果如图 8-14 所示
```

(5) 执行“复制”命令，复制直线 EF，基点为点 E，插入点分别为点 A、B、C、D，效果如图 8-15 所示。

(6) 继续使用“复制”命令，将图 8-14 所示的直线段 AB、BC、CD 和 DE 以点 A 为基点，以图 8-15 所示的点 G 为目标点，进行复制操作，效果如图 8-16 所示。

(7) 执行“直线”命令，以图 8-14 所示的点 A 为直线的起点，向下移动光标，绘制长度为 70 个单位的直线段。

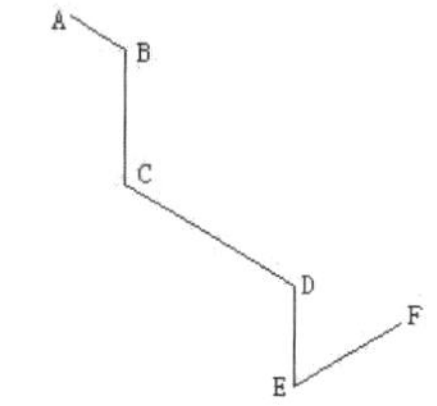

图 8-14　绘制连续直线

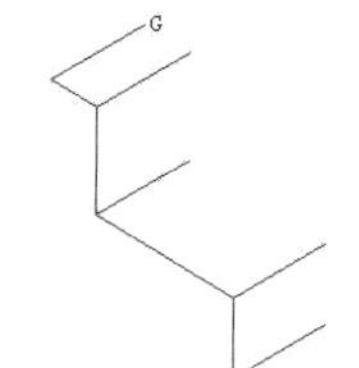

图 8-15　复制直线后的效果

(8) 继续使用“直线”命令，以图 8-14 所示的点 E 为起点，向左移动光标，绘制长度为 70 个单位的直线段，效果如图 8-17 所示。

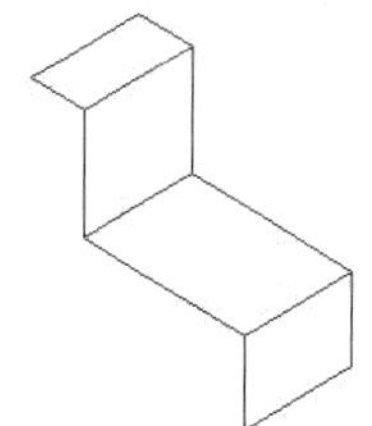
图 8-16　复制其余直线

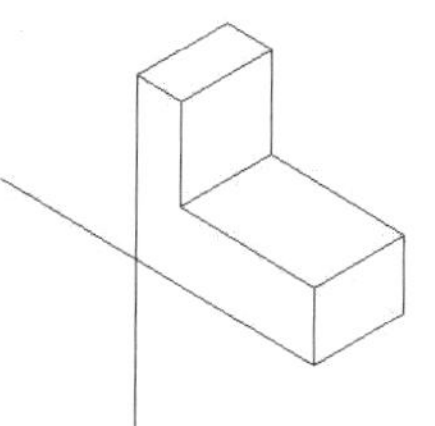
图 8-17　绘制直线

(9) 按两次 F5 键，将当前轴测平面切换到左等轴测平面。

(10) 执行“修剪”命令，对图 8-17 所示图形进行修剪，修剪后的效果如图 8-18 所示。

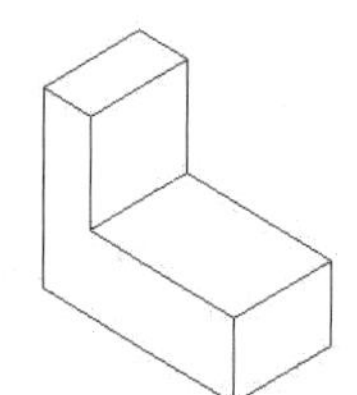
图 8-18　绘制完成的平行线

提示：

在同一轴测平面内绘制平行线与标准模式下的方法不同，在同一轴测平面内绘制平行线时，必须使用“复制”命令。例如，要求平行线间沿 30° 方向的间距是 60 mm，如果使用“偏移”命令，则偏移后两直线间的垂直距离等于 60 mm，而沿 30° 方向的距离则是 51.96 mm。

8.2.3　绘制等轴测圆和圆弧

平行于坐标面的圆的轴测图是内切于一个菱形的椭圆，且椭圆的长轴和短轴分别与该菱形的两条对角线重合。

在绘制等轴测圆以前，首先要按 F5 键将椭圆等轴测平面切换到与已经绘制的图形一致的方向，再执行“椭圆”命令，命令行提示如下。

```
命令: _ellipse
指定椭圆轴的端点或 [圆弧(A)/中心点(C)/等轴测圆(I)]: i      //输入 i，以绘制等轴测圆
指定等轴测圆的圆心:                          //在绘图区用鼠标捕捉等轴测圆的圆心，或者输入圆心坐标
指定等轴测圆的半径或 [直径(D)]:        //输入等轴测圆的半径
```

图 8-19 所示为在之前绘制平行线的基础上，按 F5 键，将当前轴测平面切换到上等轴测平

面后以点(180, 172)为圆心，绘制半径为 8 的等轴测圆。

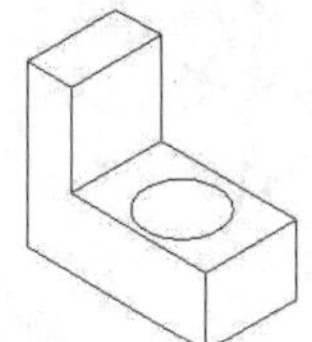

图 8-19　绘制等轴测圆后的效果

提示：

在等轴测模式下绘制圆弧时，应首先需要绘制等轴测圆，然后再对圆进行修剪操作。

8.3 在轴测图中书写文字

在等轴测图中不能直接生成文字的等轴测投影。为了使文字看起来更像是在当前的轴测面上，必须使用倾斜角和旋转角来设置文字，而且字符倾斜角和文字基线旋转角为 30° 或者-30°。用户可以使用倾斜角和旋转角为(30, 30)、(−30, 30)和(30, −30)，在右轴测面上放置文字。在轴测图中创建文字样式及书写文字的具体操作步骤如下。

(1) 选择“格式”|“文字样式”命令，弹出“文字样式”对话框，单击“新建”按钮，创建文字样式“轴测文字 GB5”，参数设置如图 8-20 所示。

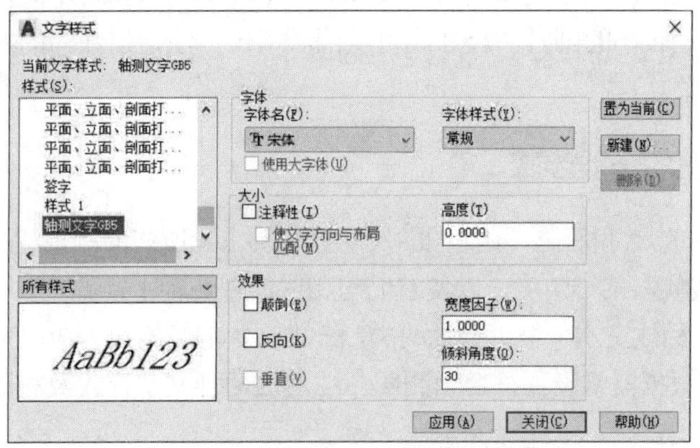

图 8-20　设置“文字样式”对话框

(2) 按 F5 键，将轴测图平面切换到上等轴测平面。

(3) 选择“绘图”|“文字”|“单行文字”命令，命令行提示如下。

```
命令: _dtext
当前文字样式: “轴测文字 GB5”  文字高度: 5.0000  注释性: 否
指定文字的起点或 [对正(J)/样式(S)]:        //在轴测图的顶平面上单击确定文字起点
指定文字的旋转角度 <0>: 330     //输入文字的旋转角度，按 Enter 键，在上轴测面输入文字“上轴测面”
```

(4) 按 F5 键，将轴测图平面切换到右等轴测平面。

(5) 按 Enter 键，继续执行“单行文字”命令，在轴测图的右侧平面输入文字“右轴测面”，该文字的旋转角度为 30°，最终效果如图 8-21 所示。

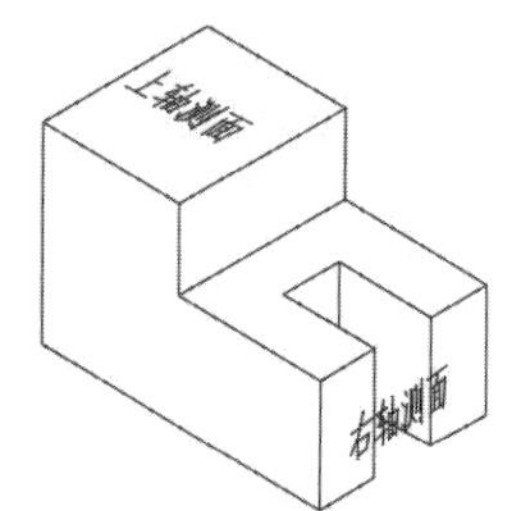

图 8-21　书写文字后的效果

8.4 在轴测图中标注尺寸

在机械制图中，关于轴测图上的尺寸，标准规定如下。

- 对于轴测图上的线性尺寸，一般沿轴测轴方向标注，尺寸的数值为机件的基本尺寸。
- 标注的尺寸必须和所标注的线段平行；尺寸界线一般应平行于某一轴测轴；尺寸数字应按相应轴测图标注在尺寸线的上方。如果图形中出现数字字头向下时，应用引出线引出标注，并将数字按水平位置书写。
- 标注角度尺寸时，尺寸线应画为至该坐标平面的椭圆弧，角度数字一般写在尺寸线的中断处且字头朝上。
- 标注圆的直径时，尺寸线和尺寸界线应分别平行于圆所在的平面内的轴测轴。标注圆弧半径或直径较小的圆时，尺寸线可从圆心引出标注，但注写的尺寸数字的横线必须平行于轴测轴。

8.4.1 标注轴测图的一般步骤

不同于平面图中的尺寸标注，轴测图的尺寸标注要求和所在的等轴测平面平行，所以需要将尺寸线、尺寸界线倾斜某一角度，以使它们与相应的轴测轴平行。

对轴测图而言，标注文本一般可分为两类，一类文本的倾斜角为30°，另一类文本的倾斜角为-30°。用户可根据需要设置符合轴测图标注的这两种文字样式及相应的标注样式，标注轴测图的一般步骤如下。

1. 设置文字样式

(1) 选择“格式”|“文字样式”命令，弹出“文字样式”对话框，单击“新建”按钮，弹出“新建文字样式”对话框，输入样式名为“右倾斜”，单击“确定”按钮，返回到“文字样式”对话框。

(2) 在“字体”选项组的“SHX 字体”下拉列表中选择 gbeitc.shx 选项，在“大小”选项组的“高度”文本框中输入 3.5，在“效果”选项组的“倾斜角度”文本框中输入 30，单击“应用”按钮。

(3) 重复以上两个步骤，定义一个名为“左倾斜”的文字样式，“倾斜角度”设置为-30°，其他与前面设置的参数相同。

(4) 单击“文字样式”对话框中的“关闭”按钮，完成文字样式的设置操作。

2. 设置标注样式

(1) 选择“格式”|“标注样式”命令，弹出“标注样式管理器”对话框。

(2) 单击“标注样式管理器”对话框中的“新建”按钮，弹出“创建新标注样式”对话框，输入样式名为“右倾斜-3.5”，基础样式为 ISO-25，单击“继续”按钮，弹出“新建标注样式：右倾斜-3.5”对话框。

(3) 选择“文字”选项卡，在“文字样式”下拉列表中选择“右倾斜”选项，其他采用系统默认值，如图 8-22 所示，单击“确定”按钮。

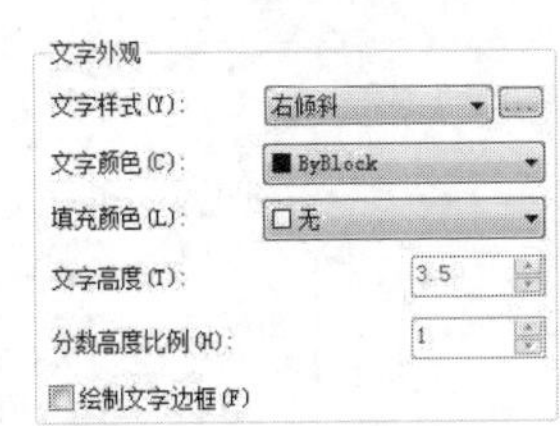

图 8-22　设置文字样式

(4) 重复“设置标注样式”中的上两个步骤，定义一个名为“左倾斜-3.5”的标注样式，在“文字样式”下拉列表中选择“左倾斜”选项，其他采用系统默认值。

(5) 单击“标注样式管理器”对话框中的“关闭”按钮。

8.4.2　标注轴测图尺寸

本节对如图 8-23 所示的轴测图进行尺寸标注，具体操作步骤如下。

(1) 打开图形源文件中的“标注轴测图尺寸”图例图形。

(2) 在“样式”工具栏中选择当前标注样式为“右倾斜-3.5”。

(3) 单击“标注”工具栏中的“对齐”按钮，配合视图缩放和对象捕捉模式，标注如图 8-24 所示的尺寸。

(4) 选择“标注”|“倾斜”命令，选择刚标注的左侧面的尺寸进行倾斜，命令行提示如下，效果如图 8-25 所示。

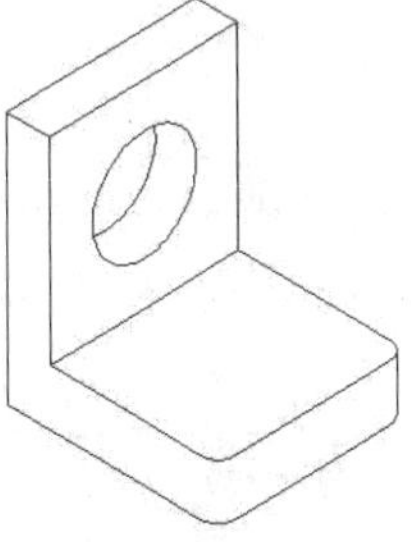
图 8-23　图例图形

```
命令: _dimedit
输入标注编辑类型 [默认(H)/新建(N)/旋转(R)/倾斜(O)] <默认>: _o      //系统提示信息
选择对象:                                     //选择文本为 60 和 69 的尺寸
选择对象:                                     //按 Enter 键，结束选择
输入倾斜角度(按 Enter 键表示无): 30°           //在命令行输入倾斜角度 30°
命令：   //按 Enter 键，重复“倾斜”命令，使文本为 54 的尺寸倾斜 90°，效果如图 8-25 所示
```

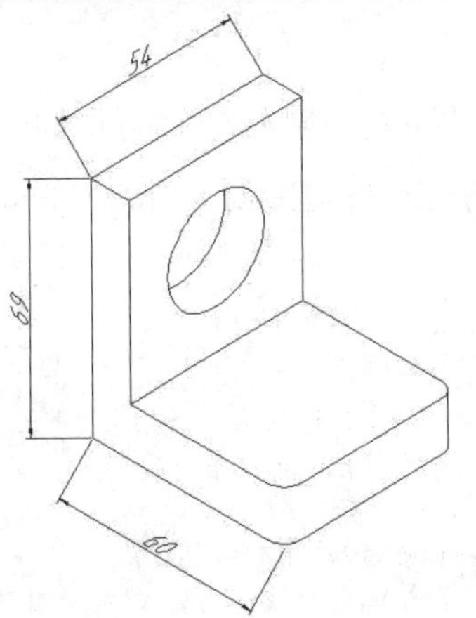

图 8-24　标注尺寸

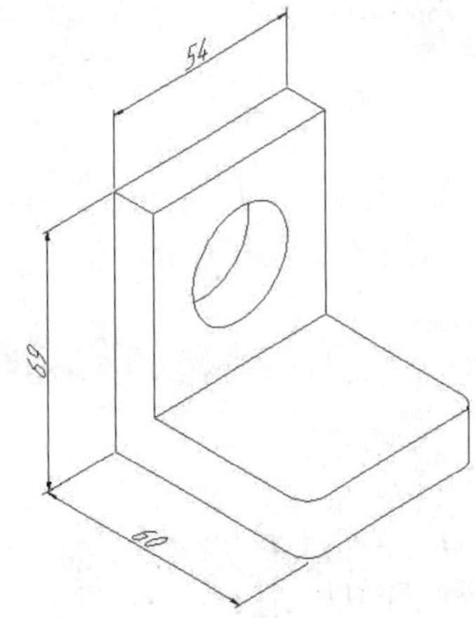

图 8-25　编辑后的效果

(5) 在“样式”工具栏中指定当前标注样式为“左倾斜-3.5”。

(6) 单击“标注”工具栏中的“对齐”按钮，配合视图缩放和对象捕捉模式，标注如图 8-26 所示的尺寸。

(7) 选择“标注”|“倾斜”命令，使刚标注的尺寸倾斜 30°，效果如图 8-27 所示。

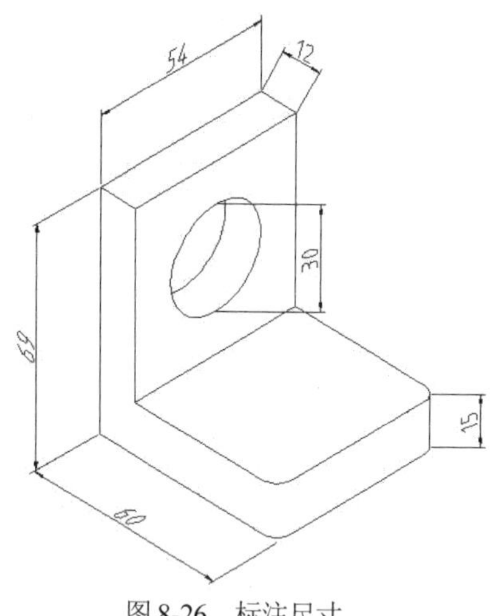

图 8-26　标注尺寸

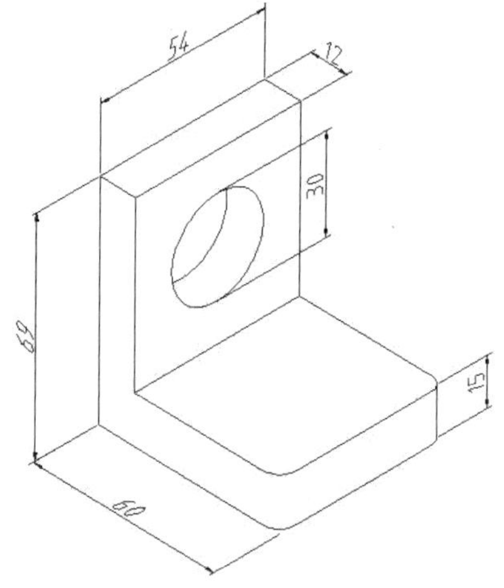

图 8-27　编辑后的效果

(8) 双击文本为 30 的尺寸，弹出“特性”面板，在该面板的“主单位”卷展栏的“标注前缀”文本框中输入“%%c”，如图 8-28 所示，然后按 Enter 键，添加尺寸前缀后的效果如图 8-29 所示。

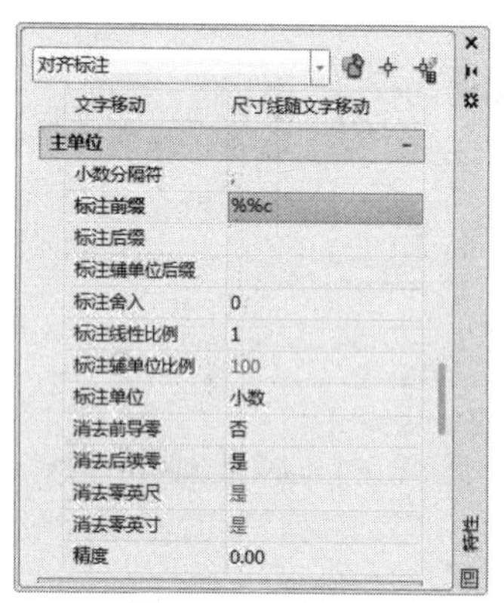

图 8-28　添加前缀

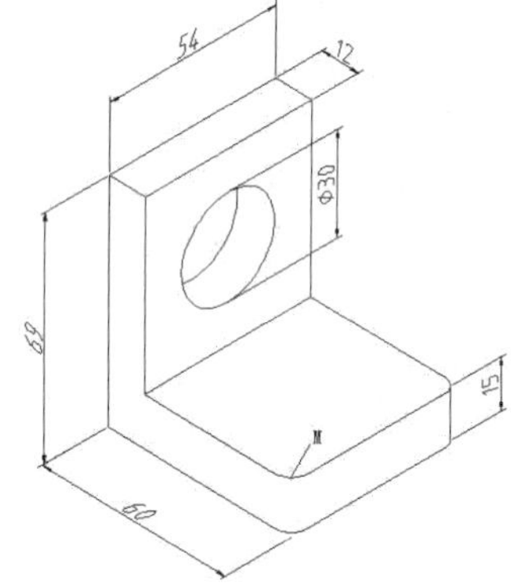

图 8-29　添加尺寸前缀后的效果

(9) 在命令行输入 QLEADER 命令，对如图 8-29 所示的椭圆弧 M 标注半径尺寸，命令行提示如下，效果如图 8-30 所示。

```
命令: qleader
指定第一个引线点或 [设置(S)] <设置>:      //在图 8-29 所示的椭圆弧 M 上单击一点
指定下一点:                               //在第一个引线点的右上方拾取第二个引线点
指定下一点:                               //在第二个引线点的右侧拾取第三个引线点
指定文字宽度 <0>:                          //按 Enter 键，不指定文字的宽度
输入注释文字的第一行 <多行文字(M)>: 4-R5      //在命令行输入尺寸文本
输入注释文字的下一行:                       //按 Enter 键，结束命令，尺寸标注完成，效果如图 8-30 所示
```

提示：

一个对象的标注是使用“左倾斜-3.5”还是使用“右倾斜-3.5”取决于文字倾角的规定。因为从它们属性的设定可以看出，其不同之处只是倾斜角度不一样而已。标注文字的倾斜角度有以下规律。

- 右轴测面内的标注，若尺寸线与 X 轴平行，则标注文字的倾斜角度为 30°。
- 右轴测面内的标注，若尺寸线与 Z 轴平行，则标注文字的倾斜角度为-30°。
- 左轴测面内的标注，若尺寸线与 Z 轴平行，则标注文字的倾斜角度为 30°。

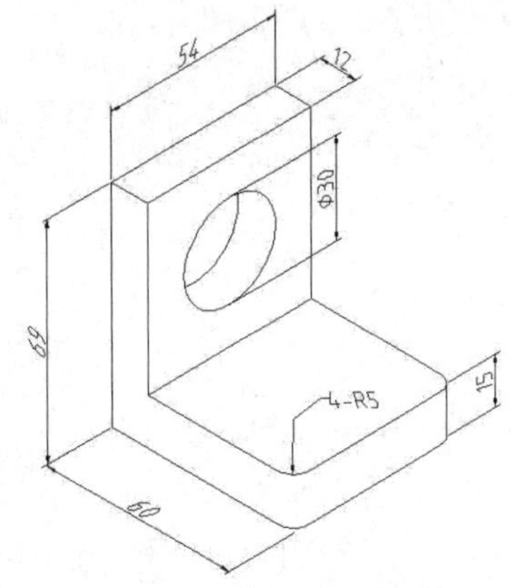

图 8-30　尺寸标注完成后的效果

- 左轴测面内的标注，若尺寸线与 Y 轴平行，则标注文字的倾斜角度为-30°。
- 顶轴测面内的标注，若尺寸线与 Y 轴平行，则标注文字的倾斜角度为 30°。
- 顶轴测面内的标注，若尺寸线与 X 轴平行，则标注文字的倾斜角度为-30°。

8.5 绘制正等轴测图

本节将讲述图 8-31 所示的正等轴测图的绘制方法，具体操作步骤如下。

(1) 在命令行中输入 LIMITS 命令，设置图幅为 420mm×297mm。

(2) 在菜单栏中选择“格式”|“图层”命令，创建图层，其中图层 CSX 用于绘制可见轮廓线，图层 XSX 用于绘制轴测轴。

(3) 在命令行中输入 SNAP 命令，启用等轴测模式。

(4) 按 F5 键，将等轴测平面切换为上等轴测平面。

(5) 选择“绘图”|“构造线”命令，利用正交功能，绘制如图 8-32 所示的辅助线。

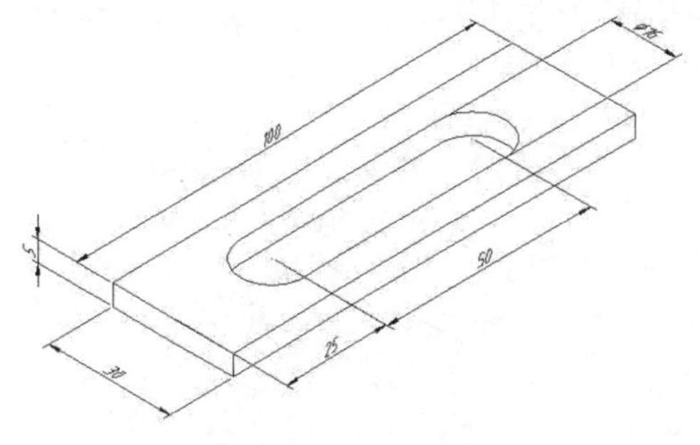

图 8-31　正等轴测图

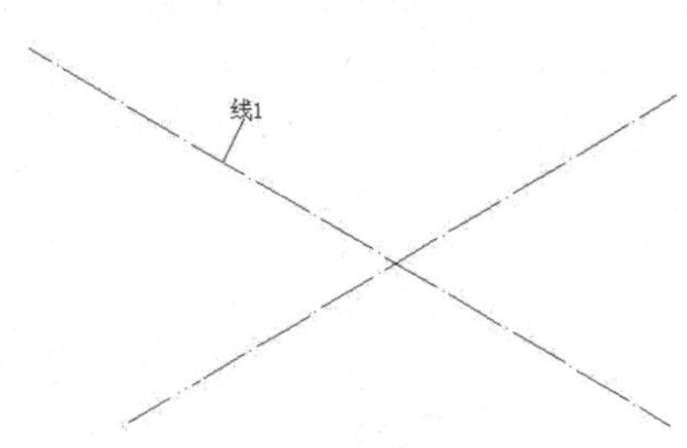

图 8-32　绘制辅助线

(6) 选择“修改”|“复制”命令，以图 8-33 所示的点 A 为基点，将图 8-32 中的线 1 向右复制，目标点为(@25<30)、(@75<30)，效果如图 8-33 所示。

(7) 将图层切换至“轮廓线”图层，选择“绘图”|“直线”命令，命令提示如下。

```
命令: _line 指定第一点:                //捕捉图 8-33 所示的点 A
指定下一点或 [放弃(U)]: 15             //利用正交功能，竖直向上移动光标，在命令行输入 15
```

```
指定下一点或 [放弃(U)]: 100                //水平向右移动光标，在命令行输入 100
指定下一点或 [闭合(C)/放弃(U)]: 30          //竖直向下移动光标，在命令行输入 30
指定下一点或 [闭合(C)/放弃(U)]: 100         //水平向左移动光标，在命令行输入 100
指定下一点或 [闭合(C)/放弃(U)]: c           //在命令行输入 c，闭合直线，效果如图 8-34 所示
```

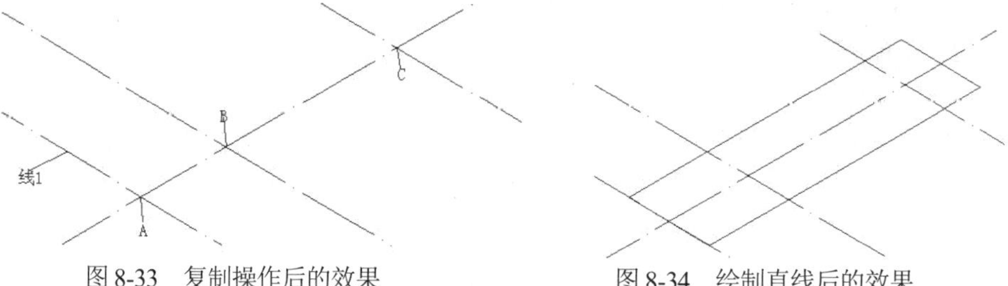

图 8-33　复制操作后的效果　　　　图 8-34　绘制直线后的效果

(8) 选择“绘图”|“椭圆”|“轴、端点”命令，输入 I，切换到“等轴测圆”绘制模式，分别以图 8-33 所示的点 B 和点 C 为圆心，绘制半径为 8 的等轴测圆，效果如图 8-35 所示。

(9) 选择“绘图”|“直线”命令，利用捕捉功能，经过图 8-35 所示的点 D、E、F、G 绘制直线，效果如图 8-36 所示。

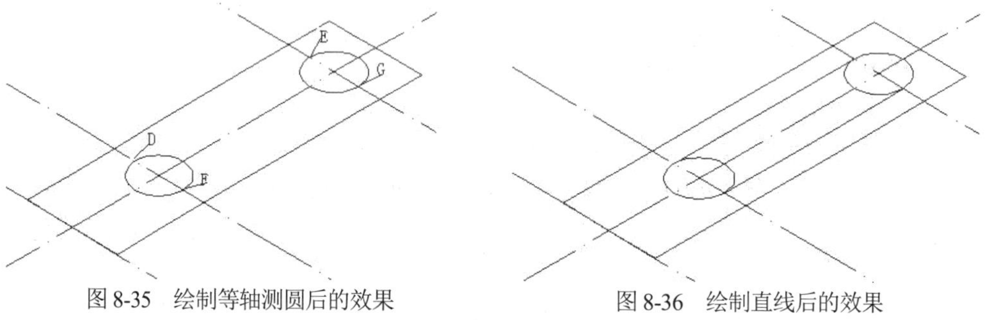

图 8-35　绘制等轴测圆后的效果　　　　图 8-36　绘制直线后的效果

(10) 对步骤(9)绘制的图形执行修剪和删除操作，效果如图 8-37 所示。

(11) 按 F5 键，将等轴测平面切换为右等轴测平面。

(12) 选择“修改”|“复制”命令，将图 8-37 所示的所有对象以任一点为基点，以点(@5<90)为目标点进行复制操作，效果如图 8-38 所示。

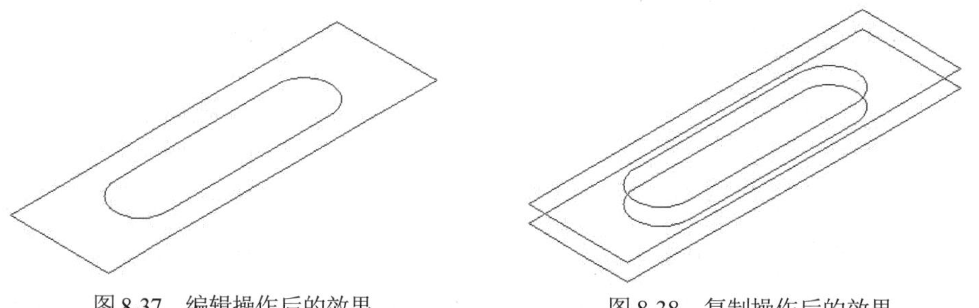

图 8-37　编辑操作后的效果　　　　图 8-38　复制操作后的效果

(13) 选择“绘图”|“直线”命令，绘制如图 8-39 所示的直线。

(14) 对图 8-39 中的图元进行修剪和删除操作，轴测图绘制完成，效果如图 8-40 所示。

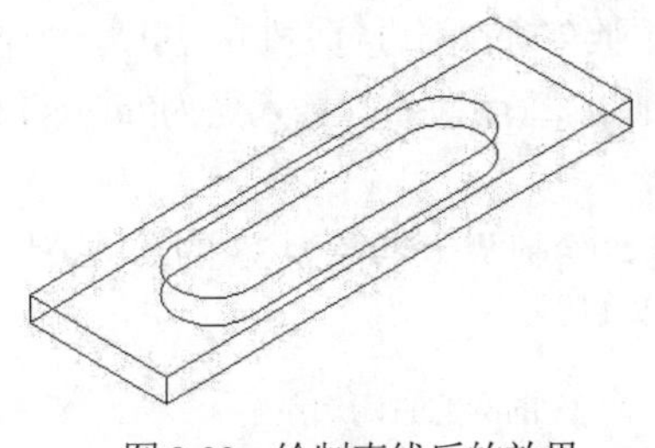

图 8-39　绘制直线后的效果

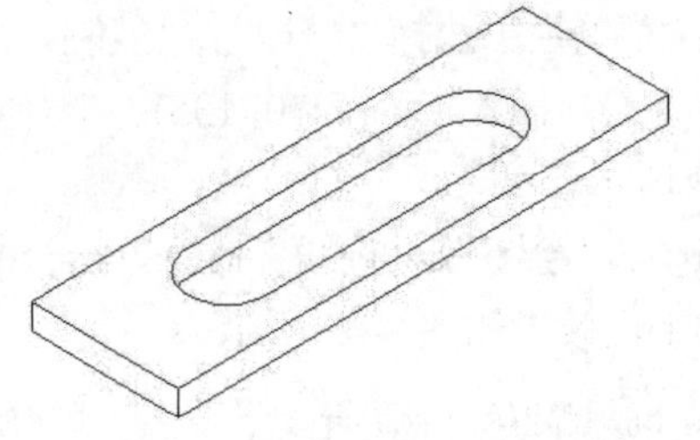

图 8-40　轴测图最终效果

8.6 绘制斜二测图

斜二测图与正等轴测图的主要区别在于轴间角和轴向伸缩系数不同，而在画图方法上与正等轴测图的画法类似，下面举例说明斜二测图的画法。

根据图 8-41 所示的端盖二视图，绘制该端盖的斜二测图形，具体操作步骤如下。

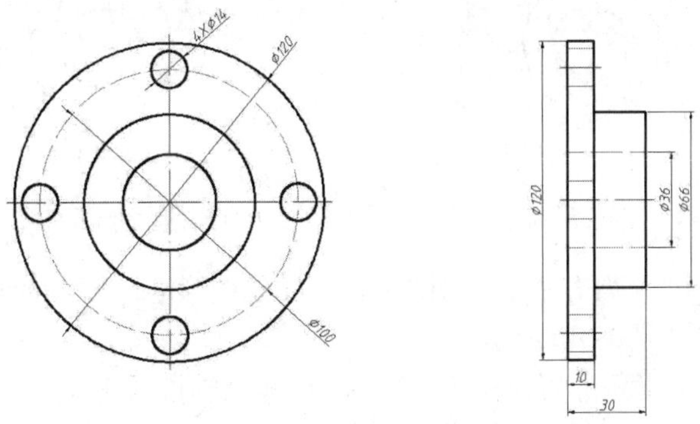

图 8-41　端盖二视图

(1) 在命令行中输入 LIMITS 命令，设置图幅为 420 mm×297 mm。

(2) 选择“格式”|“图层”命令，创建图层，其中图层 CSX 用于绘制可见轮廓线，图层 XSX 用于绘制轴测轴。

(3) 单击状态栏中的和按钮，打开“线宽”和“正交”功能。

(4) 将图层 XSX 设置为当前图层，选择“绘图”|“构造线”命令，绘制一条垂直构造线，一条水平构造线和一条过垂直、水平构造线交点且角度为 135° 的构造线，效果如图 8-42 所示。

(5) 将图层 CSX 设置为当前图层，选择“绘图”|“圆”|“圆心、半径”命令，以图 8-42 所示的交点 O 为圆心，分别绘制半径为 18 和 33 的同心圆，效果如图 8-43 所示。

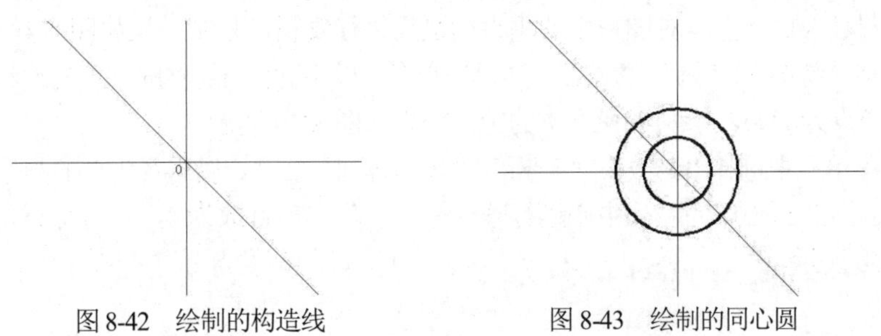

图 8-42　绘制的构造线　　图 8-43　绘制的同心圆

(6) 在菜单栏中选择“修改”|“复制”命令，对刚绘制的圆进行复制。其中，半径为18的圆，基点为O，插入点为(@30<135)；半径为33的圆，基点为O，插入点为(@20<135)，效果如图8-44所示。

(7) 选择“绘图”|“直线”命令，配合捕捉功能，绘制两个半径为33的圆的公切线，命令行提示如下，效果如图8-45所示。

```
命令: _line 指定第一点: _tan 到            //捕捉前面半径为33的圆的右侧切点
指定下一点或 [放弃(U)]: _tan 到            //捕捉后面半径为33的圆的右侧切点
指定下一点或 [放弃(U)]:                    //按Enter键，结束选择
命令:                                      //按Enter键，重复命令
LINE 指定第一点: _tan 到                   //捕捉前面半径为33的圆的左侧切点
指定下一点或 [放弃(U)]: _tan 到            //捕捉后面半径为33的圆的左侧切点
指定下一点或 [放弃(U)]:                    //按Enter键，结束选择，效果如图8-45所示
```

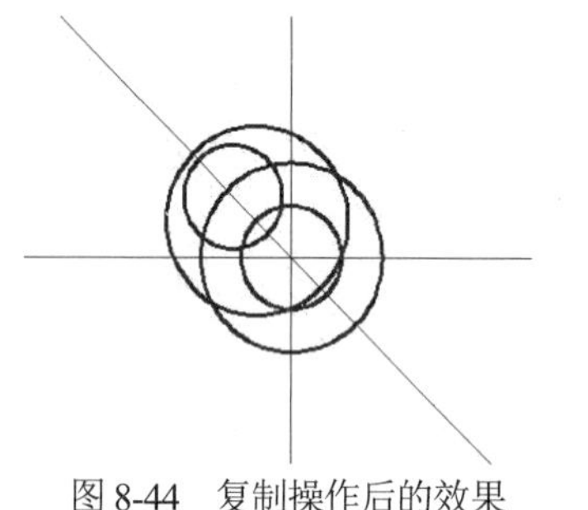

图8-44　复制操作后的效果

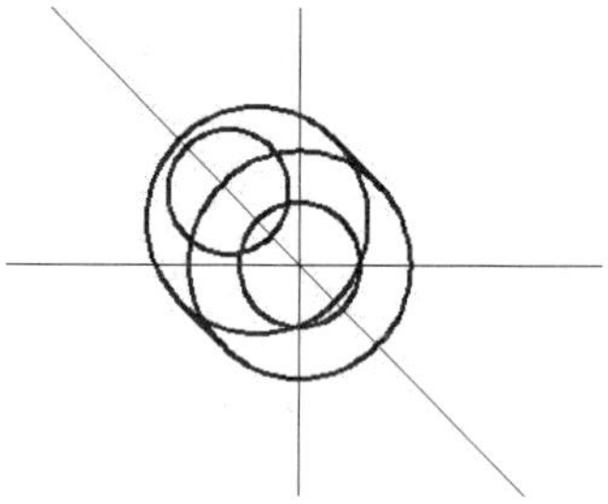

图8-45　绘制的公切线

(8) 选择“修改”|“修剪”命令，对图8-45所示的图形进行修剪操作，以创建空心圆柱体轴测图，修剪后的效果如图8-46所示。

(9) 选择“绘图”|“圆”|“圆心、半径”命令，以复制的半径为33的圆的圆心为圆心，分别绘制半径为50和60的圆，效果如图8-47所示。

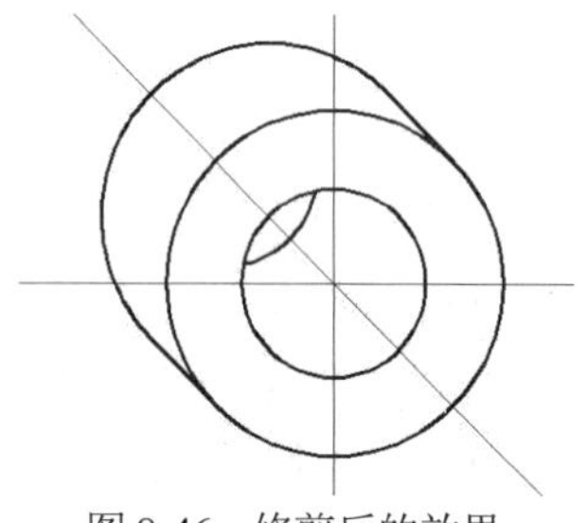

图8-46　修剪后的效果

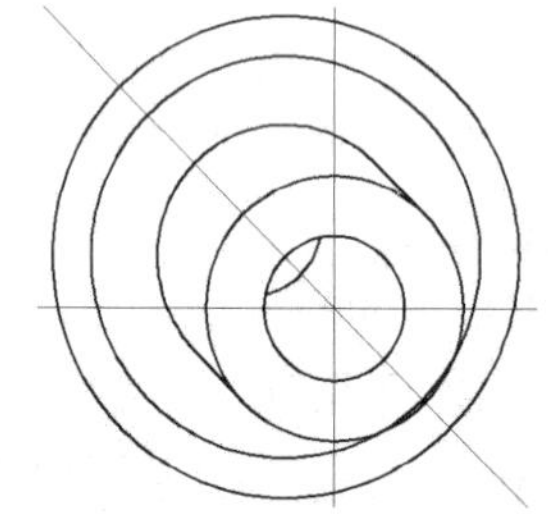

图8-47　绘制圆后的效果

(10) 选择“修改”|“复制”命令，配合捕捉功能，以辅助线的交点O为基点，半径为33的复制圆的圆心为目标点，对图形中的垂直构造线进行复制，复制效果如图8-48所示。

(11) 选择“绘图”|“圆”|“圆心、半径”命令，以步骤(10)复制的垂直构造线和半径为50的圆的上侧交点为圆心，绘制半径为7的圆，效果如图8-49所示。

(12) 在菜单栏中选择“修改”|“阵列”|“环形阵列”命令，以半径为7的圆作为阵列对象，半径为100的圆的圆心作为阵列中心进行阵列操作，阵列项目数为4，项目填充角度为360°，效果如图8-50所示。

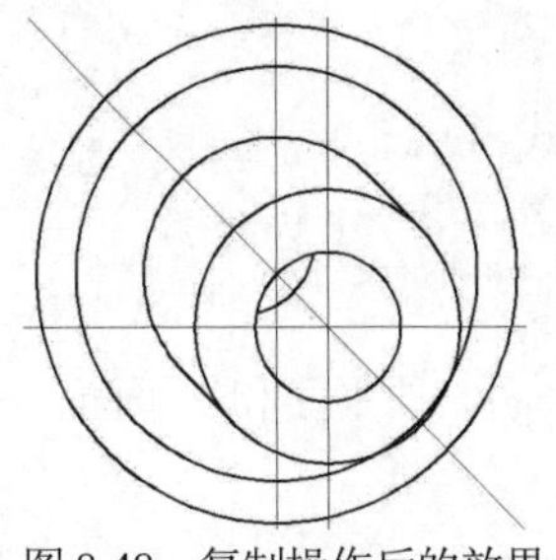
图 8-48　复制操作后的效果

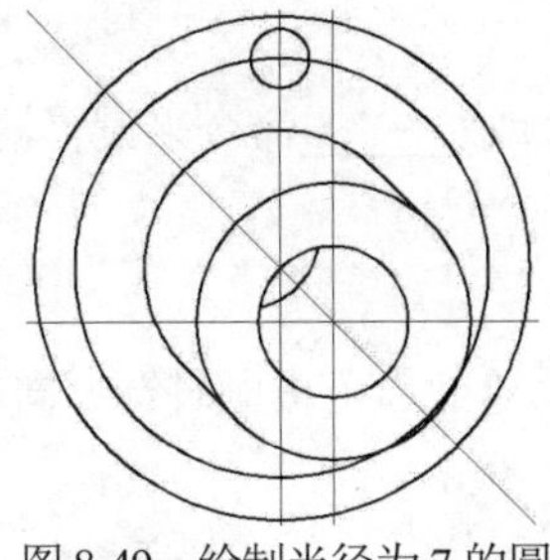
图 8-49　绘制半径为 7 的圆

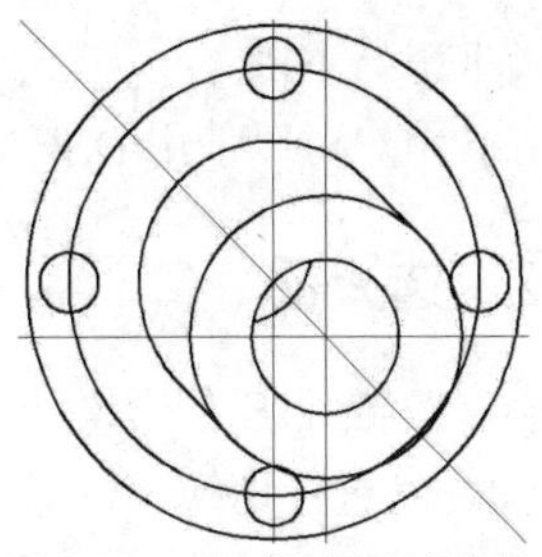
图 8-50　阵列操作后的效果

(13) 选择“修改”|“删除”命令，删除半径为 50 的定位圆，效果如图 8-51 所示。

(14) 执行“复制”命令，配合捕捉功能，对刚阵列的圆和半径为 60 的圆进行复制以创建底座，其以半径为 60 的圆的圆心为基点，目标点为(@10<135)，效果如图 8-52 所示。

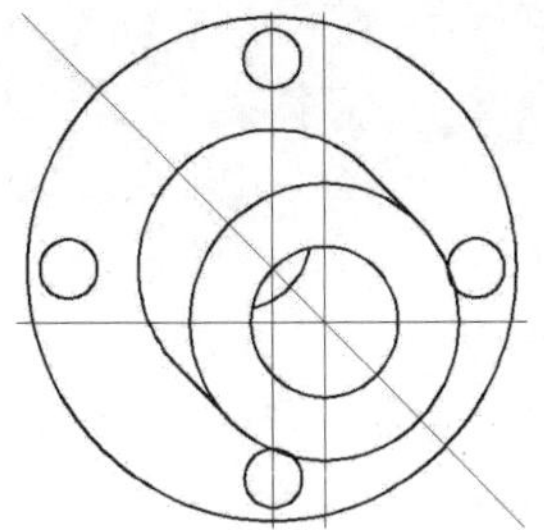
图 8-51　删除定位圆后的效果

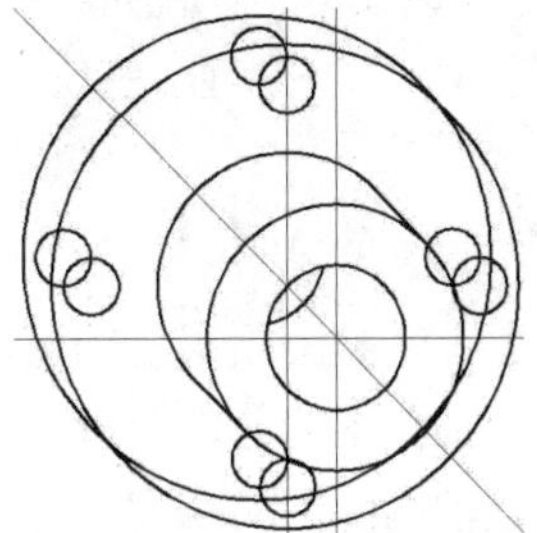
图 8-52　复制操作后的效果

(15) 执行“直线”命令，配合捕捉功能，绘制底座的切线，效果如图 8-53 所示。

(16) 执行“修剪”命令，对图 8-53 所示的底座图形中不可见的轮廓线和切线间的半径为 60 的圆进行修剪操作，效果如图 8-54 所示。

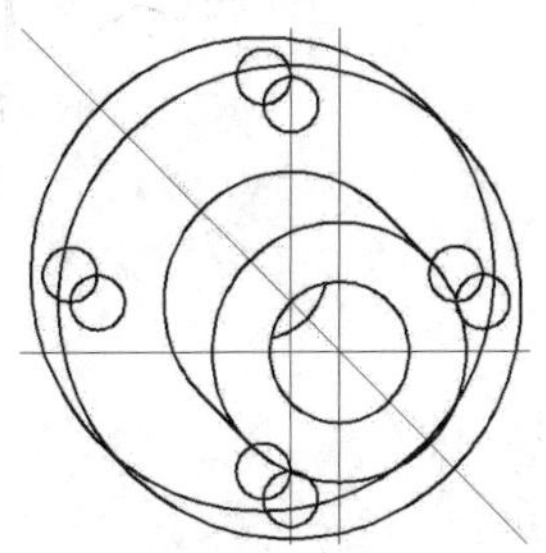
图 8-53　绘制底座的切线

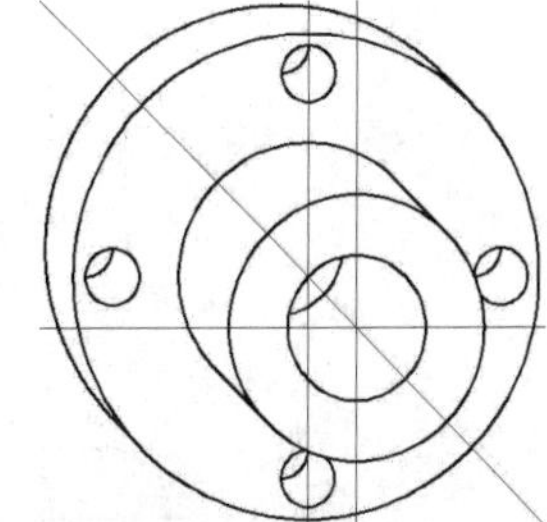
图 8-54　修剪操作后的效果

(17) 在菜单栏中选择“修改”|“删除”命令，删除所有的构造线，端盖轴测图绘制完成，效果如图 8-54 所示。

(18) 保存图形，保存文件名为“端盖斜二测图.dwg”。

8.7 习题

8.7.1 填空题

(1) 用多面正投影表达物体的优点是作图简便、度量性好，但由于每一个投影只能反映物体的两个向度，因此_______较差。

(2) 用户可以使用 DSETTINGS 或_______命令来设置轴测模式。

8.7.2 选择题

(1) 按 Ctrl+E 组合键或(　　)功能键，可按顺时针方向在左平面、顶平面和右平面 3 个轴测平面之间进行切换。

A. F4　　B. F5　　C. F6

(2) 平行于坐标面的圆的轴测图是内切于一个菱形的椭圆，且椭圆的长轴和短轴分别与该菱形的两条对角线重合，轴测模式下的椭圆可使用(　　)命令直接绘制。

A. ELLIPSE　　B. CIRCLE

(3) 轴测图实际上是(　　)图形。

A. 二维　　B. 三维

8.7.3 简答题

(1) 简要叙述正常绘图模式与轴测图绘图模式的切换方法。

(2) 简要叙述轴测图的分类及每种类型的轴测图的大致绘制方法。

(3) 简要叙述轴测图中文字和尺寸的标注方法。

8.7.4 上机操作题

(1) 按图 8-55 所示的尺寸绘制简单零件轴测图。

(2) 按图 8-56 所示的二维零件图的尺寸，绘制如图 8-57 所示的复杂零件轴测图。

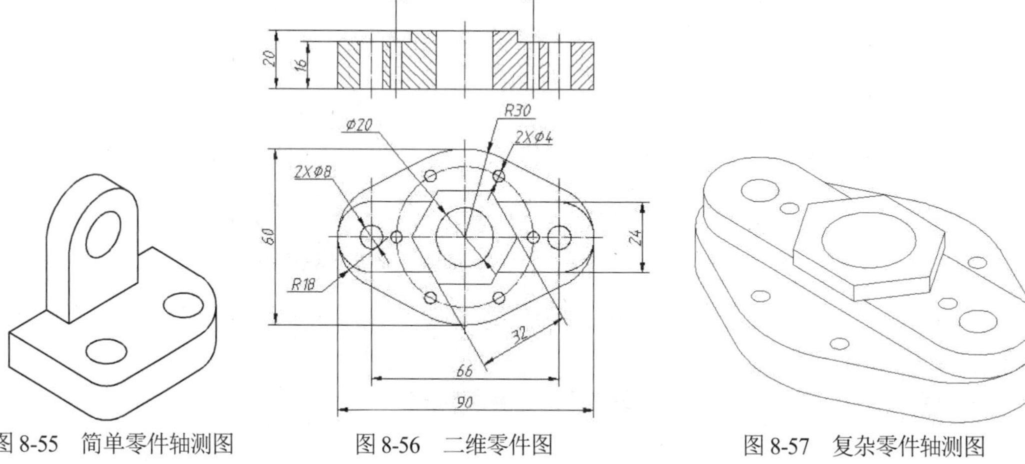

图 8-55　简单零件轴测图　　图 8-56　二维零件图　　图 8-57　复杂零件轴测图

第9章 绘制二维零件图

零件图是生产中指导制造和检验零件的主要依据。本章通过一些典型的机械零件图的绘制实例，结合前面已讲解的平面图形的绘制、编辑、公差及文字标注等知识，详细介绍二维零件图的绘制方法、步骤，以及零件图中技术要求的标注。通过这些内容的讲解，使读者能够掌握绘图命令，积累绘制机械零件图的经验，从而提高绘图效率。

9.1 零件图的内容

零件图是制造和检验零件用的图样，因此，图样中应包括图形、数据和技术要求。一张完整的零件图通常包括以下内容。

1. 图形

采用一组视图，如视图、剖视图、断面图、局部放大图等，用以正确、完整、清晰并且简便地表达此零件的结构。

2. 尺寸

用一组正确、完整、清晰和合理的尺寸标注出零件的结构形状和其相互位置。

3. 技术要求

用一些规定的符号、数字、字母和文字诠释，简明、准确地给出零件在使用、制造和检验时应达到的表面粗糙度、尺寸公差、形状和位置公差、表面热处理和材料热处理等一些技术要求。

4. 标题栏

标题栏用来填写零件名称、材料、图样的编号、比例、绘图人姓名和日期等。

9.2 零件图的视图选择

机械制图中的零件图大体可以分为轴套类零件、轮盘类零件、叉杆类零件和箱体类零件四大类，每种零件图的视图选择方法不尽相同，下面分别介绍选择各类零件图视图的方法。

9.2.1 概述

一张正确、完整的机械零件图应该能够将零件各部分的形状，以及零件之间的位置关系清晰、完整地表示出来。因此，选择各视图的位置极其重要，选择视图的一般步骤如下。

(1) 了解机械零件的使用功能、要求、加工方法和在总件中的安装位置等信息。

(2) 对零件进行形体结构分析。

(3) 选择主视图的投射方向，确定从哪个方向观察零件以绘制主视图。

(4) 确定其他视图的个数。在选择其他视图时，既要考虑将零件中各部分的结构形状及相对位置准确、清晰地表达出来，又要使每个视图所表达的内容重点突出，以避免重复表达，总之，要做到完整、清晰地表达零件的整体结构。

9.2.2 轴套类零件

轴套类零件一般由若干段不等径的同轴回转体构成，在零件上一般有键槽、销孔和退刀槽等结构特征。

轴套类零件的主要加工方向是按轴线水平放置，为了便于加工时阅读图纸，零件的摆放位置应为轴线水平位置。对轴套类零件上的孔、键槽等结构，采用剖面图、放大视图等方法来表达。图 9-1 所示为轴套类零件图的视图选择示例。

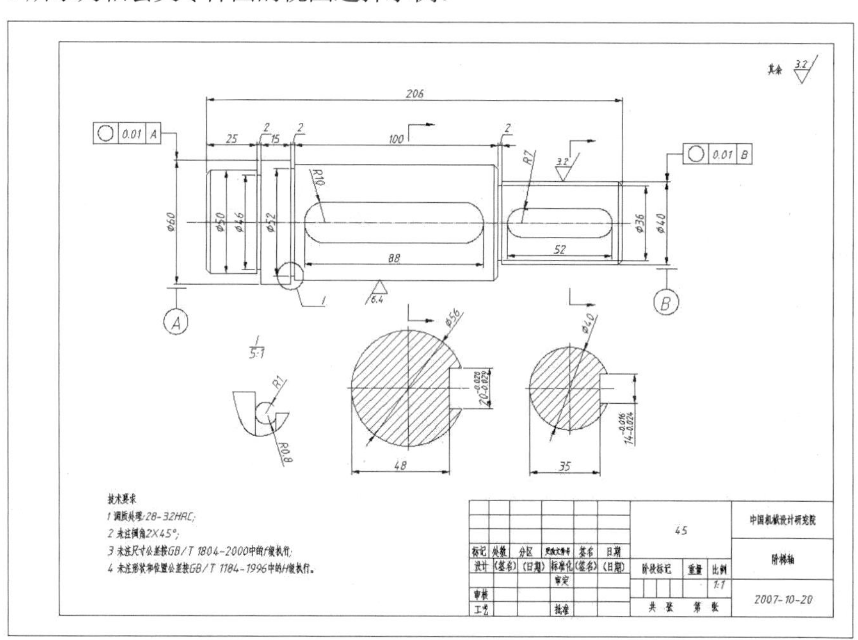

图 9-1 轴套类零件图

9.2.3 轮盘类零件

轮盘类零件主要包括端盖、轮盘、齿轮和带轮等。这类零件的主要特征是零件主要部分一般由回转体构成，呈扁平的盘状，且沿圆周均匀分布各种肋、孔和槽等结构特征。这类零件在加工时一般也是水平放置，通常是按加工位置即轴线水平放置零件。因此，在选择视图时，一般应该将非圆视图作为主视图，并根据规定将非圆视图画成剖视图。为表达得更清楚，还应该用左视图完整表达零件的外形、槽、孔等结构的分布情况。图 9-2 所示为轮盘类零件图的视图选择示例。

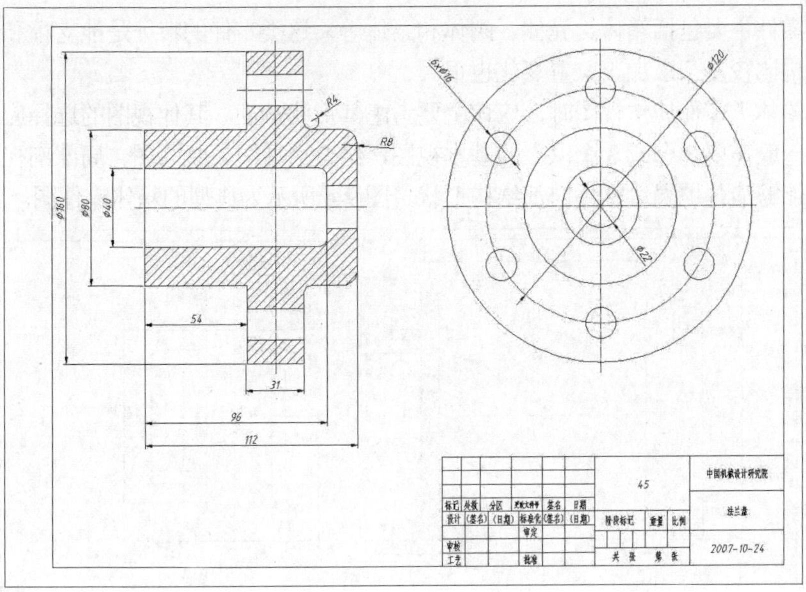

图 9-2　轮盘类零件图

9.2.4　叉杆类零件

叉杆类零件主要包括托架、拨叉和连杆等，这类零件的特征是结构形状比较复杂，零件通常带有倾斜或弯曲状的结构，且加工位置多变，工作位置也不固定。

叉杆类零件图的绘制在选择主视图时应该考虑其形状特征。这类零件一般需要采用两个及两个以上的视图，并且选择合适的剖视表达方法，也常采用斜视图、局部视图、断面图等视图来表达局部结构。图 9-3 所示为叉架零件图的视图选择示例。

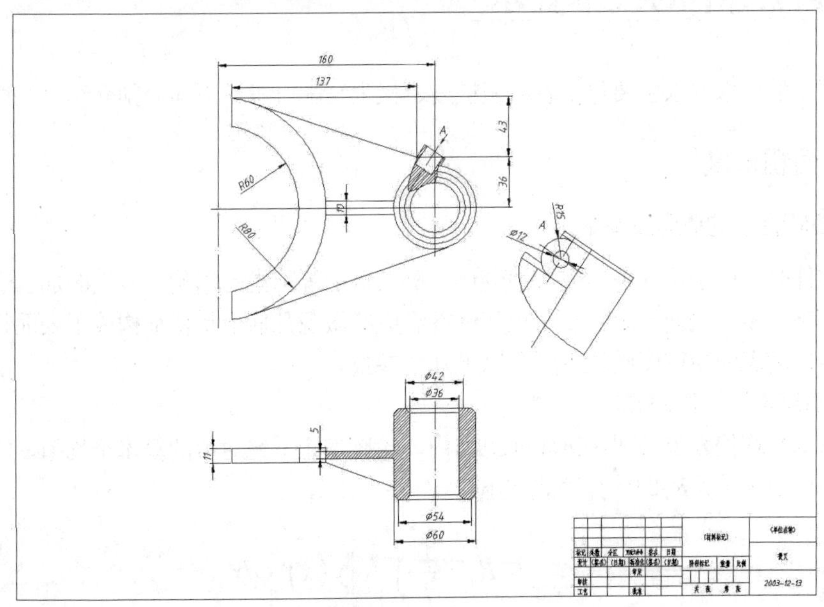

图 9-3　叉架零件图

9.2.5 箱体类零件

箱体类零件主要包括箱体、壳体、阀体和泵体等，这类零件的特征是能支撑和包容其他零件，因此结构比较复杂，加工位置变化也很大。

在选择箱体类零件的主视图时，应该主要考虑其形状特征。其他视图的选择应根据零件的结构选取，一般需要 3 个或 3 个以上的基本视图，结合剖视图、断面图、局部剖视图等多种表达方法，才能够清楚地表达零件内部结构形状。图 9-4 所示为典型的箱体零件图。

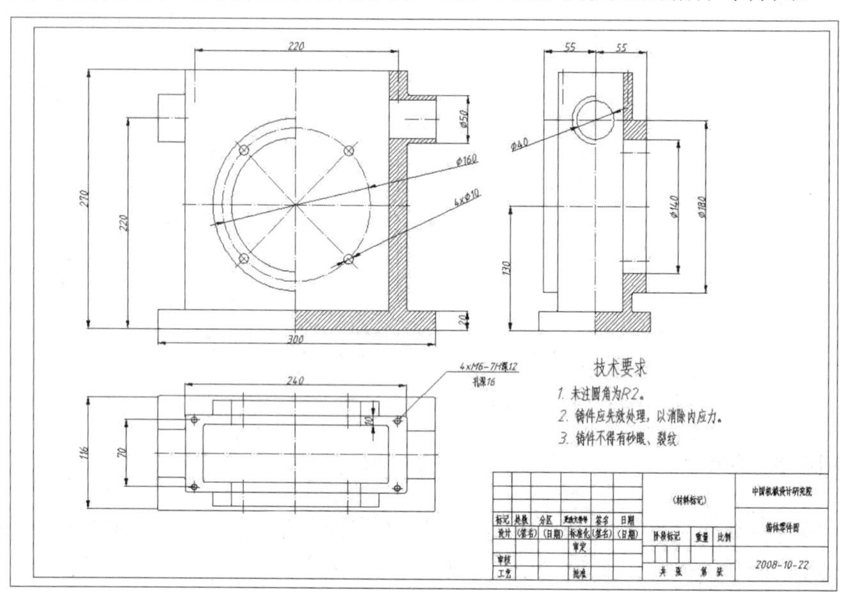

图 9-4 箱体零件图

9.3 零件图中的技术要求

零件图中的技术要求主要包括表面粗糙度、极限与配合等，下面分别介绍这些内容。

9.3.1 表面粗糙度

1. 表面粗糙度的概念及参数

加工零件时，由于零件表面受塑性变形、机床振动等因素的影响，零件的加工表面不可能绝对光滑平整，零件表面上由较小间距和峰谷组成的微观几何形状特征构成了表面粗糙度。

评定零件的表面粗糙度质量主要有以下几个参数。

- 轮廓算术平均偏差 R_a

轮廓算术平均偏差 R_a 是指在取样长度 l 内，轮廓偏距 y 绝对值的算术平均值，它是表面粗糙度的主要评定参数，R_a 的计算公式如下。

$$R_a = \frac{1}{l}\int_0^l \left|y(x)\right| dx$$

- 轮廓最大高度 R_y

轮廓最大高度 R_y 是指在取样长度 l 内，轮廓峰顶和谷底之间的距离。

- 微观不平度十点高度 R_z

微观不平度十点高度 R_z 是指在取样长度 l 内，5 个轮廓峰高的平均值与 5 个最大轮廓谷底的平均值之和。

2. 表面粗糙度的绘制方法

在我国的机械制图国家标准中规定了如图 9-5 所示的 9 种表面粗糙度的符号。在 AutoCAD 2020 中没有提供表示表面粗糙度的符号，因此可以采用将表面粗糙度符号定义为带有属性的块的方法来创建表面粗糙度符号。下面以绘制常用的表面粗糙度的符号√为例，介绍创建表面粗糙度符号的过程，具体操作步骤如下。

(1) 绘制表面粗糙度符号。选择“绘图”|“直线”命令，命令行提示如下。

```
命令: _line 指定第一点:                              //在绘图区单击确定起点
指定下一点或 [放弃(U)]: @16<240                       //使用极坐标方法输入下一点坐标
指定下一点或 [放弃(U)]: @7<120                        //使用极坐标方法输入下一点坐标
指定下一点或 [闭合(C)/放弃(U)]: @7<0                   //使用极坐标方法输入下一点坐标
指定下一点或 [闭合(C)/放弃(U)]:按 Enter 键              //完成直线绘制
```

(2) 定义表面粗糙度符号的属性。在命令行中输入 ATTDEF，按 Enter 键，弹出“属性定义”对话框，按照图 9-6 所示进行设置。单击“确定”按钮，在绘图区中捕捉绘制的粗糙度符号中水平线的中点，以完成粗糙度符号的绘制，效果如图 9-7 所示。

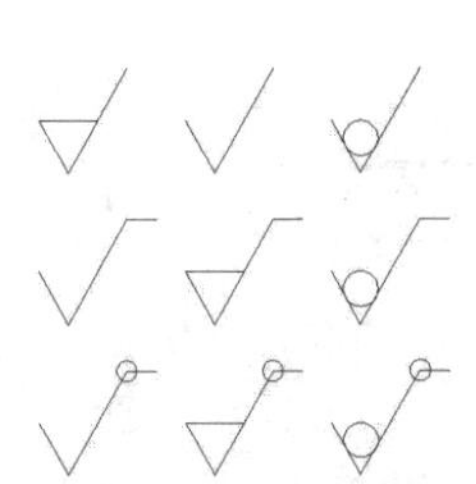

图 9-5　表面粗糙度符号

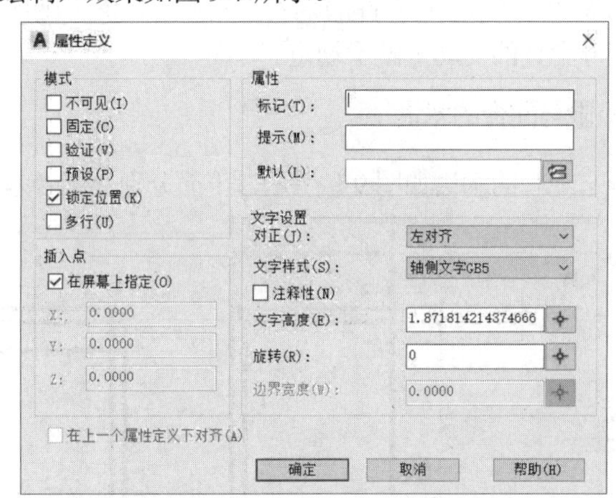

图 9-6　设置“属性定义”对话框

(3) 创建“表面粗糙度”图块。在命令行中输入 WBLOCK 命令，按 Enter 键，弹出“写块”对话框；在“基点”选项组中单击“拾取点”按钮，在绘图区中捕捉表面粗糙度符号的最低点作为基点；在“对象”选项组中单击“选择对象”按钮，在绘图区中选中表面粗糙度符号后返回到“写块”对话框；在“文件名和路径”下拉列表框中将保存块的路径修改到工作目录，并将块的名称命名为“表面粗糙度”，设置完成后的“写块”对话框如图 9-8 所示；单击“确定”按钮，完成“表面粗糙度”图块的创建。

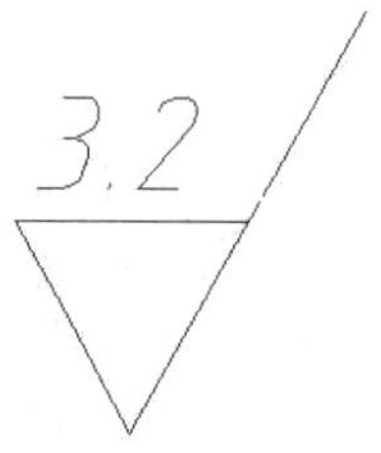

图 9-7　定义属性后的表面粗糙度符号

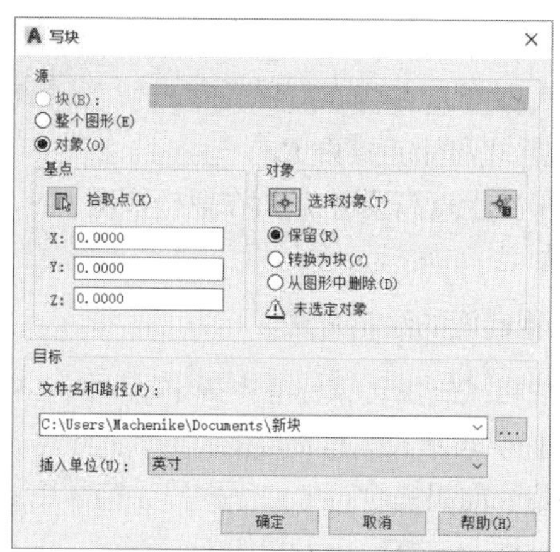

图 9-8　设置“写块”对话框

9.3.2　极限与配合

1. 基本概念

在生产实践中，相同规格的一批零件，任取其中的一个，不经过挑选和修配，就能适合地装配到部件中，并能满足部件性能的要求，零件的这种性质称为互换性。

加工零件时，因机床精度、刀具磨损、测量误差等生产条件和加工技术的原因，成品零件会出现一定的尺寸误差。加工相同的一批零件时，为保证零件的互换性，设计时应根据零件的使用要求和加工条件，将零件的误差限制在一定的范围内，国家标准总局也颁布了相应的标准，对零件尺寸允许的变动量做了规定。

2. 极限与配合的术语

极限与配合的术语如图 9-9 所示，下面分别介绍各术语的含义。

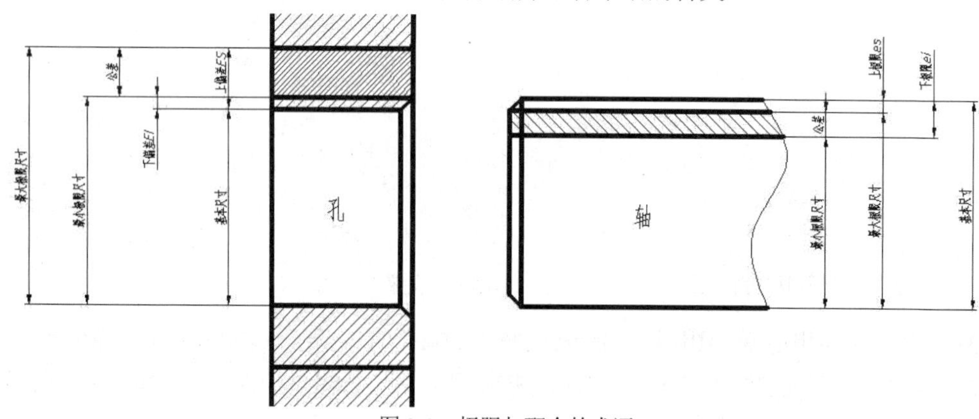

图 9-9　极限与配合的术语

- 基本尺寸：指设计时确定的尺寸。
- 实际尺寸：指对成品零件中某一孔或轴，通过仪器测量获得的尺寸。
- 极限尺寸：指允许零件实际尺寸变化的极限值，极限尺寸包括最小极限尺寸和最大极限尺寸。

- 极限偏差：指极限尺寸与基本尺寸的差值，极限偏差包括上偏差和下偏差。极限偏差可以是正值，也可以是负值或零。
- 尺寸公差：指允许的尺寸变动量，尺寸公差等于最大极限尺寸减去最小极限尺寸，尺寸公差是一个没有符号的绝对值。
- 尺寸公差带：指公差带图中由代表上、下偏差的两条直线所限定的区域，它由公差大小和其相对零线的位置确定。

3. 极限与配合在零件图上的标注

国标 GB/T 4458.5—2003 给出了机械制图中尺寸公差与配合在图样中的标注方法。在 AutoCAD 2020 中标注尺寸的公差与配合主要有以下 3 种方法。

- 创建新的标注样式“尺寸公差与配合标注”，对“公差”选项卡进行设置。

提示：

这种标注公差的方法只能用于单个尺寸的标注，即标注一个尺寸的公差配合就需要创建与其对应的标注样式。

- 标注线性尺寸时，放置尺寸之前在命令行中输入 M，在多行文字编辑器中配合按钮完成尺寸公差的创建，第 4 章 4.4.1 和 4.4.2 节已经详细讲解了按钮的使用方法。
- 通过“特性”面板创建极限与配合，在“公差”卷展栏中设置偏差。

9.4 绘制机械标准件

在机械绘图过程中，包括许多标准零件，用户将其绘制完成以后可以保存为块的形式，在绘制装配图的过程中直接插入标准件块，能够大大提高绘图的效率。下面以绘制圆柱销为例，介绍标准件的绘制方法。

常用的销有圆柱销、圆锥销和开口销等，圆柱销和圆锥销可起定位和连接作用，下面以绘制公称直径 d=8 mm、长度 l=30 mm 的圆柱销(如图 9-10 所示)为例，介绍绘制销的具体步骤。

(1) 运行 AutoCAD 2020 中文版后，新建二维制图模型，命名为“圆柱销.dwg”。

(2) 使用第 1 章创建的图层，将“轮廓线”图层设置为当前图层，单击“矩形”按钮，绘制长度为 30、宽度为 8 的矩形，角点坐标分别为(10,10)和(40,18)，效果如图 9-11 所示。

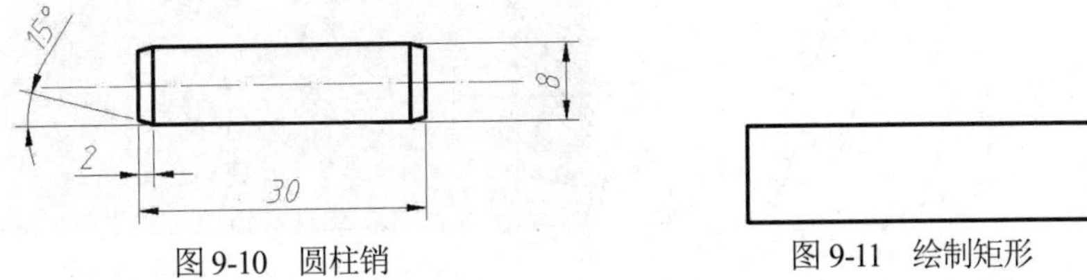

图 9-10　圆柱销　　　图 9-11　绘制矩形

(3) 将“中心线”图层设置为当前图层，单击“直线”按钮，过点(0,14)和(50,14)绘制直线，效果如图 9-12 所示。

(4) 单击“分解”按钮，将矩形分解。

(5) 单击“偏移”按钮，将分解的矩形左右两侧的边线分别向内偏移 2，效果如图 9-13

所示。

图 9-12　绘制中心线　　　　图 9-13　偏移操作后的效果

(6) 单击“倒角”按钮，命令行提示如下。

```
命令: _chamfer
(“修剪”模式)当前倒角距离 1 = 0.0000，距离 2 = 0.0000
选择第一条直线或 [放弃(U)/多段线(P)/距离(D)/角度(A)/修剪(T)/方式(E)/多个(M)]: a
                                                //输入 a，首先确定倒角的角度
指定第一条直线的倒角长度 <0.0000>: 2              //输入倒角长度
指定第一条直线的倒角角度 <0>: 15                  //输入倒角角度
选择第一条直线或[放弃(U)/多段线(P)/距离(D)/角度(A)/修剪(T)/方式(E)/多个(M)]:   //选择矩形的上侧边
选择第二条直线或按住 Shift 键选择要应用角点的直线:        //选择矩形的右侧垂直边
```

(7) 继续使用“倒角”命令，绘制其余倒角，绘制完成后的效果如图 9-10 所示。

9.5 绘制轴套类零件图——齿轮轴

绘制完整的轴套类零件图需要经过配置绘图环境、绘制主视图、绘制剖视图、绘制局部放大图、绘制剖面线、标注尺寸、插入基准代号及标准形位公差、标注表面粗糙度及插入剖切符号、填写标题栏及技术要求等步骤，本节以绘制如图 9-14 所示的轴类零件图为例，具体介绍其操作步骤。

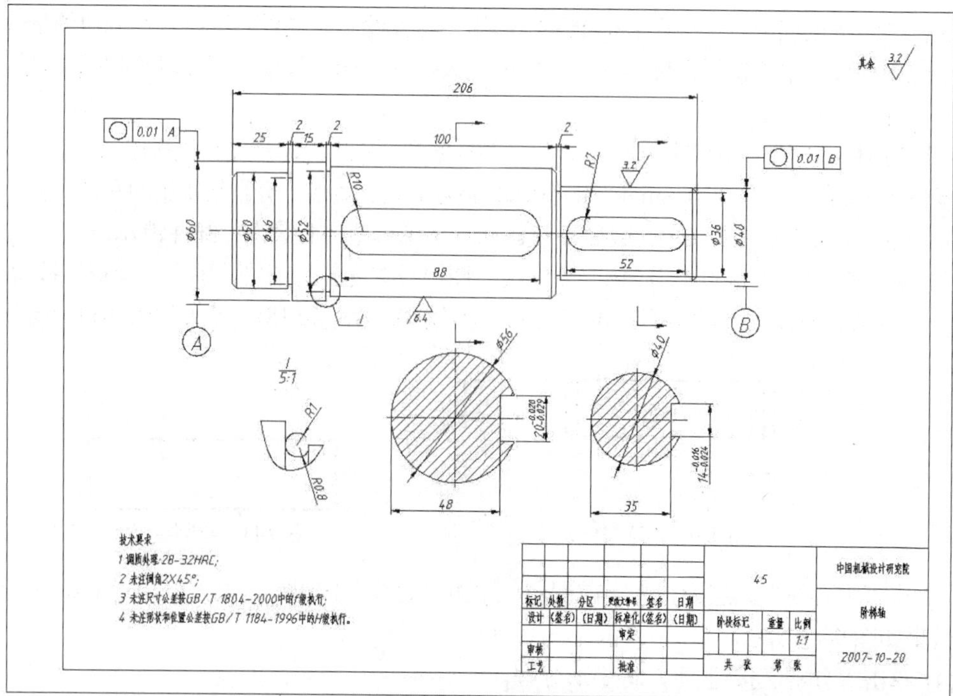

图 9-14　轴类零件图

9.5.1　配置绘图环境

本例中采用插入样板图的方法配置绘图环境，具体操作步骤如下。

(1) 启动 AutoCAD 2020 后，选择“文件”|“新建”命令，弹出“选择样板”对话框。

(2) 在“名称”列表中选择“A3 样板图.dwt”选项，单击“打开”按钮，在绘图区加载图幅、标题栏、图层、标注样式和文字样式。

9.5.2　绘制主视图

绘制主视图的具体操作步骤如下。

(1) 将“中心线”图层设置为当前图层，选择“绘图”|“直线”命令，命令行提示如下。

```
命令: _line 指定第一点: 90,200              //输入中心线起点的坐标
指定下一点或 [放弃(U)]: 220                  //打开“正交”功能，水平向右移动鼠标，输入移动距离
指定下一点或 [放弃(U)]:                      //按 Enter 键，完成中心线绘制
```

(2) 将“轮廓线”图层设置为当前图层，选择“绘图”|“直线”命令，使用步骤(1)的绘制方法进行绘制，第一点坐标为(100, 200)，其他移动距离分别为 25(向上)、25(向右)、2(向下)、2(向右)、7(向上)、15(向右)、4(向下)、2(向右)、2(向上)、100(向右)、10(向下)、2(向右)、2(向上)、60(向右)、20(向下)，效果如图 9-15 所示。

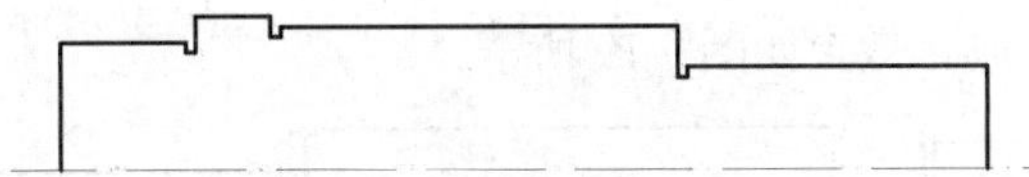

图 9-15　绘制的主视图效果

(3) 选择“修改”|“倒角”命令，命令行提示如下。

```
命令: _chamfer
(“修剪”模式) 当前倒角距离 1 = 0.0000，距离 2 = 0.0000
选择第一条直线或 [放弃(U)/多段线(P)/距离(D)/角度(A)/修剪(T)/方式(E)/多个(M)]: D
                                            //输入 D，首先确定倒角的距离
指定第一个倒角距离 <0.0000>: 2               //输入倒角的距离
指定第二个倒角距离 <2.0000>:                 //按 Enter 键，使第二个倒角距离与第一个相等
选择第一条直线或 [放弃(U)/多段线(P)/距离(D)/角度(A)/修剪(T)/方式(E)/多个(M)]:
                                            //选择最左侧的垂直直线
选择第二条直线或按住 Shift 键选择要应用角点的直线:  //选择左侧的水平直线，完成倒角绘制
```

(4) 继续使用“倒角”命令，绘制其余倒角，绘制完成后的图形效果如图 9-16 所示。

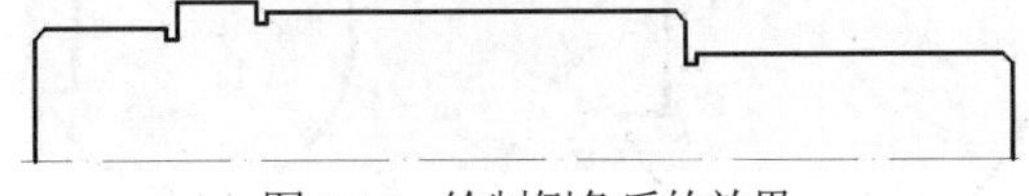

图 9-16　绘制倒角后的效果

(5) 选择“绘图”|“直线”命令，绘制轴肩直线，绘制完成后的主视图如图 9-17 所示。

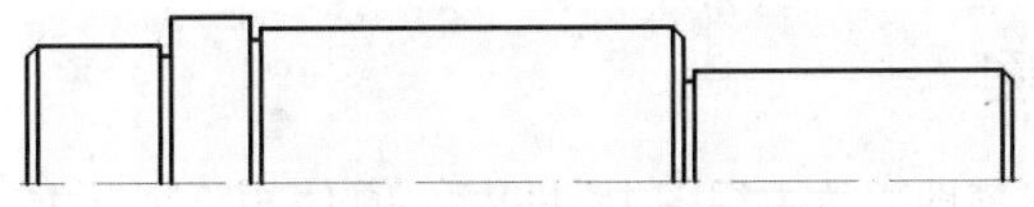

图 9-17　绘制轴肩直线后的效果

(6) 选择“修改”|“镜像”命令，以步骤(1)绘制的中心线为镜像线，镜像如图 9-17 所示的上半轴主视图，效果如图 9-18 所示。

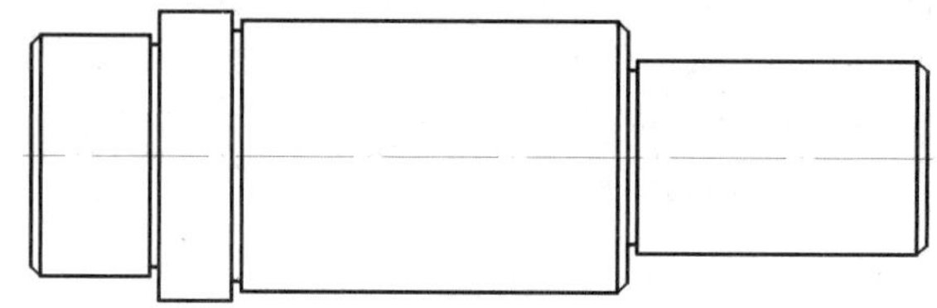

图 9-18　镜像后的效果

(7) 使用“直线”命令，绘制键槽中的直线，左侧键槽的上端直线坐标和右侧键槽的上端直线坐标分别为(159,210)、(227,210)、(256,207)、(294,207)。

(8) 选择“修改”|“镜像”命令，以步骤(1)绘制的中心线为镜像线，对步骤(7)绘制的键槽直线进行镜像。

(9) 选择“绘图”|“圆弧”|“起点、圆心、端点”命令，命令行提示如下。

```
命令: _arc 指定圆弧的起点或 [圆心(C)]:                     //捕捉步骤(7)绘制的第一条直线的左端点
指定圆弧的第二个点或 [圆心(C)/端点(E)]: _c 指定圆弧的圆心: //捕捉直线端点连线与中心线的交点
指定圆弧的端点或 [角度(A)/弦长(L)]:                        //捕捉步骤(8)捕捉的第一条直线的左端点
```

(10) 继续选择“绘图”|“圆弧”|“起点、圆心、端点”命令，绘制其他圆弧，通过以上步骤，完成了主视图的绘制，效果如图 9-19 所示。

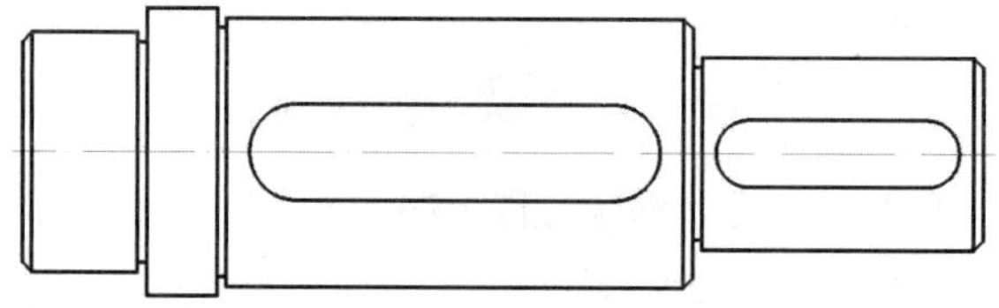

图 9-19　绘制完成后的主视图

9.5.3　绘制剖视图

绘制轴类零件剖视图的方法在 6.2.6 节中已经通过具体实例进行了详细介绍，在此不再详述。这里给出如图 9-20 所示的局部剖视图的最终效果图。

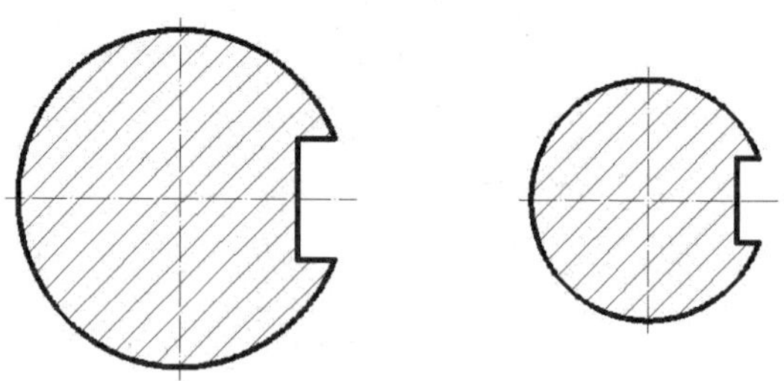

图 9-20　局部剖视图

9.5.4　绘制局部放大图

局部放大图用于更清楚地表达主视图中的凹槽，具体的绘制轴类零件的局部放大图已经在 6.4 节中通过实例进行了详细介绍，读者可参考相关的内容。

9.5.5　标注尺寸

标注阶梯轴的尺寸分为标注线性尺寸、标注直径尺寸、标注局部放大图的尺寸和标注剖视图尺寸 4 个部分，具体操作步骤如下。

(1) 将“标注线”图层设置为当前图层，将标注样式“零件图标注样式”设置为当前标注样式，使用“线性”和“连续”命令对轴进行标注，效果如图 9-21 所示。

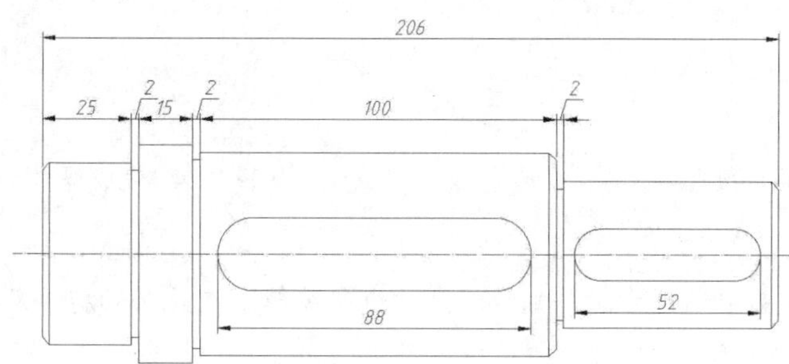

图 9-21　标注线性尺寸后的效果

(2) 继续使用“线性”命令，标注各段轴的直径。在使用“线性”命令过程中，需要编辑尺寸，即在尺寸前加入直径符号。

(3) 选择“标注”|“半径”命令，对键槽圆弧进行标注。

(4) 继续选择“标注”|“半径”命令，标注右侧键槽的半径。通过以上步骤完成了主视图尺寸的标注，效果如图 9-22 所示。

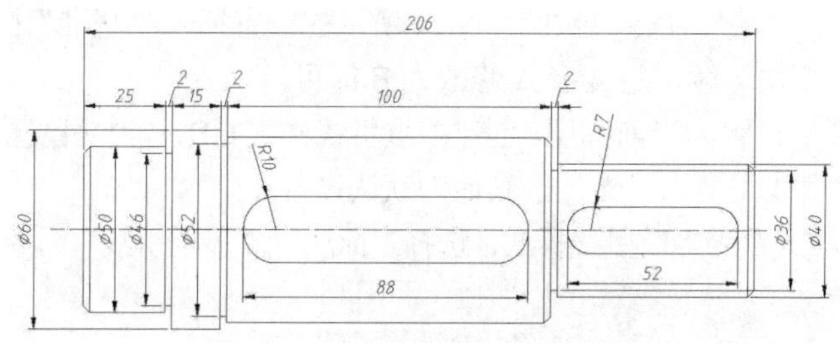

图 9-22　标注主视图尺寸后的效果

(5) 选择“标注”|“线性”命令，命令行提示如下。

```
命令: _dimlinear
指定第一个尺寸界线原点或 <选择对象>:        //鼠标捕捉第一个剖视图键槽的上端线端点
指定第二条尺寸界线原点:                      //鼠标捕捉第一个剖视图键槽的下端线端点
指定尺寸线位置或
[多行文字(M)/文字(T)/角度(A)/水平(H)/垂直(V)/旋转(R)]: M
                                             //输入 M，弹出“文字格式”工具栏，输入公差
指定尺寸线位置或
[多行文字(M)/文字(T)/角度(A)/水平(H)/垂直(V)/旋转(R)]:      //在合适位置单击，完成标注
```

(6) 使用“线性”和“直径”命令，标注剖视图中的其他尺寸，标注完成后的剖视图如图 9-23 所示。

(7) 选择“标注”|“半径”命令，标注局部放大图中的半径尺寸，这样就完成了所有基本尺寸的标注，效果如图 9-24 所示。

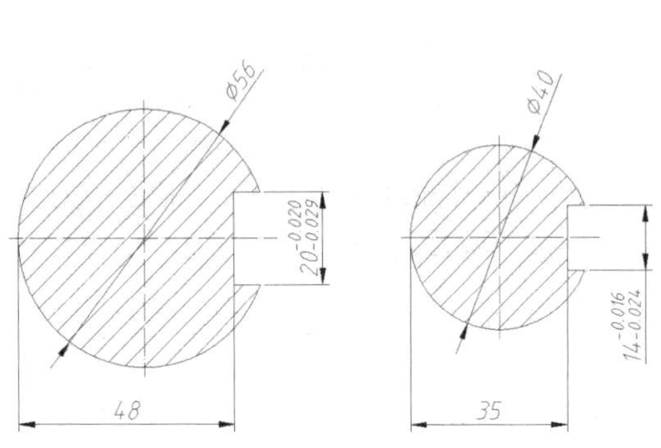

图 9-23　标注剖视图中的尺寸

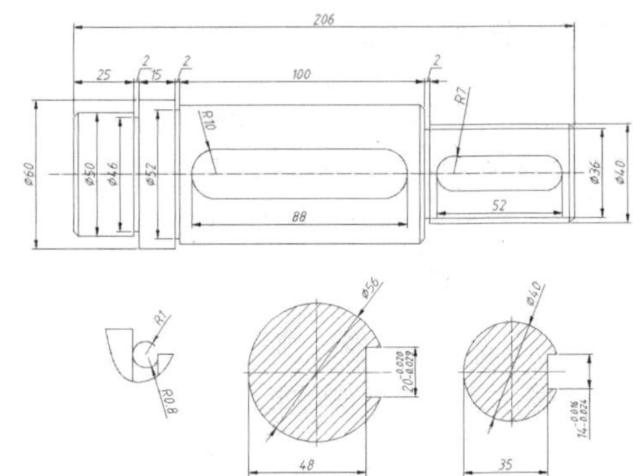

图 9-24　完成基本尺寸标注后的效果

提示：

在标注局部放大图中的尺寸时，需要对尺寸进行编辑，在此必须标注尺寸的真实值，不能标注放大后的尺寸。

9.5.6　插入基准代号及标注形位公差

具体操作步骤如下。

(1) 在绘图区使用基本绘图命令绘制如图 9-25 所示的基准图样，创建“基准”图块，其中水平直线长为 10，垂直线长为 10，圆半径为 6，文字样式为 GB，高度为 8，基点在直线交点上方 2 mm 处。

(2) 选择“插入”|“块”命令，按照图 9-14 所示的位置插入“基准”图块，对于基准 B，用户只要把“基准”图块分解，将文字 A 修改为 B 即可。

(3) 将“引线”图层设置为当前图层，创建多重引线样式 GB，其中引线格式类型为“直线”，箭头大小为 4，多重引线类型为“无”，其他为默认设置。

(4) 将 GB 引线样式置为当前引线样式，选择“标注”|“多重引线”命令，命令行提示如下。

```
命令: _mleader
指定引线箭头的位置或 [引线基线优先(L)/内容优先(C)/选项(O)] <选项>:
指定引线基线的位置:                    //选择直径尺寸为 60 的上尺寸线点
```

(5) 继续使用“多重引线”命令，标注与基准 B 所对应的引线。

(6) 将“标注”图层设置为当前图层，选择“标注”|“公差”命令，弹出“形位公差”对话框，按图 9-26 所示设置公差的各参数，然后单击“确定”按钮，在绘图区捕捉第一个引线的端点，完成公差标注。

图 9-25　基准图样

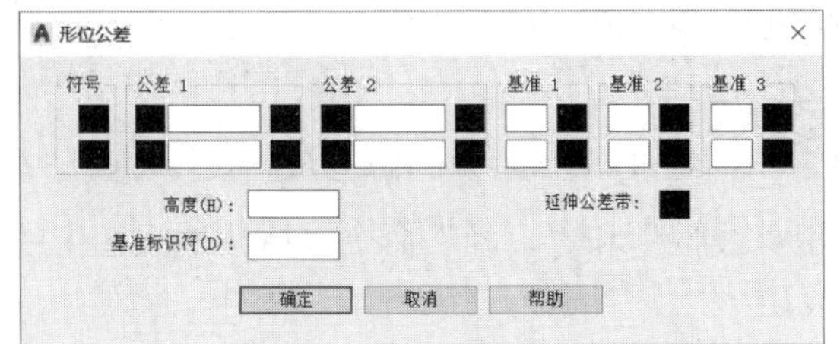

图 9-26　“形位公差”对话框

(7) 继续使用“公差”命令，标注其他形位公差，标注完成后的主视图如图 9-27 所示。

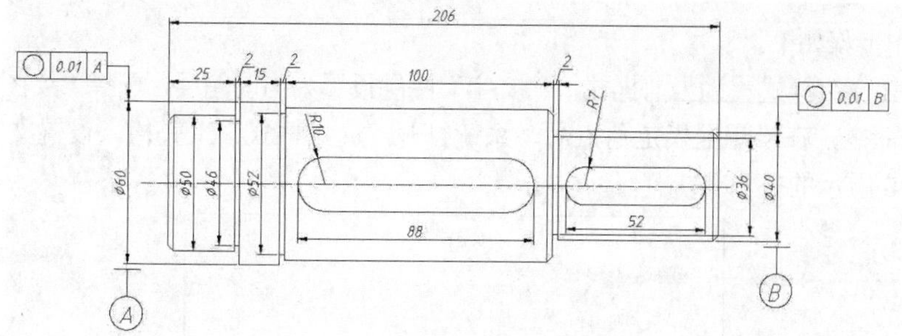

图 9-27　标注形位公差后的主视图

9.5.7　标注表面粗糙度及插入剖切符号

具体操作步骤如下。

(1) 在绘图区使用基本绘图命令绘制如图 9-28 所示的剖切符号 1 和剖切符号 2，绘制完成后分别以点 D 和点 E 为基点创建“剖切符号 1”图块和“剖切符号 2”图块。

(2) 选择“插入”|“块”命令，弹出“插入”对话框，在“名称”下拉列表中选择“粗糙度”图块，单击“确定”按钮，在返回的绘图区中，根据提示将图块插入图 9-29 所示的位置。

(3) 继续使用“块”命令，插入其他粗糙度。

(4) 选择“插入”|“块”命令，弹出“插入”对话框，在“名称”下拉列表中分别选择合适的“剖切符号”图块，单击“确定”按钮，在返回的绘图区中，根据提示将图块插入图 9-29 所示的位置。

(5) 继续使用“块”命令，插入图 9-29 所示图形中的其他剖切符号。

D　　　　E

剖切符号 1　　　　剖切符号 2

图 9-28　剖切符号

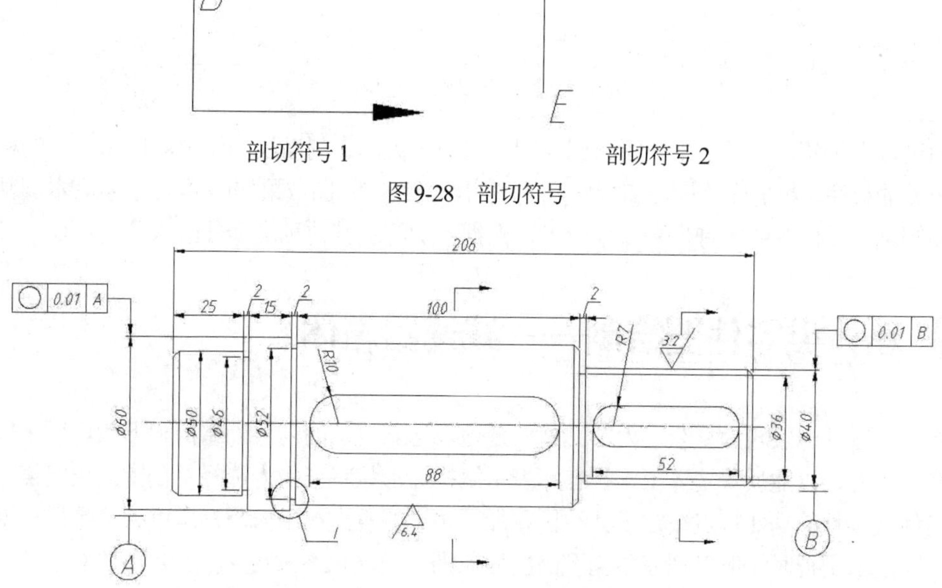

图 9-29　标注粗糙度和剖切符号后的效果

9.5.8 填写标题栏及技术要求

具体操作步骤如下。

(1) 将GB文字样式置为当前样式，“文字”图层设置为当前图层，选择“绘图”|“文字”|“多行文字”命令，在绘图区指定角点后，系统打开“文字格式”工具栏，设置文字高度为5，输入如图9-30所示的技术要求。

技术要求

1.调质处理:28-32HRC;

2.未注倒角2X45°;

3.未注尺寸公差按GB/T 1804-2000中的f级执行;

4.未注形状和位置公差按GB/T 1184-1996中的H级执行。

图9-30 技术要求

(2) 选择“修改”|“分解”命令，命令行提示如下。

```
命令: _explode
选择对象: 找到1个        //选择绘图区的标题栏
选择对象:               //按Enter键，完成分解操作
```

(3) 在“图样名称”标题框中双击，在弹出的“编辑文字”文本框中输入图形名称“阶梯轴”，然后单击“文字格式”工具栏中的“确定”按钮。使用同样的方法填写如图9-31所示的标题栏的其他内容。

						45			中国机械设计研究院
标记	处数	分区	更改文件号	签名	日期				阶梯轴
设计	(签名)	(日期)	标准化	(签名)	(日期)	阶段标记	重量	比例	
			审定					1:1	2007-10-20
审核									
工艺			批准			共 张		第 张	

图9-31 填写标题栏中的内容

通过以上步骤，完成了主视图、剖视图、局部放大图、剖面线的绘制，以及尺寸的标注、形位公差的标注、粗糙度的标注和标题栏的填写，最终零件图效果如图9-14所示。本例基本介绍了绘制轴类零件图的所有步骤，读者可以根据本例绘制其他轴类零件图。

9.6 箱体类零件图绘制——减速器箱体

箱体类零件一般较为复杂，为了完整清楚地表达其复杂的内、外结构和形状，所采用的视图较多。因此，以能反映箱体工作状态、表示结构、形状特征作为选择主视图的出发点。

箱体类零件的功能特点决定了其结构和加工要求的重点在于内腔，所以大量地采用剖视图的画法。选取剖视时一般以把完整孔形剖出为原则，当轴孔不在同一平面时，要善于使用局部剖视、阶梯剖视和复合剖视进行表达。本节主要以绘制如图9-32所示的减速器箱体为例，介绍绘制箱体类零件的具体操作步骤。

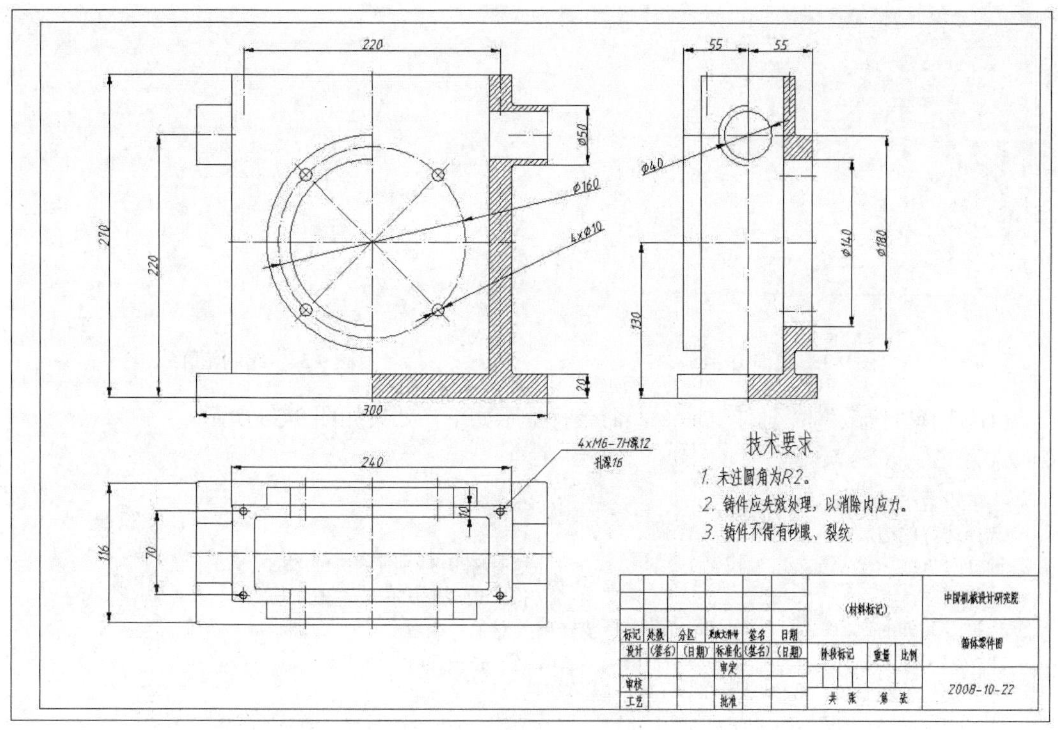

图 9-32　减速器箱体零件图

9.6.1　配置绘图环境

具体操作步骤如下。

(1) 启动 AutoCAD 2020 后，在菜单栏中选择“文件”|“新建”命令，弹出“选择样板”对话框。

(2) 在“名称”列表中选择“A1 图纸横放样板图.dwt”选项，然后单击“打开”按钮，在绘图区加载图幅、标题栏、图层、标注样式和文字样式。

9.6.2　绘制主视图

绘制箱体主视图的具体操作步骤如下。

(1) 将“中心线”图层设置为当前图层，选择“绘图”|“直线”命令，命令行提示如下。

```
命令: _line 指定第一点: 186,400          //输入直线的起点坐标
指定下一点或 [放弃(U)]: 246              //输入直线的终点坐标
指定下一点或 [放弃(U)]:                  //按 Enter 键，完成直线绘制
```

(2) 继续使用“直线”命令，绘制其他中心线，中心线的起点和终点坐标依次为(309,543)和(309,267)、(511,400)和(687,400)、(629,543)和(629,267)、(156,140)和(462,140)、(309,203)和(309,77)。绘制完成后的效果如图 9-33 所示。

(3) 将“轮廓线”图层设置为当前图层，选择“绘图”|“直线”命令，绘制如图 9-34 所示的连续直线，直线的端点坐标依次为(159,270)、(270,309)、(159,290)、(189,290)、(189,540)、(309,540)。

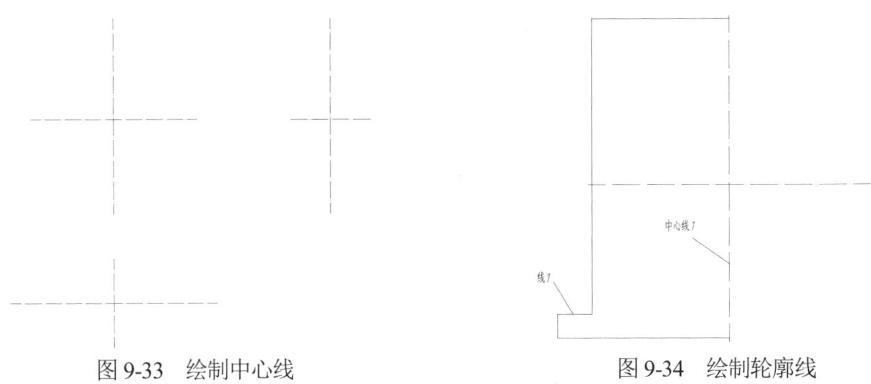

图 9-33　绘制中心线　　　　　　　　　　图 9-34　绘制轮廓线

(4) 选择“修改”|“延伸”命令，命令行提示如下，效果如图 9-35 所示。

```
命令: _extend
当前设置:投影=UCS，边=无
选择边界的边...
选择对象或 <全部选择>:  找到 1 个              //选择图 9-34 所示的中心线 1
选择对象:                                     //按 Enter 键，完成对象的选取
选择要延伸的对象，或者按住 Shift 键选择要修剪的对象，或者
[栏选(F)/窗交(C)/投影(P)/边(E)/放弃(U)]:        //选择图 9-34 所示的线 1
选择要延伸的对象，或者按住 Shift 键选择要修剪的对象，或者
[栏选(F)/窗交(C)/投影(P)/边(E)/放弃(U)]:        //右击，完成延伸操作，效果如图 9-35 所示
```

(5) 选择“修改”|“圆角”命令，命令行提示如下，效果如图 9-36 所示。

```
命令: _fillet
当前设置: 模式 = 修剪，半径 = 2.0000
选择第一个对象或 [放弃(U)/多段线(P)/半径(R)/修剪(T)/多个(M)]: r   //输入 r，首先确定圆角的半径
指定圆角半径 <2.0000>:                                          //输入圆角的半径
选择第一个对象或 [放弃(U)/多段线(P)/半径(R)/修剪(T)/多个(M)]: t   //输入 t，进行修剪模式选择
输入修剪模式选项 [修剪(T)/不修剪(N)] <修剪>: n                   //选择不修剪
选择第一个对象或 [放弃(U)/多段线(P)/半径(R)/修剪(T)/多个(M)]:     //选择图 9-34 所示的线 1
选择第二个对象或按住 Shift 键选择要应用角点的对象:                //选择图 9-34 所示的与线 1
                                                                  垂直的直线，效果如图 9-36 所示
```

图 9-35　延伸操作后的效果　　　　　　　　图 9-36　倒圆角操作后的效果

(6) 将“中心线”图层设置为当前图层，选择“绘图”|“直线”命令，绘制端点坐标为(156,490)和(192,490)、(199,543)和(199,507)的两条中心线，绘制完成后的效果如图 9-37 所示。

(7) 将“轮廓线”图层设置为当前图层，选择“绘图”|“直线”命令，绘制如图 9-38 所示

的连续直线，直线的端点坐标依次为(189,515)、(159,515)、(159,465)、(189,465)。

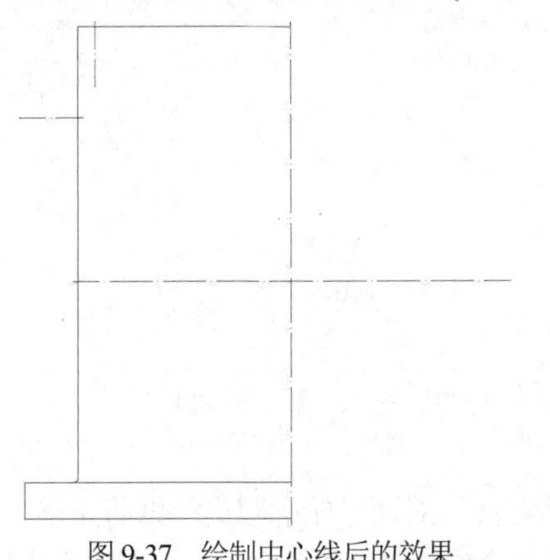

图 9-37　绘制中心线后的效果

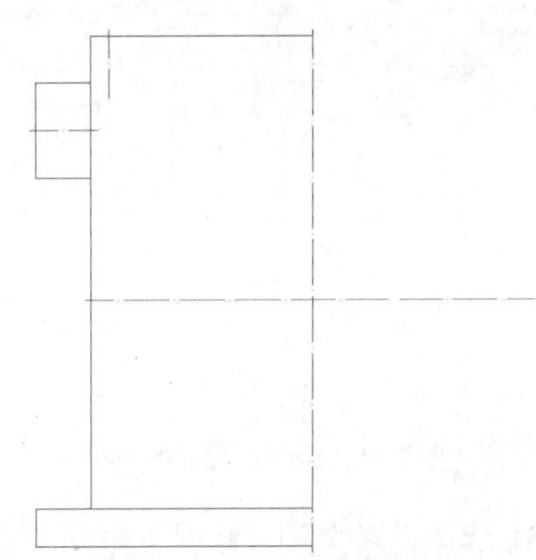

图 9-38　绘制轮廓线后的效果

(8) 选择“修改”|“圆角”命令，对步骤(7)绘制的连续直线中的两条水平直线进行半径为 2 的倒圆角操作，操作后的效果如图 9-39 所示。

(9) 选择“修改”|“镜像”命令，命令行提示如下，效果如图 9-40 所示。

```
命令: _mirror
选择对象: 指定对角点: 找到 13 个              //选择所有已经绘制的除中心线以外的主视图
选择对象:                                    //按 Enter 键，完成对象选择
指定镜像线的第一点: 指定镜像线的第二点:        //捕捉垂直中心线的起点和终点
要删除源对象吗？[是(Y)/否(N)] <N>:            //按 Enter 键，完成镜像操作，效果如图 9-40 所示
```

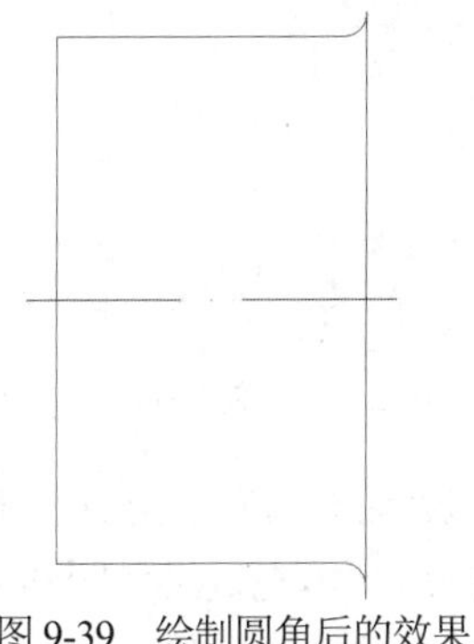

图 9-39　绘制圆角后的效果

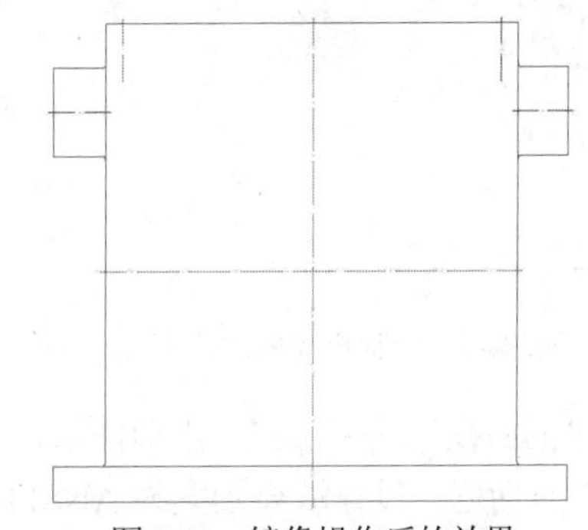

图 9-40　镜像操作后的效果

(10) 选择“绘图”|“直线”命令，绘制端点坐标分别为(409,540)和(409,290)、(409,510)和(459,510)、(409,470)和(459,470)的直线，绘制完成后的效果如图 9-41 所示。

(11) 将“中心线”图层设置为当前图层，选择“绘图”|“圆”|“圆心、半径”命令，命令行提示如下。

```
命令: _circle 指定圆的圆心或 [三点(3P)/两点(2P)/切点、切点、半径(T)]:
指定圆的半径或 [直径(D)]: 80                //输入圆的半径
```

(12) 将“轮廓线”图层设置为当前图层，选择“绘图”|“圆”|“圆心、半径”命令，以中心线的交点为圆心，分别绘制半径为 70 和 90 的圆，绘制完成后的效果如图 9-42 所示。

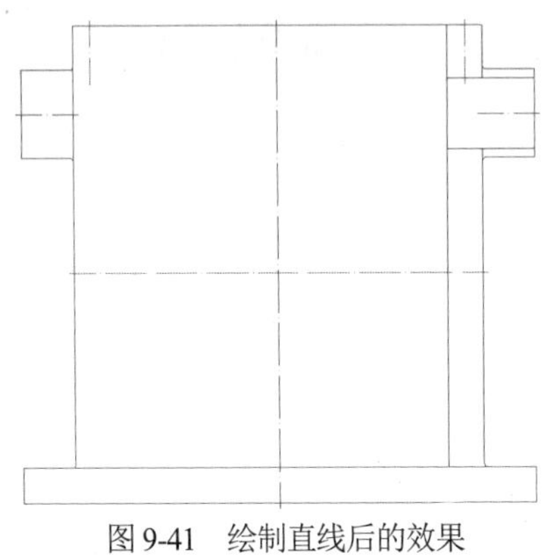

图 9-41　绘制直线后的效果

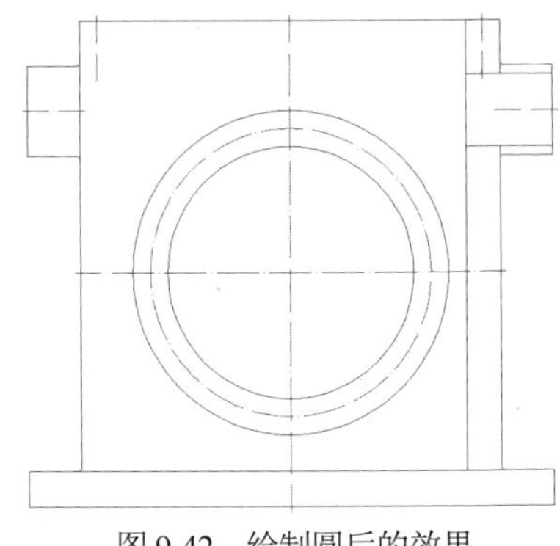

图 9-42　绘制圆后的效果

(13) 选择“修改”|“修剪”命令，以中心线为参照，对两个轮廓圆进行修剪操作。

(14) 将“中心线”图层设置为当前图层，选择“绘图”|“直线”命令，绘制端点坐标依次为(243,466)和(375,334)、(243,334)和(375,466)的直线，绘制完成后的效果如图 9-43 所示。

(15) 将“轮廓线”图层设置为当前图层，选择“绘图”|“圆”|“圆心、半径”命令，分别以步骤(14)绘制的两条直线与半径为 80 的定位圆的交点为圆心，绘制半径为 5 的圆，绘制完成后的效果如图 9-44 所示。

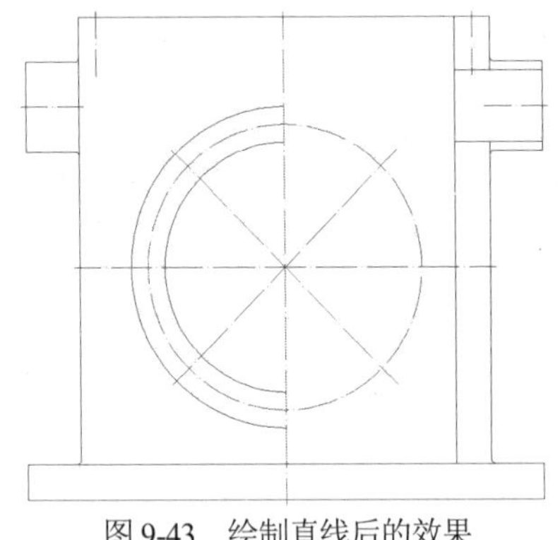

图 9-43　绘制直线后的效果

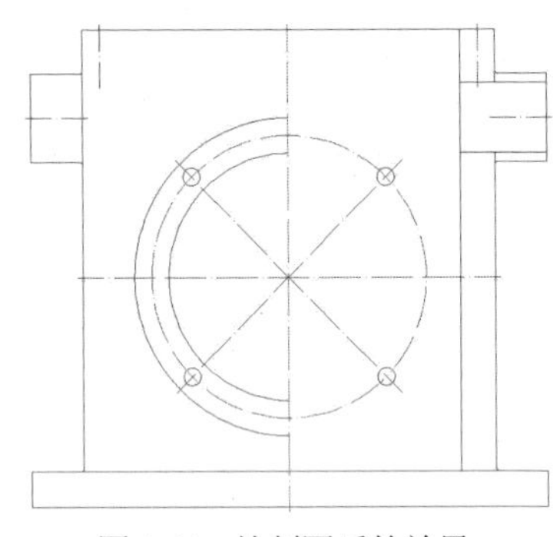

图 9-44　绘制圆后的效果

(16) 将“剖面线”图层设置为当前图层，选择“绘图”|“图案填充”命令，弹出“图案填充和渐变色”对话框，设置填充图案为 ANSI31，设置比例为 1，填充效果如图 9-45 所示。

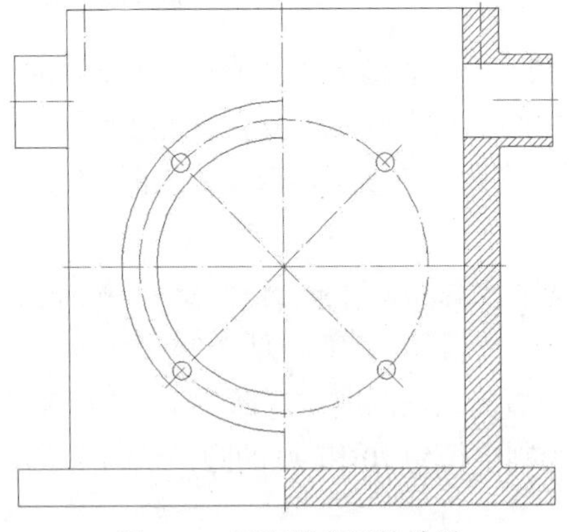

图 9-45　图案填充后的效果

9.6.3　绘制俯视图和右视图

俯视图和右视图的绘制与主视图类似，这里不再赘述。

9.6.4　标注尺寸

将“零件图标注样式”标注样式设置为当前标注样式，然后使用各种基本标注命令按图 9-46 所示的尺寸来标注零件的尺寸。

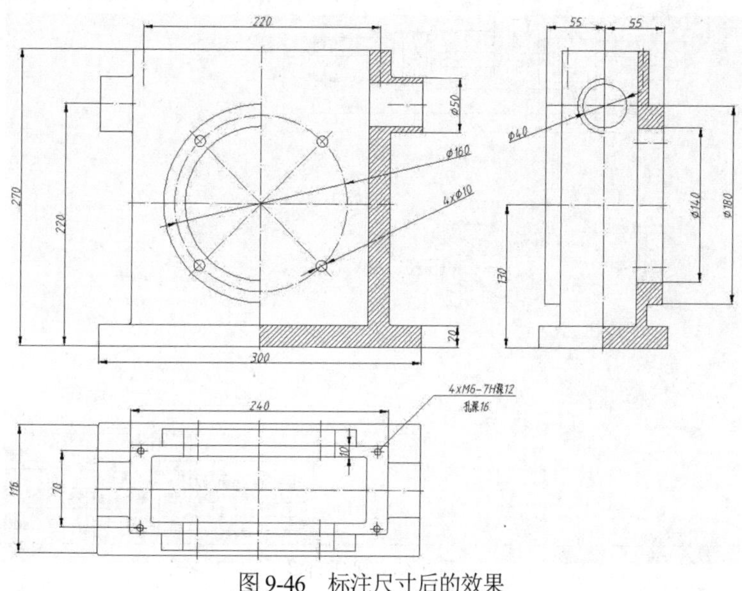

图 9-46　标注尺寸后的效果

9.6.5　填写技术要求及标题栏

将 GB 文字样式设置为当前文字样式，选择“绘图”|“文字”|“多行文字”命令，在绘图区的空白区域填写如图 9-47 所示的技术要求，文字高度为 5。

填写完技术要求后，在标题栏中的相应位置填写图号、零件名称等内容。

通过以上步骤，完成了减速器箱体零件图的绘制，最终效果如图 9-32 所示。

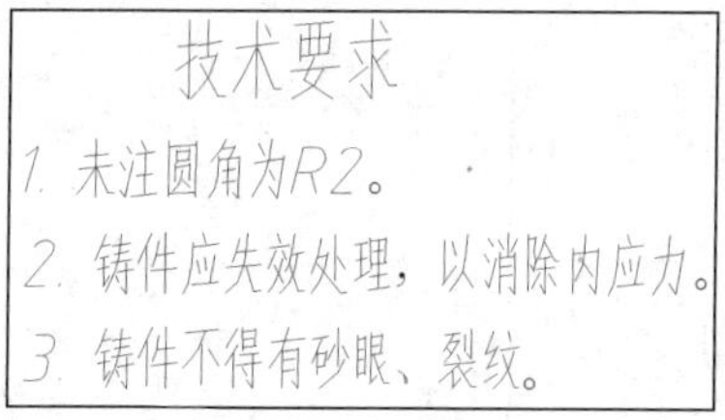

技术要求

1. 未注圆角为R2。
2. 铸件应失效处理，以消除内应力。
3. 铸件不得有砂眼、裂纹。

图 9-47　技术要求

9.7 习题

9.7.1　简答题

(1) 请简要叙述绘制一个零件图所需要包含的内容。

(2) 请简要叙述不同类型的零件图的视图选择。

(3) 请简要叙述零件图中表面粗糙度的含义与表现方法。

(4) 请简要叙述零件图中极限的含义与表现方法。

9.7.2 上机操作题

(1) 图9-48给出了轴的结构形状尺寸，该轴的材料采用45号钢，请以此绘制出一张完整的轴零件图。

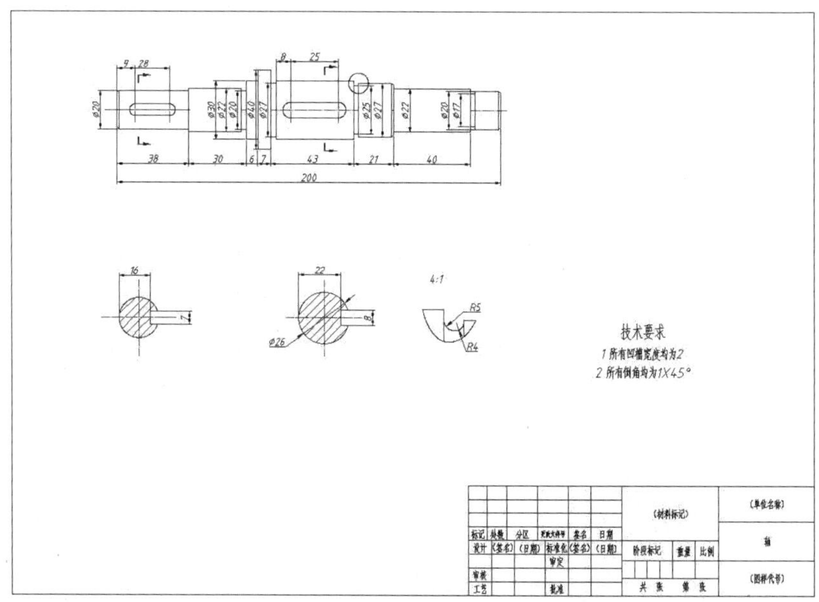

图9-48　轴零件图

(2) 根据图9-49所示的尺寸绘制轴承支架零件图。

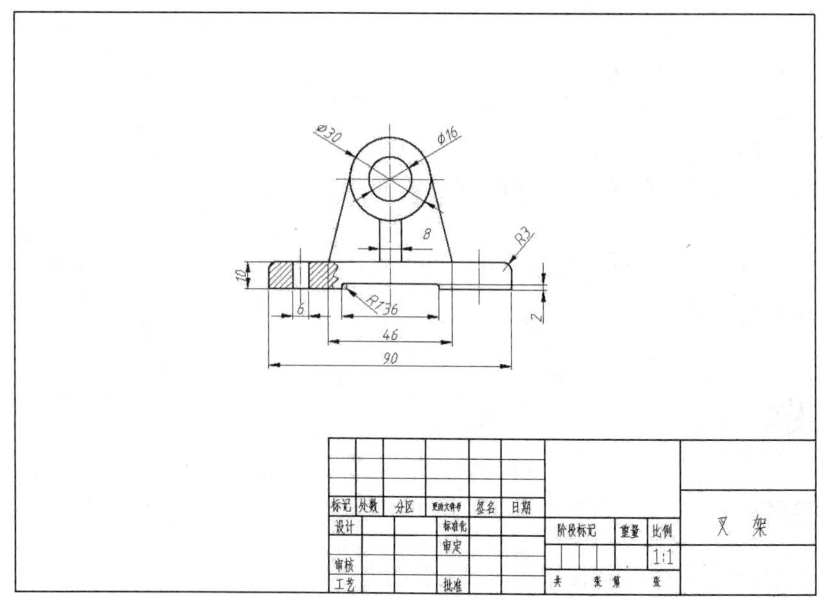

图9-49　轴承支架零件图

(3) 根据图9-50所示的尺寸绘制法兰盘零件图。

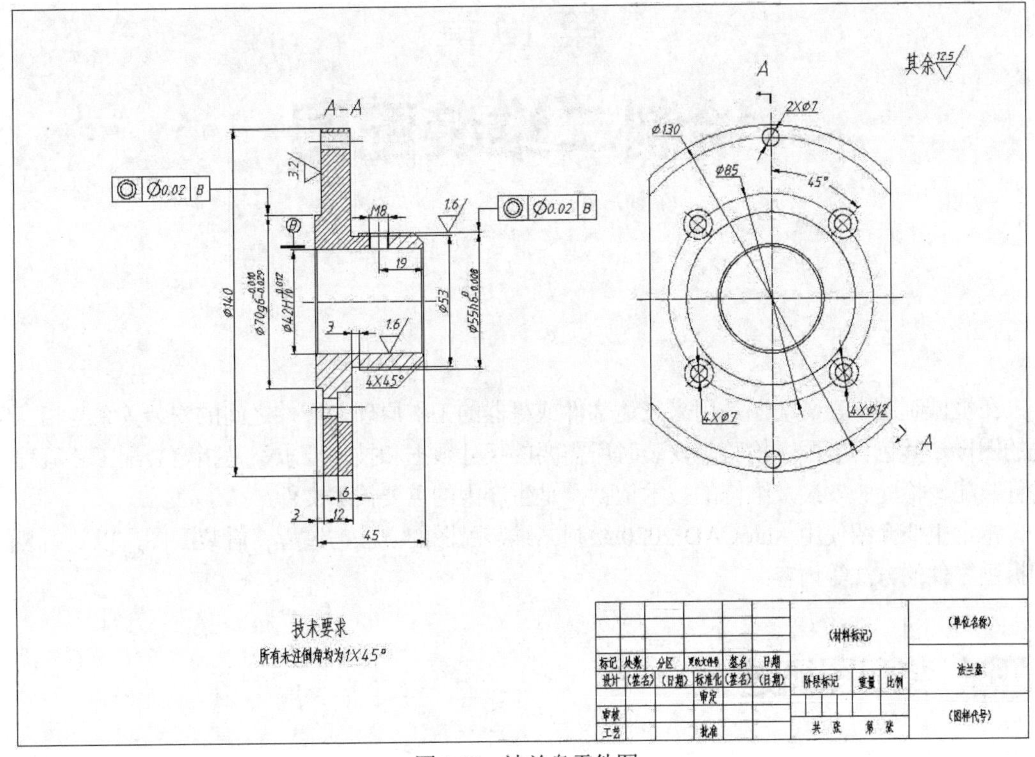

图 9-50　法兰盘零件图

(4) 绘制如图 9-51 所示的蜗杆端盖零件图，图中未标注粗糙度的参数值均为 12.5，未标注倒角为 1×45°，其他技术要求为棱边倒钝 0.5×45°，请以此绘制出一张完整的蜗杆端盖零件图。

(5) 为叉架类零件绘制如图 9-52 所示的焊缝标志。

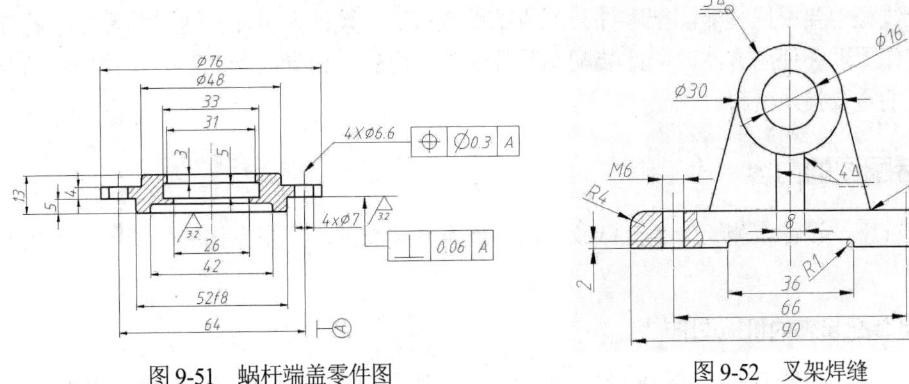

图 9-51　蜗杆端盖零件图

图 9-52　叉架焊缝

第 10 章 绘制二维装配图

在机械制图中，装配图是用来表达部件或机器的工作原理、零件之间的安装关系与相互位置的图样，其包含装配、检验、安装时所需要的尺寸数据和技术要求，是指定装配工艺流程，进行装配、检验、安装及维修的技术依据，是生产中的重要技术文件。

本章主要介绍使用 AutoCAD 2020 绘制二维装配图的方法与过程、看装配图，以及由装配图拆画零件的方法等内容。

10.1 装配图概述

10.1.1 装配图的作用

装配图是用来表达机器或部件整体结构的一种机械图样。在设计过程中，一般应先根据要求画出装配图用以表达机器或零部件的工作原理、传动路线和零件间的装配关系，然后通过装配图表达各组成零件在机器或部件上的作用和结构，以及零件之间的相对位置和连接方式，以便能够正确地绘制零件图。

在装配过程中要根据装配图把零件装配成部件或机器。设计人员往往通过装配图了解部件的性能、工作原理和使用方法。因此装配图是反映设计思想，指导装配、维修、使用机器及进行技术交流的重要技术资料。

10.1.2 装配图的内容

一般情况下，设计或测绘一个机械或产品都离不开装配图，一张完整的装配图应该包括以下内容。

1. 一组装配起来的机械图样

用一般表示法和特殊表示法绘制图样时，它应正确、完整、清晰和简便地表达出机器(或部件)的工作原理、零件之间的装配关系和零件的主要结构形状。

2. 几类尺寸

根据由装配图拆画零件图及装配、检验、安装、使用机器的需要，在装配图中必须标注能反映机器(或部件)的性能、规格、安装情况、部件或零件间的相对位置、配合要求及机器总体大小的尺寸。

3. 技术要求

在绘制装配图的过程中，如果有些信息无法用图形表达清楚，如机器(或部件)的质量、装配、检验和使用等方面的要求，可用文字或符号来标注。

4. 标题栏、零件序号和明细栏

为充分反映各零件的关系，装配图中应包含完整清晰的标题栏、零件序号和明细栏。

10.1.3　装配图的表达方法

装配图的视图表达方法和零件图基本相同，在装配图中也可以使用各种视图、剖视图、断面图等表达方法来表达。为了正确表达机器或部件的工作原理、各零件间的装配连接关系，以及主要零件的基本形状，各种剖视图在装配图中的应用极为广泛。在装配部件时，往往有许多零件是围绕一条或几条轴线装配起来的，这些轴线成为装配轴线或装配干线。下面分别介绍装配图的各种表达方法。

1. 规定画法

在实际绘图过程中，国家标准中对装配图的绘制方法进行了一些总结性的规定，具体内容如下。

- 相邻两零件的接触表面和配合表面(包括间隙配合)只画出其中的一条轮廓线，不接触的表面和非配合表面应画两条轮廓线。如果距离太近，可以不按实际比例夸大画出。
- 相邻两零件的剖面线，倾斜方向应尽量相反。当不能使其方向相反时，如 3 个零件彼此相邻的情况，则剖面线的间隔不应该相等，或者使剖面线相互错开，以示区别。
- 同一装配图中的同一零件的剖面线方向必须一致，而且间隔应该相等。
- 对于图形上宽度为 2 mm 的狭小面积的剖面，允许将剖面涂黑代替剖面符号；对于玻璃等不宜涂黑的材料可不画剖面符号。
- 在剖视图中，对一些实心零件(如轴类、杆类等)和一些标准件(如键、螺纹、销等)，若剖切平面通过其轴线或对称面剖切时，可按不剖切表达，只画出零件的外形。

2. 装配图的特殊画法

在绘制装配图时，需要注意以下 7 种特殊画法。

1) 拆卸画法

拆卸画法是指当一个或几个零件在装配图的某一视图中遮住了大部分的装配关系或其他零件时，可假装拆去一个或几个零件，只画出所要表达部分的视图。

2) 沿结合面剖切画法

为了表达内部结构，多采用沿结合面剖切画法。

3) 单独表示某个零件

在绘制装配图的过程中，当某个零件的形状未表达清楚而又对理解装配图关系有影响时，可单独绘制该零件的某一视图。

4) 夸大画法

在绘制装配图时，有时会遇到薄片零件、细丝零件、微小间隙等的绘制。对于这些零件或间隙，无法按其实际尺寸绘制出，或者虽能绘制出，但不能明确表述其结构(如圆锥销及锥形孔的锥度很小时)，此时可采用夸大画法，即把垫片画厚、弹簧线径及锥度适当夸大绘出。

5) 假想画法

为了表示与本零件有装配关系但又不属于本部件的其他相邻零、部件时，可采用假想画法。即将其他相邻零部件用双点画线画出。

6) 展开画法

展开画法主要用来表达某些重叠的装配关系或零件动力的传动顺序，如在多极传动变速箱中，为了表达齿轮的传动顺序及装配关系，可假想将空间轴系按其传动顺序展开在一个平面图上，然后画出其剖视图。

7) 简化画法

在绘制装配图时，下列情况可采用简化画法。

- 零件的工艺结构允许不画，如圆角、倒角、推刀槽等。
- 螺母和螺栓头允许采用简化画法。例如，遇到螺纹紧固件等相同的零件组时，在不影响理解的前提下，允许只画出一处，其余可只用细点画线表示其中心位置。
- 在绘制的剖视图中，表示滚动轴承时，一般一半采用规定画法，另一半采用通用画法。

10.2 装配图的一般绘制过程

装配图的绘制过程主要分为由内向外法和由外向内法两种，下面分别介绍这两种方法。

10.2.1 由内向外法

由内向外法是指首先绘制中心位置的零件，然后以中心位置的零件为基准来绘制外部的零件。一般来说，这种方法适合于其中含有箱体类的零件，且箱体外部还有较多零件的装配图。

例如，绘制减速器的装配图，一般包含减速箱、传动轴、齿轮轴、轴承、端盖和键等众多零部件。这类装配图一般采用由内向外法比较合适，基本绘制步骤如下。

(1) 绘制并并入减速箱俯视图图块文件。

(2) 绘制并并入齿轮轴图块。

(3) 绘制并平移齿轮轴图块。

(4) 绘制并并入传动轴图块。

(5) 平移传动轴图块。

(6) 绘制并并入圆柱齿轮图块。

(7) 提取轴承图符。

(8) 绘制并并入其他零部件图块。

(9) 块消隐。

(10) 绘制定距环。

10.2.2 由外向内法

由外向内法是指首先绘制外部零件，然后再以外部零件为基准绘制内部零件。例如，在绘制泵盖装配图中一般使用由外向内的方法，其基本步骤如下。

(1) 绘制外部轮廓线。

(2) 绘制中心孔连接阀。

(3) 绘制端盖。

(4) 绘制外圈的螺帽。

除了由内向外法和由外向内法两种主要的绘制装配图的方法外，还有由左向右、由上向下等方法，在具体绘制过程中，用户可以根据需要选择最合适的方法。

10.3 装配图的视图选择

绘制装配图时，首先要对需要绘制的装配体进行仔细地分析和考虑，根据它的工作原理及零件间的装配连接关系，运用前面学过的各种表达方法，选择一组图形，把它的工作原理、装配连接关系和主要零件的结构形状都表达清楚。

10.3.1 主视图的选择

装配图中的主视图应清楚地反映出机器或部件的主要装配关系。一般情况下，其主要装配关系均表现为一条主要装配干线。选择主视图的一般原则如下。

- 能清楚地表达主要装配关系或装配干线。
- 尽量符合机器或部件的工作位置。

10.3.2 其他视图的选择

仅绘制一个主视图，往往不能把所有的装配关系和结构表示出来。因此，还需要选择适当数量的视图和恰当的表达方法来补充主视图中未能表达清楚的部分。所选择的每一个视图或每种表达方法都应有明确的目的，要使整个表达方案达到简练、清晰和正确。

10.4 装配图的尺寸标注

装配图绘制完成后，需要给装配图标注必要的尺寸，装配图中的尺寸是根据装配图的作用来确定的，用来进一步说明零部件的装配关系和安装要求等信息。在装配图中应标注以下 5 种尺寸。

1. 规格尺寸

规格尺寸在设计时就已确定，用来表示机器(或部件)的性能和规格尺寸，是设计机器、了解和选用机器的依据。

2. 装配尺寸

装配尺寸分为两种：配合尺寸和相对位置尺寸。前者用来表示两个零件之间的配合性质的尺寸；后者用来表示装配和拆分零件时，需要保证的零件间相对位置的尺寸。

3. 外形尺寸

外形尺寸用来表示机器(或部件)外形轮廓的尺寸，即机器(或部件)的总长、总宽和总高。

4. 安装尺寸

安装尺寸就是机器(或部件)安装在地基上或与其他机器(或部件)相连接时所需要的尺寸。

5. 其他重要尺寸

其他重要尺寸是在设计中经过计算确定或选定的尺寸，不包含上述 4 种尺寸，在拆分零件时，不能改变。

在装配图中，不能用图形来表达信息时，可以采用文字在技术要求中进行必要的说明。

10.5 装配图的技术要求

装配图中的技术要求，一般可从以下 4 个方面进行考虑。

- 装配体装配后应达到的性能要求。
- 装配体在装配过程中应注意的事项及特殊加工要求。例如，有的表面需装配后进行加工，有的孔需要将有关零件装好后再做等。
- 检验、试验方面的要求。
- 使用要求，如对装配体的维护、保养方面的要求，以及操作使用时应注意的事项等。

与装配图中的尺寸标注一样，不是上述内容在每一张图上都要注全，而是要根据装配体的实际需要来确定。

技术要求一般注写在明细表的上方或图纸下部空白处。如果内容很多，也可另外编写成技术文件作为图纸的附件。

10.6 装配图中零件的序号和明细栏

在绘制好装配图后，为了方便阅读图纸，以提高图纸的可读性，做好生产准备工作和图样管理，对装配图中每种零部件都必须编注序号，并填写明细栏。

10.6.1 零件的序号

在机械制图中，对零件的序号有一些规定，序号的标注形式也有多种，序号的排列也需要遵守一定的原则，下面分别介绍这些规定和原则。

1. 一般规定

编注机械装配图中的零件序号一般应该遵守以下原则。

- 装配图中每种零件都必须编注序号。
- 装配图中，一个部件可只编写一个序号，如螺母就只编写一个序号；同一装配图中，尺寸规格完全相同的零部件，应编写相同的序号。
- 零部件的序号应与明细栏中的序号一致，且在同一个装配图中编注序号的形式一致。

2. 序号的标注形式

一个完整的零件序号应该由指引线、水平线(或圆圈)及序号数字组成，各部分的含义如下。

- 指引线：指引线用细实线绘制，将所指部分的可见轮廓部分引出，并在可见轮廓内的起始端画一圆点。
- 水平线(或圆圈)：水平线(或圆圈)用细实线绘制，用以标注序号数字。
- 序号数字：在指引线的水平线上或圆圈内标注序号时，其字高比该装配图中所标注的尺寸数字高度大一号，也允许大两号。当不画水平线或圆圈，仅在指引线附近注写序号时，序号字高必须比该装配图中所标注的尺寸数字高度大两号。

3. 序号的编排方法

装配图中的序号应该在装配图的周围按照水平或垂直方向整齐排列，序号数字可按顺时针或逆时针方向依次增大。当在一个视图中无法连续编完全部所需序号时，可在其他视图中按上述原则继续编写。

4. 其他规定

当序号指引线所指部分内不便画圆点时，可用箭头代替圆点，箭头需指向该部分轮廓。

指引线可以画成折线，但只可曲折一次；指引线不能相交；当指引线通过有剖面线的区域时，指引线不应与剖面线平行；一组固件或装配关系清楚的零件组可采用公共指引线，但应注意水平线或圆圈要排列整齐。

10.6.2 标题栏和明细栏

装配图的标题栏可以和零件图的标题栏一样。明细栏绘制应在标题栏的上方，外框左右两侧为粗实线，内框为细实线。为方便添加零件，明细栏的零件编写顺序是从下往上，明细栏的绘制方法已经在第 4 章做了详细介绍，在此不再赘述。

10.7 装配图的一般绘制方法及实例

机械装配图的绘制方法综合起来有直接绘制法、零件插入法和零件图块插入法 3 种，下面分别进行介绍。

10.7.1 直接绘制法

直接绘制法适用于绘制比较简单的装配图，下面以绘制如图 10-1 所示的手柄装配图为例，介绍使用“直接绘制法”的基本方法。

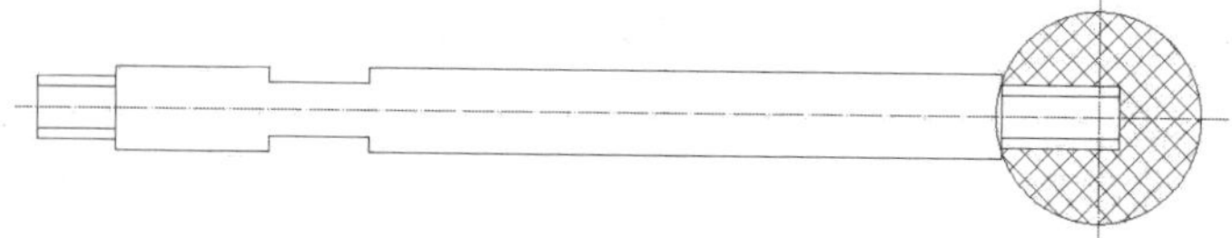

图 10-1　手柄装配图

具体操作步骤如下。

(1) 将“中心线”图层置为当前图层，选择“绘图”|“直线”命令，绘制直线，第一点为(50,180)，第二点为(290,180)。

(2) 继续使用“直线”命令，绘制起点和终点坐标分别为(250,210)和(250,160)的中心线，绘制完成的效果如图 10-2 所示。

图 10-2　绘制中心线后的效果

(3) 将“轮廓线”图层置为当前图层，选择“绘图”|“圆”|“圆心、半径”命令，以中心线交点为圆心，绘制半径为 20 的圆，效果如图 10-3 所示。

图 10-3　绘制圆后的效果

(4) 选择“修改”|“偏移”命令，将垂直中心线向右偏移 4。

(5) 继续选择“修改”|“偏移”命令，将垂直中心线向其左侧依次偏移 19、191、206，将水平中心线向其上下两侧各偏移 6 和 8，偏移完成后将偏移后的所有图元的图层匹配为“轮廓线”图层，效果如图 10-4 所示。

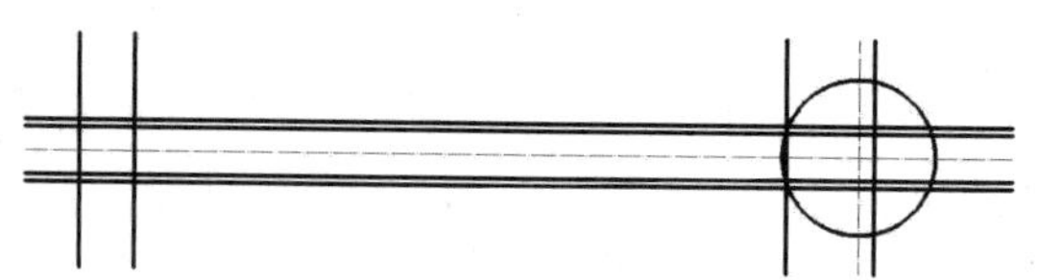

图 10-4　偏移操作后的效果

(6) 选择“修改”|“修剪”命令，将偏移后的对象进行修剪操作，修剪后的效果如图 10-5 所示。

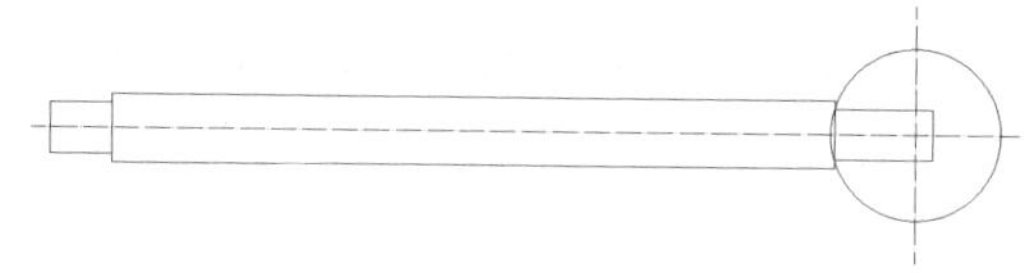

图 10-5　修剪后的效果

(7) 选择“修改”|“偏移”命令，将左右端的两条水平直线各向其内侧偏移 2，中间的两

条水平直线各向其内侧偏移 3，将第二条垂直线向其右侧依次偏移 30 和 50，偏移完成后的效果如图 10-6 所示。

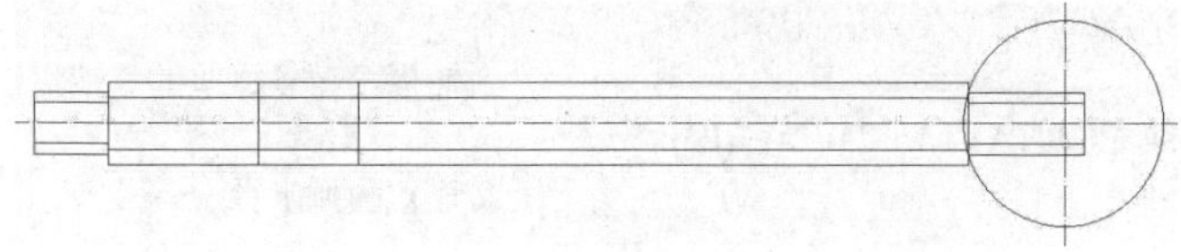

图 10-6　偏移后的效果

(8) 选择“修改”|“修剪”命令，将图 10-6 所示的图形修剪为如图 10-7 所示的形状。

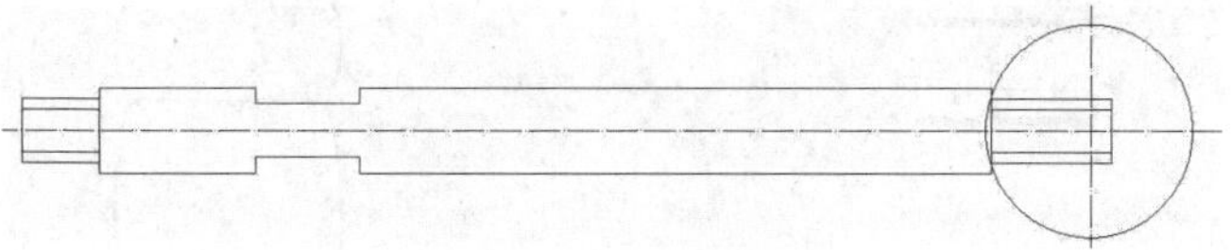

图 10-7　修剪后的效果

(9) 将“剖面线”图层置为当前图层，选择“绘图”|“图案填充”命令，打开“图案填充和渐变色”对话框，选择 ANSI37 图案作为样例，填充效果如图 10-8 所示。

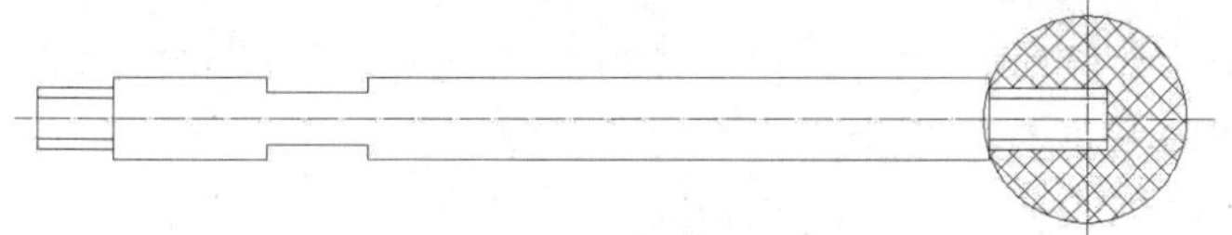

图 10-8　图案填充后的效果

通过以上步骤完成了手柄装配图的绘制。一张完整的装配图还应该标注尺寸、填写技术要求等，由于篇幅原因，在此不再详述，这些内容读者可以参考本书相关章节。

10.7.2　零件插入法

零件插入法是指首先绘制出装配图中的各种零件，然后选择其中的一个主体零件，将其他各零件依次通过复制、粘贴、修剪等命令插到主体零件中来完成绘制。下面通过绘制如图 10-9 所示的联轴器装配图来介绍使用“零件插入法”绘制该装配图的具体操作步骤。

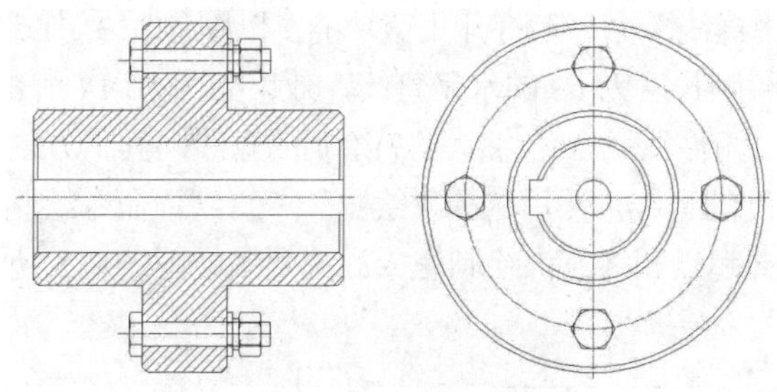

图 10-9　联轴器装配图

(1) 将“轮廓线”图层置为当前图层，选择“绘图”|“直线”命令，绘制一条长度为 9 的水平直线。

(2) 选择“修改”|“偏移”命令，将步骤(1)绘制的直线向其上方偏移 5、15 和 20，偏移完成后的效果如图 10-10 所示。

(3) 选择“绘图”|“圆弧”|“起点、端点、半径”命令，命令行提示如下。

```
命令: _arc 指定圆弧的起点或 [圆心(C)]:                    //捕捉第二条直线的右端点
指定圆弧的第二个点或 [圆心(C)/端点(E)]: _e
指定圆弧的端点:                                           //捕捉第一条直线的右端点
指定圆弧的圆心或 [角度(A)/方向(D)/半径(R)]: _r
指定圆弧的半径: 5                                         //输入圆弧半径
```

(4) 继续选择“绘图”|“圆弧”|“起点、端点、半径”命令，依次绘制其他圆弧，圆弧的半径分别为5和18，绘制完成后的效果如图10-11所示。

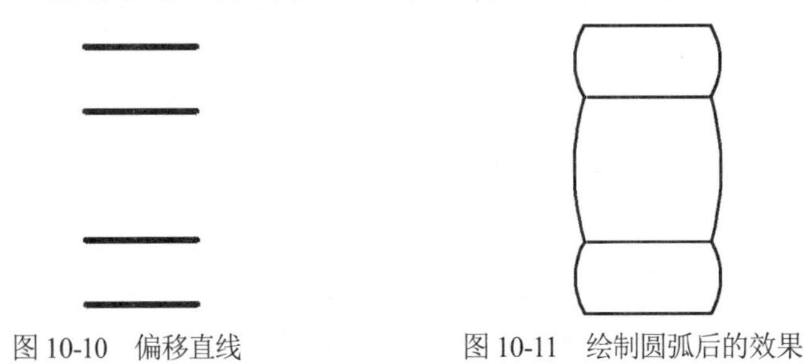

图10-10　偏移直线　　图10-11　绘制圆弧后的效果

(5) 选择“绘图”|“直线”命令，以半径为5的圆弧的切点为端点绘制圆弧的切线，绘制完成后的效果如图10-12所示，以上步骤绘制了螺帽。

(6) 按照图10-13所示的尺寸绘制螺杆头部。

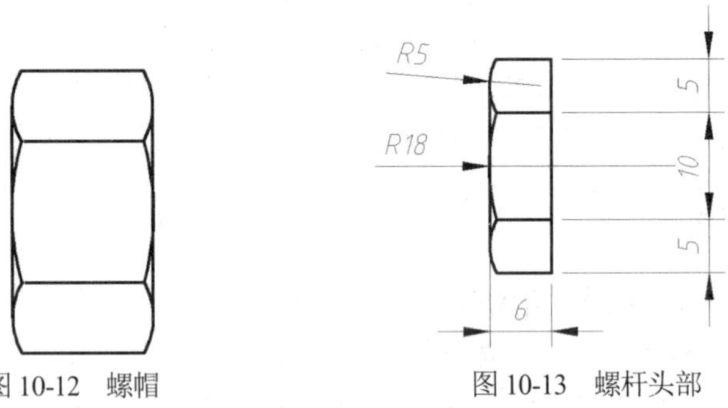

图10-12　螺帽　　图10-13　螺杆头部

(7) 选择“绘图”|“直线”命令，打开正交功能，以图10-13中螺杆头部的最右边垂直直线的上端点作为起点，绘制长度为60的水平直线，效果如图10-14所示。

(8) 选择“修改”|“偏移”命令，将步骤(7)绘制的直线向其下方依次偏移4.5和15.5，偏移完成后删除步骤(7)绘制的直线；然后选择“绘图”|“直线”命令绘制直线，以偏移后右侧两条直线的端点作为直线的起点和终点，绘制完成后的效果如图10-15所示。以上步骤完成了螺杆的绘制。

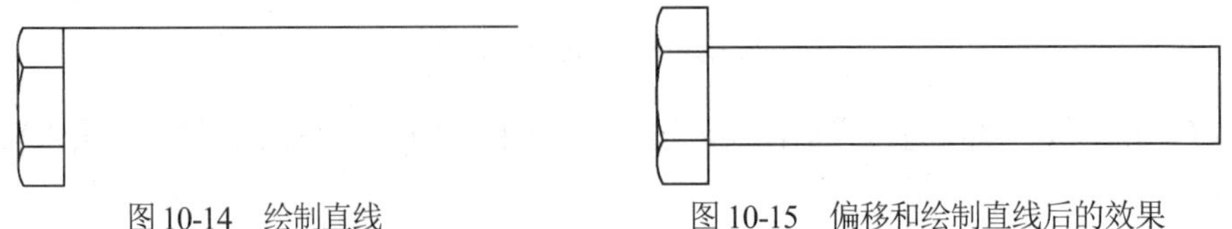

图10-14　绘制直线　　图10-15　偏移和绘制直线后的效果

(9) 选择“绘图”|“矩形”命令，绘制长为2.5、宽为20的矩形，第一点为空白绘图区中

任意一点。

(10) 综合使用“分解”“偏移”和“直线”命令，按图 10-16 所示的尺寸绘制垫圈。

(11) 将“中心线”图层置为当前图层，选择“绘图”|“直线”命令，命令行提示如下。

```
命令: _line 指定第一点:                    //在绘图区单击，拾取起点
指定下一点或 [放弃(U)]: 150                //向右引导光标，输入移动距离
指定下一点或 [闭合(C)/放弃(U)]:            //按 Enter 键，完成直线的绘制
```

(12) 综合使用“直线”命令和“圆”命令，绘制其余的中心线，绘制完成后的图形如图 10-17 所示。

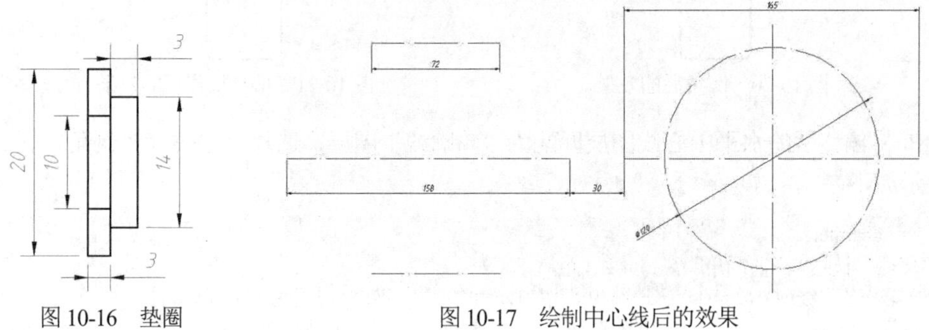

图 10-16　垫圈

图 10-17　绘制中心线后的效果

(13) 将“轮廓线”图层置为当前图层，选择“绘图”|“直线”命令，按图 10-18 所示的尺寸绘制连续直线。

(14) 选择“修改”|“镜像”命令，命令行提示如下。

```
命令: _mirror
选择对象: 指定对角点: 找到 8 个             //选择所有绘制的连续直线
选择对象:                                  //按 Enter 键完成对象选取
指定镜像线的第一点:                        //捕捉主视图中心线的一个端点
指定镜像线的第二点:                        //捕捉主视图中心线的另一个端点
要删除源对象吗? [是(Y)/否(N)] <N>:         //按 Enter 键，完成镜像操作，效果如图 10-19 所示
```

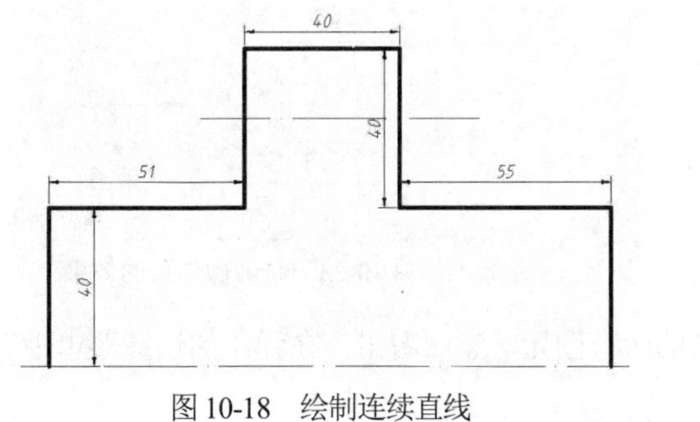

图 10-18　绘制连续直线

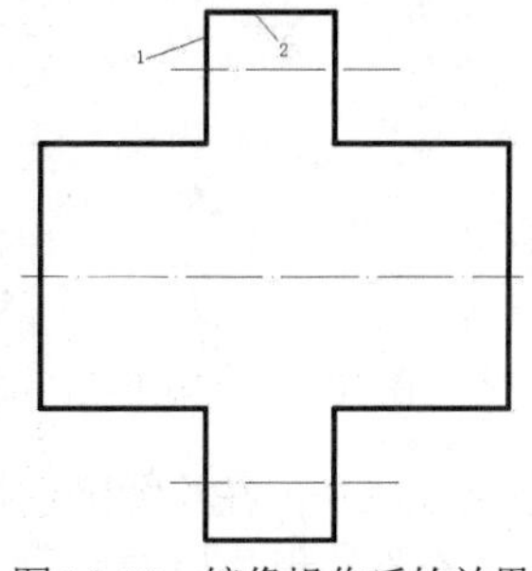

图 10-19　镜像操作后的效果

(15) 选择“修改”|“倒角”命令，对图 10-19 所示的直线 1 和 2 进行倒角，倒角距离为 2.5。

(16) 继续选择“修改”|“倒角”命令，绘制如图 10-20 所示的其他倒角，倒角距离均为 2.5。

(17) 选择“修改”|“偏移”命令，将图 10-20 所示的中心线向其上下两侧分别平移 8 和 25，将左右两侧的轮廓线向其内侧分别平移 2，偏移后的效果如图 10-21 所示。

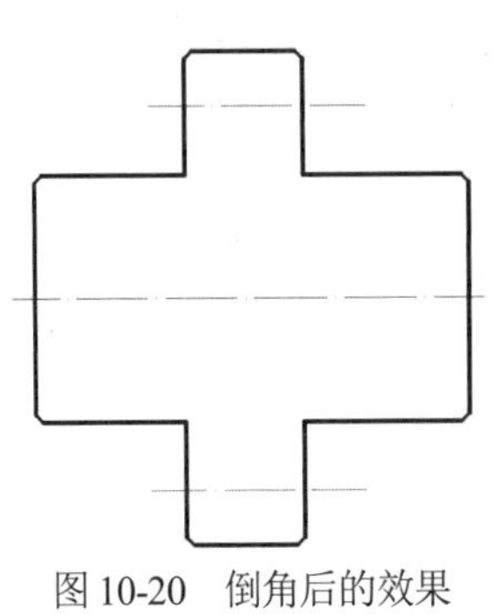
图 10-20　倒角后的效果

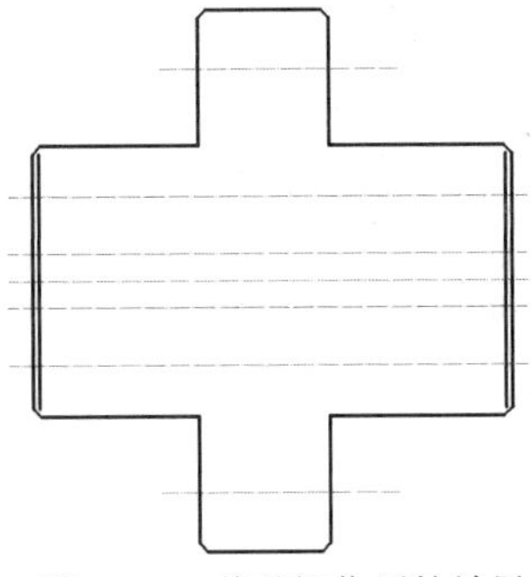
图 10-21　偏移操作后的效果

(18) 将偏移后的水平中心线图层匹配为“轮廓线”图层，选择“修改”|“倒角”命令，命令行提示如下。

```
命令: _chamfer
(“修剪”模式) 当前倒角距离 1＝2，距离 2＝2
选择第一条直线或 [放弃(U)/多段线(P)/距离(D)/角度(A)/修剪(T)/方式(E)/多个(M)]: T
                                                    //选择修剪模式
输入修剪模式选项 [修剪(T)/不修剪(N)] <修剪>: N        //选择不修剪模式
选择第一条直线或 [放弃(U)/多段线(P)/距离(D)/角度(A)/修剪(T)/方式(E)/多个(M)]:
                                                    //选择最右侧的垂直直线
选择第二条直线或按住 Shift 键选择要应用角点的直线:    //选择上侧偏移距离为 25 的水平线
```

(19) 继续选择“修改”|“倒角”命令，绘制其余倒角，绘制完成的效果如图 10-22 所示。

(20) 选择“修改”|“修剪”命令，将图 10-22 所示的图形修剪为如图 10-23 所示的形状。

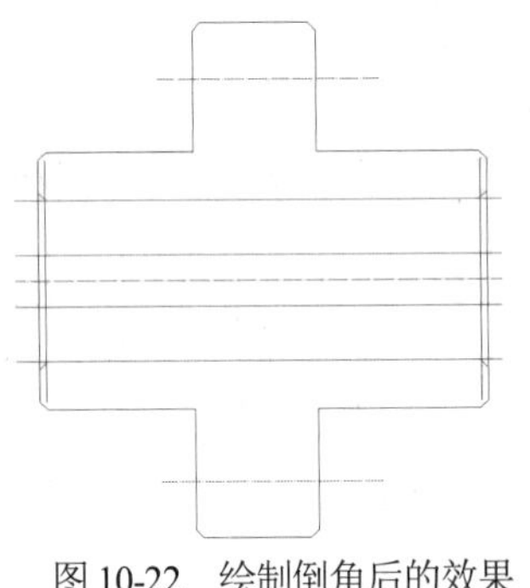
图 10-22　绘制倒角后的效果

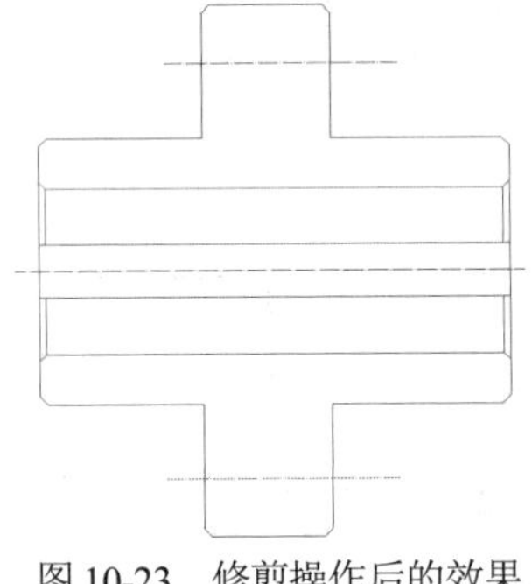
图 10-23　修剪操作后的效果

(21) 装配螺杆，在绘图区选择螺杆的所有图元，然后右击，在弹出的快捷菜单中选择“移动”命令，命令行提示如下。

```
命令: _move 找到 12 个
指定基点或 [位移(D)] <位移>:  //捕捉螺杆左侧第二条垂直直线的中点
指定第二个点或 <使用第一个点作为位移>:  <正交 关>
                    //捕捉主视图上侧中心线与左侧垂直直线的交点，完成平移操作，效果如图 10-24 所示
```

(22) 继续选择“移动”命令，装配螺母和垫圈，装配完成后的效果如图 10-25 所示。

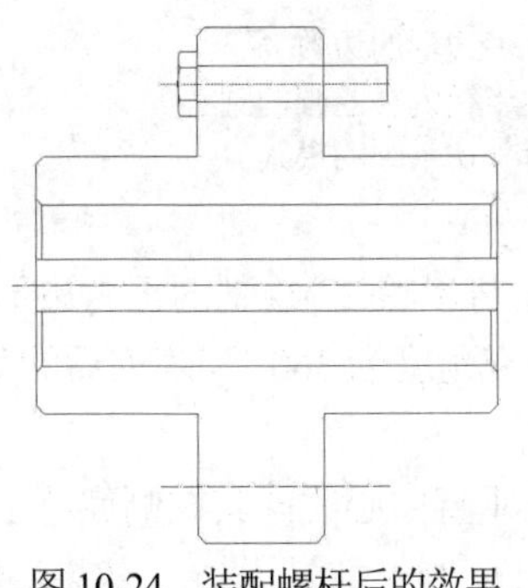
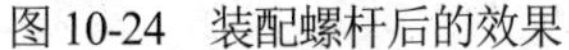

图 10-24　装配螺杆后的效果

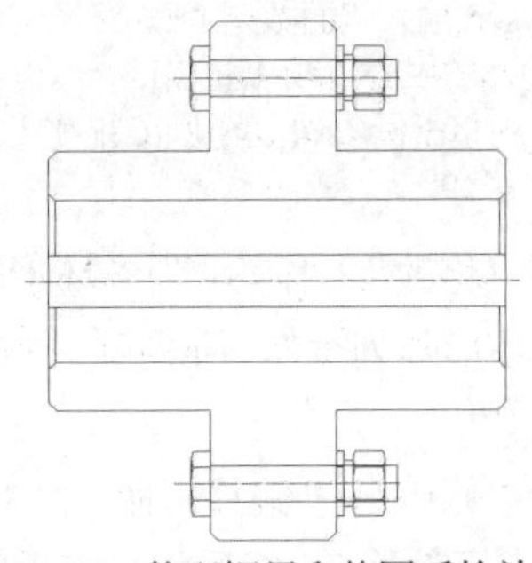

图 10-25　装配螺母和垫圈后的效果

(23) 将“剖面线”图层置为当前图层，选择“绘图”|“图案填充”命令，打开“图案填充和渐变色”对话框，选择 ANSI31 样例，按图 10-26 所示的区域进行图案填充。

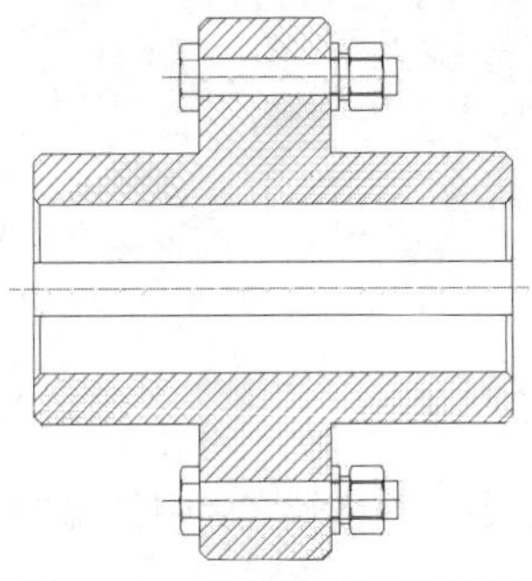

图 10-26　图案填充后的效果

(24) 接下来绘制装配图中的左视图。将“轮廓线”图层置为当前图层，然后选择“绘图”|“圆”|“圆心、半径”命令，以左视图中心线的交点为圆心，绘制如图 10-27 所示的半径分别为 8、25、27、37.5、40、77.5 和 80 的圆。

(25) 继续选择“绘图”|“圆”|“圆心、半径”命令，以左视图垂直中心线与定位圆的交点为圆心，绘制半径为 9 的圆。

(26) 选择“修改”|“阵列”|“环形阵列”命令，将步骤(25)绘制的圆以中心线的交点为中心进行环形阵列操作，阵列项目数为 4，项目填充角度为 360°，阵列后的效果如图 10-28 所示。

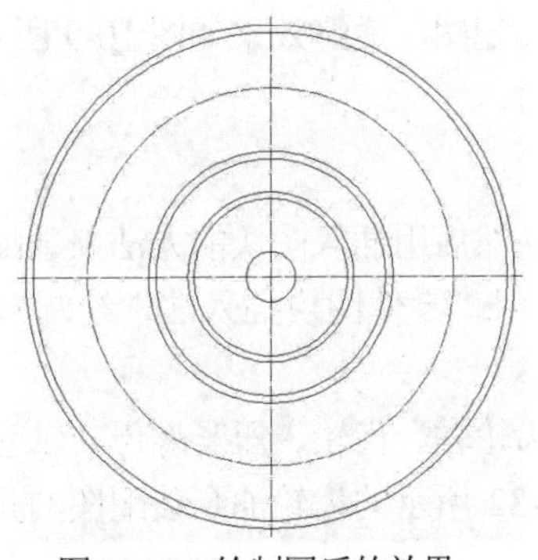

图 10-27　绘制圆后的效果

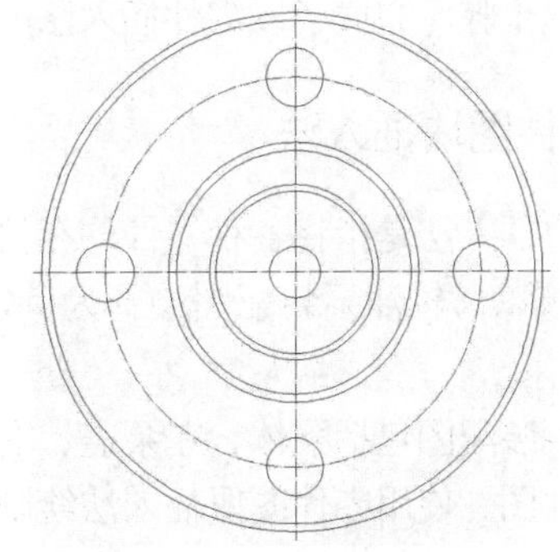

图 10-28　绘制阵列圆后的效果

(27) 在菜单栏中选择“绘图”|“正多边形”命令，命令行提示如下。

```
命令: _polygon 输入侧面数 <4>: 6                    //输入多边形的边数
指定正多边形的中心点或 [边(E)]:                     //捕捉半径为 9 的圆的圆心
输入选项 [内接于圆(I)/外切于圆(C)] <I>: C          //选择外切于圆的模式
指定圆的半径: 9                                     //输入圆的半径
```

(28) 选择“修改”|“阵列”|“环形阵列”命令，将步骤(27)绘制的正六边形以中心线的交点为中心进行环形阵列操作，阵列项目数为 4，项目填充角度为 360°，阵列后的效果如图 10-29 所示。

(29) 选择“修改”|“偏移”命令，将左视图中的垂直中心线向其左侧偏移 29.5，将水平中心线分别向其上下偏移 8，然后将偏移后的中心线匹配为“轮廓线”图层，效果如图 10-30 所示。

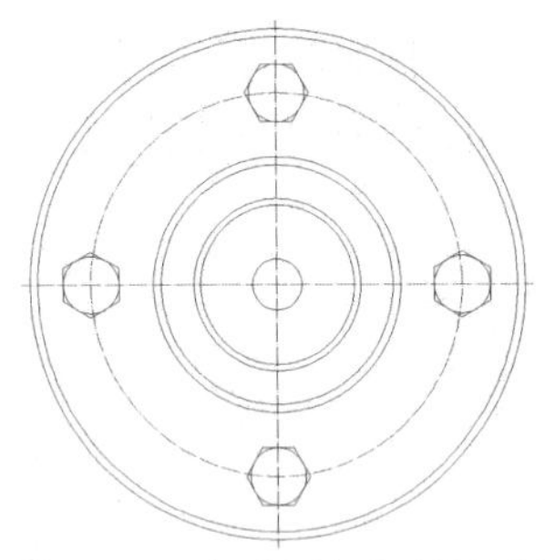

图 10-29　阵列多边形后的效果

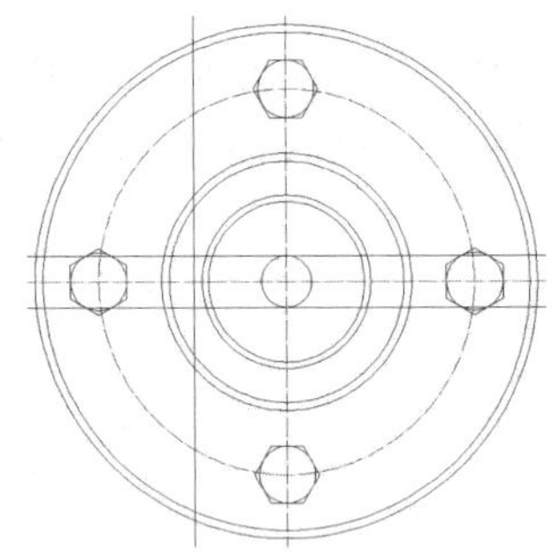

图 10-30　偏移中心线后的效果

(30) 选择“修改”|“修剪”命令，将步骤(29)中偏移的中心线进行修剪操作，修剪后的效果如图 10-31 所示。

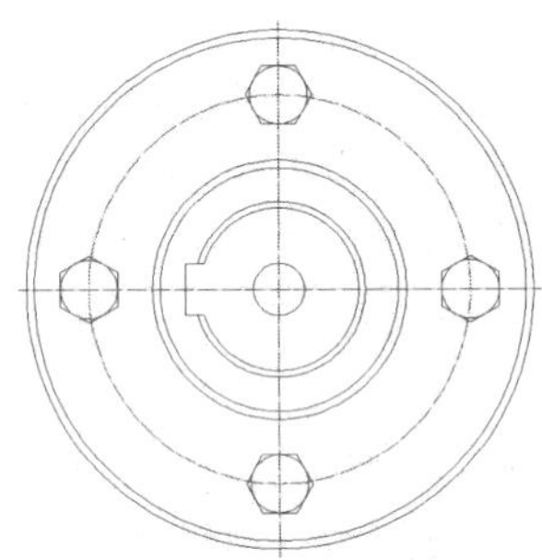

图 10-31　绘制键槽

通过以上步骤，完成了以零件插入法所绘制的装配图，最终效果如图 10-9 所示。

10.7.3　零件图块插入法

零件图块插入法是指将各种零件均存储为图块，然后用插入图块的方法来装配零件以绘制装配图。本节以齿轮油泵装配图绘制为例，介绍使用“零件图块插入法”绘制装配图的具体操作方法。

齿轮油泵装配图包括泵体、左泵盖、右泵盖、齿轮轴、齿轮、压紧螺母、轴套、螺钉、销和垫圈等零件图。使用零件图块插入法绘制如图 10-32 所示的齿轮油泵装配图的具体操作步骤如下。

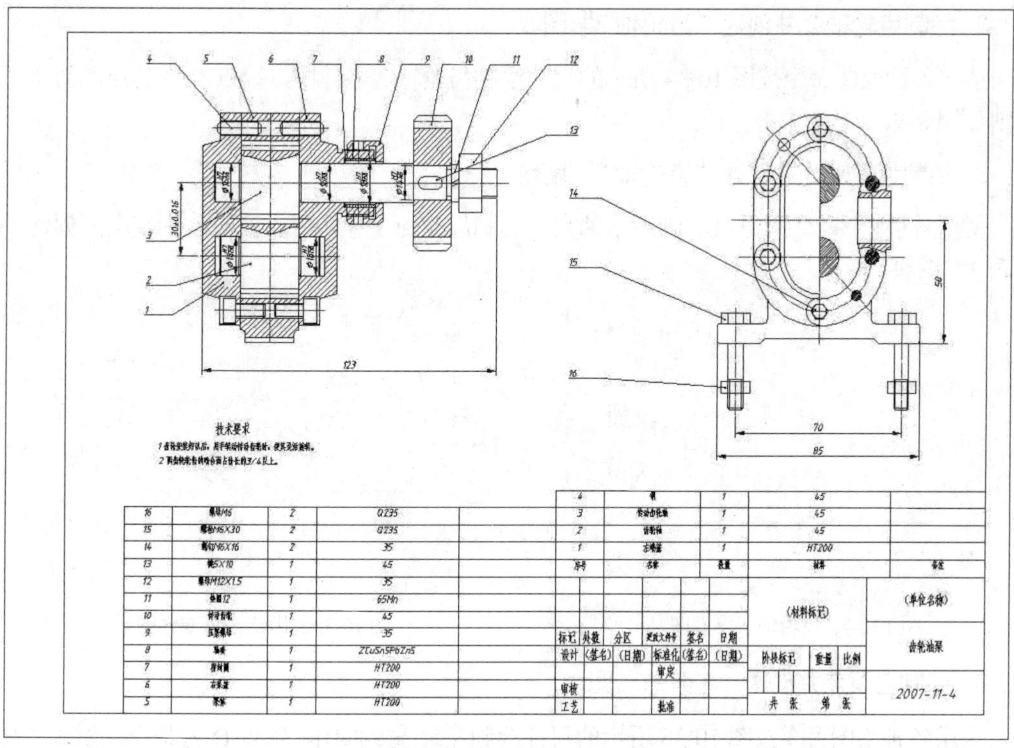

图 10-32　齿轮油泵装配图

1. 绘制泵体并创建“泵体”图块

使用各种绘图命令按图 10-33 所示的尺寸绘制泵体零件图，以点 A 为基点，创建图块“泵体”。

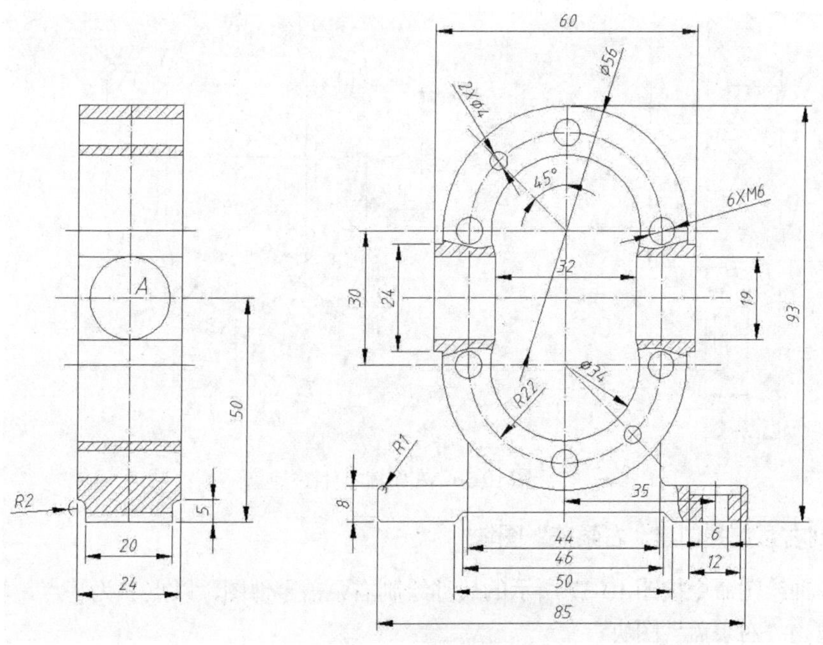

图 10-33　泵体零件图

2. 绘制齿轮轴 2 并创建“齿轮轴 2”图块

使用各种绘图命令按图 10-34 所示的尺寸绘制齿轮轴 2 零件图，以点 B 为基点，创建“齿轮轴 2”图块。

3. 绘制齿轮轴 3 并创建“齿轮轴 3”图块

使用各种绘图命令按图 10-35 所示的尺寸绘制齿轮轴 3 零件图，以点 C 为基点，创建“齿轮轴 3”图块。

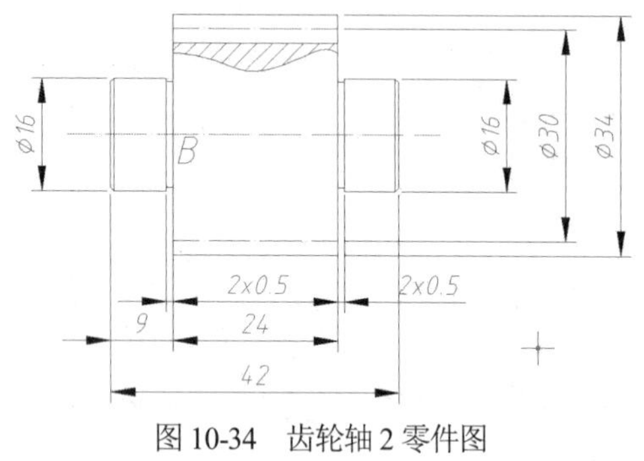

图 10-34　齿轮轴 2 零件图

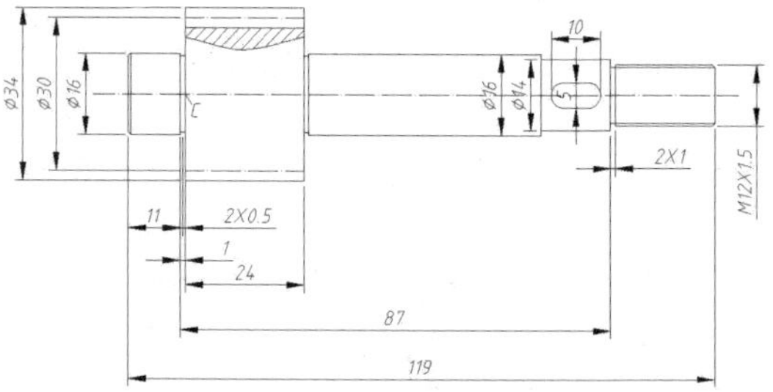

图 10-35　齿轮轴 3 零件图

4. 绘制左泵盖并创建“左泵盖”图块

使用各种绘图命令按图 10-36 所示的尺寸绘制左泵盖零件图，以点 D 为基点，创建“左泵盖—主视图”图块；将左泵盖的右视图半边图形，以点 E 为基点，创建“左泵盖—右半视图”图块。

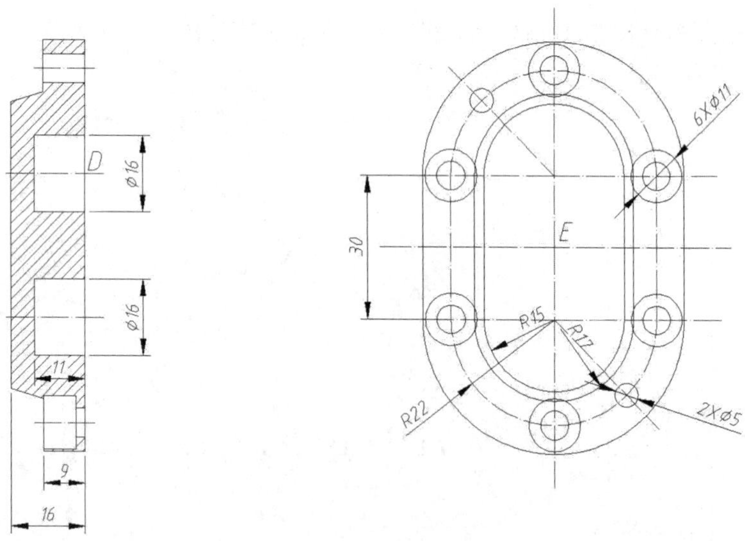

图 10-36　左泵盖零件图

5. 绘制右泵盖并创建“右泵盖”图块

使用各种绘图命令按图 10-37 所示的尺寸绘制右泵盖零件图，以点 F 为基点，将右泵盖的主视图创建为“右泵盖”图块。

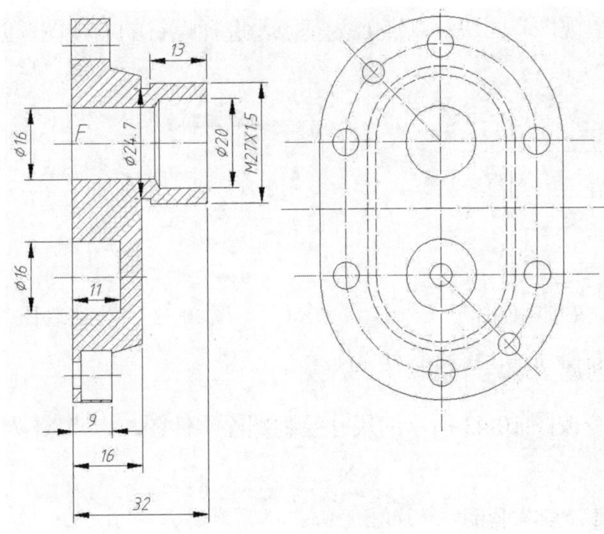

图 10-37　右泵盖零件图

6. 绘制轴套并创建“轴套”图块

使用各种绘图命令按图 10-38 所示的尺寸绘制轴套零件图，以点 G 为基点，创建“轴套”图块。

7. 绘制压紧螺母并将其保存成“压紧螺母”图块

使用各种绘图命令按图 10-39 所示的尺寸绘制压紧螺母零件图，以点 H 为基点，创建“压紧螺母”图块。

8. 绘制齿轮并创建“齿轮”图块

使用各种绘图命令按图 10-40 所示的尺寸绘制齿轮零件图，以点 I 为基点，创建“齿轮”图块。

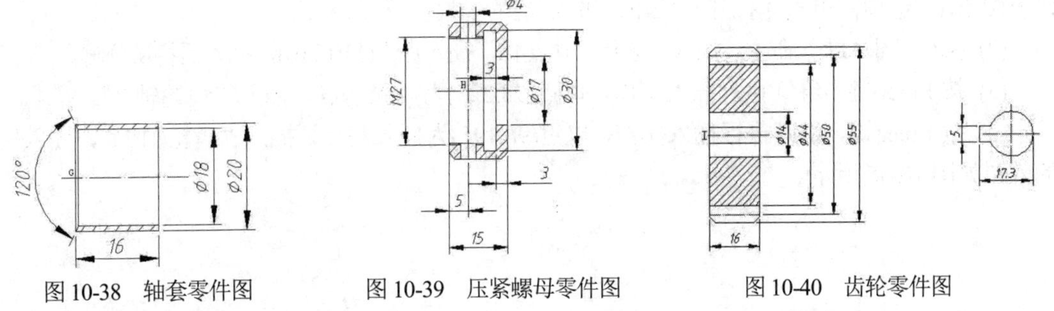

图 10-38　轴套零件图　　图 10-39　压紧螺母零件图　　图 10-40　齿轮零件图

9. 绘制垫圈并创建“垫圈”图块

使用各种绘图命令按图 10-41 所示的尺寸绘制垫圈零件图，以点 J 为基点，创建“垫圈”图块。

10. 绘制螺钉并创建“螺钉”图块

使用各种绘图命令按图 10-42 所示的尺寸绘制螺钉零件图，以点 K 为基点，选择螺钉的主视图，创建“螺钉—主视图”图块；以点 L 为基点，选择螺钉的右视图，创建“螺钉—右视图”图块。

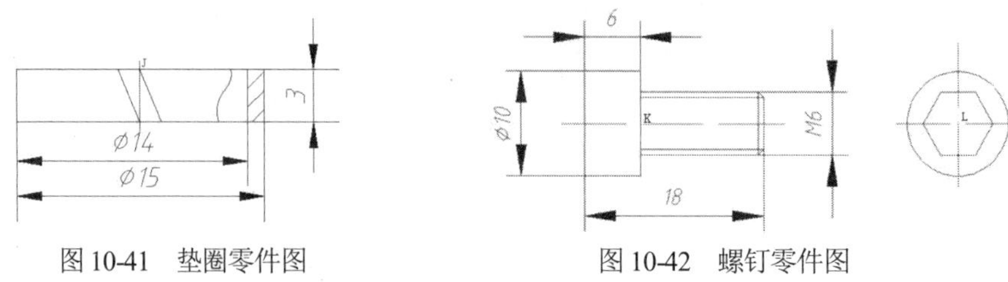

图 10-41　垫圈零件图

图 10-42　螺钉零件图

11. 绘制螺栓并创建“螺栓”图块

使用各种绘图命令按图 10-43 所示的尺寸绘制螺栓零件图，以点 M 为基点，创建“螺栓”图块。

12. 绘制销并创建“销”图块

使用各种绘图命令按图 10-44 所示的尺寸绘制销零件图，以销零件中心线的中点为基点，创建“销”图块。

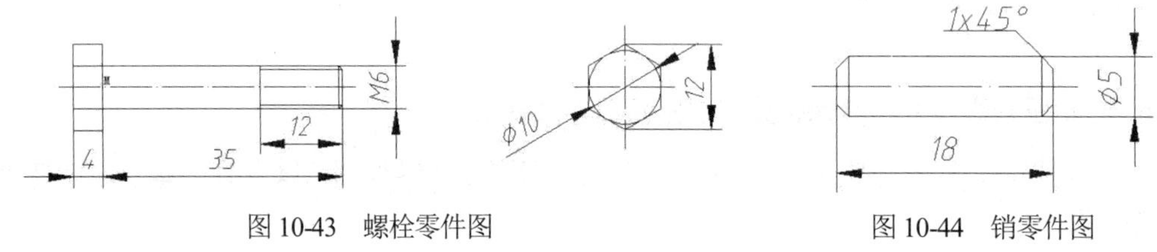

图 10-43　螺栓零件图

图 10-44　销零件图

13. 由零件图拼装定制装配图

具体操作步骤如下。

(1) 选择“文件”|“新建”命令，弹出“选择样板”对话框，在“名称”列表中选择“A3 样板图.dwt”选项，单击“打开”按钮，进入绘图区域。

(2) 执行“插入块”命令，插入“泵体”块文件，插入点为(110,210)，插入后将块分解。

(3) 按 Enter 键，继续执行插入操作，以点(98,225)为插入基点，插入“齿轮轴 2”。

(4) 按 Enter 键，继续执行插入操作，以点(98,195)为插入基点，插入“齿轮轴 3”，插入后的效果如图 10-45 所示。

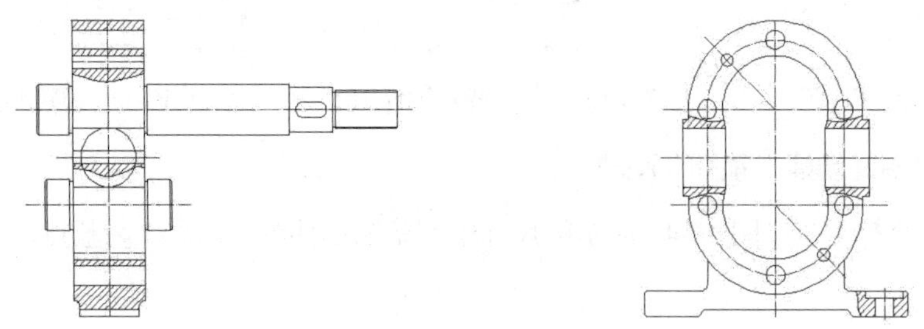

图 10-45　插入“齿轮轴”后的效果

(5) 执行“修剪”和“删除”命令，对图 10-45 所示图形进行编辑操作，编辑后的效果如图 10-46 所示。

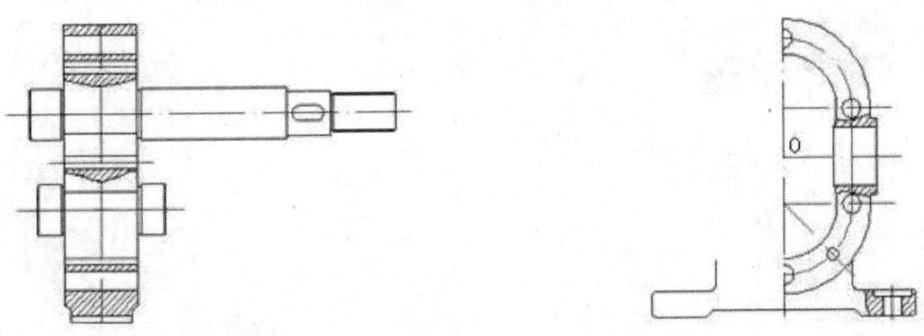

图 10-46　编辑装配图后的效果

(6) 执行“插入块”命令，以点(98,225)为基点，插入“左泵盖—主视图”图块；以图 10-46 所示的点 O 为插入点，插入“左泵盖—右半视图”图块，插入后的效果如图 10-47 所示。

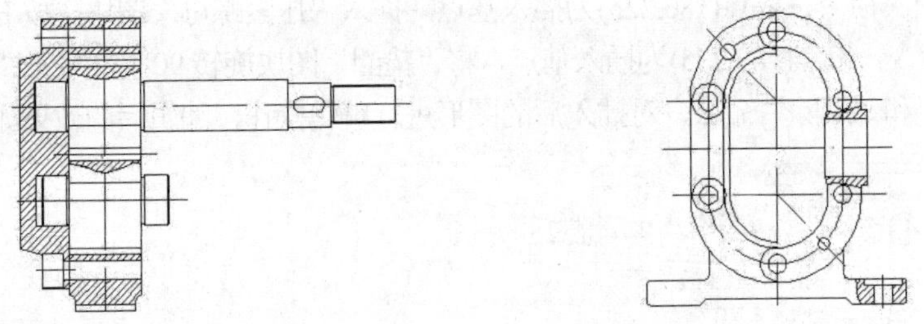

图 10-47　插入“左泵盖”后的效果

(7) 按 Enter 键，继续执行“插入块”命令，以点(122,225)为插入基点，插入“右泵盖—主视图”图块，插入后的效果如图 10-48 所示。

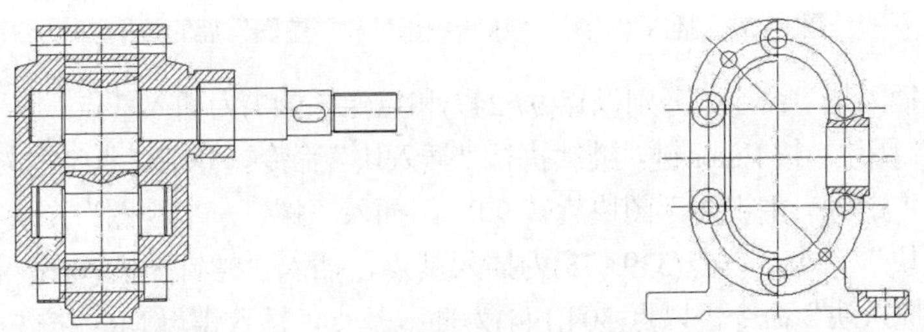

图 10-48　插入“右泵盖”后的效果

(8) 按 Enter 键，继续执行“插入块”命令，以点(141,225)为插入基点，插入“轴套”图块；按 Enter 键，继续执行“插入块”命令，以点(147,225)为插入基点，插入轴端“压紧螺母”图块，插入后的效果如图 10-49 所示。

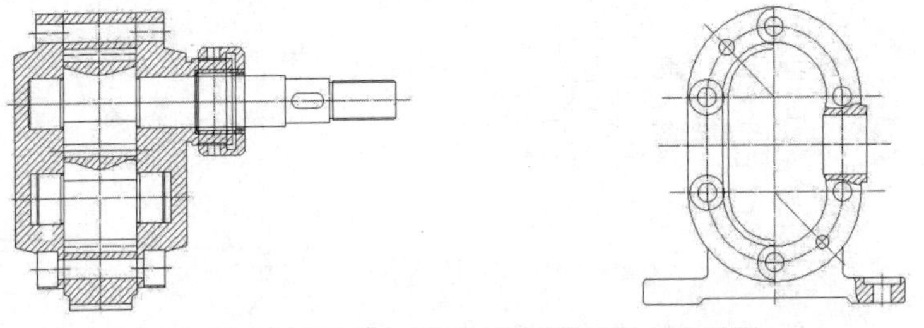

图 10-49　插入“轴套”和“压紧螺母”后的效果

(9) 执行“修剪”和“删除”命令，对图 10-49 所示图形进行编辑操作，编辑结束后的效果如图 10-50 所示。

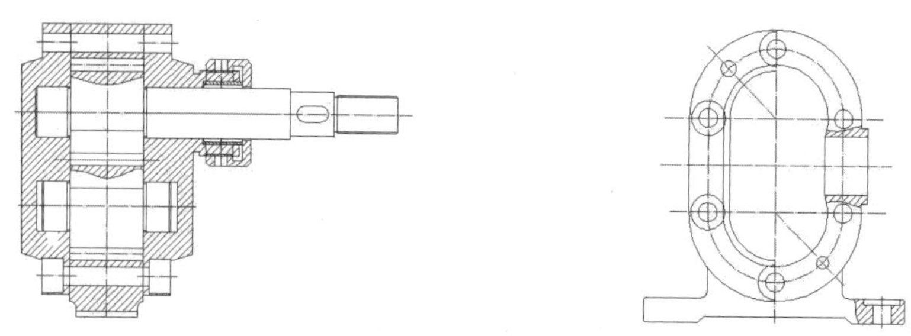

图 10-50　修剪装配图后的效果

(10) 执行“插入块”命令，以点(170,225)为插入基点，插入“齿轮”图块；按 Enter 键，继续执行“插入块”命令，以点(186,225)为插入基点，插入“压紧螺母”图块；按 Enter 键，继续执行“插入块”命令，以点(189,225)为插入基点，将“垫圈”图块旋转 90°，插入“垫圈”图块；然后执行“修剪”和“删除”命令，对插入后的图形进行编辑操作，编辑后的效果如图 10-51 所示。

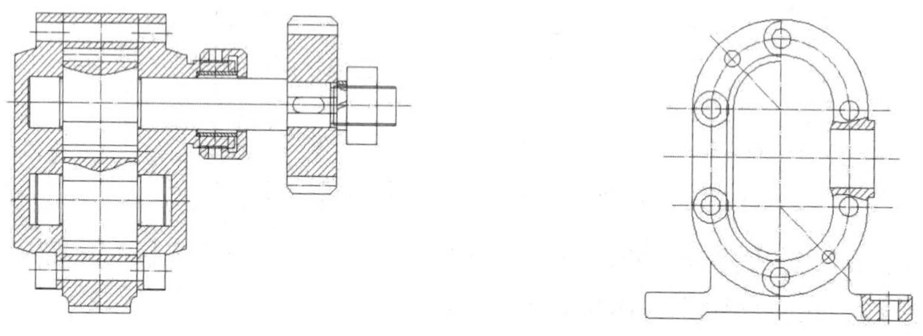

图 10-51　插入“齿轮”“压紧螺母”和“垫圈”后的效果

(11) 执行“插入块”命令，分别以点(97,247)和点(123,247)为插入基点，将“销”图块旋转 90°，插入“销”图块；按 Enter 键，继续执行“插入块”命令，分别以点(96,173)和点(124,173)为插入基点，将“螺钉—主视图”图块旋转 90°，插入“螺钉—主视图”图块；按 Enter 键，继续执行“插入块”命令，以点(339,173)为插入基点，插入“螺钉—右视图”图块；按 Enter 键，继续执行“插入块”命令，以点(304,144)为插入基点，插入螺母 M6；按 Enter 键，继续执行“插入块”命令，分别以点(304,168)和点(374,168)为插入基点，将“螺栓”图块旋转 90°，插入“螺栓”图块；然后执行“修剪”和“删除”命令，对插入后的图形进行编辑操作，编辑后的效果如图 10-52 所示。

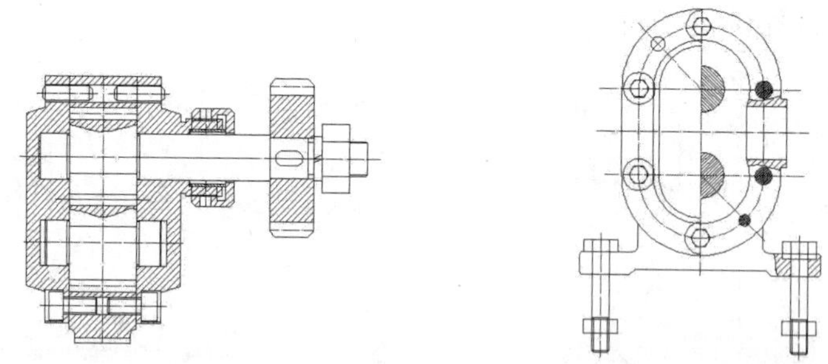

图 10-52　插入“销”“螺钉”“螺母”和“螺栓”后的效果

(12) 选择“标注”|“线性”命令，标注装配图中的尺寸。图 10-53 所示为标注尺寸后的效果图。

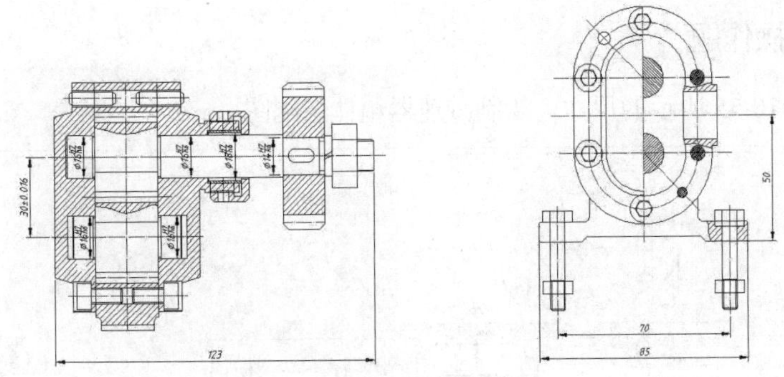

图 10-53　标注尺寸后的效果

提示：

在装配图中标注尺寸时，只需标注出与机器或零件的性能、装配、安装运输等方面有关的尺寸即可，各零部件的尺寸不需要全部标注。

(13) 在命令行中输入 QLEADER 命令后按 Enter 键，使用“多重引线”功能，标注装配图中的零件序号，标注完成后的效果如图 10-54 所示。

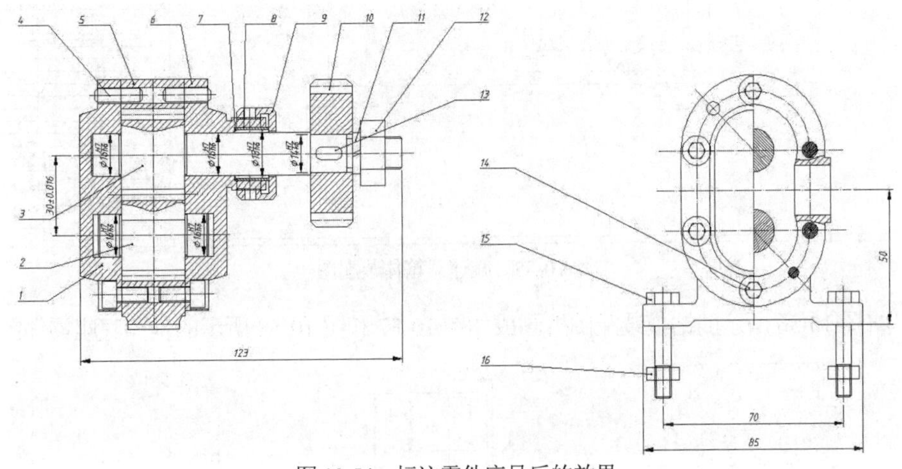

图 10-54　标注零件序号后的效果

(14) 填写装配图中的标题栏、明细表和技术要求。

通过以上步骤，完成了装配图的全部绘制，最终效果如图 10-32 所示。

10.8　习题

10.8.1　问答题

(1) 简述装配图绘制的内容和表达方法。

(2) 在装配图中要进行哪些尺寸的标注？

(3) 装配图中零件序号添加的规定和原则是什么？

(4) 请简述装配图绘制的几种方法。

10.8.2 上机操作题

(1) 根据图 10-55 所示的尺寸，绘制减速器箱体装配图。

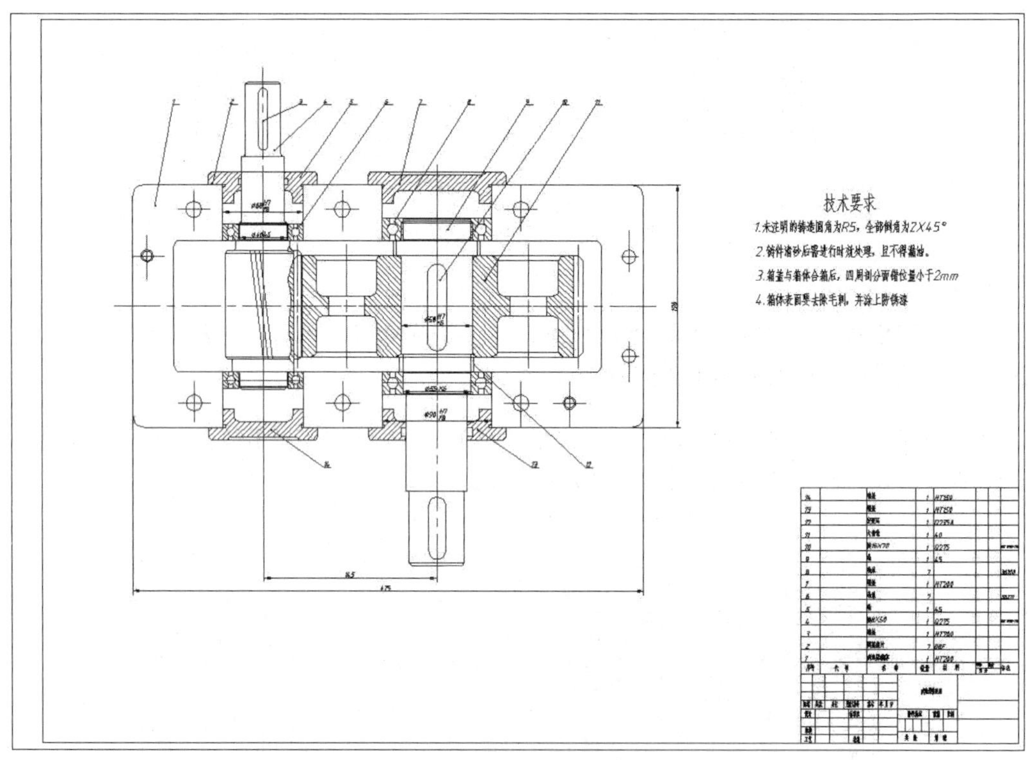

图 10-55　减速器箱体装配图

(2) 将图 10-56 所示的钻模装配图拆画成如图 10-57 和图 10-58 所示的轴和底座零件图。

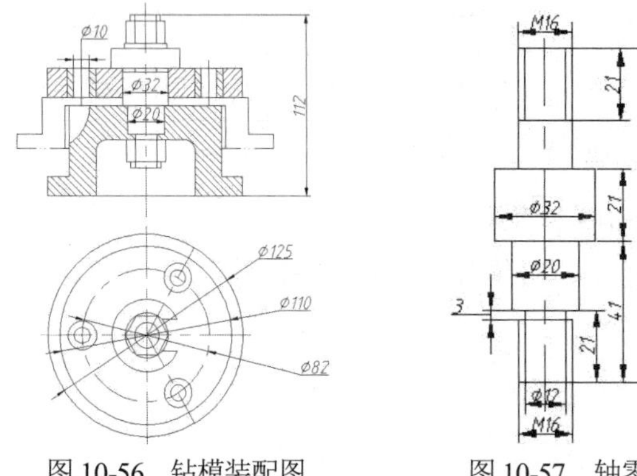

图 10-56　钻模装配图　　图 10-57　轴零件图

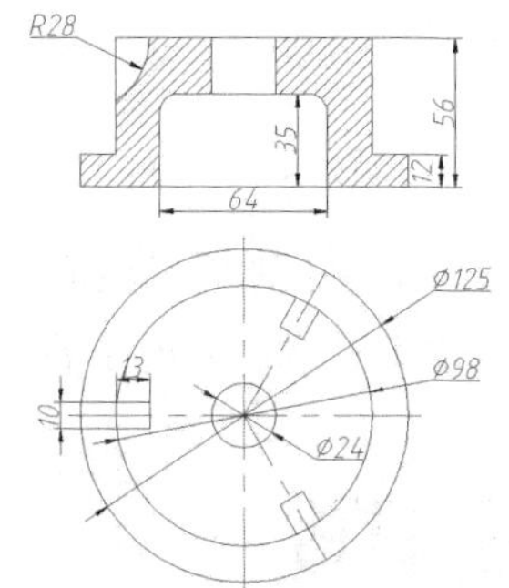

图 10-58　底座零件图

ꕥ 第 11 章 ꕥ

绘制和编辑三维表面

在前面的章节中，主要介绍了运用 AutoCAD 2020 进行二维绘图的知识，对于二维图形，用户只能垂直于绘图面来进行观察，而三维图形，用户则要以一定角度来进行观察；三维绘图的一些命令是专用的，而大部分的二维绘图命令可以在三维绘图中运用；三维实体直观易懂。从本章开始将介绍三维绘图操作，主要介绍坐标的运用和三维表面的绘制，使用户掌握如何使用动态坐标来绘制一些三维模型。

11.1 三维模型的分类

对于大多数用户来说，AutoCAD 的三维和二维操作有很大的区别，最明显的区别是三维绘图中除了二维所需创建的长度和宽度外，还需考虑另外一个方向，即高度。为了使用户更容易上手，先从最基本的概念入手，再进一步介绍其具体操作。

在 AutoCAD 2020 中创建的三维对象称为模型，所谓的三维模型是指在计算机中将产品的实际形状表示为三维的模型，模型中包括了产品几何结构点、线、面、体等的各种信息。根据模型包括的各种不同信息，可以将三维模型大致分为 3 类：线框模型、表面模型和实体模型。

1. 线框模型

线框模型是三维造型中必不可少的组成部分。它用边来表示三维模型的轮廓线，这些边包括点、直线、射线、圆、圆弧、多线、多线段和样条曲线等；它没有面，不能消隐、着色和渲染。图 11-1 给出了一个简单的线框模型，该模型由直线组成，直线之间没有任何内容，线框不能遮挡住位于后面的对象。

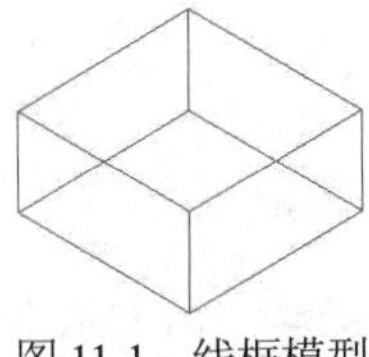

图 11-1　线框模型

2. 表面模型

表面模型是在线框模型的基础上加上了表面特征，可以进行消隐、着色、渲染等操作，从而达到真实的视觉效果，构成表面模型的对象是三维面或网格面。表面模型中缺乏几何形状——体积的概念，如同一个几何体的空壳。图 11-2(a)是图 11-1 线框模型对应的表面模型，该模型是通过 3DFACE 命令在图 11-1 所示的线框模型的基础上创建出各个三维面，使其看起来像一个实体，实际上仍是一个空壳；图 11-2(b)是在表面模型上去掉了顶面所得形状，可以看出该模型是中空的；图 11-2(c)是去掉各面所得的模型，该模型就是图 11-1 所示的线框模型图。

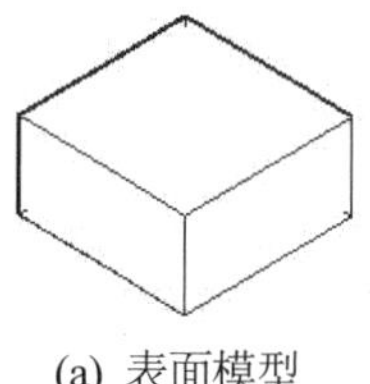
(a) 表面模型

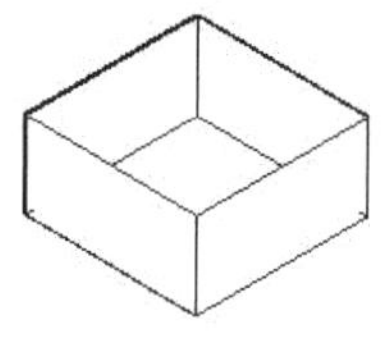
(b) 去除顶面

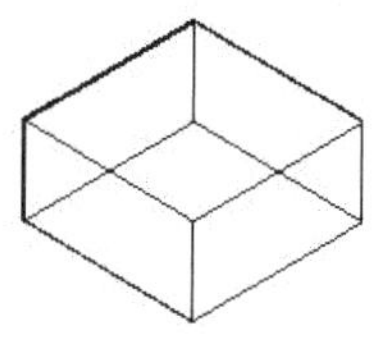
(c) 去除所有面

图 11-2　表面模型和线框模型

3. 实体模型

实体模型既有边又有面，它是在表面模型的基础上填充一定的物质，使其具有体积、重量等物理特性。实体是由简单的基本形状组成的，如长方体、圆柱体、圆锥体、楔体和球体等。实体模型是由封闭的几何表面构成的具有一定体积，从而形成几何形状的体，如同在几何体的中间填充了一定的物质，可以通过这些物理特性检查该实体的碰撞和动量等一些物理现象。由三维 CAD 系统绘制的模型包含了更多的实际结构特征，使用户在采用三维 CAD 造型工具进行产品结构设计时，更能反映出实际产品的构造或加工制造过程。

图 11-3 中的 3 个图所示的是实体模型，其创建过程是先拉伸一个长方体，如图 11-3(a)所示，该图模型看起来像是线框模型，这是由于还没进行消隐操作；然后使用“视图”|“消隐”命令，此时模型外观如图 11-3(b)所示；再使用“视图”|“视觉样式”|“真实”命令，此时的模型如图 11-3(c)所示，该图已被着色，给人一种实体的感觉，有质量、有体积，外观明显是一个立方体。表面模型执行此操作后也跟立体模型的外观相同，但前者只是一个空壳，而后者却是一个含一定密度的三维体。

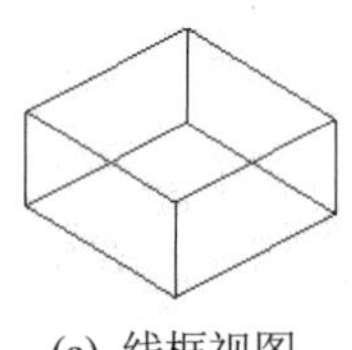
(a) 线框视图

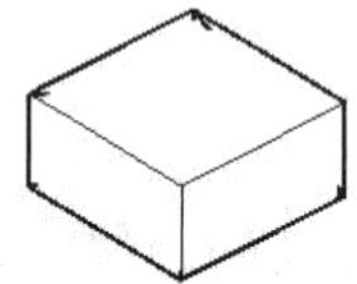
(b) 消隐后的视图

(c) “真实”视图

图 11-3　线框模型、表面模型和实体模型

11.2 三维坐标系

通常三维坐标系使用的是笛卡尔坐标系，笛卡尔坐标系是在二维(X 轴、Y 轴)的基础上加入了第三维(Z 轴)，也叫直角坐标系，它分为左手系和右手系，AutoCAD 使用的是右手笛卡尔坐标系。同二维坐标系一样，AutoCAD 中的三维笛卡尔坐标系有世界坐标系(WCS)和用户坐标系(UCS)两种形式。另外，AutoCAD 还有圆柱坐标系和球面坐标系，限于篇幅的原因，在此不做详细介绍。

11.2.1　右手法则与坐标系

1. 右手法则

在笛卡尔坐标系中，X 轴、Y 轴和 Z 轴的正方向是根据右手法则确定的，二维的坐标面是XY 面，而视图方向是垂直于该面的，因此确定三维的 Z 轴也就是视图的方向，垂直于 XY 面。三轴的正方向通过右手法则可以确定。右手法则已被普遍接受，右手坐标系可以使用户容易辨认出 Z 轴的正方向，以及各个轴的正方向，以确定在绘制三维图时输入的参数是正数还是负数，如拉伸、旋转等的方向。

要确定 Z 轴的正方向，可将右手手心朝向眼睛，手背贴着屏幕，压弯中指，则拇指所指的方向是 X 轴的正方向，食指所指的方向是 Y 轴的正方向，而中指所指的方向就是 Z 轴的正方向。如图 11-4(a)所示的右手法则示意图，箭头指的方向是各个坐标轴的正方向。

要确定某个坐标轴的正旋转方向，用右手的大拇指指向该轴的正方向并弯曲其他 4 个手指，右手四指所指的方向即是该坐标轴的正旋转方向。如图 11-4(b)所示的右手法则示意图，箭头指的方向是该轴的旋转正方向。

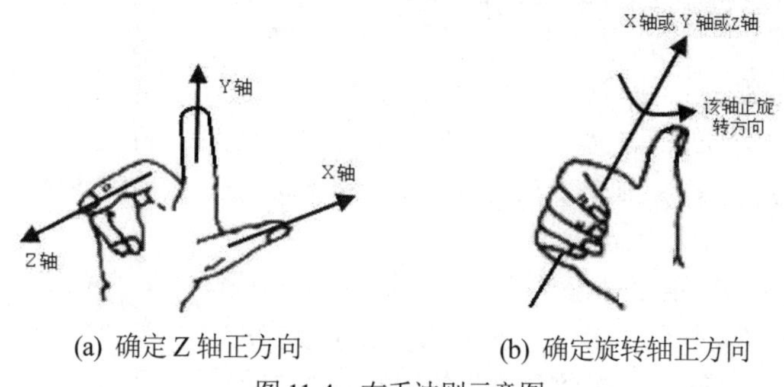

(a) 确定 Z 轴正方向　　　(b) 确定旋转轴正方向

图 11-4　右手法则示意图

2. 坐标系

AutoCAD 提供了两种坐标系供用户使用，一个是固定的世界坐标系(WCS)，一个是可移动的用户坐标系(UCS)。默认情况下，这两个坐标系在新图形中是重合的。

直角坐标系有 3 个坐标轴，各个坐标轴的关系如图 11-5 所示。坐标系上的点分别标记在互相垂直的 X 轴、Y 轴、Z 轴上，坐标系上的每一点的坐标表示形式为(x,y,z)。在任何情况下，都可以通过输入一个点的 X、Y、Z 坐标值来确定该点的位置。如果在输入点时输入了(4,5)并按下 Enter 键，表示输入了一个位于当前 XY 平面上的点，此时是由于系统自动给该点加上 Z 轴坐标为 0 所致的。

相对坐标在三维笛卡尔坐标系中仍然有效，如相对于点(4,5,6)，坐标值为(@1,2,3)的点的绝对坐标为(5,7,9)。

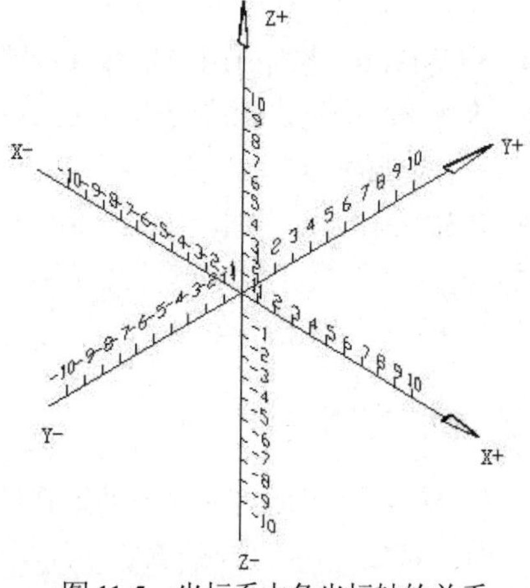

图 11-5　坐标系中各坐标轴的关系

11.2.2 坐标系的建立

打开 AutoCAD 2020 时，系统默认的是世界坐标系，而该坐标系在确定位置比较复杂的特征时是比较困难的。引入用户坐标系之后，确定这些位置就会比较简单。确定当前的坐标系是世界坐标系还是用户坐标系，可通过观察 XY 面上是否存在正方形，用户坐标系在 XY 面上有正方形，而世界坐标系没有。灵活使用用户坐标系在创建不同位置和形状不规则的曲面或复杂曲面时很有用。

通过以下两种方法可以创建用户坐标系。

(1) 在命令行中输入 UCS 命令，命令行提示如下，用户可以根据需要输入相应字母所代表的 UCS 形式。

```
命令: ucs                                    //在命令行中输入 ucs
当前 UCS 名称: *俯视*
指定 UCS 的原点或 [面(F)/命名(NA)/对象(OB)/上一个(P)/视图(V)/世界(W)/X/Y/Z/Z 轴(ZA)] <世界>:
                                             //选择创建 UCS 的方式
```

从命令行选项可以看出，AutoCAD 2020 提供了 9 种命令供用户创建新的 UCS，这 9 种命令的含义分别如下。

- 指定 UCS 的原点：使用一点、两点或三点定义一个新的 UCS。如果指定一个点，则原点移动到该指定的点，而 X、Y 和 Z 轴的方向不改变；若指定第二点，UCS 将绕先前指定的原点旋转，X 轴正半轴通过该点；若指定第三点，UCS 将绕 X 轴旋转，XY 平面的 Y 轴正半轴包含该点。
- 面(F)：UCS 与选定面对齐。在要选择的面边界内或面的边上单击，被选中的面将高亮显示，X 轴将与找到的第一个面上的最近的边对齐。
- 命名(NA)：按名称保存并恢复通常使用的 UCS 方向。
- 对象(O)：根据用户选择的对象新建 UCS。新 UCS 的拉伸方向(Z 轴正方向)与选定对象的拉伸方向相同。
- 上一个：恢复上一个 UCS，最多可以返回 10 次。
- 视图(V)：以垂直于观察方向(平行于屏幕)的平面为 XY 平面，建立新的坐标系，UCS 原点保持不变。
- 世界(W)：将当前用户坐标系设置为世界坐标系。
- X/Y/Z：绕指定轴旋转当前 UCS 一定的角度，而生成新的 UCS。
- Z 轴矢量(A)：用指定的 Z 轴正半轴定义 UCS。

(2) 选择“工具”|“新建 UCS”命令中的子命令，也可新建 UCS，如图 11-6 所示。

图 11-6 “新建 UCS”命令中的子命令

11.2.3 动态坐标系

动态坐标系可以使用户更方便地在比较复杂的面上创建特征对象。使用动态 UCS 功能，可以在创建对象时使 UCS 的 XY 平面自动与实体模型上的平面临时对齐。用户单击状态栏中的“动态 UCS”按钮，即可启动动态 UCS 功能。使用绘图命令时，可以通过在面的一条边上移动指针对齐 UCS，而无须使用 UCS 命令，结束该命令后，UCS 将恢复到其上一个位置和方向。

11.3 设置绘图显示

每个由 AutoCAD 创建出的三维模型都可以通过任意方向观察它，AutoCAD 2020 通过视点来调节三维对象的方向，有时候绘图时也需要调整界面的视点，从而比较方便地绘制所需的特征。当用户指定视点后，AutoCAD 将在屏幕上以该点与坐标原点的连线为观察方向显示出图形的投影。AutoCAD 有 4 种方法设置视点功能：对话框、罗盘、菜单、键盘控制(Shift 键+鼠标中键)。这里我们只介绍对话框和菜单方法。

11.3.1 利用对话框设置视点

通过启用“视点预设”对话框，用户可以形象地对视点进行设置。选择“视图” | “三维视图” | “视点预设”命令，或者在命令行中输入 DDVPOINT 命令，可打开“视点预设”对话框，如图 11-7 所示。该对话框顶端有两个选项，分别用于确定坐标系是相对于 WCS 坐标还是 UCS 坐标；对话框中左边坐标图形上的刻度用于确定视点与原点间的连线在 XY 面上的投影与 X 正半轴的夹角，右边角度图形用于确定视点与原点间的连线与 XY 面的夹角；在两个图上都设置了比较常用的特殊角度值，也可以通过两个文本框来直接输入对应于上图两个夹角的具体值；下端的 设置为平面视图(V) 按钮用来设置所对应的平面视图。单击“确定”按钮，AutoCAD 按所设置的视点显示图形。

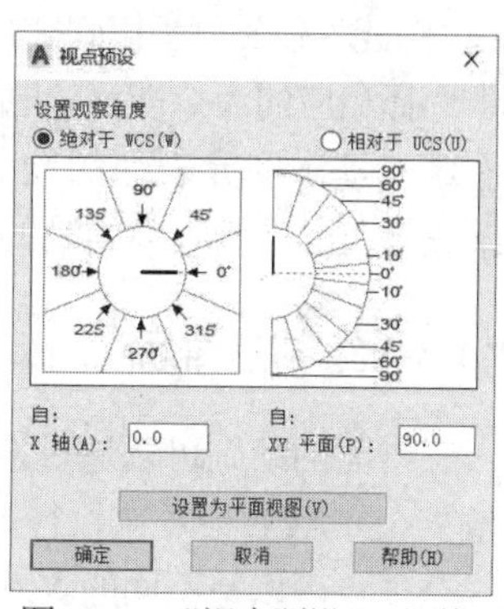

图 11-7　“视点预设”对话框

11.3.2 用菜单设置特殊视点

系统本身也提供了用户常用的几种特殊视点，可通过“视图” | “三维视图”菜单的子菜单设置特殊视点，如图 11-8 所示。

用菜单设置特殊视点也称为快速设置视图，该方法是选择预定义的三维视图，可根据名称或说明选择预定义的标准正交视图和等轴测视图。系统提供的预置三维视图包括俯视、仰视、前视、左视、右视和后视；等轴测视图包括西南等轴测、东南等轴测、东北等轴测和西北等轴测。

此外，通过按 “Shift 键+鼠标中键”组合键也可以旋转各个视角，该方法比较简便，一般用于绘制后观察效果图。

图 11-8　设置特殊视点的菜单

11.4 三维绘制

本节将介绍三维绘制的操作，包括三维点、三维基本面、三维面等的绘制。

11.4.1 绘制三维点

三维点的绘制与平面图中绘制点的方法类似，仅多了一个 Z 方向的坐标。

11.4.2 绘制三维基本面

在 AutoCAD 2020 中，用户可以通过输入以下命令绘制基本三维表面：长方体表面(ai_box)、棱锥面(ai_pyramid)、楔体表面(ai_wedge)、圆锥面(ai_cone)、球面(ai_sphere)、上半球面(ai_dome)、下半球面(ai_dish)、圆环面(ai_tours)和网格面(ai_mesh)。

当然，用户也可以执行“绘图”|“建模”|“网格”|“图元”命令，弹出如图 11-9 所示的级联菜单，从中选择相应的命令即可绘制相应的基本表面。

这些基本图元表面的绘制与基本体的绘制类似，读者可参看基本体绘制的相关内容。

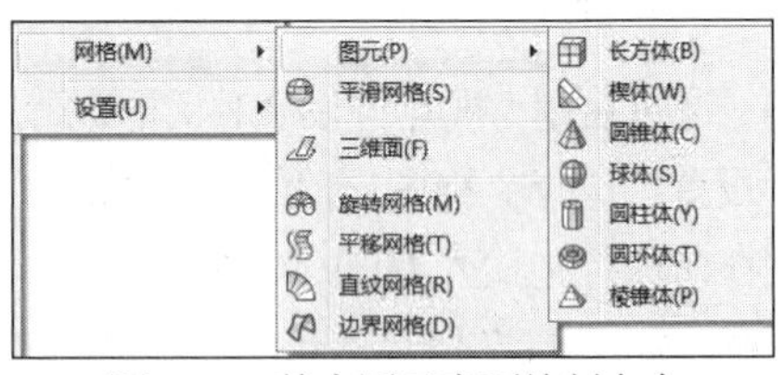

图 11-9 基本图元表面绘制命令

11.4.3 绘制三维面

三维面的绘制可以通过选择“绘图”|“建模”|“网格”|“三维面”命令，或者在命令行中输入 3DFACE 命令来执行。在绘图区的任意位置可以创建平面，创建平面的顶点只能有 3 个，这 3 个顶点可以是不同的 X 坐标、Y 坐标、Z 坐标。用 3DFACE 命令创建的三维面只能显示出边，而没有用网格线或填充来描绘表面，如图 11-10 所示。

通过“三维面”命令绘制三维面，命令行提示如下。

```
命令:3dface
指定第一点或 [不可见(I)]:                  //在绘图区中拾取如图 11-10 中的第 1 点
指定第二点或 [不可见(I)]:                  //在绘图区中拾取如图 11-10 中的第 2 点
指定第三点或 [不可见(I)] <退出>: I          //在命令行中输入 I，使 3、4 为不可见
指定第三点或 [不可见(I)] <退出>:            //在绘图区中拾取如图 11-10 中的第 3 点
指定第四点或 [不可见(I)] <创建三侧面>:      //在绘图区中拾取如图 11-10 中的第 4 点
指定第三点或 [不可见(I)] <退出>:            //在绘图区中拾取如图 11-10 中的第 5 点
指定第四点或 [不可见(I)] <创建三侧面>:      //在绘图区中拾取如图 11-10 中的第 6 点
指定第三点或 [不可见(I)] <退出>:            //按 Enter 键确定
```

图 11-10 绘制三维面

绘制第二个面时需要更改方向，系统已经默认第一面中最后绘制的两点为第二面的前两点，如图 11-10 所示的第 3 点和第 4 点为面 3456 的前两点，是面 1234 的后两点。另外，第 3 点和 4 点间的直线不可见是由于在命令行中的“指定第三点或[不可见(I)]<退出>:”输入了 I，此时两个面间的相交线不可见。

11.5 绘制三维网格曲面

本节将介绍三维网格曲面绘制的几种常用方法：直纹曲面、平移曲面、边界曲面和旋转曲面。

11.5.1　直纹曲面

“直纹曲面”命令 RULESURF 是在两条曲线之间创建网格，如图 11-11 所示。这两条曲线可以是二维的曲线，如圆、圆弧、多段线、直线、样条曲线、点，二维曲线创建的是平面；也可以是三维的曲线，三维曲线创建的网格是三维曲面。两条曲线必须都是闭合或开放的，不能同时都是点。

“直纹曲面”命令可以通过在菜单栏中选择“绘图”|“建模”|“网格”|“直纹曲面”命令，或者在命令行中输入 RULESURF 命令来执行。在执行此命令前，必须在绘图区先创建两条曲线，执行 RULESURF 命令后，命令提示行如下。

```
命令: _rulesurf
当前线框密度: SURFTAB1=10
选择第一条定义曲线:              //选择图 11-11(a)云线
选择第二条定义曲线:              //选择图 11-11(a)圆，直纹曲面效果如图 11-11(b)所示
```

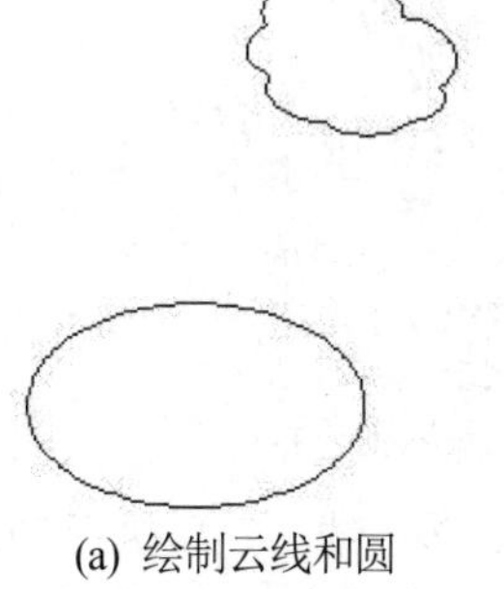

(a) 绘制云线和圆　　　　(b) 直纹曲面效果图

图 11-11　创建直纹曲面

11.5.2　平移曲面

“平移曲面”命令 TABSURF 是将某个对象沿着某个对象的方向进行矢量拉伸，从而形成一个新的曲面。被拉伸的曲线可以是线段、圆弧、圆、椭圆、多线段、样条曲线等。方向矢量的曲线可以是一条线段、打开的二维多段线，也可以是三维多段线，但不能是圆弧或样条曲线等光滑曲线。

“平移曲面”命令可以通过在菜单栏中选择“绘图”|“建模”|“网格”|“平移曲面”命令，或者在命令行中输入 TABSURF 来执行。执行 TABSURF 命令后，命令行提示如下。

```
命令: tabsurf
当前线框密度: SURFTAB1=10
选择用作轮廓曲线的对象:        //选择轮廓曲线对象
选择用作方向矢量的对象:        //选择方向矢量对象
```

在绘图区中绘制如图 11-12(a)所示的圆和多段线，选择圆为轮廓曲线，选择多线段为方向矢量，创建平移曲面的效果如图 11-12(b)所示。

从图中可以看出，轮廓线平移的方向只与多段线首末两点的矢量有关，而与中间的点没关系，因此在绘制方向矢量的曲线时，一般情况下只需绘制直线。

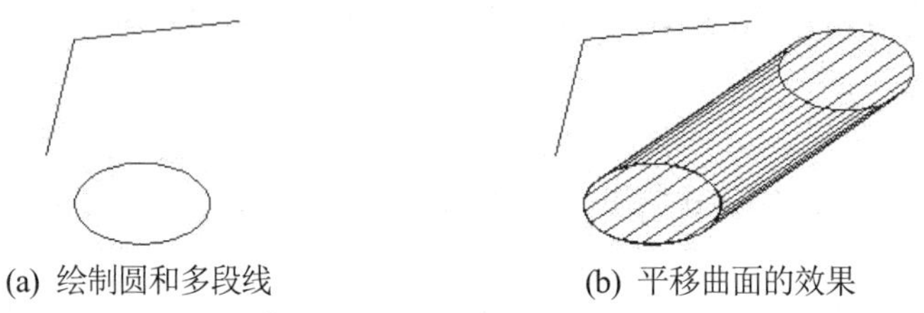

(a) 绘制圆和多段线　　　　(b) 平移曲面的效果

图 11-12　创建平移曲面

11.5.3　边界曲面

“边界曲面”命令 EDGESURF 是将 4 个首尾相连接的对象作为边界来构造新的曲面。这些对象可以是线段、圆弧、样条曲线、多段线等，也可以是上述类型中的任意几种，但不能是在 4 种类型之外的曲线，如圆、椭圆等。它们必须是首尾相连接的封闭图形；如果曲线是不封闭的或是不允许的曲线，则系统会提示“边 1(或 2、3、4)未触及其他边界”。

选择“绘图”|“建模”|“网格”|“边界曲面”命令，或者在命令行中输入 EDGESURF 都可以执行该命令。执行 EDGESURF 命令后，依次选择 4 条曲线，4 条曲线的选择顺序是随意的，命令行提示如下。

```
命令: edgesurf
当前线框密度: SURFTAB1=6    SURFTAB2=6
选择用作曲面边界的对象 1:            //在绘图区选择第一条边界
选择用作曲面边界的对象 2:            //在绘图区选择第二条边界
选择用作曲面边界的对象 3:            //在绘图区选择第三条边界
选择用作曲面边界的对象 4:            //在绘图区选择第四条边界
```

先绘制如图 11-13(a)所示的圆弧、直线、样条曲线、多段线，然后执行 EDGESURF 命令，依次选择直线、圆弧、多段线和样条曲线作为曲面边界的对象，效果如图 11-13(b)所示。

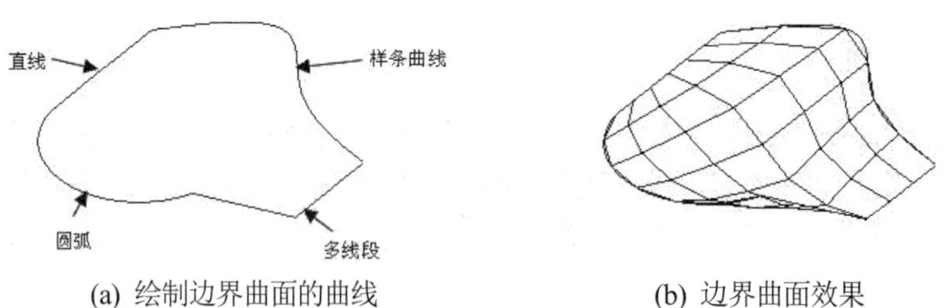

(a) 绘制边界曲面的曲线　　　　(b) 边界曲面效果

图 11-13　创建边界曲面

11.5.4　旋转曲面

“旋转曲面”命令 REVSURF 是将某一个轮廓线对象绕指定轴旋转一定角度，从而建立一个新的曲面。轮廓线可以是直线、圆(弧)、椭圆(弧)、多段线、样条曲线和圆环等。旋转轴可以是直线、多段线等非光滑曲线，如果是多段线，则轴的方向为始末端点所连直线的方向。

选择“绘图”|“建模”|“网格”|“旋转曲面”命令，或者在命令行中输入 REVSURF 命令都可以执行“旋转曲面”命令。执行该命令后命令行提示如下。

```
命令: revsurf
当前线框密度: SURFTAB1=16   SURFTAB2=16          //系统提示信息
选择要旋转的对象:                                 //在绘图区选择旋转对象
选择定义旋转轴的对象:                             //在绘图区选择旋转轴
指定起点角度 <0>:     //按 Enter 键，默认旋转起始角度为 0，输入起始角度值，系统默认为 0
指定包含角(+=逆时针，-=顺时针) <360>:
                      //按 Enter 键或输入其他值再按 Enter 键，系统默认旋转角度为 360°
```

图 11-14 和图 11-15 是使用 REVSURF 命令创建的雨伞模型，并进行旋转轴为直线和多段线的比较。

先在绘图区绘制如图 11-14(a)所示的多段线和样条曲线，多段线为旋转轴，样条曲线为旋转对象，再利用 REVSURF 命令绘制如图 11-14(b)所示的网格曲面，可以看出，选择轴的方向是多段线的始末端点连线的方向。

图 11-15(a)所示的样条曲线为旋转对象，直线为旋转轴，圆弧只是美观，不参与操作。执行 REVSURF 命令后的效果如图 11-15(b)所示，可以看出，此时的雨伞才是竖直的。

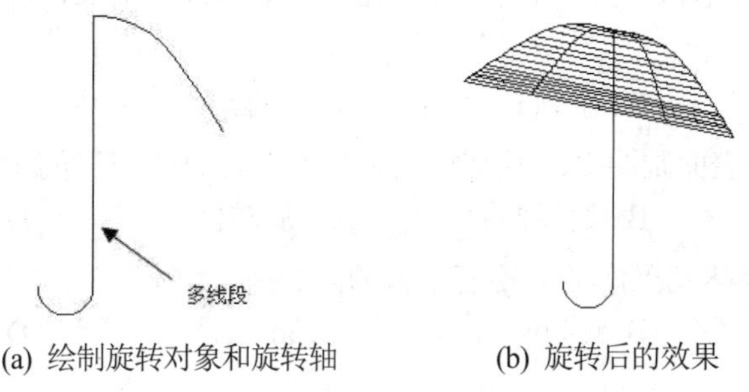

(a) 绘制旋转对象和旋转轴　　(b) 旋转后的效果

图 11-14　旋转曲面 1

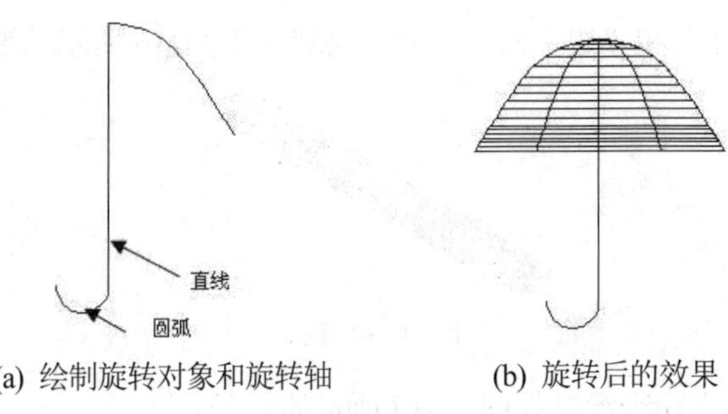

(a) 绘制旋转对象和旋转轴　　(b) 旋转后的效果

图 11-15　旋转曲面 2

11.6 习题

11.6.1 填空题

(1) 三维模型可分为以下 3 类：________、________、________。

(2) AutoCAD 提供了两个坐标系：一个称为________，是固定坐标系；另一个为________，是可移动坐标系。

(3) 在三维绘图中，对判断 3 个坐标轴的方向起着至关重要作用的法则为________。

(4) 调整视点时，除了可以通过菜单选择特殊的视图方向外，还可以通过________方法进行调节。

(5) 绘制网格曲面最常用的方法有：________、________、________、________。

11.6.2 选择题

(1) 设定新的 UCS 时，需要通过绕指定轴旋转一定的角度来指定新的 UCS，使用(　　)创建方式。

A. 对象　　B. 面　　C. 三点　　D. X/Y/Z

(2) 执行 3DFACE 命令，绘制第一个网格的第三点时输入 I 后，命令行提示(　　)。

A. 指定第一点　　B. 指定第二点　　C. 指定第三点　　D. 指定第四点

(3) AutoCAD 三维制图中(　　)命令使用三维线框表示显示对象，并隐藏表示对象后面各个面的直线。

A. 重生成　　B. 重画　　C. 消影　　D. 着色

(4) AutoCAD 三维表面制图中，不规则表面的绘制可以利用下面哪种方法(　　)。

A. 平移曲面　　B. 边界曲面　　C. 旋转曲面　　D. 直纹曲面

(5) 要绘制长方体网格表面，在命令行输入的命令是(　　)。

A. box　　B. ai_box　　C. 3d　　D. boxes

11.6.3 上机操作题

(1) 利用“平移曲面”和“边界曲面”命令绘制如图 11-16 所示的键。

图 11-16　键

(2) 利用“旋转曲面”命令绘制如图 11-17 所示的杯子。

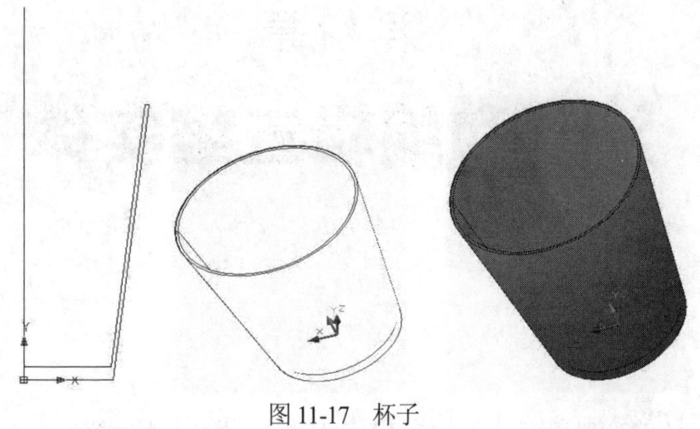

图 11-17　杯子

(3) 利用“旋转曲面”“网格密度”和“直纹曲面”命令绘制如图 11-18 所示的铁锤。

图 11-18　铁锤

(4) 利用三维曲线的边界网格和 UCS 坐标变换功能绘制风扇叶片，效果如图 11-19 所示。

图 11-19　风扇叶片

第 12 章

绘制和编辑三维实体

本章将介绍实体的绘制和编辑。实体是具有体积信息的，因此比较直观，也比线框图形和网格图形更容易绘制和编辑。使用 AutoCAD 2020 绘制三维实体比以前的版本要方便很多。

12.1 绘制基本的三维实体

AutoCAD 绘制的基本实体包括多段体、长方体、楔体、圆锥体、球体、圆柱体、圆环体、棱锥体。这些基本实体的命令可以通过“绘图”|“建模”子菜单进行选择，也可以在“建模”工具栏中单击相应的工具按钮，如图 12-1 所示，或者在命令行中输入相应的命令再进行操作。

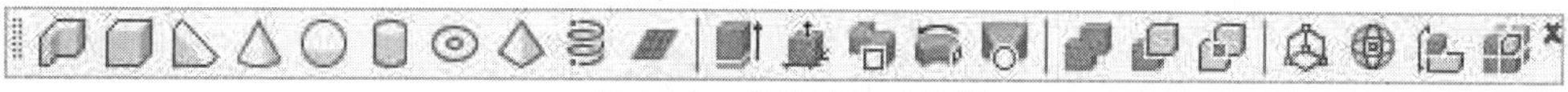

图 12-1 “建模”工具栏

注意：

AutoCAD 默认的“建模”工具栏是隐藏的，用户可以在工具栏的空白位置右击，然后选择“建模”选项，弹出“建模”工具栏。如果用户在“三维基础”工作空间下，可以在“默认”选项卡的“创建”面板中使用建模工具；如果在“三维建模”工作空间下，可以在“常用”或“实体”选项卡的面板中使用建模工具。

12.1.1 绘制多段体

多段体(如图 12-2 所示)主要用于建筑等三维模型，如墙等。通过在命令行中输入 POLYSOLID 命令，或者在菜单栏中选择“绘图”|“建模”|“多段体”命令，或者单击工具栏中的“多段体”按钮，都可以执行该命令。执行“多段体”命令后，命令行提示如下。

```
命令: _Polysolid 高度 = 4.0000, 宽度 = 0.2500, 对正 = 居中
指定起点或 [对象(O)/高度(H)/宽度(W)/对正(J)] <对象>:
                                        //指定多段体底面的起点或输入相应字母设置多段体特征
指定下一个点或 [圆弧(A)/放弃(U)]:        //指定多段体底面第二点坐标或转换为圆弧
…
```

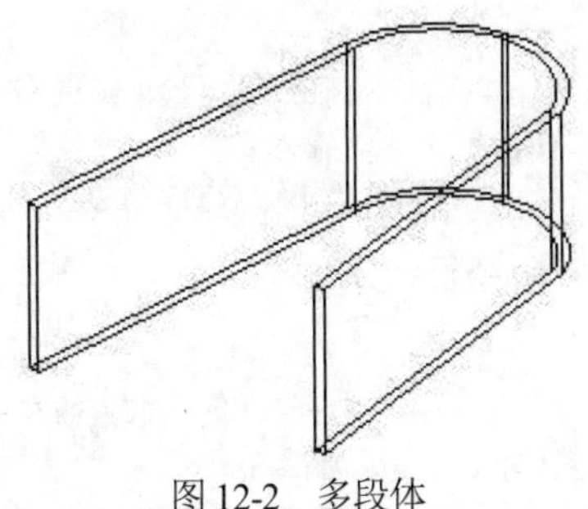

图 12-2　多段体

“多段体”命令和“多段线”命令的使用类似，只是在命令行提示中提供了“对象(O)”“高度(H)”“宽度(W)”“对正(J)”等选项供用户选择，下面分别进行介绍。

- “对象(O)”选项：该选项是指用户可以在绘图区先绘制二维曲线，然后以二维曲线为多段体的轮廓曲线来创建三维实体。这些曲线包括直线、多段线、样条曲线、椭圆(弧)、圆(弧)、矩形、多边形等。
- “高度(H)”选项：用于重新设置多段体的高度。
- “宽度(W)”选项：用于重新设置多段体的宽度。
- “对正(J)”选项：有 3 种对正方式，“左对正(L)”表示对正基点位于多段体底面边的左下端；“居中(C)”表示对正基点位于多段体底面边的中点；“右对正(R)”表示对正基点位于多段体底面边的右角点。

12.1.2　绘制长方体

长方体在工程图中经常用于绘制一些规则的图形，如建筑物、家具、机械零件等。通过在命令行中输入 BOX，或者选择“绘图”|“建模”|“长方体”命令，或者单击工具栏中的“长方体”按钮，都可执行“长方体”命令。用户可以利用下列 7 种方式创建长方体。

- 指定两个角点创建长方体：通过指定两坐标点来绘制长方体，这两点的 X、Y 坐标值不能相同，也就是输入的两个角点坐标的连线不能垂直于 XY 面，否则系统会提示“不允许零长度的长方体”；如果输入这两点的 Z 轴坐标相同，则系统默认此时的两点是平行于 XY 面的底面角点，用户需要再指定高度值，如第 2 种方式。指定两角点创建长方体的命令行提示如下。

```
命令: _box
指定第一个角点或 [中心(C)]:                //指定长方体的第一个角点
指定其他角点或 [立方体(C)/长度(L)]:        //指定长方体的中心对称角点
```

- 指定两个角点和高度创建长方体，命令行提示如下。其中，“两点(2P)”选项表示用户可以通过指定两点来确定长方体的高度，这两点的连线长度为该长方体的高度。

```
命令: _box
指定第一个角点或 [中心(C)]:                //在绘图区拾取点或在命令行中输入角点坐标
指定其他角点或 [立方体(C)/长度(L)]:        //在绘图区拾取点或在命令行中输入角点坐标
指定高度或 [两点(2P)] <10.1288>:           //输入高度值或输入 2P 再选择两点，效果如图 12-3(a)所示
```

- 创建立方体，命令行提示如下。

```
命令: _box
指定第一个角点或 [中心(C)]:                  //在绘图区拾取点或在命令行中输入角点坐标
指定其他角点或 [立方体(C)/长度(L)]: c          //输入 c
指定长度:                                    //输入立方体的边长
```

- 通过长度来创建长方体，命令行提示如下。

```
命令: _box
指定第一个角点或 [中心(C)]:                  //在绘图区拾取点或在命令行中输入角点坐标
指定其他角点或 [立方体(C)/长度(L)]: l          //输入 l
指定长度 <10.0000>:                          //输入长度值
指定宽度:                                    //输入宽度值
指定高度或 [两点(2P)] <10.0000>:              //输入高度值或输入 2P 再操作，效果如图 12-3(b)所示
```

- 通过指定中心点、角点、长度绘制长方体，利用中心点绘制长方体时，绘制的特征分别是向所指定中心点的两个方向延伸的，命令行提示如下。

```
命令: _box
指定第一个角点或 [中心(C)]: c                 //输入 c
指定中心:                                    //在绘图区拾取点或在命令行中输入中心点坐标
指定角点或 [立方体(C)/长度(L)]:               //在绘图区拾取点或在命令行中输入角点坐标
指定高度或 [两点(2P)] <10.1288>:              //输入高度值或输入 2P 再操作，效果如图 12-3(c)所示
```

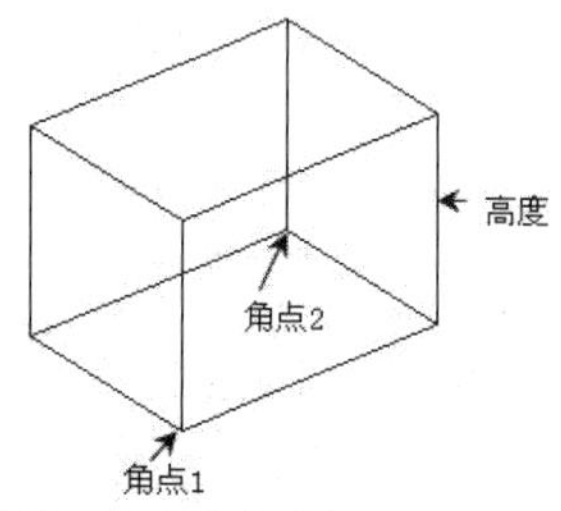

(a) 通过两角点和高度创建长方体

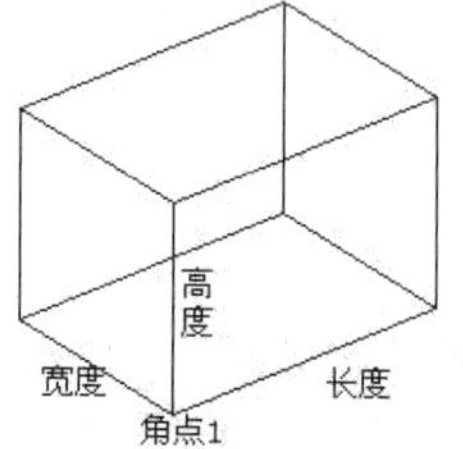

(b) 通过长度创建长方体

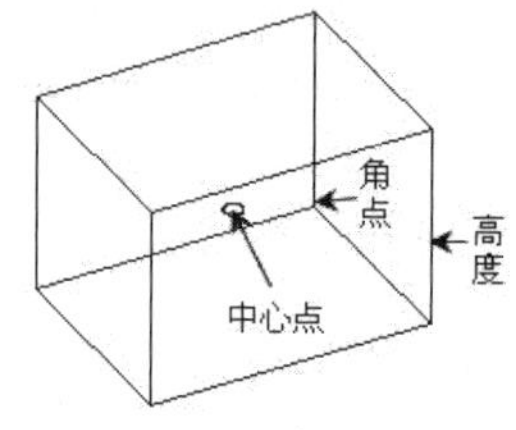

(c) 通过中心点、角点、长度绘制长方体

图 12-3　创建长方体

- 通过中心点创建立方体，命令行提示如下。

```
命令: box
指定第一个角点或 [中心(C)]: c                 //输入 c
指定中心:                                    //在绘图区拾取点或在命令行中输入中心点坐标
指定角点或 [立方体(C)/长度(L)]: c             //输入 c
指定长度:                                    //输入立方体的边长
```

- 通过中心点、长度绘制长方体，命令行提示如下。

```
命令: box
指定第一个角点或 [中心(C)]: c                 //输入 c
指定中心:                                    //在绘图区拾取点或在命令行中输入中心点坐标
指定角点或 [立方体(C)/长度(L)]: l             //输入 l
指定长度:                                    //输入长度值
指定宽度:                                    //输入宽度值
指定高度或 [两点(2P)] <10.1288>:              //输入高度值或输入 2P 再操作
```

12.1.3　绘制楔体

楔体的绘制步骤与长方体类似。通过在命令行中输入 WEDGE，或者在菜单栏中选择“绘图”|“建模”|“楔体”命令，或者单击工具栏中的“楔体”按钮，都可以执行“楔体”命令。

12.1.4　绘制圆柱体

圆柱体的绘制主要用于工程图中的零件图、建筑图、家具等，如机械轴、建筑物柱、椅子腿等。通过在命令行中输入 CYLINDER 命令，或者选择“绘图”|“建模”|“圆柱体”命令，或者单击工具栏中的“圆柱体”按钮，都可以执行“圆柱体”命令。执行“圆柱体”命令后，命令行提示如下。

```
命令: _cylinder
指定底面的中心点或 [三点(3P)/两点(2P)/切点、切点、半径(T)/椭圆(E)]:
//拾取中心点或输入中心点坐标，或者选择绘制底面的方式
指定底面半径或 [直径(D)]:                    //输入底面半径或输入直径
指定高度或 [两点(2P)/轴端点(A)] <26.6146>: //输入圆柱体高度或选择方式
```

“圆柱体”命令可以创建圆柱体和椭圆体，如图 12-4(a)和图 12-4(b)所示。绘制底面方式在二维绘制圆和椭圆命令时已介绍，在此不再详述。

指定高度命令行的“轴端点(A)”选项，表示用户可以通过指定与 UCS 坐标系的 XY 面成一定角度来绘制倾斜的圆柱体和椭圆体，如图 12-4(c)所示。

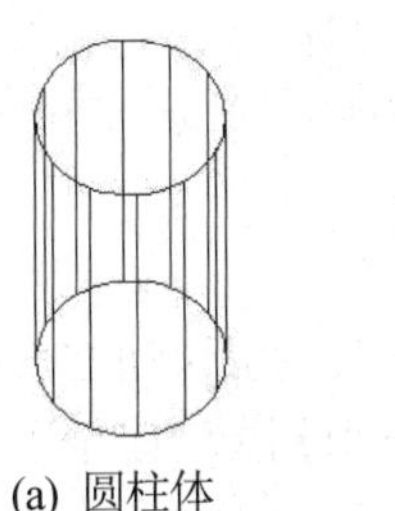

(a) 圆柱体

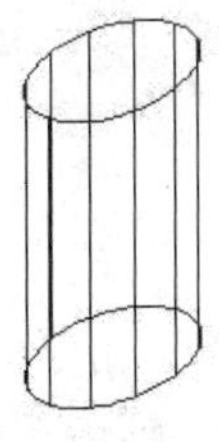

(b) 椭圆体

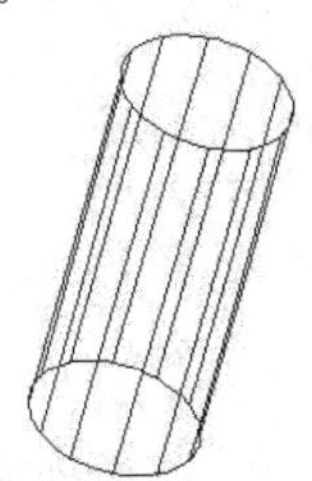

(c) 倾斜的圆柱体

图 12-4　绘制的圆柱体和椭圆体

注意：

用户可以通过在菜单栏中选择“工具”|“选项”命令，在弹出的对话框中的“显示”选项的“每个曲面的轮廓素数”中输入想要的网格数，系统默认为 4。如图 12-4 所示的网格数是 12。

12.1.5　绘制圆锥体

圆锥体可以绘制漏斗、输料斗等一些锥形零件，也可以绘制圆台形的零件。绘制圆锥体与绘制圆柱体类似，通过在命令行中输入 CONE，或者选择“绘图”|“建模”|“圆锥体”命令，或者单击工具栏中的“圆锥体”按钮，都可执行“圆锥体”命令。执行该命令后，命令行提示如下。

```
令: _cone
指定底面的中心点或[三点(3P)/两点(2P)/切点、切点、半径(T)/椭圆(E)]:
                        //拾取中心点或输入中心点坐标，或者选择绘制底面的方式
指定底面半径或[直径(D)] <16.4093>:              //输入底面半径或输入 D 再输入直径
指定高度或[两点(2P)/轴端点(A)/顶面半径(T)]<29.8675>:    //输入圆锥体高度或选择方式
```

类似圆柱的创建方法可绘制如图 12-5(a)、(b)、(c)所示的圆锥体。

指定高度命令行的"顶面半径(T)"选项，表示用户可以指定顶面半径创建圆台，如图 12-5(d)所示。

(a) 圆锥体

(b) 底面为椭圆的锥体

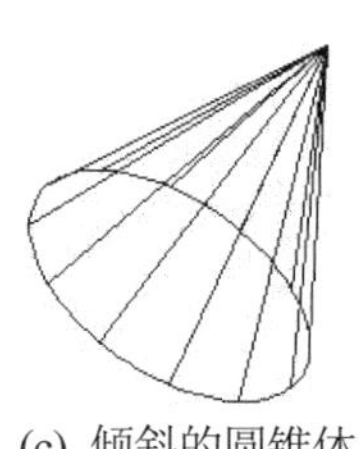

(c) 倾斜的圆锥体

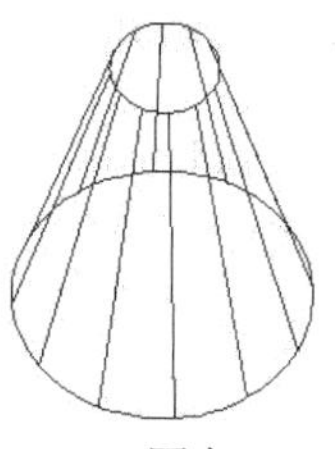

(d) 圆台

图 12-5　绘制圆锥体

12.1.6　绘制球体

球体的绘制广泛用于玩具产品、机械零件、家具等。通过在命令行中输入 SPHERE，或者选择"绘图"|"建模"|"球体"命令，或者单击"建模"工具栏中的"球体"按钮，都可以执行"球体"命令。执行该命令后，命令行提示如下。

```
命令: _sphere
指定中心点或 [三点(3P)/两点(2P)/切点、切点、半径(T)]:
                //在绘图区拾取中心点或通过其他方式确定球体所在的圆，绘制方法与圆的绘制类似
指定半径或 [直径(D)] <17.1166>:                    //设定球体半径或直径
```

12.1.7　绘制圆环体

圆环体主要应用于机械、建筑、家具等，如汽车的转向盘。通过在命令行中输入 TORUS，或者选择"绘图"|"建模"|"圆环体"命令，或者单击"建模"工具栏中的"圆环体"按钮，都可以执行"圆环体"命令。执行该命令后，命令行提示如下。

```
命令: _torus
指定中心点或 [三点(3P)/两点(2P)/切点、切点、半径(T)]:
                                    //在绘图区拾取或通过坐标设定中心点，也可以选择其他方式绘制
指定半径或 [直径(D)] <19.8677>:      //设定圆环体半径或直径
指定圆管半径或 [两点(2P)/直径(D)]:   //设定圆管半径或直径
```

12.1.8　绘制棱锥体

AutoCAD 默认棱锥体是正棱锥体，通过在命令行中输入 PYRAMID，或者选择"绘图"|"建模"|"棱锥体"命令，或者单击"建模"工具栏中的"棱锥体"按钮，都可以执行"棱锥体"命令。执行该命令后，命令行提示如下。

```
命令: _pyramid
4 个侧面　外切
指定底面的中心点或 [边(E)/侧面(S)]:                        //指定棱锥体底面中心点或选择其他设置
指定底面半径或 [内接(I)] <12.1345>:                        //指定棱锥体底面半径
指定高度或 [两点(2P)/轴端点(A)/顶面半径(T)] <15.5121>:     //指定高度或选择其他方式
```

系统默认棱锥体是 4 个侧面，命令行还提供了“边(E)”“侧面(S)”两个选项来对所要创建的棱锥体进行设置，下面分别进行介绍。

- “边(E)”选项：用户指定底面多边形一边的两个端点，来确定底面正方形边长的尺寸和位置。
- “侧面(S)”选项：用户可以对棱锥体的边数或侧面数进行设置，如图 12-6(a)所示是 8 棱锥。

与圆锥体的绘制一样，通过“轴端点(A)”选项可以绘制倾斜的棱锥，如图 12-6(b)所示。通过“顶面半径(T)”选项可以绘制棱台，如图 12-6(c)所示。

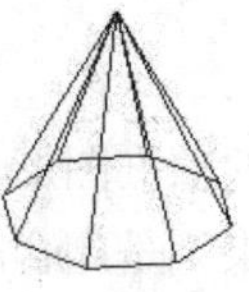
(a) 8 棱锥

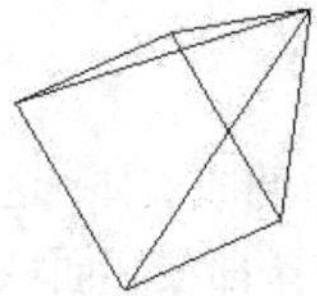
(b) 倾斜的棱锥

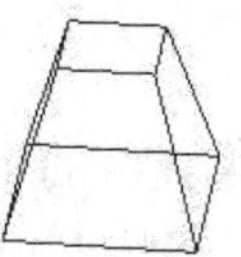
(c) 棱台

图 12-6　绘制棱锥体

12.1.9　绘制三维螺纹曲线

螺纹是绘制三维曲线的命令，可以先绘制螺纹曲线，再通过扫掠命令绘制弹簧和螺栓、螺孔等的螺纹。通过在命令行中输入 HELIX，或者选择“绘图”|“螺纹”命令，或者单击“建模”工具栏中的“螺纹”按钮，都可以执行“螺纹”命令。执行该命令后，命令行提示如下。

```
命令: _Helix
圈数 = 3.0000        扭曲=CCW
指定底面的中心点:                           //拾取点或输入螺纹底面的中心点的坐标
指定底面半径或 [直径(D)] <1.0000>:          //指定螺纹底面的半径
指定顶面半径或 [直径(D)] <1.0000>:          //指定螺纹顶面的半径
指定螺旋高度或 [轴端点(A)/圈数(T)/圈高(H)/扭曲(W)] <1.0000>: 5
                                            //指定螺纹高度或选择其他参数进行设置
```

可以绘制底面直径和顶面直径不同的螺纹，如图 12-7(a)所示，或者绘制其他形式的螺纹，下面对各选项进行介绍。

- “轴端点(A)”选项：绘制倾斜的螺纹，如图 12-7(b)所示。
- “圈数(T)”选项：可以设置不同圈数的螺纹，系统默认是 3。
- “圈高(H)”选项：用户可以通过指定每一圈的高度，然后再指定所绘制螺纹曲线的螺旋高度，绘制圈数不是整数的螺纹。
- “扭曲(W)”选项：选择螺纹的旋转方向，有逆时针(CCW)和顺时针(CW)两种方式，如图 12-7(c)和图 12-7(d)所示。

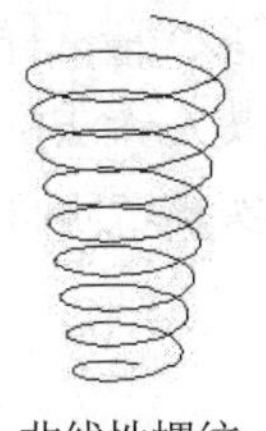
(a) 非线性螺纹

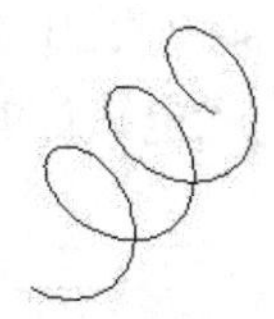
(b) 倾斜螺纹

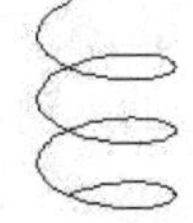
(c) 顺时针旋转螺纹

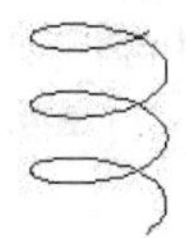
(d) 逆时针旋转螺纹

图 12-7　螺纹曲线

12.2 通过二维图形生成实体

用户除了可以通过上面的方法直接创建基本实体之外，还可以通过先绘制二维曲线，再利用拉伸、旋转、扫掠、放样等命令绘制出三维实体。这些命令可以从“绘图”|“建模”的子菜单中进行选择，或者在“建模”工具栏中单击相应的命令按钮，或者在命令行中输入相应的命令来实现。

12.2.1 拉伸

“拉伸”命令可以将闭合的二维图形拉伸成实体，这些闭合的二维图形包括圆、椭圆、圆环、闭合的多段线、矩形、多边形、闭合的样条曲线和面域等。如果不是闭合的二维图形，拉伸的特征是曲面特征。图 12-8 所示是拉伸闭合和开放的样条曲线所得的三维效果图。

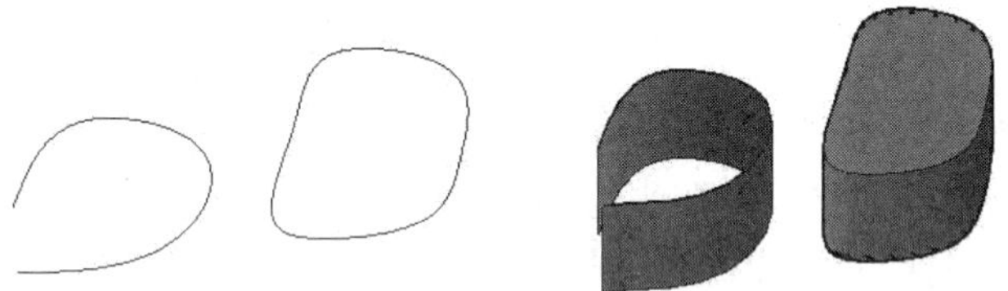

图 12-8　拉伸闭合与开放的样条曲线所得三维效果图比较

在菜单栏中选择“绘图”|“建模”|“拉伸”命令，或者在命令行中输入 EXTRUDE 命令，或者单击“建模”工具栏中的“拉伸”按钮，都可以执行“拉伸”命令。执行该命令后，命令行提示如下。

```
命令: _extrude
当前线框密度:  ISOLINES=8，闭合轮廓创建模式 = 实体
选择要拉伸的对象或 [模式(MO)]: _MO  闭合轮廓创建模式[实体(SO)/曲面(SU)] <实体>: _SO
选择要拉伸的对象或 [模式(MO)]:找到 1 个          //选择已绘制的面域或二维曲线
选择要拉伸的对象或 [模式(MO)]:                   //按 Enter 键确定
指定拉伸的高度或 [方向(D)/路径(P)/倾斜角(T)/表达式(E)] <13.0721>:
                                                //指定拉伸高度或选择其他方式
```

用户可以通过输入高度来确定拉伸的高度，也可以通过选择命令行中的其他方式来拉伸实体，各选项的含义如下。

- “方向(D)”选项：用户可以在绘图区中拾取两点或输入两点的坐标创建拉伸特征，系统默认该两点的连线为拉伸的方向，该连线的长度为拉伸实体的高度。
- “路径(P)”选项：用户可以在绘图区选择预指定的曲线作为拉伸的方向，对象将沿着垂直该曲线的方向进行拉伸，这些路径曲线包括直线、圆弧、多线段、样条曲线、圆和椭圆。如果拉伸曲线所在的面与路径所在的面平行，则系统会提示无法拉伸选定的对象。
- “倾斜角(T)”选项：创建沿拉伸方向具有一定倾斜角度的实体，倾斜角度是二维曲线所在平面的法线与倾斜面的夹角。

12.2.2 旋转

“旋转”命令适用于创建只包含一定角度的复杂体，可以将一些二维图形绕指定的轴旋转形

成三维实体；也可以通过将一个闭合对象围绕当前 UCS 的 X 轴或 Y 轴旋转一定角度来创建实体；如果是不闭合的二维图形，则旋转后的效果是曲面。选择轴也可以围绕直线、多段线或两个指定的点。用于旋转生成实体的闭合对象可以是矩形、多边形、闭合多线段、闭合样条曲线、圆、椭圆及面域等。

通过在命令行中输入 REVOLVE，或者单击“建模”工具栏中的“旋转”按钮，或者选择“绘图”|“建模”|“旋转”命令，都可以执行“旋转”命令。执行该命令后，命令行提示如下。

```
命令: _revolve
当前线框密度: ISOLINES=8，闭合轮廓创建模式 = 实体
选择要旋转的对象或 [模式(MO)]: _MO 闭合轮廓创建模式 [实体(SO)/曲面(SU)] <实体>: _SO
选择要旋转的对象或 [模式(MO)]:找到 1 个                          //选择旋转对象
……
选择要旋转的对象或 [模式(MO)]:                                   //按 Enter 键，完成选择
指定轴起点或根据以下选项之一定义轴 [对象(O)/X/Y/Z] <对象>:
                    //可以拾取两点作为旋转轴，或者输入 o，以对象为选择轴，也可以选择坐标轴
指定旋转角度或 [起点角度(ST)/反转(R)/表达式(EX)] <360>:          //按 Enter 键或输入旋转的角度
```

图 12-9 所示是将矩形和样条曲线绕直线旋转 270° 所得到的实体。

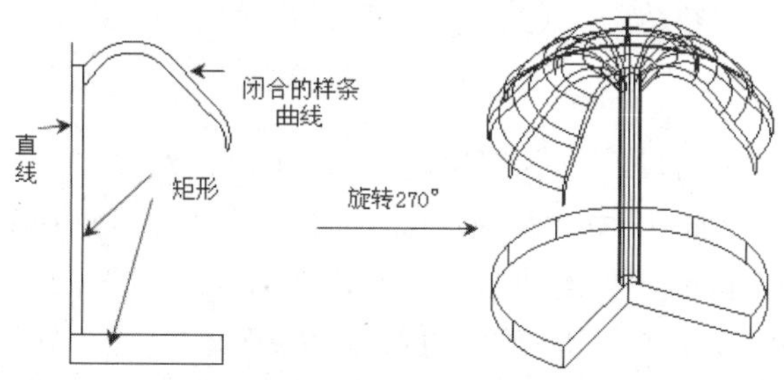

图 12-9　使用“旋转”命令创建实体

12.2.3　扫掠

“扫掠”命令是通过指定曲线沿着某曲线扫描出三维实体或曲面，如果轮廓是闭合的，扫掠的将是实体；如果轮廓是开放的，则扫掠的是曲面。“扫掠”命令类似于“拉伸”命令中的路径拉伸方式，但用于扫掠的轮廓与路径不受是否在同一平面的限制，而且轮廓将被移到路径曲线的起始端，并与路径曲线垂直，这是扫掠与路径拉伸的不同之处。

通过在命令行中输入 SWEEP，或者单击“建模”工具栏中的“扫掠”按钮，或者选择“绘图”|“建模”|“扫掠”命令，都可以执行“扫掠”命令。执行该命令后，命令行提示如下。

```
命令: _sweep
当前线框密度: ISOLINES=8，闭合轮廓创建模式 = 实体
选择要扫掠的对象或 [模式(MO)]: _MO 闭合轮廓创建模式 [实体(SO)/曲面(SU)] <实体>: _SO
选择要扫掠的对象或 [模式(MO)]:找到 1 个              //选择扫掠的轮廓对象
……
选择要扫掠的对象或 [模式(MO)]:                       //按 Enter 键确定
选择扫掠路径或 [对齐(A)/基点(B)/比例(S)/扭曲(T)]:     //选择扫掠的路径或选择其他扫掠方式
```

在“扫掠”命令中除了选择路径、沿路径扫掠之外还有以下方式。

- “对齐(A)”选项：指定是否对齐轮廓以使其作为扫掠路径切向的法向，默认情况下，轮廓是对齐的。
- “基点(B)”选项：系统提示用户选择轮廓基点，然后再指定路径，系统将从用户指定的基点沿路径扫掠，如图 12-10(a)所示。
- “比例(S)”选项：按指定的比例对轮廓沿路径进行缩小或放大，如图 12-10(b)所示是沿路径放大两倍的三维体。
- “扭曲(T)”选项：对轮廓沿路径方向按指定的扭曲角度扫掠，如图 12-10(c)所示是扭曲 180° 扫掠。

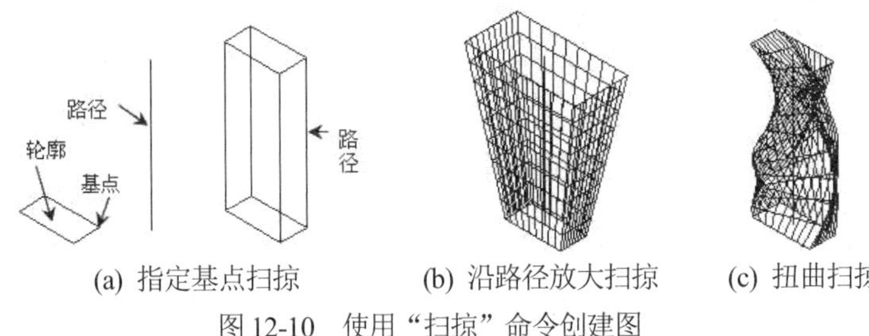

(a) 指定基点扫掠　　(b) 沿路径放大扫掠　　(c) 扭曲扫掠

图 12-10　使用“扫掠”命令创建图

12.2.4　放样

“放样”命令可以绘制不同截面形状的曲面或实体，它通过对包含两条或两条以上二维曲线进行放样来创建三维实体或曲面。如果截面是全封闭的，为实体；如果截面是全部开放的，为曲面；如果截面有闭合和非闭合的二维曲线，则不能执行“放样”命令。截面的曲线可以是同类型曲线(如都是圆)，也可以是不同类型的曲线(如圆和矩形)。

通过在命令行中输入 LOFT，或者单击“建模”工具栏中的“放样”按钮，或者选择“绘图”|“建模”|“放样”命令，都可以执行“放样”命令。注意，选择放样截面要按顺序进行选择，否则系统会按用户所选的次序进行放样。执行该命令后，命令行提示如下。

```
命令: _loft
当前线框密度: ISOLINES=8，闭合轮廓创建模式 = 实体
按放样次序选择横截面或 [点(PO)/合并多条边(J)/模式(MO)]: _MO 闭合轮廓创建模式 [实体(SO)/曲面(SU)] <实体>: _SO
按放样次序选择横截面或 [点(PO)/合并多条边(J)/模式(MO)]:找到 1 个    //选择放样的截面曲线
按放样次序选择横截面或 [点(PO)/合并多条边(J)/模式(MO)]:找到 1 个，总计 2 个
                                                    //选择放样的截面曲线
……
按放样次序选择横截面或 [点(PO)/合并多条边(J)/模式(MO)]:    //按 Enter 键结束选择，选中了……个横截面
输入选项 [导向(G)/路径(P)/仅横截面(C)/设置(S)] <仅横截面>:    //选择绘制放样的方式
```

下面介绍各放样方式的含义。

- “导向(G)”选项：用户可以通过放样的曲线控制点来匹配相应的横截面以防止褶皱等，并可通过将其他线框信息添加至对象来进一步定义实体或曲面的形状。
- “路径(P)”选项：将选中的截面曲线沿指定的光滑曲线进行放样，这些光滑曲线包括样条曲线、圆弧、椭圆弧等，如图 12-11 所示。

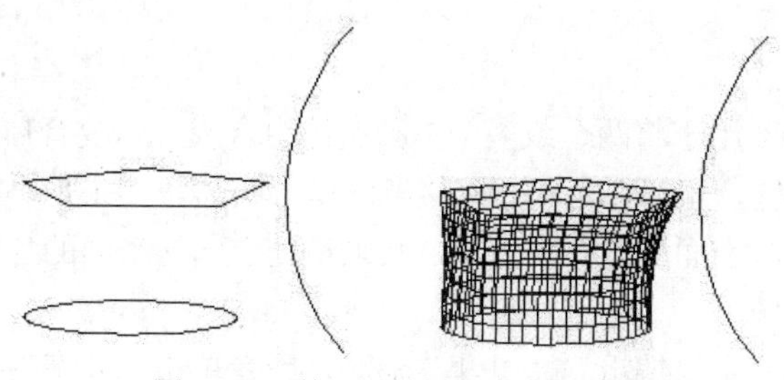

图 12-11　使用“放样”命令创建图

- “仅横截面(C)”选项：选择该选项，系统会弹出放样设置对话框。

12.2.5　按住并拖动

“按住并拖动”的操作是将闭合曲面转换成面域，然后将选中的面域沿光标移动的方向进行拖动。拖动的面域对象可以是矩形、多边形、圆形、椭圆形、闭合的多段线、闭合的样条曲线等，也可以是立体图上的面，如长方体各面、圆柱体底面、棱锥体底面、圆锥体底面等。“拖动”命令类似于二维操作的“延伸”命令。

通过在命令行中输入 PRESSPULL，或者单击“建模”工具栏中的“拖动”按钮，都可以执行“拖动”命令。执行该命令后，命令行提示如下。

```
命令: _presspull
单击有限区域以进行按住或拖动操作          //选择要拖动的面域或闭合曲线
已提取 1 个环                            //移动光标到合适位置或输入拖动的长度
已创建 1 个面域
```

图 12-12 所示的是拖动的流程图。

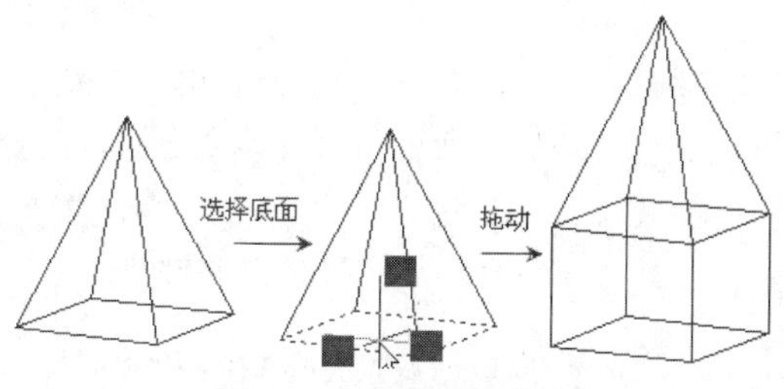

图 12-12　拖动的流程图

12.3　布尔运算

通过以上方法创建的实体在很多时候并不能满足设计的要求，因此 AutoCAD 引入了更复杂的实体绘制，可以通过两个以上的单独实体或面域进行布尔运算，这些布尔运算包括并集、差集、交集，由布尔运算所得到的实体称为复合实体。“布尔运算”命令可以在“修改”|“实体编辑”的下拉菜单中选择；还可以在“建模”工具栏中选择相应的命令；或者在命令行中输入“布尔运算”命令。

12.3.1 并集

“并集”命令UNION用于将两个或多个单独实体组合成一个复合体，与这些实体的位置无关，可以是相接触的实体，也可以是不相互接触的单个实体。如果是不相互接触的实体，则此时并集之后变为一体。对于面域的并集运算，必须是处于同一平面的各个面域才能通过并集运算组合成一个复合的面域。

通过选择“修改”|“实体编辑”|“并集”命令，或者单击“并集”按钮，或者在命令行中输入UNION，都可以执行“并集”命令。执行该命令后，命令行提示如下。

```
命令: _union
选择对象: 指定对角点，找到 2 个          //选择需要合并的图形对象
选择对象:                               //按Enter键，完成选择
```

图12-13所示是执行并集运算的效果图。

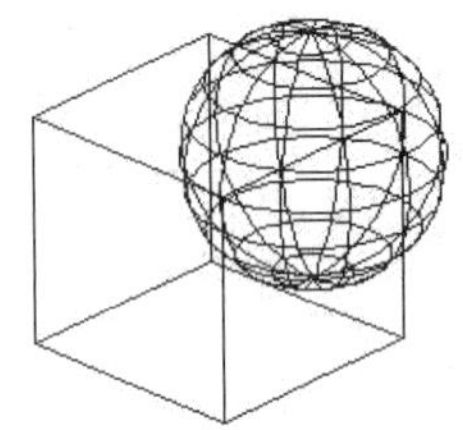
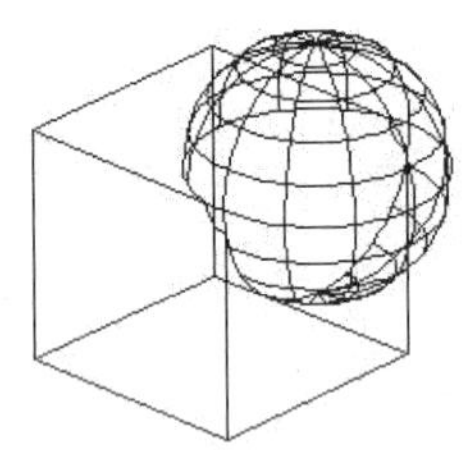

图12-13　并集运算的效果图

12.3.2 差集

“差集”命令SUBTRACT用于从实体1中减去与实体2相交的部分，并将实体2去除，可以删除实体部分或创建孔等。

通过选择“修改”|“实体编辑”|“差集”命令，或者单击“差集”按钮，或者在命令行中输入SUBTRACT，都可以执行“差集”命令。执行该命令后，命令行提示如下。

```
命令: _subtract
选择对象: 找到1个                 //选择要从中减去的实体或面域
……
选择对象:                         //按Enter键，完成选择
选择要减去的实体或面域...          //选择要减去的实体或面域
选择对象: 找到1个
……
选择对象:                         //按Enter键，完成选择
```

执行该命令后，系统首先提示用户选择从中减去的源实体。如果选择多个对象，系统默认将这些对象先合并，然后提示用户选择要减去的实体对象，此时可以选择多个对象，系统只是默认删除与源对象相交的部分；如果选择其他不相交的实体对象为要减去的对象，则这些实体将消失。

图12-14所示是差集运算的效果图。

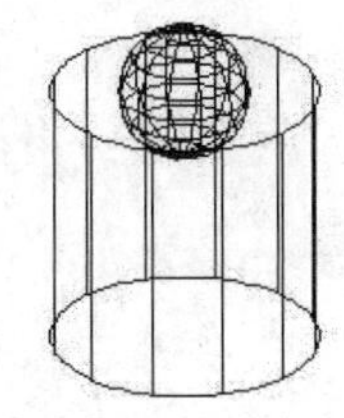

(a) 未运算的线框图

(b) 差集运算后的线框图

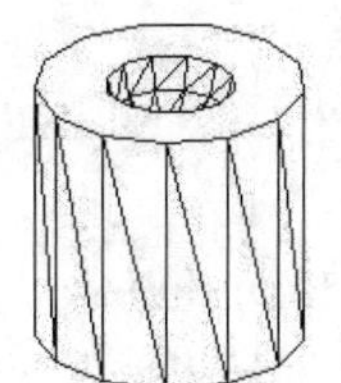

(c) 消隐后的效果图

图 12-14　差集运算的效果图

12.3.3　交集

“交集”命令 INTERSECT 是通过两个或多个实体相交的部分来创建复杂的实体。实体之间必须有相交部分，否则无法执行此操作，选择的对象必须是两个或两个以上。

通过选择“修改”|“实体编辑”|“交集”命令，或者在工具栏中单击“交集”按钮，或者在命令行中输入INTERSECT命令，都可以执行“交集”命令。执行该命令后命令行提示如下。

```
命令: _intersect
选择对象: 找到 1 个                  //选择三维实体对象
选择对象: 找到 1 个，总计 2 个       //选择三维实体对象
选择对象:                            //按 Enter 键，完成选择
```

图 12-15 所示的是多段体和长方体进行交集运算后的效果图。

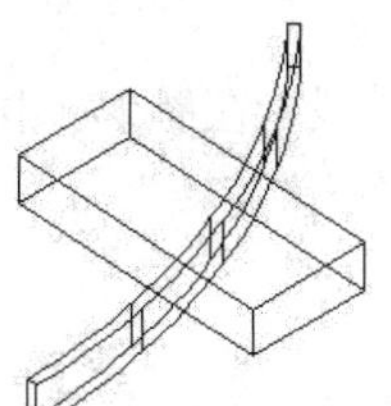

图 12-15　交集运算效果图

12.4　三维操作

同二维图形一样，绘制完三维实体之后的曲线可能不能满足最终的要求，为了满足要求和提高绘图效率，AutoCAD 引入了实体的三维操作命令。这些操作命令包括三维移动、三维旋转、三维对齐、三维镜像、三维阵列、剖切、加厚、倒角、圆角等。这些命令除了可以在命令行输入命令外，也可以通过选择“修改”|“三维操作”下拉菜单实现(倒角和圆角功能在“修改”菜单中)，还可以在“建模”工具栏中单击命令按钮实现。

12.4.1　三维移动

“三维移动”命令 3DMOVE 是在三维视图中显示移动夹点，并沿指定方向和距离将对象移动到绘图区相应的位置。通过选择“修改”|“三维操作”|“三维移动”命令，或者在命令行输入 3DMOVE，或者单击工具栏中的“三维移动”按钮，都可以执行“三维移动”命令。执行该命令后，命令行提示如下。

```
命令: _3dmove
选择对象: 找到 1 个                              //选择要移动的三维实体
……
选择对象:                                        //按 Enter 键，完成选择
指定基点或 [位移(D)] <位移>:                     //指定移动实体的基点
指定第二个点或 <使用第一个点作为位移>:
        //输入移动距离，或者输入要移动到目标点的坐标。按 Enter 键确认完成操作，正在重生成模型
```

图 12-16 显示的是执行“三维移动”命令的效果图。

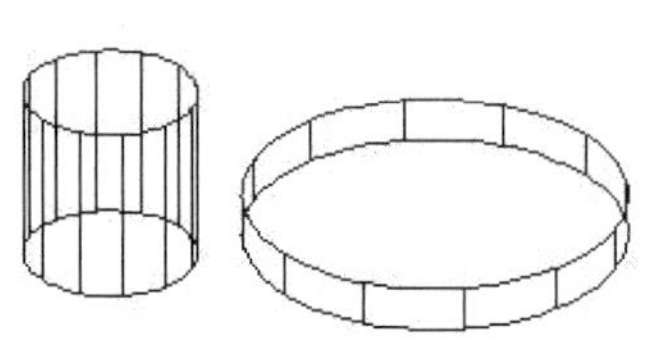
(a) 未移动的视图

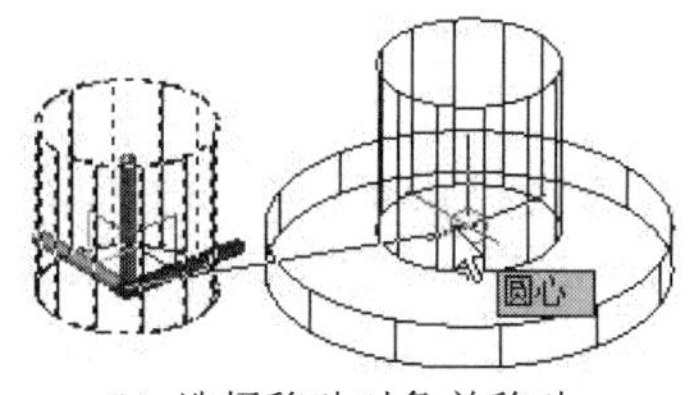

(b) 选择移动对象并移动

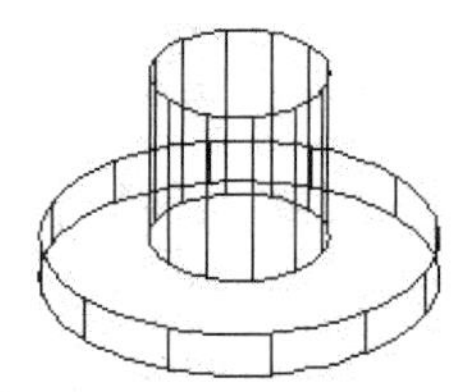
(c) 移动后的效果

图 12-16　执行“三维移动”命令的效果图

12.4.2　三维旋转

“三维旋转”命令 3DROTATE 用于将实体沿指定的轴旋转。用户可以通过两点指定旋转轴；也可以指定 X 轴、Y 轴或 Z 轴，在执行命令后弹出的三维圈分别对应于坐标系中同一颜色的 X 轴、Y 轴、Z 轴，用户可以指定坐标轴为旋转轴。

选择“修改”|“三维操作”|“三维旋转”命令，或者在命令行中输入 3DROTATE，或者单击工具栏中的“三维旋转”按钮，都可以执行“三维旋转”命令。执行该命令后，命令行提示如下。

```
命令: _3drotate
UCS 当前的正角方向:  ANGDIR=逆时针   ANGBASE=0
选择对象: 找到 1 个              //选择要旋转的对象，如图 12-17(a)所示
……
选择对象:                        //按 Enter 键，完成选择
指定基点:                        //在绘图区拾取基点，如图 12-17(b)所示
拾取旋转轴:                      //选择圈所对应的轴，如图 12-17(c)所示
指定角的起点或输入角度:180
      //输入旋转的角度或在绘图区指定旋转的起点和终点来确定旋转的角度，效果如图 12-17(d)所示
```

图 12-17 显示的是执行“三维旋转”命令的效果图。

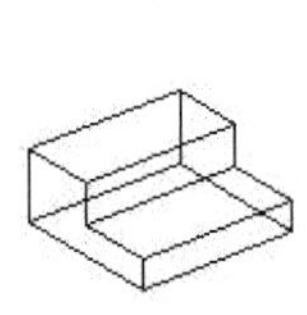
(a) 原对象

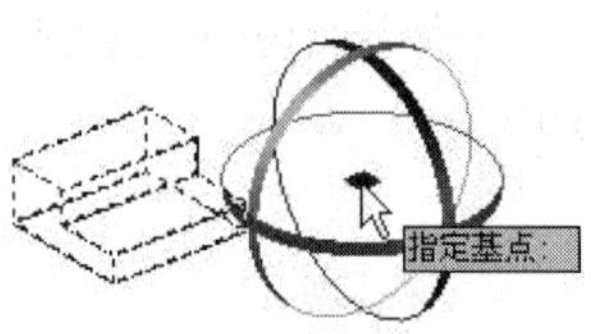

(b) 指定基点

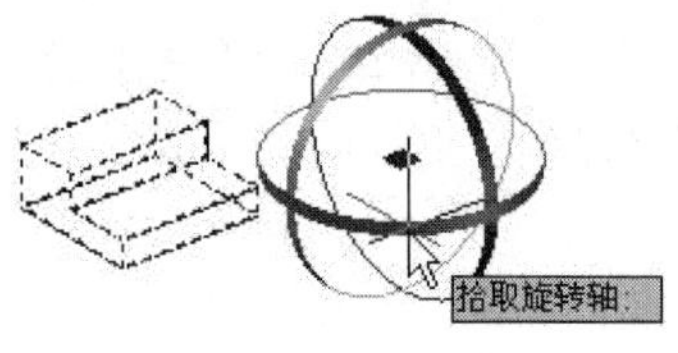

(c) 选择旋转轴

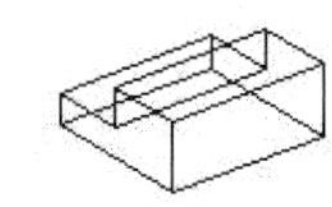
(d) 旋转后的效果

图 12-17　执行“三维旋转”的效果图

12.4.3　三维对齐

“三维对齐”命令 3DALIGN 是指通过指定源实体的 3 个点来定义平面，这 3 个点所确定的平面与选定的另一个实体的 3 个点所确定的平面对齐，每个实体最多只能指定 3 个点。选定的源实体的第一个源点(基点)与目标实体的第一个目标点重合。

选择“修改”|“三维操作”|“三维对齐”命令，或者在命令行中输入 3DALIGN，或者单击工具栏中的“三维对齐”按钮，都可以执行“三维对齐”命令，效果如图 12-18 所示。执行该命令后，命令行提示如下。

```
命令: _3dalign
选择对象: 找到 1 个                    //选择源实体
选择对象:                              //按 Enter 键确认
指定源平面和方向 ...
指定基点或 [复制(C)]:                  //选择源实体中的第一源点，如图 12-18(a)中的 1 点
指定第二个点或 [继续(C)] <C>:          //选择源实体中的第二源点，如图 12-18(a)中的 2 点
指定第三个点或 [继续(C)] <C>:          //选择源实体中的第三源点，如图 12-18(a)中的 3 点
指定目标平面和方向 ...
指定第一个目标点:                      //选择目标实体中的第一点，如图 12-18(a)中的 4 点
指定第二个目标点或 [退出(X)] <X>:      //选择目标实体中的第二点，如图 12-18(a)中的 5 点
指定第三个目标点或 [退出(X)] <X>:
        //选择目标实体中的第三点，如图 12-18(a)中的 6 点，效果如图 12-18(b)所示
```

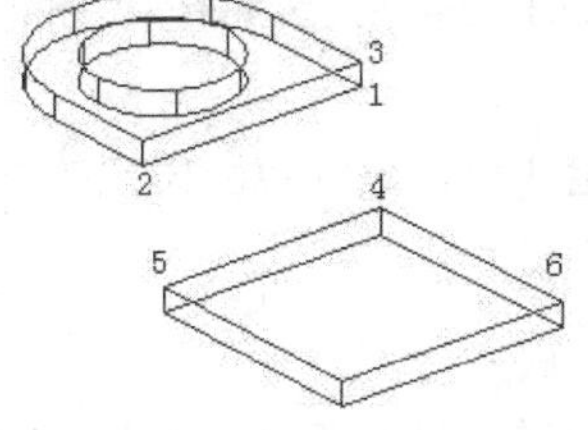

(a) 指定对齐点

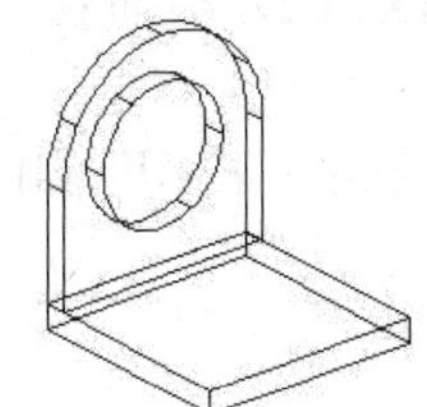

(b) 对齐后的效果

图 12-18　执行“三维对齐”的效果图

12.4.4　三维镜像

“三维镜像”命令 MIRROR3D 可以使指定对象沿镜像平面镜像实体，如图 12-19 所示。通过选择“修改”|“三维操作”|“三维镜像”命令，或者在命令行中输入 MIRROR3D，都可以执行“三维镜像”命令。执行该命令后，命令行提示如下。

```
命令: _mirror3d
选择对象: 找到 1 个                    //选择镜像的对象
选择对象:                              //按 Enter 键确认
指定镜像平面(三点)的第一个点或
  [对象(O)/最近的(L)/Z 轴(Z)/视图(V)/XY 平面(XY)/YZ 平面(YZ)/ZX 平面(ZX)/三点(3)]
<三点>:                                //指定镜像平面的第一点或选择其他方式的平面
在镜像平面上指定第二点:
在镜像平面上指定第三点:                //选择镜像平面的其他点
是否删除源对象? [是(Y)/否(N)] <否>: N   //确定是否删除源对象，如图 12-19 所示
```

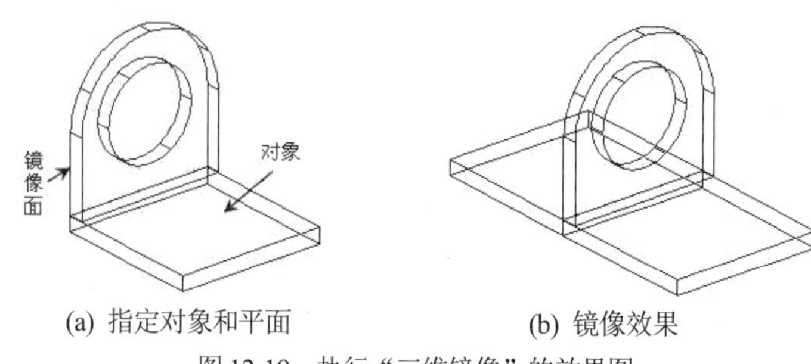

(a) 指定对象和平面　　(b) 镜像效果

图 12-19　执行“三维镜像”的效果图

镜像平面可以是选定的 3 点确定的平面，也可以是与 UCS 坐标系上坐标面平行的平面，或者是某实体上的平面。下面对镜像平面中的选项分别进行介绍。

- “对象(O)”选项：表示用户指定圆弧、圆或二维多段线，这二维多段线所在的平面为镜像平面。
- “最近的(L)”选项：指选定上一次镜像命令所选择的平面作为这次镜像操作的平面。
- “Z 轴(Z)”选项：选择该选项后，系统提示用户选择两点，这两点连线的法线平面就是镜像平面，先选取的点在该法线平面上。
- “视图(V)”选项：表示用户指定一点，通过该点并与当前视图平面平行的平面即为镜像平面。
- “XY 平面(XY)/YZ 平面(YZ)/ZX 平面(ZX)”选项：表示镜像平面为 UCS 坐标系的坐标平面。
- “三点(3)”选项：表示用户在绘图区指定 3 点，这 3 点所确定的平面为镜像平面。

12.4.5　三维阵列

三维阵列和二维阵列类似，有环形阵列和矩形阵列两种形式。选择“修改”|“三维操作”|“三维阵列”命令，或者在命令行中输入 3DARRAY 命令，或者单击工具栏中的“三维阵列”按钮，都可以执行“三维阵列”命令。执行该命令后，命令行提示如下(以环形阵列为例)。

```
命令: _3darray
选择对象: 找到 1 个                                    //选择要阵列的对象
选择对象:                                              //按 Enter 键确认
输入阵列类型 [矩形(R)/环形(P)] <矩形>:p                //选择阵列的类型
输入阵列中的项目数目: 6                                //输入阵列的个数
指定要填充的角度 (+=逆时针, -=顺时针) <360>:           //确定阵列选择的角度
旋转阵列对象？ [是(Y)/否(N)] <Y>: N                    //确定是否删除源对象
指定阵列的中心点:                                      //确定环形阵列的轴的起点
指定旋转轴上的第二点:                                  //确定环形阵列的轴的端点
```

如图 12-20(a)所示是阵列前视图。图 12-20(b)是通过环形阵列所得的效果图，此时环形阵列必须选择删除源对象，否则阵列的效果会不一样。三维阵列的环形阵列是通过指定旋转轴来确定环形阵列的，而二维阵列是通过拾取中心点来确定环形阵列的中心。图 12-20(c)是通过矩形阵列所得的效果，三维阵列的矩形阵列除了二维矩形阵列要求的指定行数和列数外，还需要指定层数，此时行数为 5，列数和层数为 1。

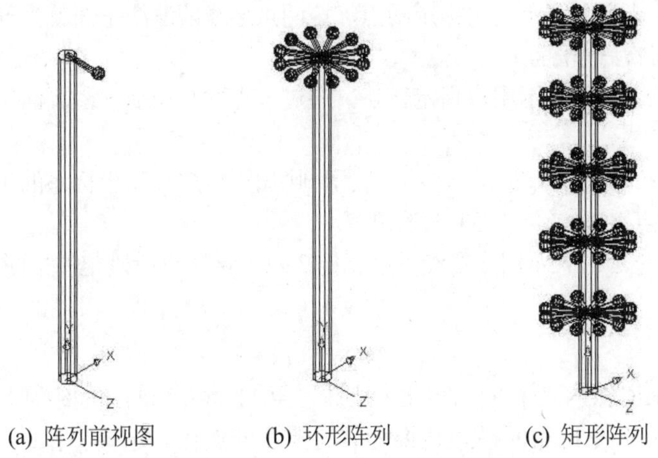

(a) 阵列前视图　　(b) 环形阵列　　(c) 矩形阵列

图 12-20　执行“三维阵列”的效果图

12.4.6　剖切

“剖切”命令 SLICE 用于将一个或多个实体剖切成两部分，可以保留剖切后的两部分，也可以指定保留其中的一部分。剖切后的两个部分各属于不同的对象，可以分开进行选择。

通过选择“修改”|“三维操作”|“剖切”命令，或者在命令行中输入 SLICE 命令，或者单击工具栏中的“剖切”按钮，都可以执行剖切命令。执行该命令后，命令行提示如下。

```
命令: _slice
选择要剖切的对象: 找到 1 个        //选择剖切的实体
选择要剖切的对象:                  //按 Enter 键确认选择
指定 切面 的起点或 [平面对象(O)/曲面(S)/Z 轴(Z)/视图(V)/XY(XY)/YZ(YZ)/ZX(ZX)/三点(3)] <三点>:
                                   //指定起点或选择切面的方式，如图 12-21(a)中的 1 点
指定平面上的第二个点:              //指定切面的第二点，如图 12-21(a)中的 2 点
在所需的侧面上指定点或 [保留两个侧面(B)] <保留两个侧面>:
        //选择切面保留侧面上的任意点，如图 12-21(a)中的 3 点，最终效果如图 12-21(b)所示
```

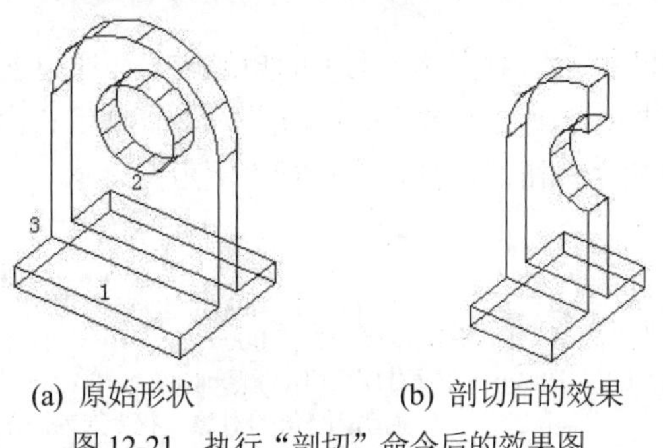

(a) 原始形状　　(b) 剖切后的效果

图 12-21　执行“剖切”命令后的效果图

“剖切”命令中各选项的含义如下。

- “平面对象(O)”选项：表示用户可以选择二维曲线来定义剖切面，这些二维曲线包括多段线、圆弧、圆或样条曲线。
- “曲面(S)”选项：表示剖切平面与所指定的曲面对齐。

- "Z 轴(Z)"选项：表示用户指定两点，这两点连线的法线平面就为剖切平面，第一次选取的点在该法线平面上。
- "视图(V)"选项：表示用户指定一点，通过该点并与当前视图平面平行的平面即为剖切平面。
- "XY(XY)/YZ(YZ)/ZX(ZX)"选项：表示剖切平面与 UCS 坐标系的坐标平面平行，再通过指定一点来确定该剖切平面的位置。
- "三点(3)"选项：表示用户在绘图区指定 3 点，这 3 点所确定的平面为剖切平面。

12.4.7 加厚

"加厚"命令 THICKEN 是将曲面转化为实体，第 11 章介绍的曲面绘制只是表面模型，用户可以通过"加厚"命令将表面模型转换为具有厚度的实体。选择"修改"|"三维操作"|"加厚"命令，或者在命令行中输入 THICKEN 命令，都可以执行"加厚"命令，效果如图 12-22 所示。执行该命令后，命令行提示如下。

```
命令: _thicken
选择要加厚的曲面: 找到 1 个          //选择曲面，如图 12-22(a)所示
选择要加厚的曲面:                    //按 Enter 键确定
指定厚度 <9.0000>:                   //输入加厚厚度，效果如图 12-22(b)所示
```

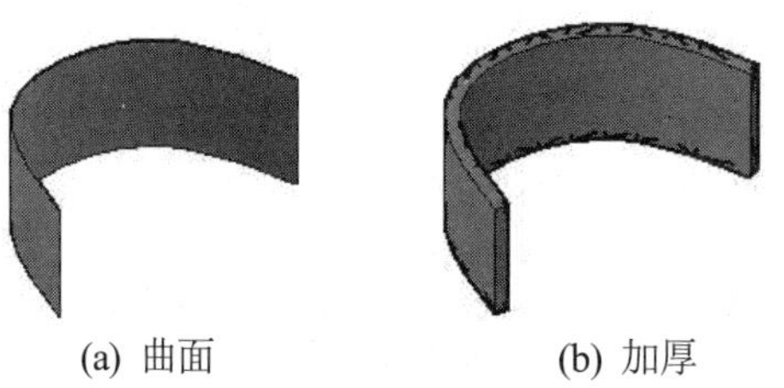

(a) 曲面　　(b) 加厚

图 12-22　执行"加厚"命令后的效果图

12.4.8 倒角

"倒角"命令 CHAMFER 可以对实体平面上的矩形边、环形边进行倒角，三维"倒角"命令和二维"倒角"命令一样。选择"修改"|"倒角"命令，或者在命令行中输入 CHAMFER，或者单击工具栏中的"倒角"按钮，都可以执行"倒角"命令，效果如图 12-23 所示。执行该命令后，命令行提示如下。

```
命令: _chamfer
("修剪"模式) 当前倒角距离 1 = 5.0000，距离 2 = 5.0000
选择第一条直线或 [放弃(U)/多段线(P)/距离(D)/角度(A)/修剪(T)/方式(E)/多个(M)]:
                                        //指定倒角的对象。指定如图 12-23(b)中所示的选中面的顶边
基面选择...
输入曲面选择选项 [下一个(N)/当前(OK)] <当前(OK)>: OK    //确定曲面的选项，如图 12-23(b)所示
指定 基面 倒角距离或 [表达式(E)]:0.3                      //输入倒角的尺寸
指定 其他曲面 倒角距离或 [表达式(E)] <5.0000>: 0.4      //输入倒角 2 的尺寸
选择边或 [环(L)]:    //选择倒角边，单击如图 12-23(c)所示的边，按 Enter 键后的效果如图 12-23(d)所示
```

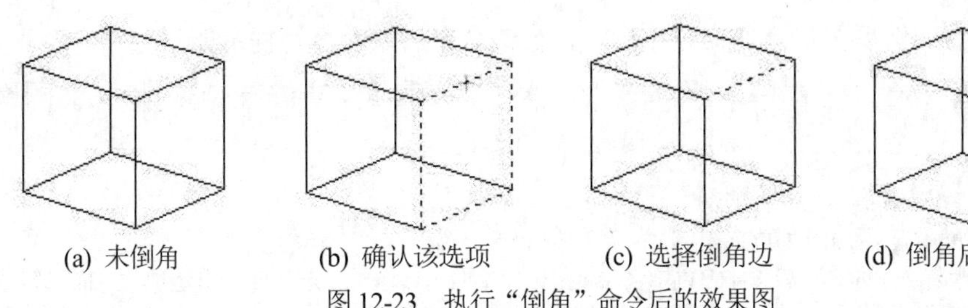

(a) 未倒角　(b) 确认该选项　(c) 选择倒角边　(d) 倒角后的效果

图 12-23　执行“倒角”命令后的效果图

用户也可以单击“实体编辑”工具栏上的“倒角边”按钮对实体进行倒角，效果与 CHAMFER 命令类似。

12.4.9　圆角

“圆角”命令 FILLET 可以对实体平面上的矩形边、环形边倒圆角，三维倒圆角命令和二维倒圆角的命令一样。通过选择“修改”|“圆角”命令，或者在命令行中输入 FILLET 命令，或者单击工具栏中的“圆角”按钮，都可以执行“圆角”命令。执行该命令后，命令行提示如下。

```
命令: _fillet
当前设置: 模式 = 修剪，半径 = 0.0000
选择第一个对象或 [放弃(U)/多段线(P)/半径(R)/修剪(T)/多个(M)]:
                                    //选择所要倒圆角的边，如图 12-24(a)所示
输入圆角半径或 [表达式(E)]:.4        //输入圆角半径值
选择边或 [链(C)/半径(R)]:  //再选择要倒圆角的边，也可以不选，默认上步已选的边，如图 12-24(b)所示
……
选择边或 [链(C)/半径(R)]:            //按 Enter 键确认
已选定 2 个边用于圆角                //效果如图 12-24(c)所示
```

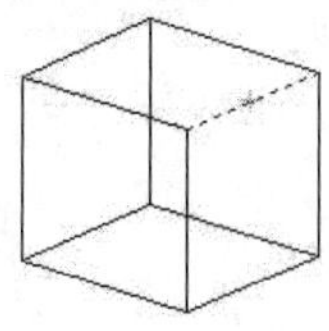

(a) 选择圆角对象

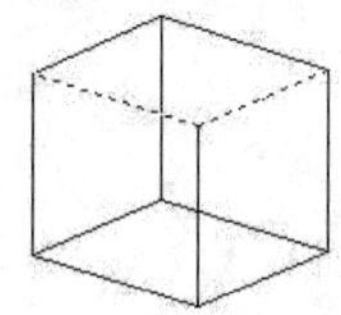

(b) 选择圆角边

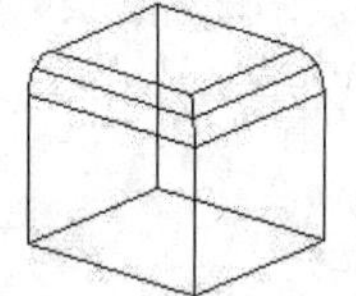

(c) 倒圆角后的效果

图 12-24　执行“圆角”命令后的效果图

用户也可以单击“实体编辑”工具栏上的“圆角边”按钮对实体进行倒圆角，效果与 FILLET 命令类似。

12.5 编辑实体

AutoCAD 除了上面介绍的实体编辑之外，还提供了多种编辑实体的方式，如对三维实体的边、面、体等进行修改，可以对当前实体的面进行拉伸、移动、偏移、旋转、删除、倾斜、复制、着色操作；也可以对边进行复制和着色等操作；还可以对实体进行压印、分割、抽壳、清除等。这些编辑实体命令的执行可以通过在菜单栏中选择“修改”|“实体编辑”菜单中的命令选项；或者在如图 12-25 所示的工具栏中选择各实体编辑的命令按钮；或者在命令行中输入

SOLIDEDIT 命令，然后再选择各命令选项。执行该命令后，命令行提示如下。

图 12-25　工具栏

```
命令: solidedit
实体编辑自动检查: SOLIDCHECK=1
输入实体编辑选项 [面(F)/边(E)/体(B)/放弃(U)/退出(X)] <退出>: f       //选择面编辑选项输入面编辑选项
[拉伸(E)/移动(M)/旋转(R)/偏移(O)/倾斜(T)/删除(D)/复制(C)/颜色(L)/材质(A)/放弃(U)/退出(X)]  <退出>:
                                                                      //面编辑的各个命令
实体编辑自动检查: SOLIDCHECK=1
输入实体编辑选项 [面(F)/边(E)/体(B)/放弃(U)/退出(X)] <退出>: e       //选择边编辑选项
输入边编辑选项 [复制(C)/着色(L)/放弃(U)/退出(X)] <退出>:              //边编辑的各个选项
实体编辑自动检查: SOLIDCHECK=1
输入实体编辑选项 [面(F)/边(E)/体(B)/放弃(U)/退出(X)] <退出>: b       //选择体编辑选项输入体编辑选项
[压印(I)/分割实体(P)/抽壳(S)/清除(L)/检查(C)/放弃(U)/退出(X)] <退出>:    //体编辑的各个选项
实体编辑自动检查: SOLIDCHECK=1
```

12.5.1　拉伸面

使用“拉伸面”命令可以对实体的一个面或多个面沿指定高度和角度或路径进行拉伸，拉伸后的实体与源实体为同一对象。选择“修改”|“实体编辑”|“拉伸面”命令，或者在工具栏中单击“拉伸面”按钮，都可以执行“拉伸面”命令。执行该命令后，命令行提示如下。

```
命令: _extrude
选择面或 [放弃(U)/删除(R)]: 找到一个面                    //选择实体面
......
选择面或 [放弃(U)/删除(R)/全部(ALL)]: 找到一个面          //选择实体面，如图 12-26(b)所示
选择面或 [放弃(U)/删除(R)/全部(ALL)]:                     //按 Enter 键确认
指定拉伸高度或 [路径(P)]: 2                               //指定拉伸高度，或者选择路径
指定拉伸的倾斜角度 <10>:                                  //输入倾斜角度
已开始实体校验
已完成实体校验
输入面编辑选项
[拉伸(E)/移动(M)/旋转(R)/偏移(O)/倾斜(T)/删除(D)/复制(C)/颜色(L)/材质(A)/放弃(U)/退出(X)]  <退出>: X
                                                          //按 Enter 键确认
实体编辑自动检查: SOLIDCHECK=1
输入实体编辑选项 [面(F)/边(E)/体(B)/放弃(U)/退出(X)] <退出>: X
                                                          //按 Enter 键确认，效果如图 12-26(c)所示
```

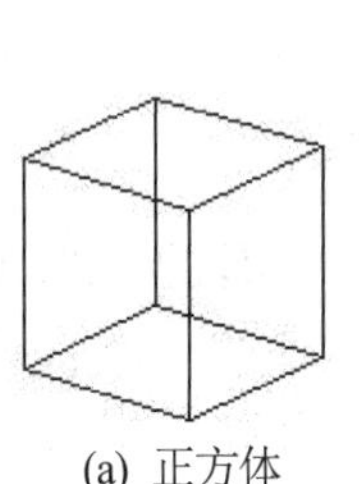
(a) 正方体

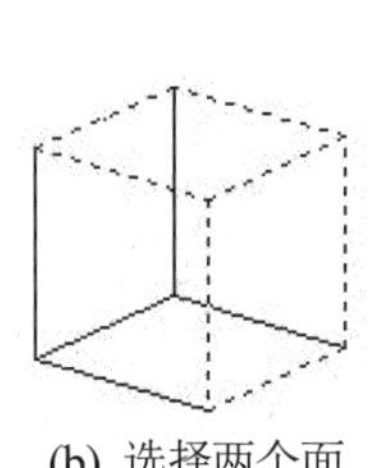
(b) 选择两个面

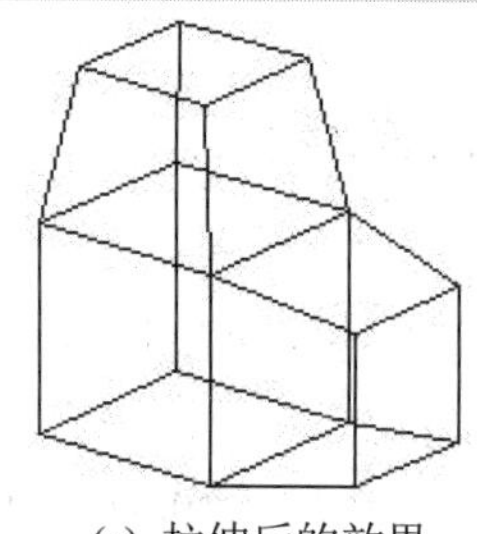
(c) 拉伸后的效果

图 12-26　执行“拉伸面”命令后的效果图

12.5.2　移动面

“移动面”命令可以对一个或多个曲面、平面沿指定的距离移动或移动到指定的点。选择“修改”|“实体编辑”|“移动面”命令，或者在工具栏中单击“移动面”按钮，都可以执行“移动面”命令。执行该命令后，命令行提示如下。

```
……
输入面编辑选项
[拉伸(E)/移动(M)/旋转(R)/偏移(O)/倾斜(T)/删除(D)/复制(C)/颜色(L)/材质(A)/放弃(U)/退出(X)]  <退出>: _move            //在工具栏中单击移动面按钮
选择面或 [放弃(U)/删除(R)]: 找到一个面          //选择实体面，选择如图 12-27(b)所示的圆孔面
选择面或 [放弃(U)/删除(R)/全部(ALL)]:           //按 Enter 键确认
指定基点或位移:                                  //指定基点或输入位移，如图 12-27(c)的圆孔中心
指定位移的第二点:                                //指定目标点，如图 12-27(c)的圆孔中心
……
```

移动后的效果如图 12-27(d)所示。

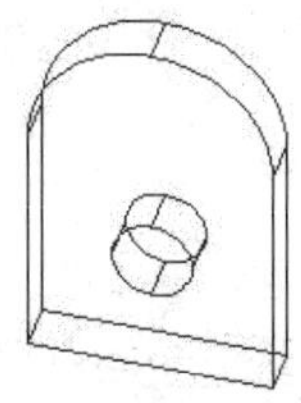
(a) 源形状

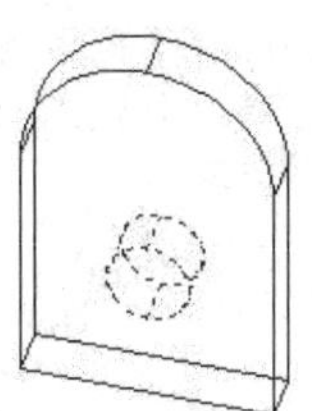
(b) 选择圆孔面

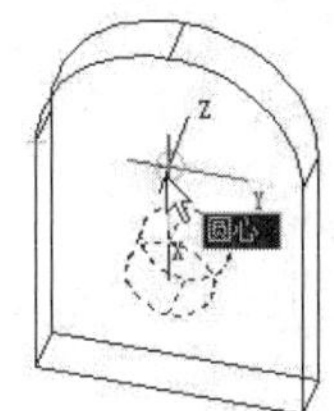

(c) 选择中心点并移动

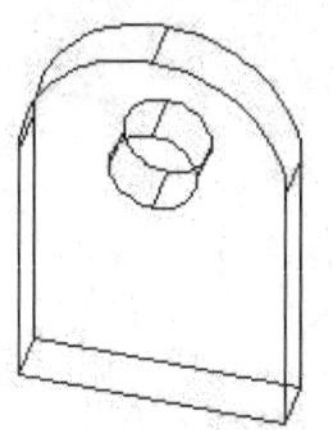
(d) 移动后的效果

图 12-27　执行“移动面”命令后的效果图

12.5.3　偏移面

“偏移面”命令用于改变所选择面的尺寸，可以对选中的面进行放大或缩小。与“移动面”命令不同的是，移动面只改变所选择面的位置，但不改变面的尺寸，但有时偏移面和移动面能够产生相同的效果。选择“修改”|“实体编辑”|“偏移面”命令，或者在工具栏中单击“偏移面”按钮，都可以执行“偏移面”命令。执行该命令后，命令行提示如下。

```
……
输入面编辑选项
[拉伸(E)/移动(M)/旋转(R)/偏移(O)/倾斜(T)/删除(D)/复制(C)/颜色(L)/材质(A)/放弃(U)/退出(X)]  <退出>: _offset            //在工具栏中单击偏移面按钮
选择面或 [放弃(U)/删除(R)]: 找到一个面          //选择要偏移的实体面
选择面或 [放弃(U)/删除(R)/全部(ALL)]:           //按 Enter 键确认
指定偏移距离:                                    //输入要偏移的距离或指定偏移面的目标点
……
```

图 12-28(a)所示的是偏移圆孔所得的效果，图 12-28(b)所示是偏移值输入正数的效果，图 12-28(c)所示是偏移值输入负数的效果。可以看出，输入正值，孔面向内偏移；输入负值，孔面则向外偏移。

(a) 源形状　　(b) 正偏移　　(c) 负偏移

图 12-28　执行“偏移面”命令后的效果图

12.5.4　旋转面

“旋转面”命令是指将一个面或多个面绕指定的旋转轴进行旋转。选择“修改”|“实体编辑”|“旋转面”命令，或者在工具栏中单击“旋转面”按钮，都可以执行“旋转面”命令。执行该命令后，命令行提示如下。

```
……
输入面编辑选项
[拉伸(E)/移动(M)/旋转(R)/偏移(O)/倾斜(T)/删除(D)/复制(C)/颜色(L)/材质(A)/放弃(U)/退出(X)]  <退出>:
_rotate                                        //在工具栏中单击旋转面按钮
选择面或 [放弃(U)/删除(R)]: 找到一个面           //选择旋转面
选择面或 [放弃(U)/删除(R)/全部(ALL)]:            //按 Enter 键确认
指定轴点或 [经过对象的轴(A)/视图(V)/X 轴(X)/Y 轴(Y)/Z 轴(Z)] <两点>:    //指定旋转轴的第一点或
                                                                     选择旋转轴方式
在旋转轴上指定第二个点:                          //指定旋转轴第二点
指定旋转角度或 [参照(R)]: -30                    //指定旋转角度
……
```

与三维旋转实体类似，选定旋转轴的方式有对象的轴、视图、X/Y/Z 轴等。如图 12-29(a)所示的是绕指定的轴旋转-30°，而图 12-29(b)所示的是绕 X 轴旋转 30°，绕坐标轴旋转必须指定旋转原点。

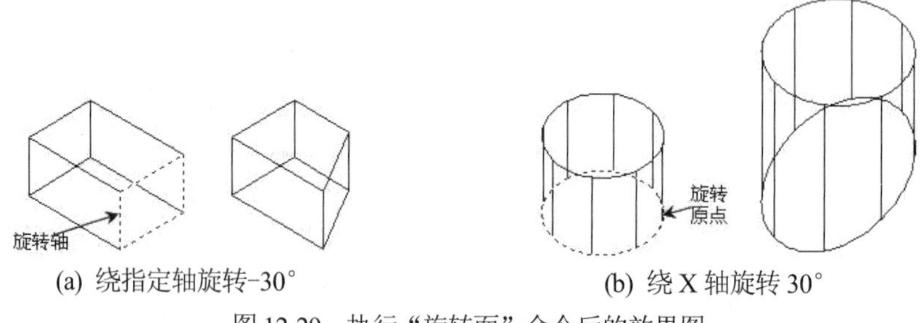

(a) 绕指定轴旋转-30°　　(b) 绕 X 轴旋转 30°

图 12-29　执行“旋转面”命令后的效果图

12.5.5　删除面

“删除面”命令用于删除一些在实体上不需要的面，系统会自动拟补删除的部分。如图 12-30 所示是将圆孔删除，效果是整个圆孔已消失，但圆孔位置会自动被拟补。选择“修改”|“实体编辑”|“删除面”命令，或者在工具栏中单击“删除面”按钮，都可以执行“删除面”命令。执行该命令后，命令行提示如下。

```
……
输入面编辑选项
[拉伸(E)/移动(M)/旋转(R)/偏移(O)/倾斜(T)/删除(D)/复制(C)/颜色(L)/材质(A)/放弃(U)/退出(X)]  <退出>:
_delete                                  //在工具栏中单击删除面按钮
选择面或 [放弃(U)/删除(R)]: 找到一个面       //选择要删除的面，如图 12-30(b)所示
选择面或 [放弃(U)/删除(R)/全部(ALL)]:        //按 Enter 键确认，效果如图 12-30(c)所示
……
```

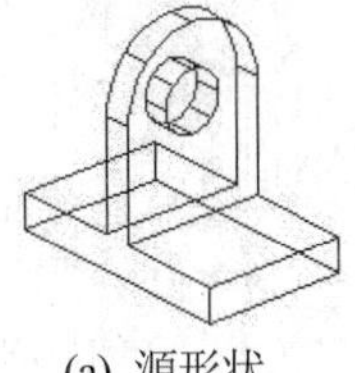

(a) 源形状　　(b) 选择删除面

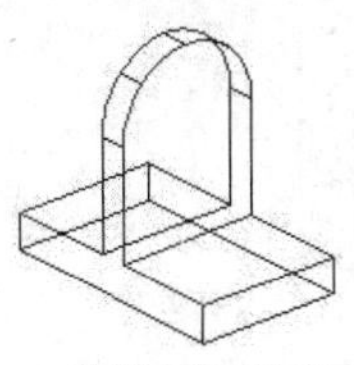

(c) 删除面后的效果

图 12-30　执行“删除面”命令后的效果图

12.5.6　倾斜面

“倾斜面”命令用于创建一些需要有斜度的面，即将选定的面沿指定的轴倾斜，如图 12-31 所示。选择“修改”|“实体编辑”|“倾斜面”命令，或者在工具栏中单击“倾斜面”按钮，都可以执行“倾斜面”命令。执行该命令后，命令行提示如下。

```
……
输入面编辑选项
[拉伸(E)/移动(M)/旋转(R)/偏移(O)/倾斜(T)/删除(D)/复制(C)/颜色(L)/材质(A)/放弃(U)/退出(X)]  <退出>:
_taper                                   //在工具栏中单击倾斜面按钮
选择面或 [放弃(U)/删除(R)]: 找到一个面       //选择要倾斜的面，如图 12-31(b)所示
选择面或 [放弃(U)/删除(R)/全部(ALL)]:        //按 Enter 键确认
指定基点:                           //指定基点，如图 12-31(c)所示的底面圆孔中心点
指定沿倾斜轴的另一个点:               //指定轴的倾斜轴的端点，如图 12-31(c)所示的顶面圆孔中心点
指定倾斜角度: 15                     //输入倾斜角度，效果如图 12-31(d)所示
……
```

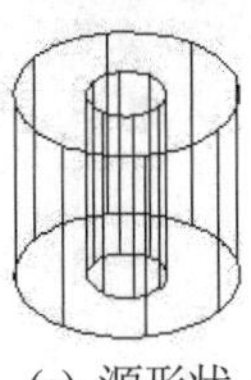

(a) 源形状

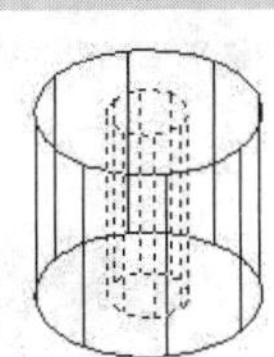

(b) 选择通孔

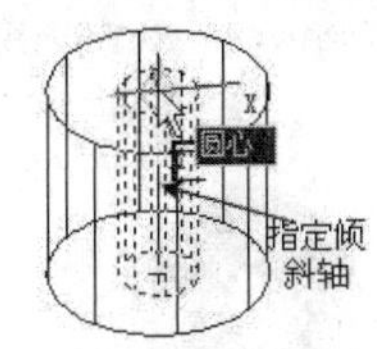

(c) 指定倾斜轴

(d) 倾斜 15°

图 12-31　执行“倾斜面”命令后的效果图

12.5.7　复制面

“复制面”命令可以将指定的面通过指定位移或选择基点的方式创建新的面域或实体。选择“修改”|“实体编辑”|“复制面”命令，或者在工具栏中单击“复制面”按钮，都可以执行“复制面”命令。执行该命令后，命令行提示如下。

```
……
输入面编辑选项
[拉伸(E)/移动(M)/旋转(R)/偏移(O)/倾斜(T)/删除(D)/复制(C)/颜色(L)/材质(A)/放弃(U)/退出(X)]  <退出>:
```

```
_copy                                        //在工具栏中单击复制面按钮
    选择面或 [放弃(U)/删除(R)]: 找到一个面     //选择要复制的面，如图 12-32(a)所示
    选择面或 [放弃(U)/删除(R)/全部(ALL)]:      //按 Enter 键确认
    指定基点或位移:                          //指定基点，如图 12-32(b)所示的底面圆孔中心点
    指定位移的第二点:                        //指定目标点，如图 12-32(b)所示，效果如图 12-32(c)所示
    ……
```

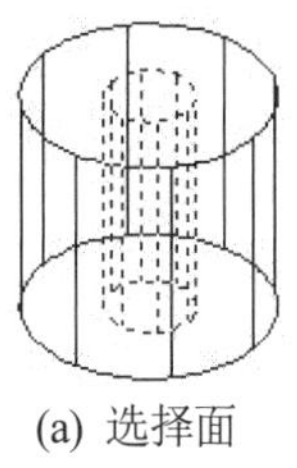

(a) 选择面

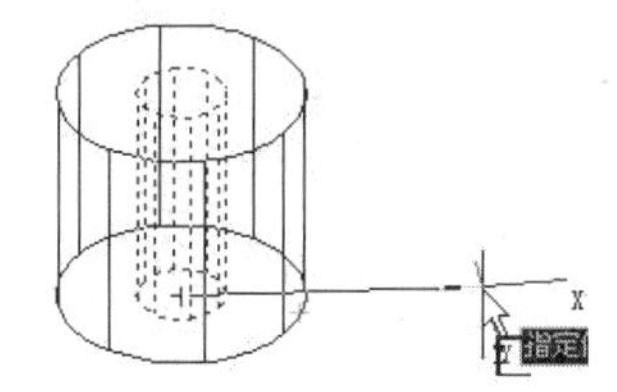

(b) 指定"基点"和"位移点"

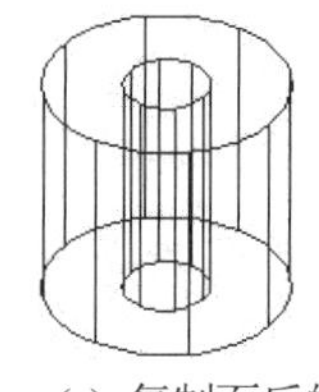
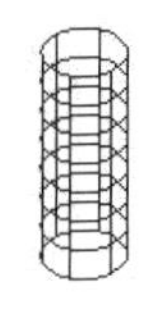

(c) 复制面后的效果

图 12-32 执行"复制面"命令后的效果图

图 12-32 所创建的曲面是指定两点复制的面；如果只指定一点，则系统把原始选择点作为基点，下一点作为位移点。

12.5.8 着色面

"着色面"命令是指改变指定实体面的颜色，可以从"选择颜色"对话框中对颜色进行选择。执行该命令之前，必须将视图样式调整为"真实"或"概念"样式，才能看到效果。选择"修改" | "实体编辑" | "着色面"命令，或者在工具栏中单击"着色面"按钮，都可以执行"着色面"命令，效果如图 12-33 所示。执行该命令后，命令行提示如下。

```
    ……
    输入面编辑选项
    [拉伸(E)/移动(M)/旋转(R)/偏移(O)/倾斜(T)/删除(D)/复制(C)/颜色(L)/材质(A)/放弃(U)/退出(X)]  <退出>:
_color                                          //在工具栏中单击着色面按钮
    选择面或 [放弃(U)/删除(R)]: 找到一个面        //选择要着色的面，如图 12-33(a)所示
    选择面或 [放弃(U)/删除(R)/全部(ALL)]:
              //按 Enter 键确认，在弹出的颜色对话框中选择所需的颜色并确认，效果如图 12-33(b)所示
    ……
```

(a) 着色前

(b) 着色后

图 12-33 执行"着色面"命令后的效果图

12.5.9 压印边

"压印边"命令是指选定对象与被压印对象在表面处的相交线创建压印边，压印之后的边属于被压印的实体，压印只限于圆弧、圆、直线、二维和三维多段线、椭圆、样条曲线、面域、体和三维实体。

选择“修改”|“实体编辑”|“压印边”命令，或者单击“压印边”按钮，或者在命令行中输入 IMPRINT，都可以执行“压印边”命令。执行该命令后，命令行提示如下。

```
命令: _imprint
选择三维实体:                        //选择被压印实体，如图 12-34(a)所示的圆柱体
选择三维实体:                        //按 Enter 键确认选择
选择要压印的对象:                    //选择如图 12-34(a)所示的圆锥体
是否删除源对象 [是(Y)/否(N)] <N>: y  //选择是否保留要压印的对象
选择要压印的对象:                    //按 Enter 键确认选择，效果分别如图 12-34(b)和图 12-34(c)所示
```

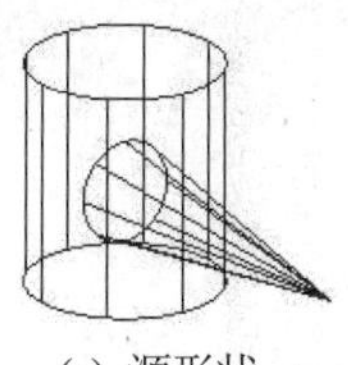
(a) 源形状

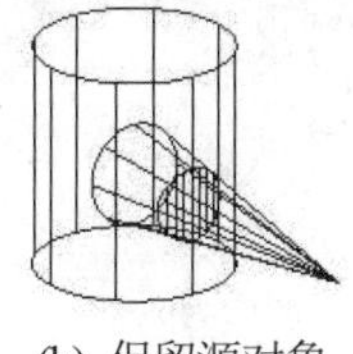
(b) 保留源对象

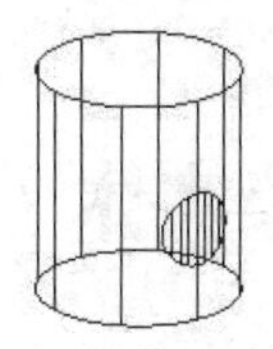
(c) 不保留源对象

图 12-34　执行“压印边”命令后的效果图

12.5.10　分割

“分割”命令是将组合的实体分割成不同的部分，分割之后的实体看上去没什么变化，但实际上它们已经成为单独的三维实体，该命令适合于只修改组合实体的一些特征。分割之后容易选择单独的实体。

选择“修改”|“实体编辑”|“分割”命令，或者单击“分割”按钮，都可以执行“分割”命令。执行该命令后，命令行提示如下。

```
……
输入实体编辑选项
[压印(I)/分割实体(P)/抽壳(S)/清除(L)/检查(C)/放弃(U)/退出(X)] <退出>: _separate
                                      //在工具栏中单击分割按钮
选择三维实体:                         //选择要分割的实体
……
```

12.5.11　抽壳

“抽壳”命令是将一个实体创建成为具有一定厚度的薄壳。选择“修改”|“实体编辑”|“抽壳”命令，或者单击“抽壳”按钮，都可以执行“抽壳”命令。执行该命令后，命令行提示如下。

```
……
输入实体编辑选项
[压印(I)/分割实体(P)/抽壳(S)/清除(L)/检查(C)/放弃(U)/退出(X)] <退出>: _shell
                                      //在工具栏中单击抽壳按钮
选择三维实体:                         //选择要抽壳的实体，如图 12-35(a)所示的长方体
删除面或 [放弃(U)/添加(A)/全部(ALL)]: 找到一个面，已删除 1 个
                                      //选择要删除的面，如图 12-35(a)中的长方体前端面
删除面或 [放弃(U)/添加(A)/全部(ALL)]: //按 Enter 键确认
输入抽壳偏移距离: 1                   //输入壳的厚度，效果如图 12-35(b)和图 12-35(c)所示
……
```

被选中实体的面将被删除，其他没被选择的面将成为薄壳。在“输入抽壳偏移距离”命令

行中输入的值如果是正数，将向内部偏移，如图 12-35(b)所示；如果是负数，则向外偏移，如图 12-35(c)所示。

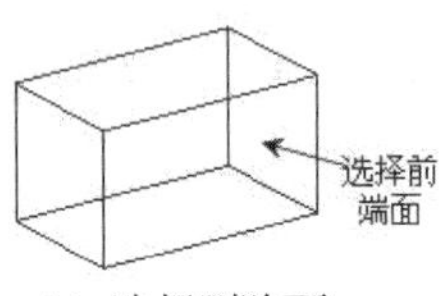

(a) 选择删除面

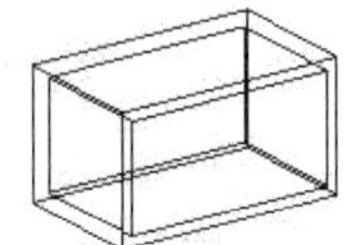
(b) 抽壳正偏移效果

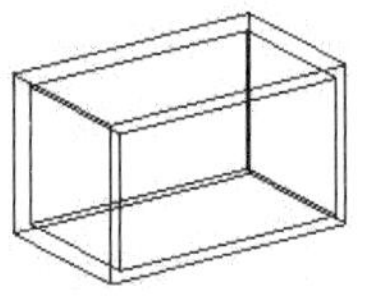
(c) 抽壳负偏移效果

图 12-35　执行“抽壳”命令后的效果图

12.6 渲染实体

在对实体建模之后，为了展示自己的成果，给客户一种舒适和美观的感觉，用户需要对产品进行渲染操作。渲染操作命令的实现可以通过选择“视图”|“渲染”命令，或者在命令行中输入相应的命令来实现。

12.6.1　设置光源

创建每一个场景，都必须有光的衬托，从而呈现各种真实的效果，通过对光源的设置，可以实现反射、阴影、体光等效果，如室外的自然光、室内的灯光等。系统已经默认了灯光效果，用户可以创建和设置光源。AutoCAD 2020 提供了 3 种创建光源的方式：点光源、聚光灯和平行光，下面分别进行介绍。

1. 点光源

点光源是从光源处发射的光束，可以模拟真实世界中的点光源(如灯泡的光)，也可以在场景中添加点光源作为辅助光源来增强光照的效果。通过选择“视图”|“渲染”|“光源”|“新建点光源”命令可以执行“点光源”命令。执行该命令后，命令行提示如下。

```
命令: _pointlight
指定源位置 <0,0,0>:          //选择点光源放置的位置
输入要更改的选项 [名称(N)/强度因子(I)/状态(S)/光度(P)/阴影(W)/衰减(A)/过滤颜色(C)/退出(X)] <退出>: X
                             //选择各个要设置的选项
```

用户除了选择要更改的选项进行灯光特性的设置外，还可以在创建完光源之后，双击灯光源，再从弹出的“特性”对话框中对各个参数进行设置。

2. 聚光灯

聚光灯的光束呈一个锥形体，就像一个手电筒发射的光一样，用户可以指定光反射的方向，也可以控制照射区域的大小。区域的大小可通过光束锥形的角度和光源与三维实体的距离而定，因此在设置聚光灯时，必须先指定位置和方向(目标点)。通过选择“视图”|“渲染”|“光源”|“新建聚光灯”命令可以执行“聚光灯”命令。执行该命令后，命令行提示如下。

```
命令: _spotlight
指定源位置 <0,0,0>:              //指定灯光源的位置
指定目标位置 <0,0,-10>:          //指定灯光源投射方向上的目标点
```

```
输入要更改的选项 [名称(N)/强度因子(I)/状态(S)/光度(P)/聚光角(H)/照射角(F)/阴影(W)/衰减(A)/过滤颜色(C)/退出(X)]　　　　　　//选择各个要设置的选项
```

聚光灯有两个锥面，内锥面是强光区，外锥面与内锥面之间为弱光区，分别对应于聚光角和照射角，这两个角的差距越大，则光束的边缘越柔和。聚光灯光束效果如图 12-36 所示。

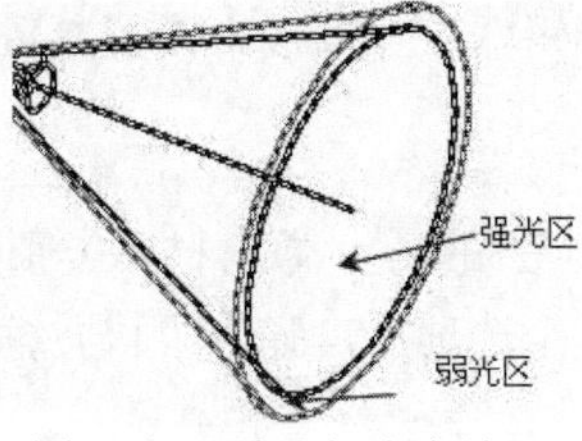

图 12-36　聚光灯光束效果

3. 平行光

平行光发射的是平行的光线，犹如太阳光照射到地球上的物体。如果用户想增加光强，可以多加几束平行光。通过选择“视图”|“渲染”|“光源”|“新建平行光”命令可以执行“平行光”命令。执行该命令后，命令行的提示如下。

```
命令: _distantlight
指定光源来向 <0,0,0> 或 [矢量(V)]:　　　　//选择光源的起点，系统默认是(0,0,0)
指定光源去向 <1,1,1>:　　　　　　　　　　//选择光源的方向点，系统默认是(1,1,1)
输入要更改的选项 [名称(N)/强度因子(I)/状态(S)/光度(P)/阴影(W)/过滤颜色(C)/退出(X)]　　<退出>: X
```

12.6.2　材质

材质与贴图在渲染操作中都是非常重要的，同时也是一个相当烦琐的工作，但只要用户有耐心，仔细调整各参数，就会渲染出逼真的实物，使其具有足够的吸引力。

选择“视图”|“渲染”|“材质浏览器”命令，或者单击“材质编辑器”上的“打开/关闭材质浏览器”按钮，弹出如图 12-37 所示的“材质浏览器”选项板。

选择“视图”|“渲染”|“材质编辑器”命令，或者在“材质浏览器”中单击“打开/关闭材质编辑器”按钮，弹出如图 12-38 所示的“材质编辑器”选项板。

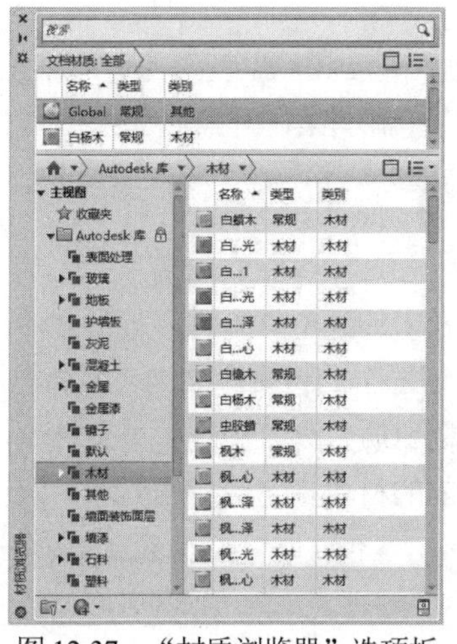

图 12-37　“材质浏览器”选项板

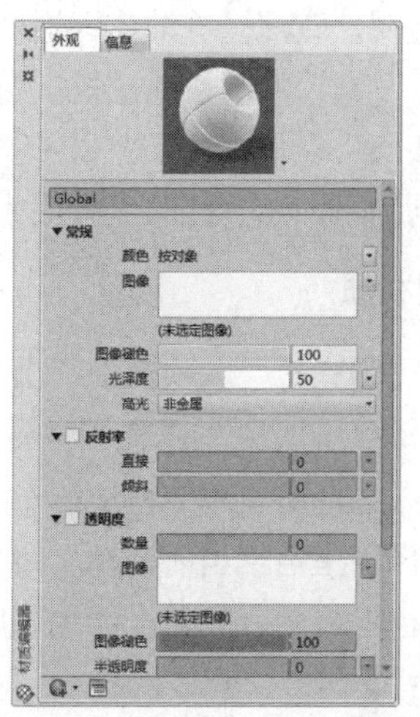

图 12-38　“材质编辑器”选项板

用户可通过“材质浏览器”选项板导航和管理材质，在所有打开的库和图形中对材质进行搜索和排序。用户可通过“材质编辑器”选项板对材质的参数进行设置，创建新的材质，并对材质进行编辑。“材质编辑器”和“材质浏览器”选项板通常同时使用，用户可以在“材质浏览器”选项板中选中一个材质，再在“材质编辑器”选项板中对材质参数进行编辑；也可以创建一个新的材质，然后在“材质编辑器”选项板中设置参数。

1. “材质浏览器”选项板

单击“在文档中创建新材质”按钮，弹出材质类别列表；选择其中的某一个类别，可以创建某一个类别的材质。选择某个选项后，弹出“材质编辑器”选项板，可对材质的各个参数进行设置。

在“搜索”文本框中输入材质名称的关键词，可在“文档材质”和“库”中搜索材质，并显示包含该关键词的材质外观列表。

“文档材质”列表显示当前文档中已经创建的材质列表；“库”管理项可以创建新库，或者管理已有的材质库。AutoCAD 系统为用户默认提供了“Autodesk 库”和“收藏夹”库，用户可以直接使用“Autodesk 库”中的材质，也可以把自己创建的材质放入“收藏夹”中。

2. “材质编辑器”选项板

在“材质编辑器”选项板中，用户可以在名称文本框中输入材质的名称，通过以下参数对材质进行设置。

- “常规”卷展栏用于设置材质的颜色、图像、图像褪色、光泽度和高光等的获取方式。
- “反射率”卷展栏通过“直接”和“倾斜”滑块控制表面上的反射级别及反射高光的强度。
- “透明度”卷展栏用于控制材质的透明度级别。完全透明的对象允许光从中穿过，透明度值是一个百分比值，值 1.0 表示材质完全透明；值 0.0 表示材质完全不透明。“半透明度”和“折射率”特性仅当“透明度”值大于 0 时才可以编辑。“折射率”控制光线穿过材质时的弯曲度，因此可在对象的另一侧看到对象被扭曲。
- “剪切”卷展栏用于根据纹理灰度解释控制材质的穿孔效果。贴图的较浅区域渲染为不透明，较深区域渲染为透明。
- “自发光”卷展栏通过控制材质的过滤颜色、亮度和色温使对象看起来正在自发光。
- “凹凸”卷展栏用于打开或关闭使用材质的浮雕图案。对象看起来可具有凹凸的或不规则的表面。“凹凸度”用于调整凹凸的高度。

3. 应用材质

在“材质浏览器”选项板中，当选中材质库列表中的某个材质时，右击会弹出快捷菜单，用户通过选择“添加到”|“文档材质”命令，可以把选中的材质添加到“文档材质”列表中。

在绘图区选择需要添加材质的对象，再在“文档材质”列表中选中某个材质，右击弹出快捷菜单，选择“指定给当前选择”命令，可以把当前的材质指定给应用对象。该快捷菜单还可以对材质进行重命名、删除、添加到库等操作。

12.6.3　渲染

在设置了光源、材质之后，用户可以对三维场景进行渲染，通过渲染可以观察作品的最终效果。系统提供了多种渲染命令和渲染设置(高级渲染设置)。通过选择“视图”|“渲染”命令可以执行“渲染”命令。执行该命令后，系统会弹出“渲染”窗口，在此可对视图进行渲染。

有时渲染不符合要求，用户还需重新设置，AutoCAD 提供了“高级渲染设置”命令，选择“视图”|“渲染”|“高级渲染设置”命令，弹出“渲染预设管理器”面板，可以从中设置该渲染类型的参数，如图 12-39 所示。

图 12-39　“渲染预设管理器”面板

各选项组含义如下。

- “渲染位置”下拉列表框：用于确定渲染器显示渲染图像的位置。其中，“窗口”表示将当前视图渲染到“渲染”窗口；“视口”表示在当前视口中渲染当前视图；“面域”表示在当前视口中渲染指定区域。
- “渲染大小”下拉列表框：用于指定渲染图像的输出尺寸和分辨率。选择“更多输出设置”可以弹出“‘渲染到尺寸’输出设置”对话框，用于指定自定义输出尺寸。
- “当前预设”下拉列表框：用于指定渲染视图或区域时要使用的渲染精度。
- “预设信息”选项组：显示选定渲染预设的名称和说明。
- “渲染持续时间”选项组：用于控制渲染器为创建最终渲染输出而执行的迭代时间或层级数。
- “光源和材质”选项组：用于控制渲染图像的光源和材质计算的准确度。

单击“渲染”按钮，开始渲染，将在渲染位置显示渲染的对象。

12.7　视觉样式

视觉样式用于切换各种显示形式，用来控制边和着色后的显示。AutoCAD 2020 有 10 种显示方式。通过选择如图 12-40 所示的“视图”|“视觉样式”命令的子菜单可以实现各种显示样式。执行“视觉样式管理器”命令可以打开“视觉样式管理器”选项卡，用户可以在选项卡中使用已经设置好的视觉样式，也可以设置自己需要的视觉样式。

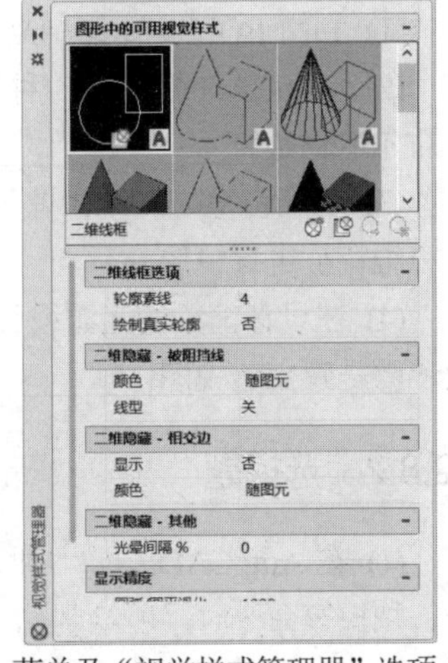

图 12-40　“视觉样式”菜单及“视觉样式管理器”选项卡

下面介绍 5 种常见的视觉样式。

- “二维线框”样式：显示用

直线和曲线表示边界的对象，光栅和 OLE 对象、线型和线宽均可见，如图 12-41(a)所示。

- “线框”样式：只显示用直线和曲线表示边界的对象，如图 12-41(b)所示。
- “消隐”样式：显示用三维线框表示的对象并隐藏表示后向面的直线、曲线，此样式类似于之前介绍的消隐命令，如图 12-41(c)所示。
- “真实”样式：着色多边形平面间的对象，使对象的边平滑化，如图 12-41(d)所示。
- “概念”样式：着色多边形平面间的对象，且使对象的边平滑化，着色使用古氏面样式，虽然没有渲染后的效果真实，但已能清楚地看出真实的细节和效果，如图 12-41(e)所示。

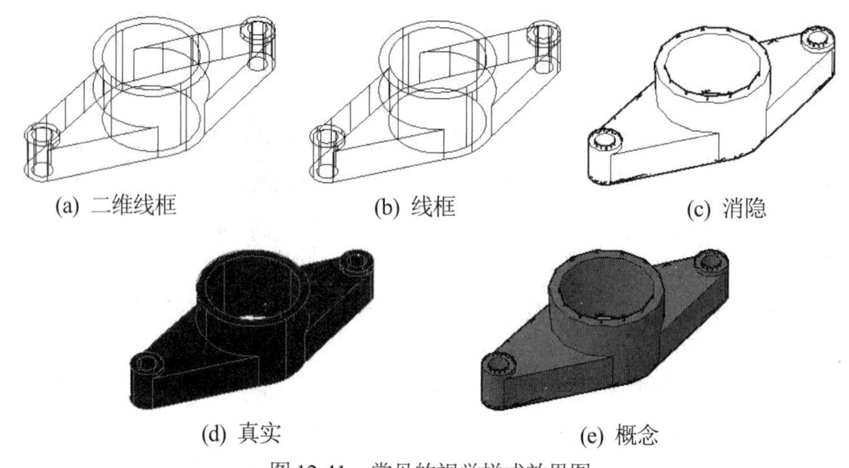

(a) 二维线框 (b) 线框 (c) 消隐

(d) 真实 (e) 概念

图 12-41 常见的视觉样式效果图

12.8 习题

12.8.1 填空题

(1) 利用 BOX 命令绘制立方体时，除了要指定角点的位置，还必须指定________。

(2) AutoCAD 提供了 3 种布尔运算，可以对基本的三维实体创建出复杂的组合实体，这 3 个布尔运算是________、________、________。

(3) 三维镜像与二维镜像可以镜像出相同的效果，但三维镜像是通过指定________对选中的三维特征进行镜像。

(4) 在设计渲染的光源设计中，AutoCAD 提供了点光源、________、________。渲染的一般步骤是建立透视图；________；设置光源；贴图，指定颜色并设置环境；渲染。

12.8.2 选择题

(1) 在 AutoCAD 中将二维的曲线转化成三维特征时，对于非闭合的二维曲线进行拉伸、旋转、扫掠等命令时，所绘制的三维特征是(　　)。

A. 实体　　　　B. 全部闭合的曲面

C. 有部分开放的曲面　　　　D. 不能操作

(2) 将图 12-42 所示的圆柱体 1 的底面放置在圆柱体 2 的顶面并使两圆柱体的中心轴对齐，所使用的命令是(　　)。

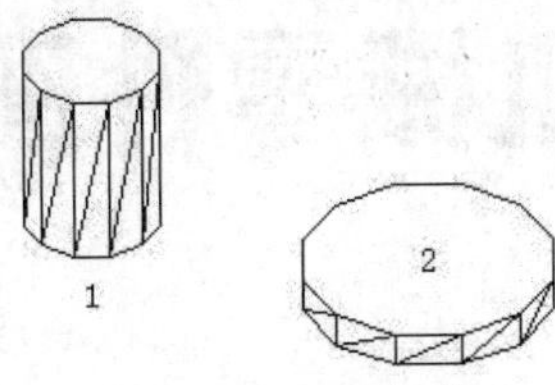

图 12-42　两圆柱体

A. 3DALIGN　　B. 3DROTATE　　C. 3DMOVE　　D. 3DARRAY

(3) 在进行三维阵列时，有两种方式可供用户选择：环形阵列和矩形阵列。在环形阵列中，下列选项不需要指定的是(　　)。

A. 阵列填充的角度　　B. 阵列的数目

C. 是否删除源对象　　D. 选择轴

(4) 如图 12-43 所示的图是通过并集、差集、交集绘制而成的，将它们的代码按顺序排序为(　　)。

A. (b)、(c)、(d)　　B. (c)、(d)、(b)　　C. (d)、(c)、(b)　　D. (d)、(b)、(c)

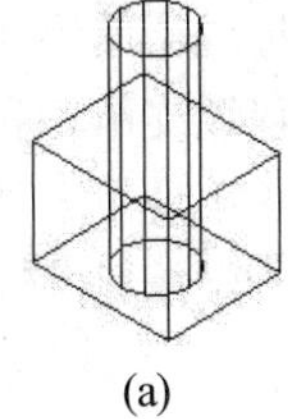
(a)

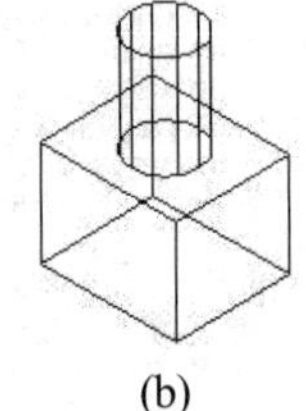
(b)

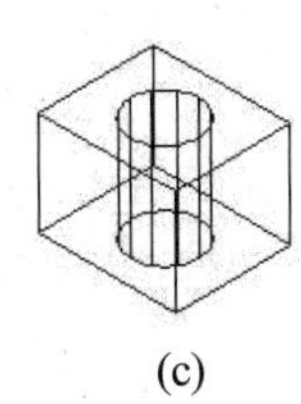
(c)

(d)

图 12-43　布尔操作效果图

12.8.3　上机操作题

(1) 利用扫掠、螺纹、圆柱体、拉伸等命令，绘制如图 12-44 所示的螺栓。尺寸和参数为：螺旋个数为 8，螺距为 1.4mm，倒角为 0.5×0.5。

(2) 利用圆柱体、长方体、倒圆角、布尔运算等命令，绘制如图 12-45 所示的轴承座。倒圆角半径为 5mm，沉头深度为 1mm。

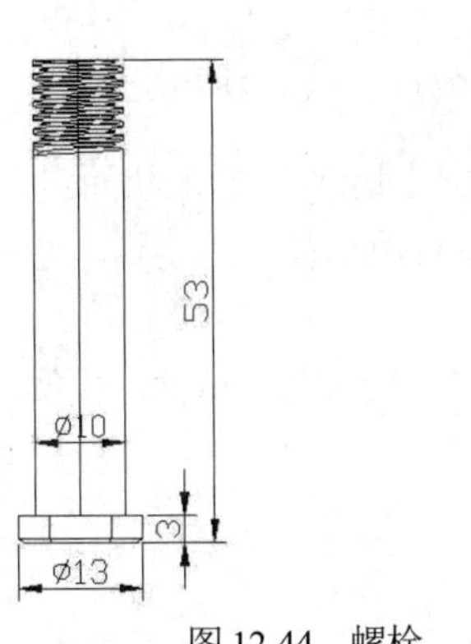

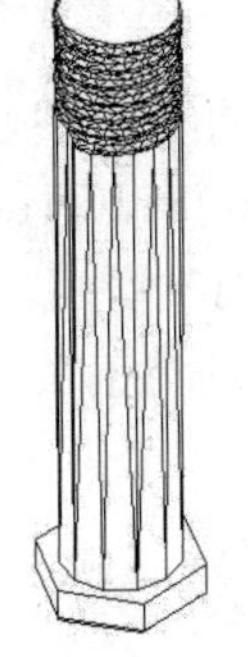

图 12-44　螺栓

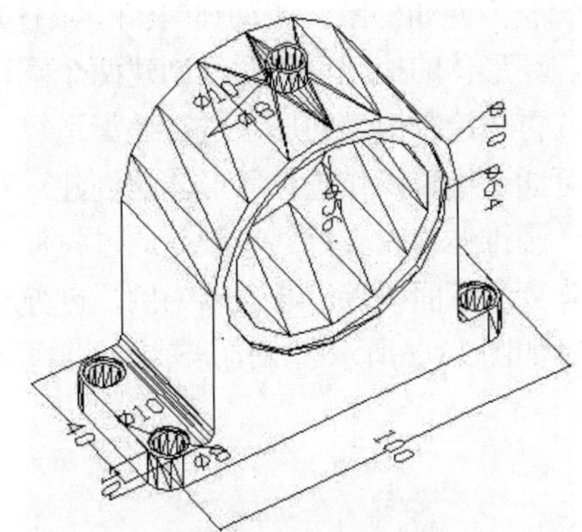

图 12-45　轴承座

第 13 章

三维机械零件图绘制

用户学习了实体的绘制、编辑和渲染等，就可以利用这些三维命令绘制更多的机械零件。本章将通过多个实例巩固和应用第 12 章所学的知识，介绍轴套类零件、轮盘类零件的绘制，其与箱体类零件、叉杆类零件的绘制方法类似。

13.1 轴套类零件——深沟球轴承

轴承的种类很多，主要用于支撑轴套类零件，根据其摩擦性质的不同，可以把轴承分为滑动轴承和滚动轴承两大类。滚动轴承广泛运用于机械支承，可以支承轴和轴上的零件，从而实现旋转或摆动等运动。为满足机械装置受力的要求，滚动轴承出现了多种类型，各有自己的特征。按轴承的形状可分为深沟球轴承、推力球轴承、圆柱滚子轴承、滚针轴承、滚锥轴承、自动离心滚子轴承等。

滚动轴承通常由外圈、内圈、滚动体和支持架 4 个部分组成，如图 13-1 所示。内圈装于轴颈上，配合较紧；外圈与轴承座孔配合，通常配合较松。轴承内外圈都有滚道，滚动体沿滚道滚动。支持架的作用是均匀地隔开滚动体，以防止其相互摩擦。

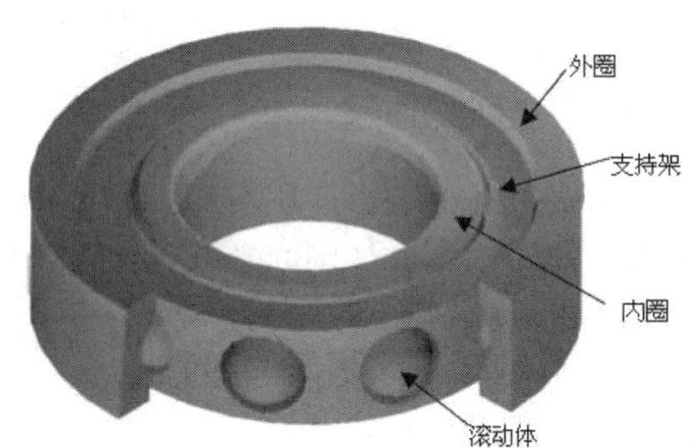

图 13-1　滚动轴承的组成

滚动轴承的结构大致有如下几个共同的特征：环形体(内圈和外圈)、滚动体(滚珠、滚柱)、支持架。环形体的构建可以通过创建两个圆柱的差集，再与绘制滚道的形状进行差集运算；另外也可通过旋转操作进行环形体的创建。滚动体的创建要视不同滚动体的形状而定，有球体、圆柱体、圆锥体等。支持架一般是通过拉伸或旋转轮廓，再进行滚动体孔的绘制，通常要运用到环形阵列。下面以深沟球轴承为例，创建轴套类零件。

绘制如图 13-2 所示的深沟球轴承，主要使用的命令有旋转、圆柱体、球体、拉伸、三维阵列等。

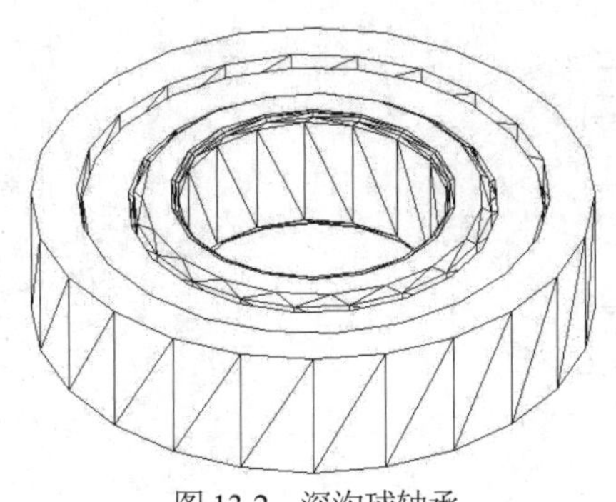

图 13-2　深沟球轴承

13.1.1　绘制内外圈

绘制内外圈的具体操作步骤如下。

(1) 选择“文件”|“新建”命令，弹出“选择样板”对话框，选择 acadiso.dat，单击“打开”按钮新建一个图形文件。

(2) 选择“视图”|“三维视图”|“西南等轴测”命令，将视图转换成“西南等轴测”视图。

(3) 选择“工具”|“选项”命令，在弹出的“选项”对话框中的“显示”选项下的“每个曲面的轮廓素数”文本框中输入 8，将线框密度设置为 8。

(4) 单击“圆柱体”按钮，创建轴承内圈的圆柱体，圆心为(0,0,0)，底面半径为 16，高为 12，效果如图 13-3 所示。

(5) 单击“圆柱体”按钮，创建轴承内圈的孔，圆心为(0,0,0)，底面半径为 12，高为 12，效果如图 13-4 所示。

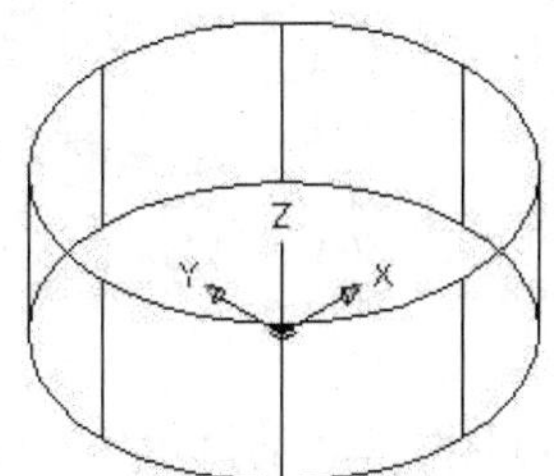

图 13-3　绘制底面半径为 16 的圆柱体

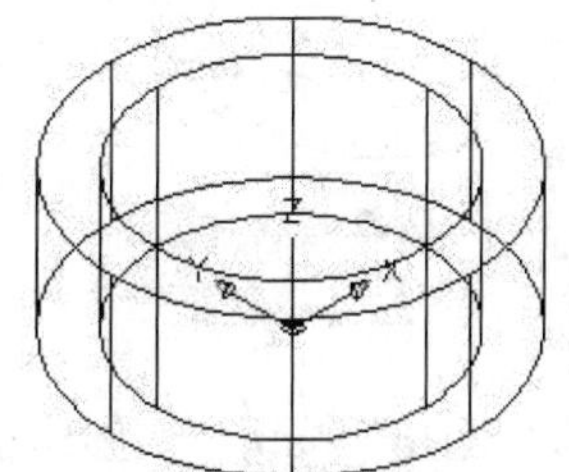

图 13-4　绘制底面半径为 12 的圆柱体

(6) 在命令行中输入 UCS，将 UCS 坐标系原点移动到当前坐标系中的(0,0,6)点处，命令行提示如下。

```
    命令: ucs
    当前 UCS 名称: *世界*
    指定 UCS 的原点或 [面(F)/命名(NA)/对象(OB)/上一个(P)/视图(V)/世界(W)/X/Y/Z/Z 轴(ZA)]  <世界>:
0,0,6                                    //输入新的坐标原点位置
    指定 X 轴上的点或 <接受>:              //按 Enter 键确认系统 X 轴上的点
```

(7) 单击“圆环体”按钮，创建内圈滚动体轨道模型特征，圆心为(0,0,0)，圆环体半径为 18，圆管半径为 3.5，效果如图 13-5 所示。

(8) 单击“差集”按钮，创建轴承内圈的孔和球体轨道，从底面半径为 16 的圆柱体中减去底面半径为 12 的圆柱体和步骤(7)创建的圆环体，效果如图 13-6 所示。

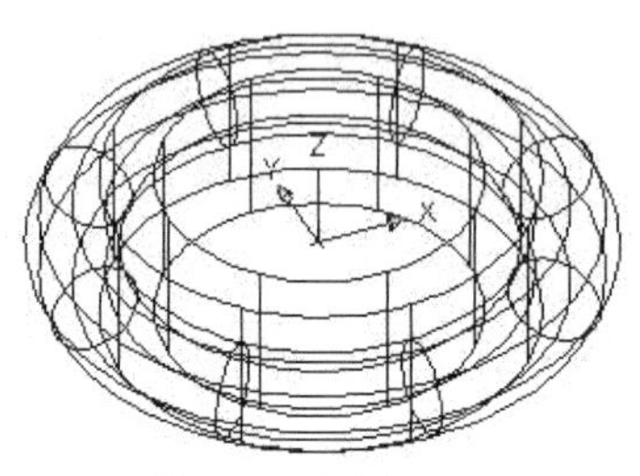

图 13-5 绘制圆环

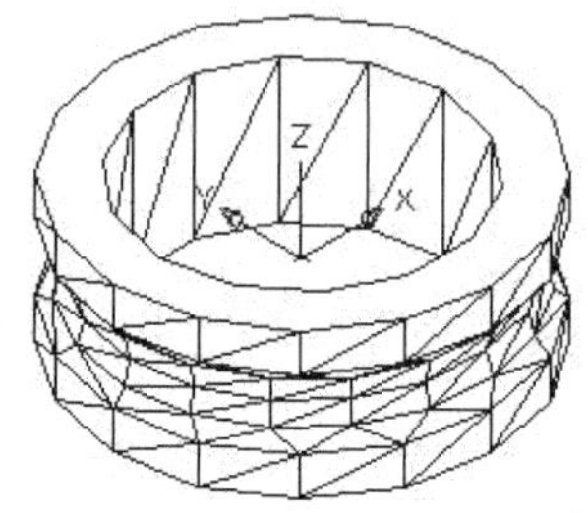

图 13-6 差集运算

注意：

下面的效果图中，为了观看方便，有些效果图是利用消隐命令后的效果，有些视图不显示UCS坐标系，这些步骤不再重复。

(9) 单击“倒圆角”按钮，创建轴承内圈的孔边缘半径为0.8的圆角，效果如图13-7所示，命令行提示如下。

```
命令: _fillet
当前设置: 模式 = 修剪，半径 = 0.0000
选择第一个对象或 [放弃(U)/多段线(P)/半径(R)/修剪(T)/多个(M)]:    //选择如图13-7(a)所示的倒圆角对象
输入圆角半径或 [表达式(E)]:0.8                                 //输入圆角的半径
选择边或 [链(C)/半径(R)]:                                      //选择如图13-7(b)所示的虚线边1
选择边或 [链(C)/半径(R)]:  //选择如图13-7(b)所示的虚线边2，并按Enter键确认，效果如图13-7(c)所示
```

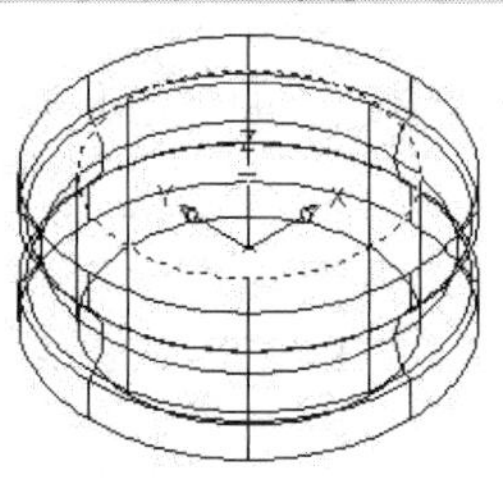
(a) 选择倒圆角的对象

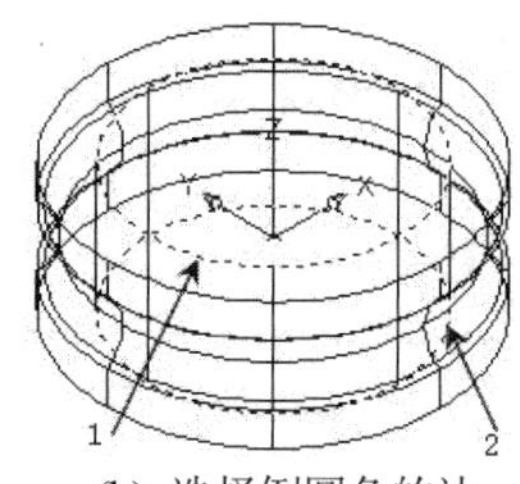

(b) 选择倒圆角的边

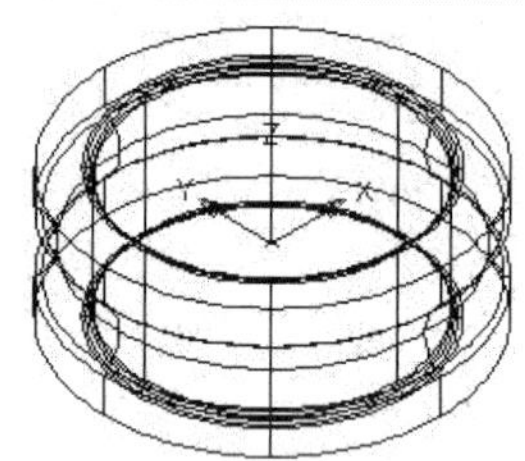
(c) 倒圆角后的效果

图 13-7 倒圆角

(10) 单击“倒角”按钮，创建轴承内圈的外边缘为0.8×0.8的倒角，效果如图13-8所示，命令行提示如下。

```
命令: _chamfer
(“修剪”模式) 当前倒角距离 1 = 0.0000，距离 2 = 0.0000
选择第一条直线或 [放弃(U)/多段线(P)/距离(D)/角度(A)/修剪(T)/方式(E)/多个(M)]:
                                                    //选择如图13-8(a)所示的边
基面选择...
输入曲面选择选项 [下一个(N)/当前(OK)] <当前(OK)>: N      //选择“下一个(N)”基面
输入曲面选择选项 [下一个(N)/当前(OK)] <当前(OK)>: OK
                     //按Enter键确认所选中的基面，如图13-8(a)所示的虚线面
指定 基面 倒角距离或 [表达式(E)] <0.80000>:0.8          //输入倒角边半径
指定 其他曲面 倒角距离或 [表达式(E)] <0.80000>:0.8      //输入倒角边半径
选择边或 [环(L)]:     //选择如图13-8(b)所示的虚线边
选择边或 [环(L)]:     //按Enter键确认所选中的边，效果如图13-8(c)所示
```

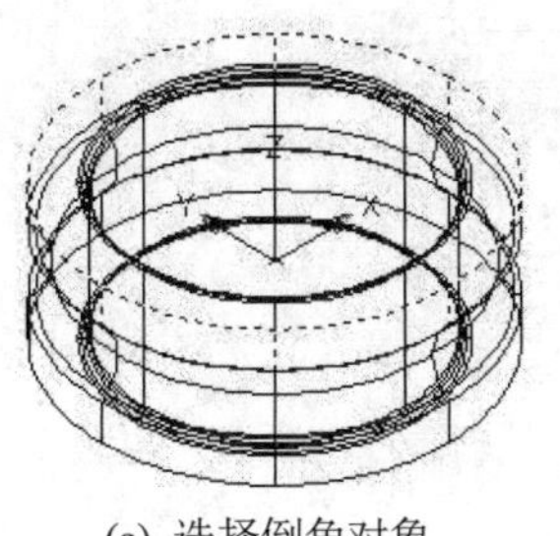

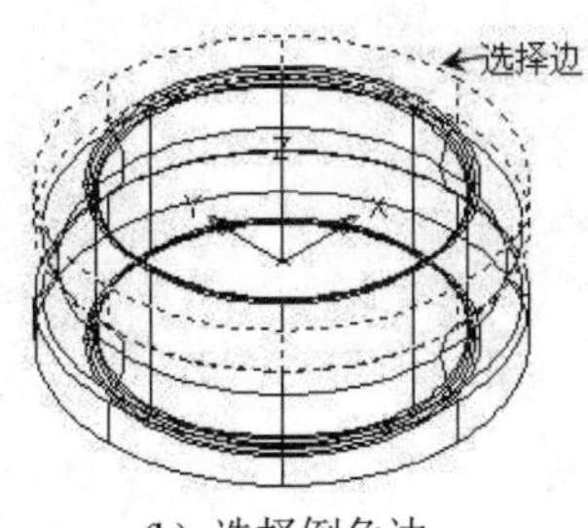

(a) 选择倒角对象　　(b) 选择倒角边　　(c) 倒角后的效果

图 13-8　倒角

(11) 利用步骤(10)的方法，单击“倒角”按钮，对图 13-9 所示的边创建 0.8×0.8 的倒角，并选择“视图”|“视觉样式”|“概念”命令，最终效果如图 13-10 所示。

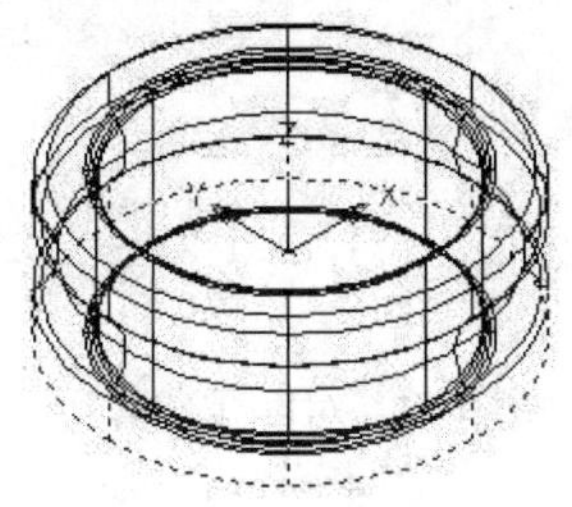

图 13-9　选择倒角边

图 13-10　轴承内圈

(12) 将视觉样式转为二维线框，并在命令行中输入 UCS，将 UCS 坐标系转为世界坐标系。

(13) 单击“圆柱体”按钮，创建轴承外圈孔的圆柱体，圆心为(0,0,0)，底面半径为 21，高为 12，效果如图 13-11 所示。

(14) 再次单击“圆柱体”按钮，创建轴承外圈的圆柱体，圆心为(0,0,0)，底面半径为 25，高为 12，效果如图 13-12 所示。

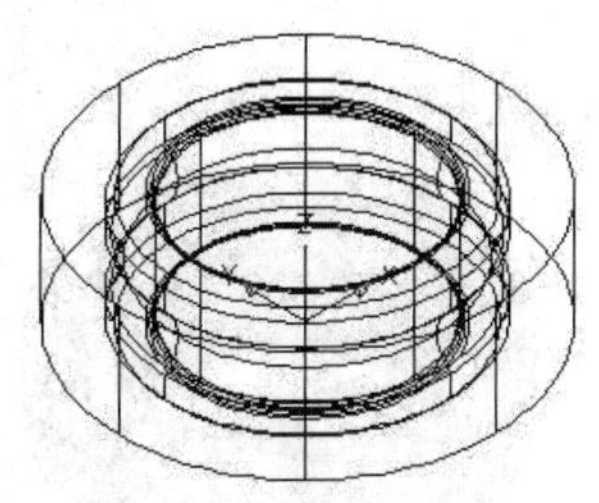

图 13-11　绘制底面半径为 21 的圆柱体

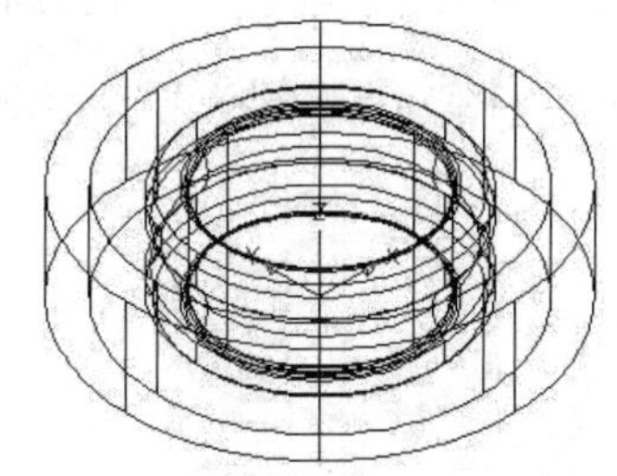

图 13-12　绘制底面半径为 25 的圆柱体

(15) 单击“差集”按钮，创建轴承外圈模型，用底面半径为 25 的圆柱体减去半径为 21 的圆柱体，效果如图 13-13 所示。

(16) 在命令行中输入 UCS，利用前面介绍的方法，将 UCS 坐标系原点移动到当前坐标系下的(0,0,6)点处，并默认系统所确定的各个轴的方向。

(17) 单击“圆环体”按钮，创建圆环体特征，效果如图 13-14 所示，命令行提示如下。

```
命令: _torus
指定中心点或 [三点(3P)/两点(2P)/切点、切点、半径(T)]: 0,0,0      //输入圆环的中心点
指定半径或 [直径(D)] <25.0000>: 19                           //输入圆环的半径
指定圆管半径或 [两点(2P)/直径(D)] <3.5000>:          //按 Enter 键确认圆管的半径，效果如图 13-14 所示
```

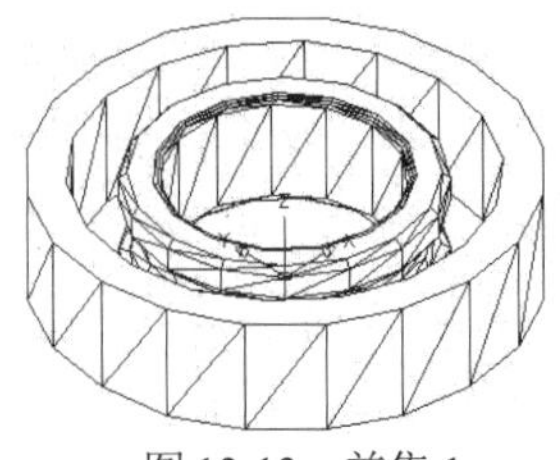
图 13-13　差集 1

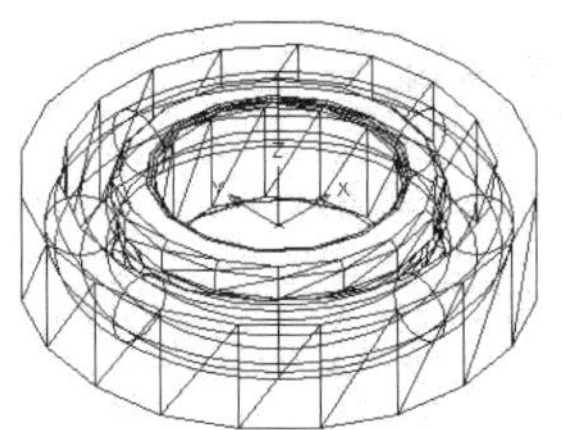
图 13-14　绘制圆环体

(18) 单击“差集”按钮，创建轴承外圈模型，效果如图 13-15 所示，命令行提示如下。

```
命令: _subtract 选择要从中减去的实体或面域...
选择对象: 找到 1 个          //选择步骤(13)所创建的圆柱体
选择对象:                    //按 Enter 键确认所选择的对象
选择要减去的实体或面域...
选择对象: 找到 1 个          //选择步骤(17)所创建的圆环体
选择对象:                    //按 Enter 键确认要减去的对象，效果如图 13-15 所示
```

(19) 利用步骤(10)创建倒角的方法，单击“倒角”按钮，对图 13-16 和图 13-17 所示的虚线边创建 0.8×0.8 的倒角。

(20) 利用步骤(9)创建倒圆角的方法，单击“圆角”按钮，对图 13-18 所示的轴承外圈边缘创建半径为 0.8 的圆角。

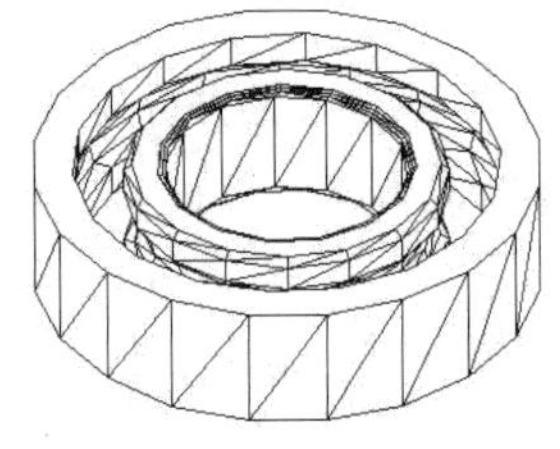
图 13-15　差集 2

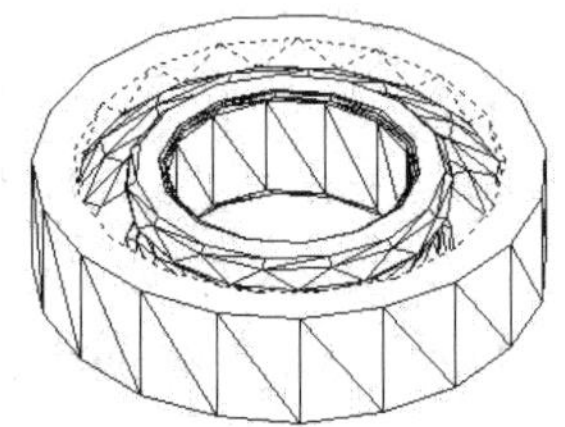
图 13-16　选择倒角边 1

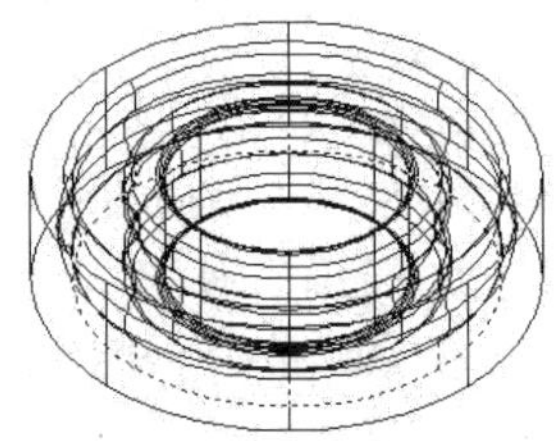
图 13-17　选择倒角边 2

(21) 选择“视图”|“视觉样式”|“概念”命令，效果如图 13-19 所示。

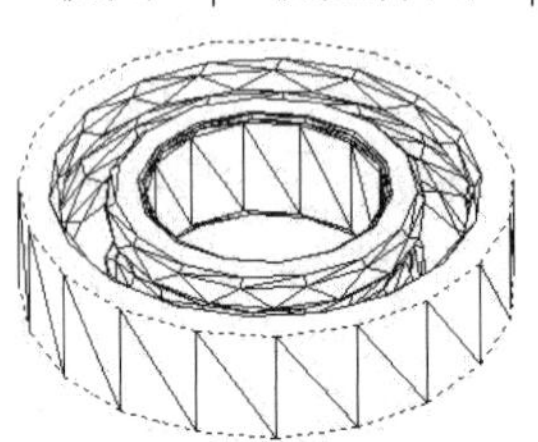
图 13-18　选择倒圆角边

图 13-19　轴承外圈

13.1.2　绘制滚动体和支持架

绘制滚动体和支持架的具体操作步骤如下。

(1) 将视觉样式转为二维线框视图，并在命令行中输入 UCS，将 UCS 坐标系原点移动到当前坐标系中的(0,0,50)点处，并默认系统所确定的各个轴的方向。

(2) 单击“圆柱体”按钮，以当前坐标系中的(0,0,0)点为圆柱体底面圆心，半径为 20.5，高为 10，创建轴承支持架外部圆柱体，效果如图 13-20 所示。

(3) 单击“圆柱体”按钮，以当前坐标系中的(0,0,0)点为圆柱体底面的圆心，半径为 16.5，高为 10，创建轴承支持架内部圆柱体，效果如图 13-21 所示。

(4) 单击“差集”按钮，创建支持架模型，用步骤(2)创建的圆柱体减去步骤(3)创建的圆柱体，效果如图 13-22 所示。

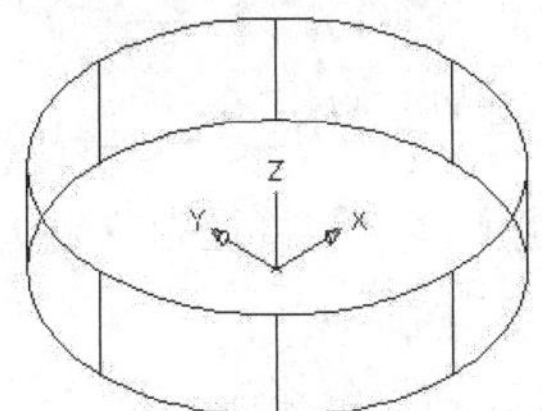

图 13-20　绘制底面半径为 20.5 的圆柱体

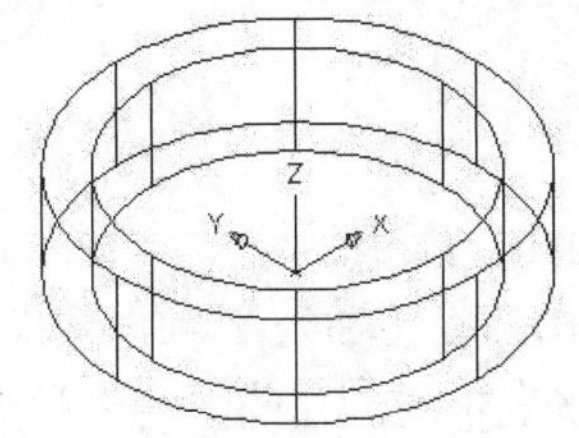

图 13-21　绘制底面半径为 16.5 的圆柱体

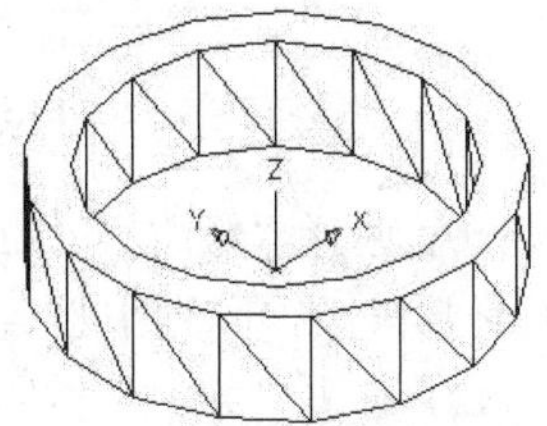

图 13-22　差集 1

(5) 在命令行中输入 UCS，将 UCS 坐标系移动到当前坐标系中的(0,0,5)点处，并按 Enter 键继续设置 UCS 坐标，将当前坐标系的 YZ 面绕 X 轴旋转 90°，命令行提示如下。

```
命令: ucs
当前 UCS 名称: *没有名称*
指定 UCS 的原点或 [面(F)/命名(NA)/对象(OB)/上一个(P)/视图(V)/世界(W)/X/Y/Z/Z 轴(ZA)] <世界>:
0,0,5                                          //输入新坐标原点的坐标
指定 X 轴上的点或 <接受>:                      //按 Enter 键确认系统 X 轴上的点
命令: ucs          按 Enter 键继续设置 UCS 坐标
当前 UCS 名称: *没有名称*
指定 UCS 的原点或 [面(F)/命名(NA)/对象(OB)/上一个(P)/视图(V)/世界(W)/X/Y/Z/Z 轴(ZA)] <世界>: x
                                               //指定旋转轴为 X 轴
指定绕 X 轴的旋转角度 <90>:                    //按 Enter 键确认系统绕 X 轴旋转 90°
```

(6) 单击“圆柱体”按钮，以当前坐标系中的(0,0,0)点为圆柱体底面的圆心，半径为 4，高为 25，创建圆柱体，用于以下步骤创建通孔，效果如图 13-23 所示。

(7) 选择“修改”|“三维操作”|“三维阵列”命令，将步骤(6)所创建的底面半径为 4 的圆柱体进行环形阵列，阵列数目为 10，阵列中心点为(0,0,0)，旋转轴为 Y 轴，效果如图 13-24 所示。

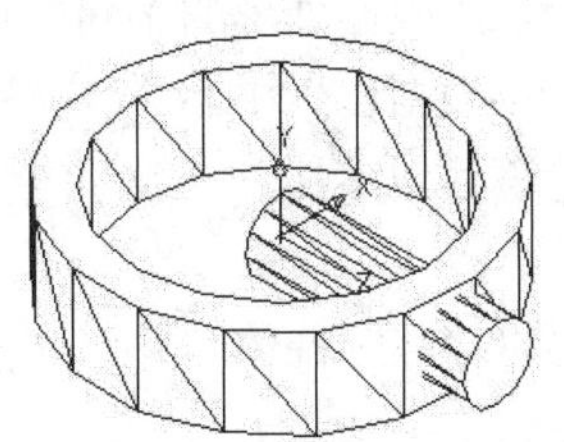

图 13-23　绘制底面半径为 4 的圆柱体

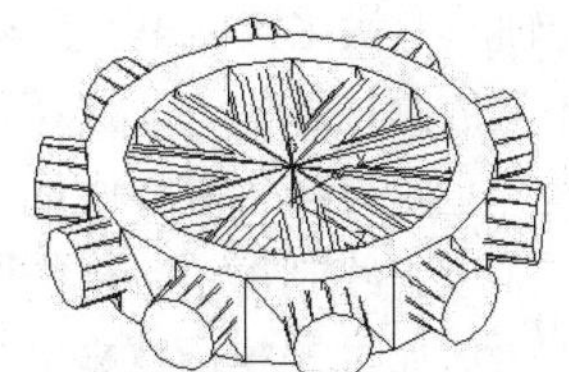

图 13-24　环形阵列后的圆柱体效果

(8) 单击“差集”按钮，创建支持架通孔模型，用步骤(4)创建的支持架减去步骤(7)环形阵列后的圆柱体，效果如图 13-25 所示。

(9) 单击“球体”按钮，创建直径为 8 的滚动体，命令行提示如下。

```
命令: _sphere
指定中心点或 [三点(3P)/两点(2P)/切点、切点、半径(T)]: 0,0,18.5   //输入球体中心点坐标
指定半径或 [直径(D)]: 4              //输入球体半径，效果如图 13-26 所示
```

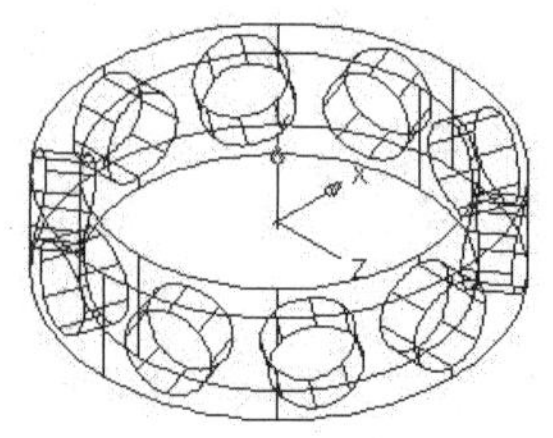

图 13-25　差集 2

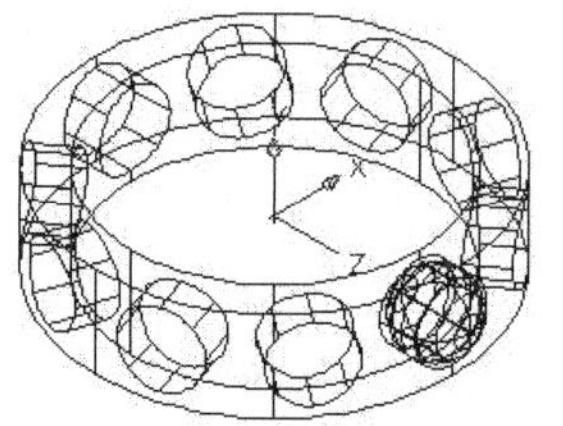

图 13-26　创建的滚动体

(10) 选择“修改”|“三维操作”|“三维阵列”命令，将步骤(9)所创建的直径为 8 的球体进行环形阵列，阵列中心点为(0,0,0)，旋转轴为 Y 轴，效果如图 13-27 所示。

(11) 单击“并集”按钮，将上步所创建的滚动体和支持架合并为一个整体。

(12) 单击“三维移动”按钮，移动步骤(11)所合并的整体，命令行提示如下。

```
命令: _3dmove
选择对象: 找到 1 个                        //选择步骤(11)所合并的整体
选择对象:
指定基点或 [位移(D)] <位移>: 0,0,0          //输入基点的坐标
指定第二个点或 <使用第一个点作为位移>: @0,-55,0    //输入目标点的坐标，效果如图 13-28 所示
```

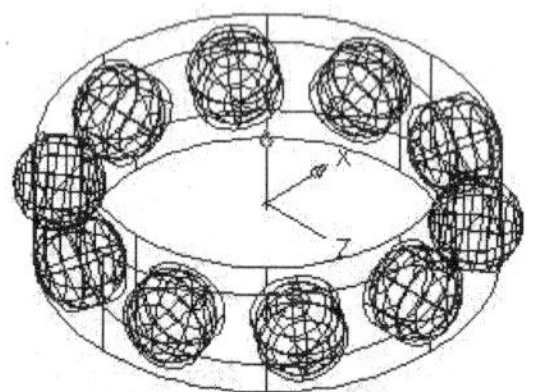

图 13-27　阵列滚动体

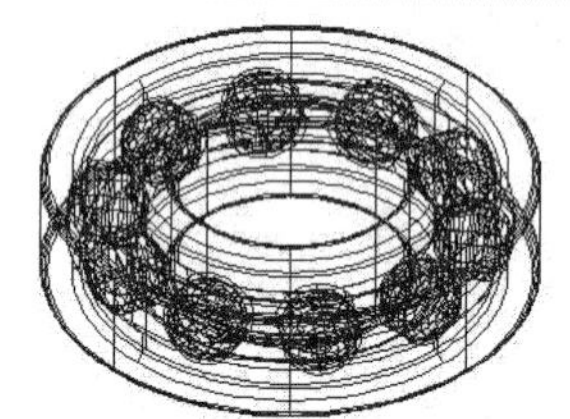

图 13-28　移动滚动体和支持架

13.2 轴套类零件——轴

轴在机械传动中运用极广，一般作为支撑回转零部件的重要零件。根据形状的不同，可将轴分为直轴和曲轴两大类。直轴在机械运用中相对较多，根据外形的不同，直轴又可分为光轴和阶梯轴两种：光轴的形状比较简单，但零件的装配和定位比较困难；阶梯轴的形状比较复杂，是一个纵向直径不等的圆柱体。为了连接齿轮、涡轮等其他零件，一般通过键和键槽来紧固，因此轴上键槽的设计也是设计轴过程中的一部分。

一般绘制轴，可以先绘制每个阶梯的圆柱体，再将这些圆柱体合并，并在需要创建键槽的轴节上绘制键槽。一般通过差集运算来创建键槽，或者通过轴的二维轮廓线进行旋转，再绘制键槽。

本节利用已学过的知识绘制阶梯轴，主要应用的命令有旋转、拉伸、三维移动、布尔运算等，阶梯轴效果图如图 13-29 所示。

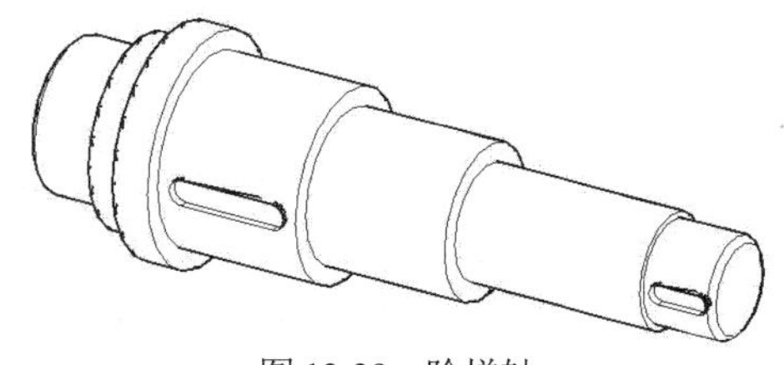

图 13-29　阶梯轴

13.2.1　绘制轮廓线

绘制轮廓线的具体操作步骤如下。

(1) 选择“文件”|“新建”命令，弹出“选择样板”对话框，选择 acadiso.dat，单击“打开”按钮新建一个图形文件。

(2) 系统默认进入二维绘图平面，单击“多段线”按钮，绘制轴的轮廓曲线，第一点为(0,0,0)，其他点依次为(@0,12)、(@12,0)、(@0,3)、(@6,0)、(@0,3)、(@6,0)、(@0,−3)、(@24,0)、(@0,−3)、(@24,0)、(@0,−3)、(@32,0)、(@0,−1)、(@12,0)、(@0,−8)，最后输入 C，将多段线闭合，效果如图 13-30 所示。

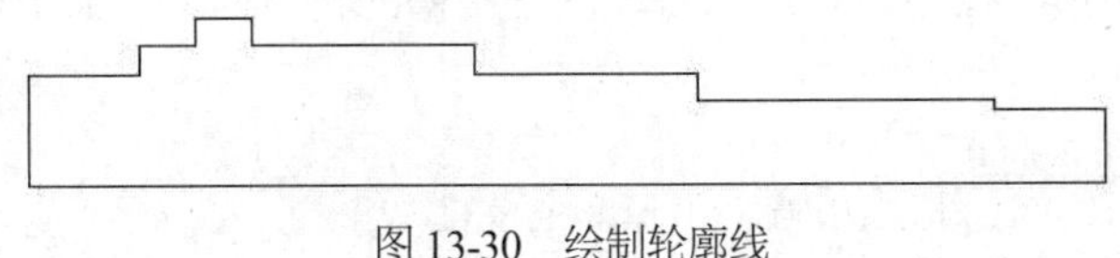

图 13-30　绘制轮廓线

13.2.2　生成轴的外形

生成轴的外形的具体操作步骤如下。

(1) 选择“视图”|“三维视图”|“西南等轴测”命令，将视图转换成“西南等轴测”视图，如图 13-31 所示。

(2) 单击“旋转”按钮，创建阶梯轴的外形，以 13.2.1 节绘制的轮廓线为旋转对象，以图 13-31 所示的图形为旋转轴，旋转 360°，效果如图 13-32 所示。

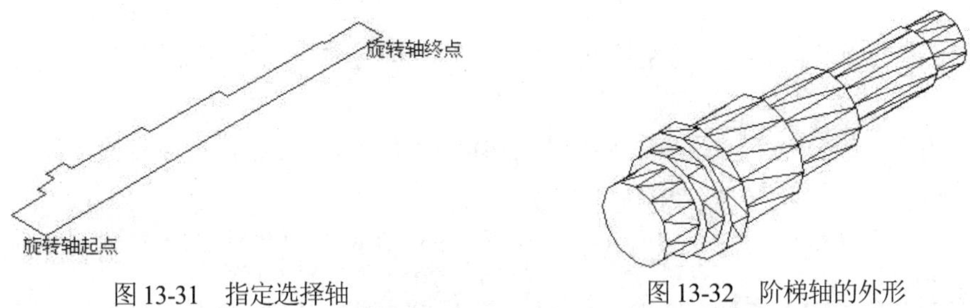

图 13-31　指定选择轴　　图 13-32　阶梯轴的外形

(3) 单击“倒角”按钮，创建轴大端直径的边为 1×1 的倒角，效果如图 13-33 所示。

(4) 利用步骤(3)的方法，单击“倒角”按钮，创建轴小端直径边为 1×1 的倒角，效果如图 13-34 所示。

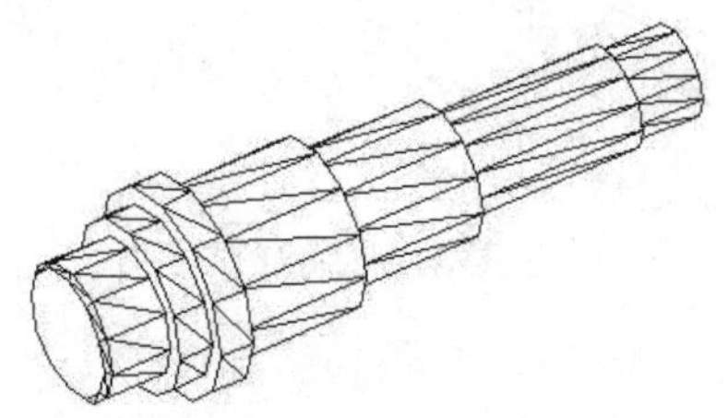

图 13-33　绘制轴大端直径边的倒角

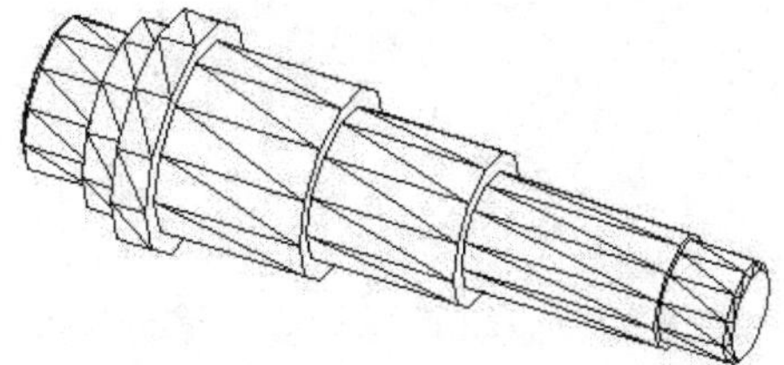

图 13-34　绘制轴小端直径边的倒角

13.2.3　绘制键槽

绘制键槽的具体操作步骤如下。

(1) 选择“视图”|“三维视图”|“主视”命令，将视图转换成主视视图。

(2) 单击“矩形”按钮，绘制平键槽的轮廓曲线，命令行提示如下。

```
命令: _rectang
当前矩形模式: 圆角=0.0000
指定第一个角点或 [倒角(C)/标高(E)/圆角(F)/厚度(T)/宽度(W)]: f          //输入 f，选择圆角选项
指定矩形的圆角半径 <0.0000>: 2                                         //输入圆角的半径
指定第一个角点或 [倒角(C)/标高(E)/圆角(F)/厚度(T)/宽度(W)]: 26,2       //输入该矩形的第一个角点的坐标
指定另一个角点或 [面积(A)/尺寸(D)/旋转(R)]: @20,-4
                    //利用相对坐标，确定矩形另一个角点的位置，效果如图 13-35 左侧所示的矩形
```

(3) 再次单击"矩形"按钮，绘制轴端的平键槽的轮廓曲线，命令行提示如下。

```
命令: _rectang
当前矩形模式: 圆角=2.0000
指定第一个角点或 [倒角(C)/标高(E)/圆角(F)/厚度(T)/宽度(W)]: f          //输入 f，选择圆角选项
指定矩形的圆角半径 <2.0000>: 1.5                                       //输入圆角的半径
指定第一个角点或 [倒角(C)/标高(E)/圆角(F)/厚度(T)/宽度(W)]: 105,1.5   //输入该矩形的第一个角点的坐标
指定另一个角点或 [面积(A)/尺寸(D)/旋转(R)]: @10,-3
                    //利用相对坐标，确定矩形另一角点的位置，效果如图 13-35 右侧所示的矩形
```

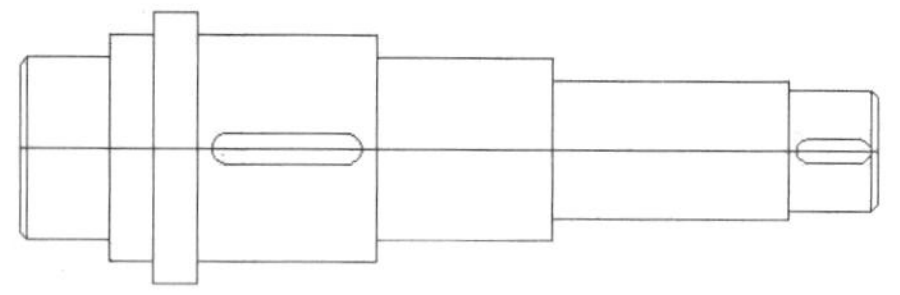

图 13-35　绘制两键槽轮廓线

(4) 单击"拉伸"按钮，对刚绘制的矩形进行拉伸操作，拉伸高度为 2，效果如图 13-36 所示。

(5) 单击"三维移动"按钮，移动步骤(4)所创建的拉伸特征，命令行提示如下。

```
命令: _3dmove
选择对象: 找到 1 个                      //选择图 13-36 所示的圆角半径为 2 的矩形拉伸特征
选择对象:                                //按 Enter 键确认所选择的对象
指定基点或 [位移(D)] <位移>: 44,0,0      //输入基点的坐标指定第二个点或 <使用第一个点作为位移>:
                                          @0,0,13.5  //输入目标点的坐标，效果如图 13-37 所示
```

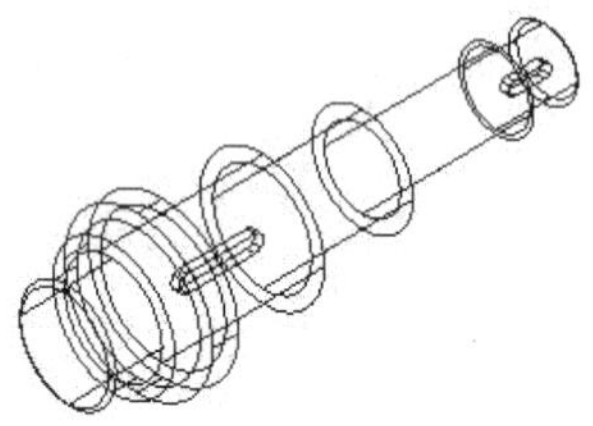

图 13-36　拉伸矩形曲线

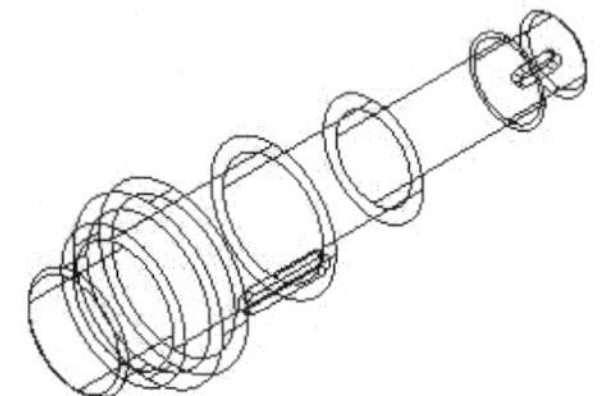

图 13-37　移动拉伸特征 1

(6) 单击"三维移动"按钮，移动步骤(4)所拉伸矩形半径为 1.5 的特征，命令行提示如下。

```
命令: _3dmove
选择对象: 找到 1 个                       //选择图 13-37 所示的圆角半径为 1.5 的矩形拉伸特征
选择对象:                                 //按 Enter 键确认所选择的对象
指定基点或 [位移(D)] <位移>: 106.5,0,0    //输入基点的坐标
指定第二个点或 <使用第一个点作为位移>: @0,0,6.5   //输入目标点的坐标，效果如图 13-38 所示
```

(7) 单击"差集"按钮，减去步骤(5)和(6)的两个移动特征，创建键槽。

(8) 选择"视图" | "视觉样式" | "概念"命令，效果如图 13-39 所示。

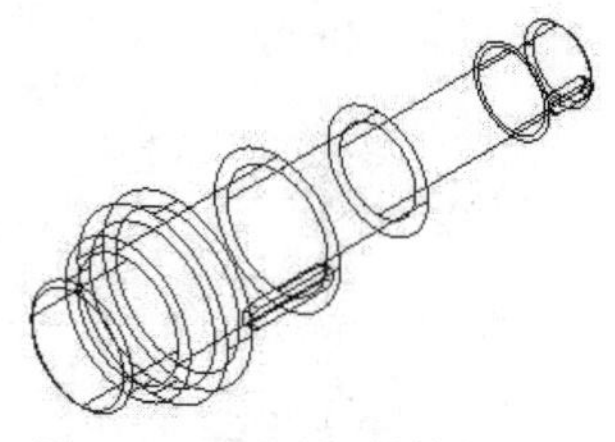
图 13-38　移动拉伸特征 2

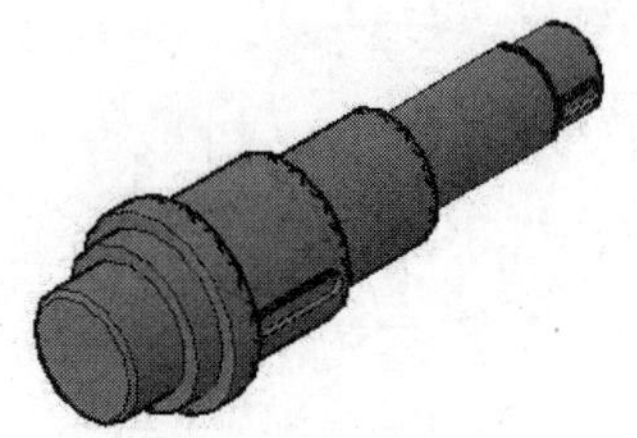
图 13-39　键槽效果图

(9) 选择“文件”|“保存”命令，弹出“图形另存为”对话框，输入文件名“阶梯轴.dwg”，单击“保存”按钮保存所绘制的图形。

13.3 轮盘类零件——皮带轮

轮盘类零件一般用于传递动力、改变速度、转换方向或起支撑、轴向定位和密封等，根据其形状的不同，可将其分为皮带轮、齿轮、端盖、法兰盘等类型。

皮带轮用于皮带传动，通过皮带与轮的摩擦传递旋转运动和扭矩，根据皮带的形状不同，可将皮带轮分为平带轮、V 带轮、多楔带、同步带等。在机械行业中应用最广的是 V 带轮，其横截面呈等腰梯形。端盖的主要作用是用于定位和密封，通过销钉等连接。法兰盘用于连接并参与传动，它们的周边一般都有用于固定的连接孔。

轮盘类零件的绘制一般可以先通过多个圆柱体的布尔运算，然后根据不同轮盘类零件的不同要求再进行不同特征的绘制。皮带轮的绘制过程一般是：通过圆柱体的差集运算创建总体轮廓，再创建轮槽和皮带槽。

本节利用已学过的知识绘制皮带轮，主要应用的命令有圆柱体、拉伸、剖切、三维阵列、布尔运算等，皮带轮效果图如图 13-40 所示。

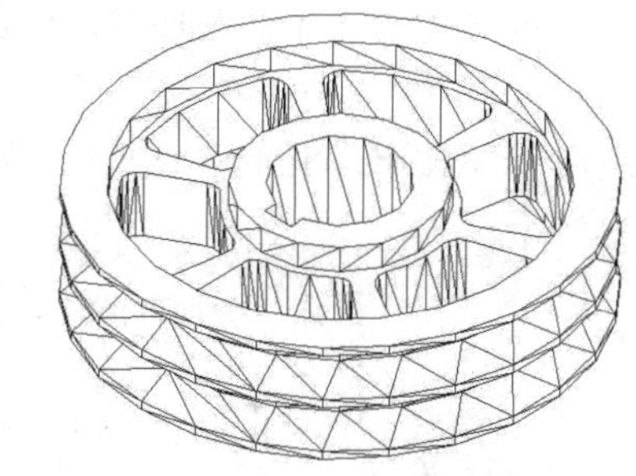
图 13-40　皮带轮

13.3.1　绘制基本形体

绘制基本形体的具体操作步骤如下。

(1) 选择“文件”|“新建”命令，弹出“选择样板”对话框，如选择 acadiso.dat，单击“打开”按钮新建一个图形文件。

(2) 选择“视图”|“三维视图”|“西南等轴测”命令，将视图转换成“西南等轴测”视图。

(3) 单击“圆柱体”按钮，创建皮带轮的整体轮廓，圆心为(0,0,0)，底面半径为 30，高为 14，效果如图 13-41 所示。

(4) 单击“圆柱体”按钮，以当前坐标系中的(0,0,0)点为圆柱体底面圆心，半径为 25，高为 3，创建皮带轮的侧面轮廓，用于后面步骤中差集的运算，效果如图 13-42 所示。

(5) 在命令行中输入 UCS，将 UCS 坐标系原点移动到当前坐标系中的(0,0,14)点处。

(6) 单击“圆柱体”按钮，以当前坐标系中的(0,0,0)点为圆柱体底面的圆心，半径为 25，高为-3，创建皮带轮的侧面轮廓，用于下面步骤中差集的运算，效果如图 13-43 所示。

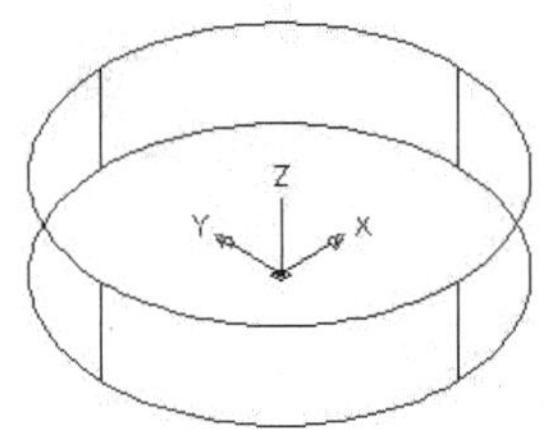

图 13-41　绘制底面半径为 30 的圆柱体

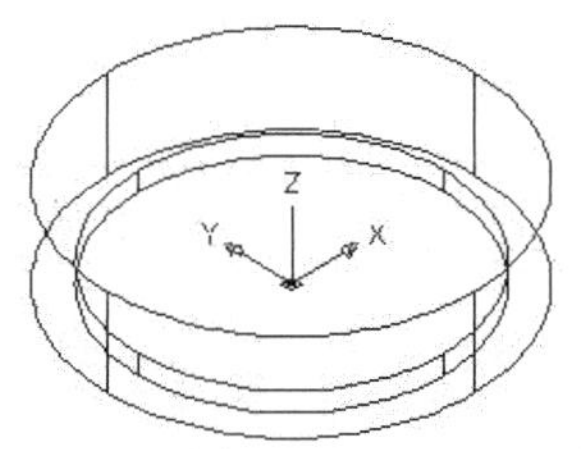

图 13-42　绘制底面半径为 25 的圆柱体

(7) 单击“差集”按钮，创建皮带轮侧面板，使用步骤(3)创建的圆柱体减去步骤(4)和步骤(6)创建的圆柱体，效果如图 13-44 所示。

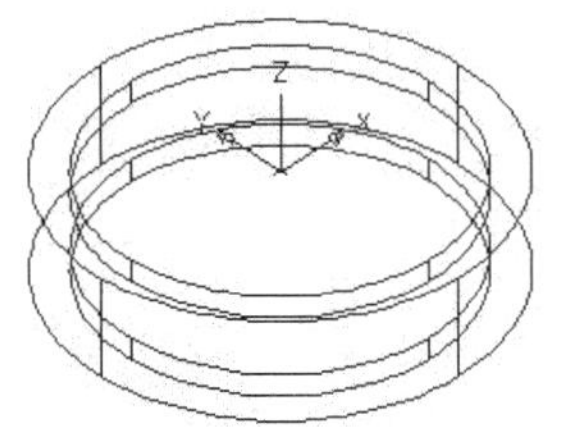

图 13-43　绘制底面半径为 25 的圆柱体

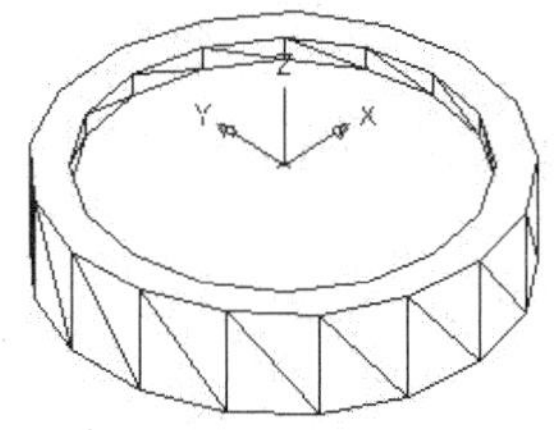

图 13-44　差集

(8) 单击“圆柱体”按钮，以当前坐标系中的(0,0,0)点为圆柱体底面圆心，半径为 12，高为−3，创建皮带轮的中心轴凸台，效果如图 13-45 所示。

(9) 在命令行中输入 UCS，将 UCS 坐标系转为世界坐标系。

(10) 单击“圆柱体”按钮，以当前坐标系中的(0,0,0)点为圆柱体底面圆心，半径为 12，高为 3，创建皮带轮的中心轴另一侧的凸台，效果如图 13-46 所示。

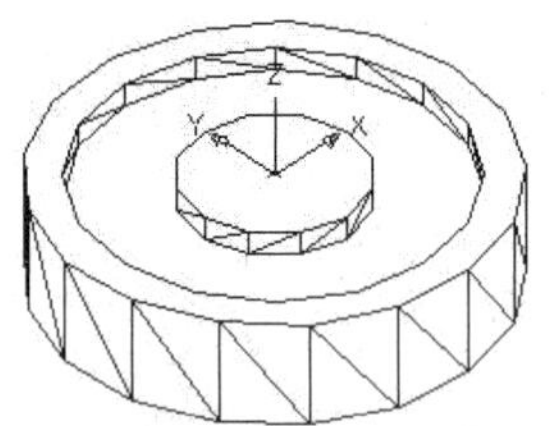

图 13-45　绘制底面半径为 12 的圆柱体 1

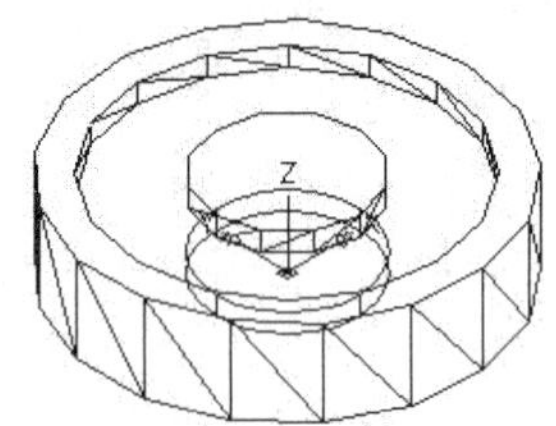

图 13-46　绘制底面半径为 12 的圆柱体 2

(11) 单击“圆柱体”按钮，以当前坐标系中的(0,0,0)点为圆柱体底面圆心，半径为 24，高为 14，创建圆柱体，用于下面步骤的差集运算，效果如图 13-47 所示。

(12) 单击“圆柱体”按钮，以当前坐标系中的(0,0,0)点为圆柱体底面圆心，半径为 13，高为 14，创建圆柱体，用于下面步骤的差集运算，效果如图 13-48 所示。

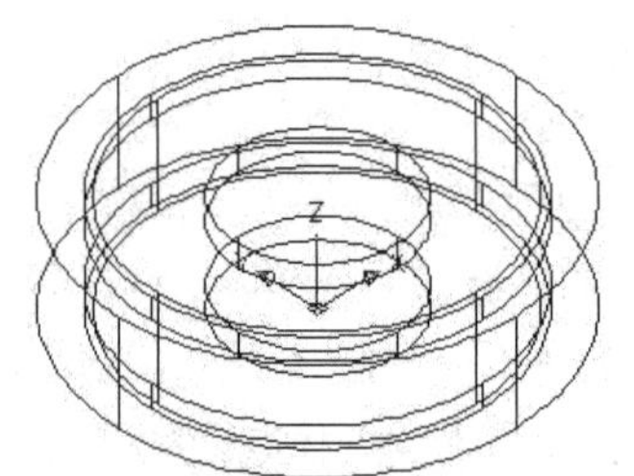

图 13-47　绘制底面半径为 24 的圆柱体

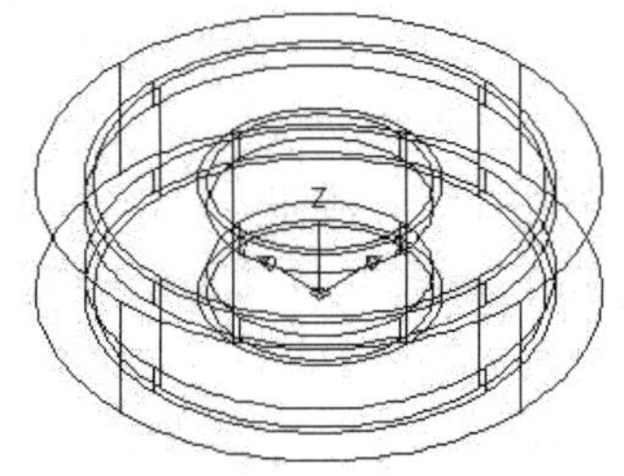

图 13-48　绘制底面半径为 13 的圆柱体

(13) 单击“差集”按钮，将刚创建的两个圆柱体进行差集运算，用步骤(11)创建的圆柱体减去步骤(12)创建的圆柱体。

(14) 选择“修改”|“三维操作”|“剖切”命令，将步骤(13)创建的特征沿 ZX 坐标面剖切，并保留其中一侧，效果如图 13-49 所示，命令行提示如下。

```
命令: _slice
选择要剖切的对象: 找到 1 个          //选择步骤(13)创建的特征
选择要剖切的对象:                    //按 Enter 键确认所选择的对象
指定 切面 的起点或 [平面对象(O)/曲面(S)/Z 轴(Z)/视图(V)/XY(XY)/YZ(YZ)/ZX(ZX)/三点(3)] <三点>: zx
                                     //输入 zx，以 XZ 坐标面为剖切平面
指定 ZX 平面上的点 <0,0,0>:          //按 Enter 键确认
在所需的侧面上指定点或 [保留两个侧面(B)] <保留两个侧面>:
                  //单击所选中的特征的左侧上的点，将剖切的左侧保留，效果如图 13-49 所示
```

(15) 在命令行中输入 UCS，将 UCS 坐标系绕 Z 轴旋转-40°，命令行提示如下。

```
命令: ucs
当前 UCS 名称: *世界*
指定 UCS 的原点或 [面(F)/命名(NA)/对象(OB)/上一个(P)/视图(V)/世界(W)/X/Y/Z/Z 轴(ZA)]  <世界>: z
              //输入 z，确定绕 Z 轴旋转
指定绕 Z 轴的旋转角度 <90>:-40        输入旋转的角度-40°
```

(16) 选择“修改”|“三维操作”|“剖切”命令，利用步骤(14)的剖切方法，将第一次剖切的特征沿 YZ 坐标面剖切，并保留其中一侧，效果如图 13-50 所示。

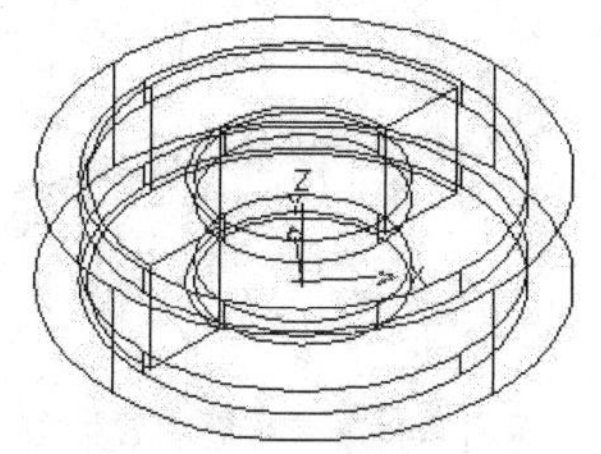

图 13-49　第一次剖切后的效果

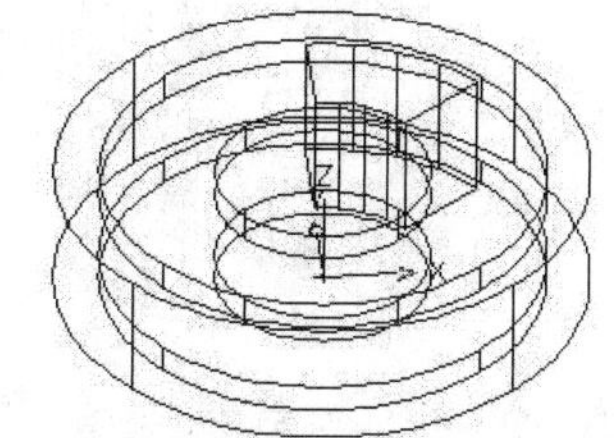

图 13-50　第二次剖切后的效果

(17) 单击“倒圆角”按钮，依次选择步骤(16)创建的特征的四边界(如图 13-51 所示)，创建半径为 2 的倒圆角，效果如图 13-52 所示，命令行提示如下。

```
命令: _fillet
当前设置: 模式 = 修剪，半径 = 0.0000
选择第一个对象或 [放弃(U)/多段线(P)/半径(R)/修剪(T)/多个(M)]:
                                     //选择如图 13-51 所示的 4 条边的任意一条
输入圆角半径或 [表达式(E)]: 2         //输入圆角的半径
选择边或 [链(C)/半径(R)]:             //选择如图 13-51 所示的边 1
选择边或 [链(C)/半径(R)]:             //选择如图 13-51 所示的边 2
选择边或 [链(C)/半径(R)]:             //选择如图 13-51 所示的边 3
选择边或 [链(C)/半径(R)]:             //选择如图 13-51 所示的边 4
选择边或 [链(C)/半径(R)]:             //按 Enter 键确认，效果如图 13-52 所示
```

(18) 选择“修改”|“三维操作”|“三维阵列”命令，将刚剖切并倒圆角后的特征进行阵列，效果如图 13-53 所示，命令行提示如下。

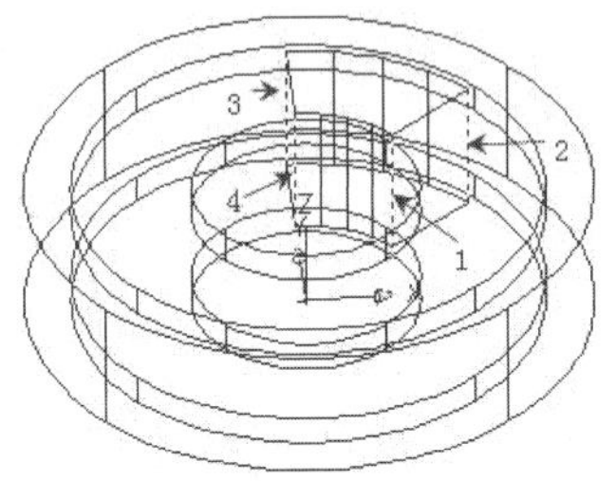

图 13-51　选择倒圆角的边

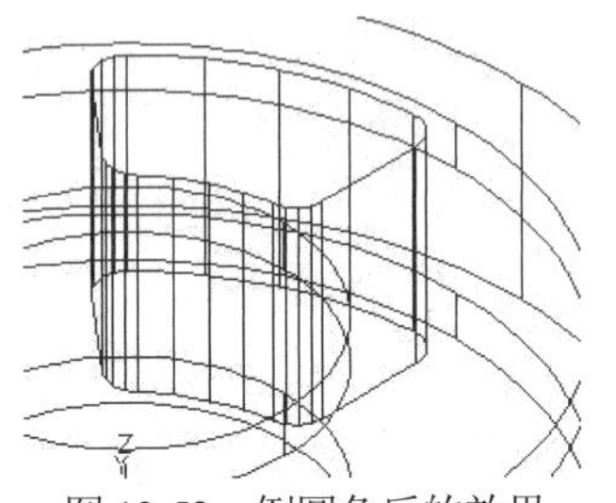

图 13-52　倒圆角后的效果

```
命令: _3darray
选择对象: 找到 1 个                                     //选择步骤(17)所创建的特征
选择对象:                                               //按 Enter 键确认所选择的对象
输入阵列类型 [矩形(R)/环形(P)] <矩形>:P                  //将阵列类型转换为环形
输入阵列中的项目数目: 6                                  //输入阵列的个数
指定要填充的角度 (+=逆时针, -=顺时针) <360>:             //按 Enter 键确认填充的角度为 360°
旋转阵列对象？ [是(Y)/否(N)] <Y>: Y                      //按 Enter 键确认
指定阵列的中心点: 0,0,0               //输入坐标原点指定旋转轴上的第二点: <正交 开>，将正交功能打开，
                                       在 Z 轴上捕捉一点，效果如图 13-53 所示
```

(19) 单击“差集”按钮，将步骤(7)创建的特征与步骤(18)的阵列特征进行差集运算，效果如图 13-54 所示。

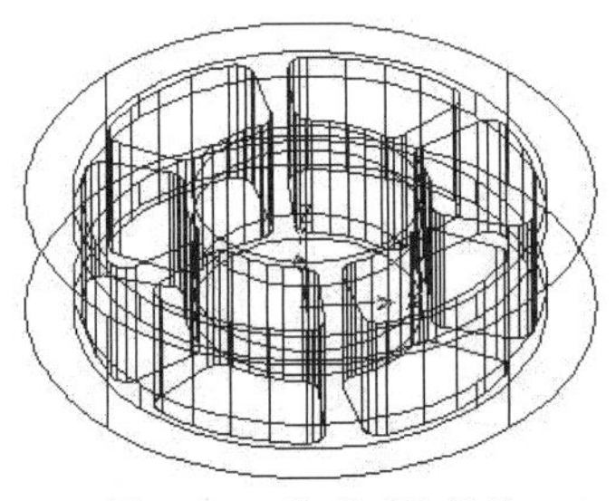

图 13-53　阵列后的效果

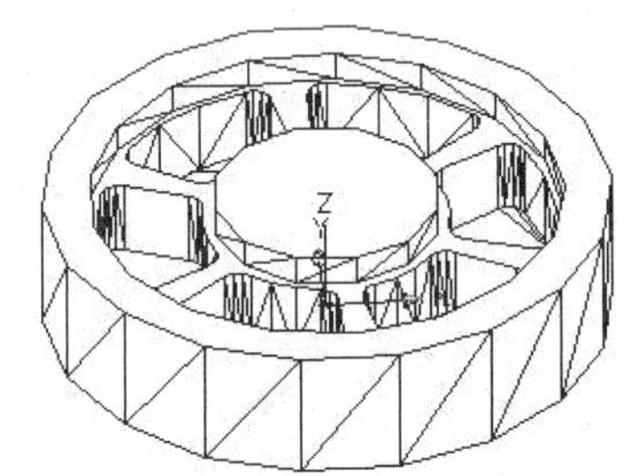

图 13-54　差集后的效果图

(20) 单击“并集”按钮，将已创建的特征合并为一个整体。

13.3.2　绘制皮带槽

绘制皮带槽的具体操作步骤如下。

(1) 选择“视图”|“三维视图”|“主视”命令，将视图转换成主视图。

(2) 单击“多段线”按钮，绘制闭合的多段线为下一步旋转的轮廓线，命令行提示如下。

```
命令: _pline
指定起点: 30,13                                                          //输入起点的坐标
当前线宽为 0.0000
指定下一个点或 [圆弧(A)/半宽(H)/长度(L)/放弃(U)/宽度(W)]: @4.5<210      //输入第二点的极坐标，下同
指定下一点或 [圆弧(A)/闭合(C)/半宽(H)/长度(L)/放弃(U)/宽度(W)]: @1<270
指定下一点或 [圆弧(A)/闭合(C)/半宽(H)/长度(L)/放弃(U)/宽度(W)]: @4.5<330
指定下一点或 [圆弧(A)/闭合(C)/半宽(H)/长度(L)/放弃(U)/宽度(W)]: c
                                                   //输入 c，确认曲线闭合，效果如图 13-55 所示
```

图 13-55　绘制多段线

(3) 在命令行中输入 UCS，将 UCS 坐标系原点移动到当前坐标系的(0,0,7)坐标点上。

(4) 将视图转换为“西南等轴测”视图，并单击“旋转”按钮，创建单个皮带槽，命令行提示如下。

```
命令: _revolve
当前线框密度:  ISOLINES=8，闭合轮廓创建模式 = 实体
选择要旋转的对象或 [模式(MO)]: _MO 闭合轮廓创建模式 [实体(SO)/曲面(SU)] <实体>: _SO
选择要旋转的对象或 [模式(MO)]:找到 1 个                    //选择步骤(2)所创建的多段线
选择要旋转的对象或 [模式(MO)]:                              //按 Enter 键确认所选择的对象
指定轴起点或根据以下选项之一定义轴 [对象(O)/X/Y/Z] <对象>: z   //输入 z，确认 Z 轴为旋转轴
指定旋转角度或 [起点角度(ST)/反转(R)/表达式(EX)] <360>:
                    //按 Enter 键确认旋转的角度。效果如图 13-56 所示的虚线部分
```

(5) 选择“修改”|“三维操作”|“三维镜像”命令，将步骤(4)所创建的特征沿 XY 坐标面镜像，命令行提示如下。

```
命令: _mirror3d
选择对象: 找到 1 个                       //选择图 13-56 所示的旋转特征
选择对象:                                 //按 Enter 键确认所选择的对象
指定镜像平面 (三点) 的第一个点或 [对象(O)/最近的(L)/Z 轴(Z)/视图(V)/XY 平面(XY)/YZ 平面(YZ)/
ZX 平面(ZX)/三点(3)] <三点>: xy           //输入 xy，确认 XY 坐标面为镜像平面
指定 XY 平面上的点 <0,0,0>:               //按 Enter 键确认
是否删除源对象？[是(Y)/否(N)] <否>: N      //选择否(N)，确认不删除源对象，效果如图 13-57 所示的虚线
```

(6) 单击“差集”按钮，将整体特征与刚创建的两个皮带槽进行差集运算，效果如图 13-58 所示。

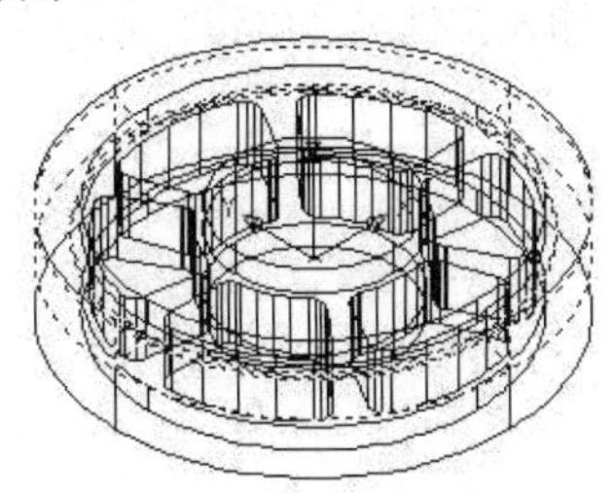

图 13-56　创建皮带槽

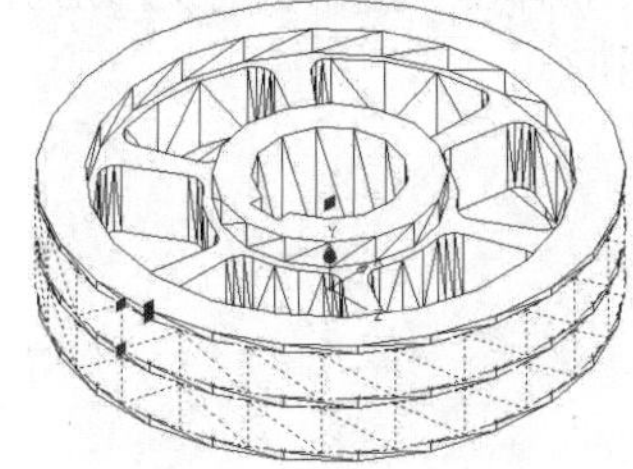

图 13-57　镜像皮带槽

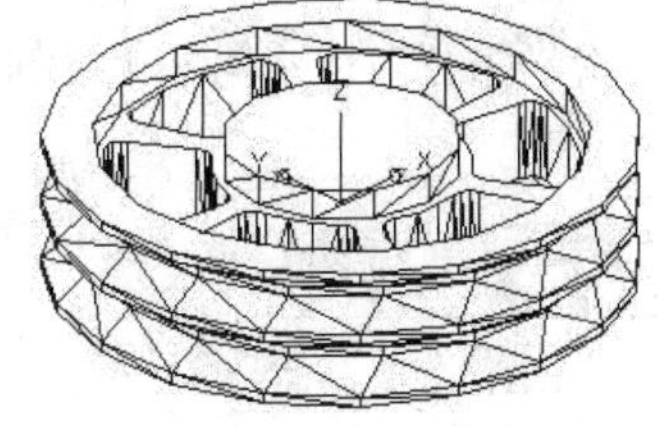

图 13-58　差集后的效果图

13.3.3　绘制轴孔和键槽

绘制轴孔和键槽的具体操作步骤如下。

(1) 在命令行中输入 UCS，将 UCS 坐标原点移动到当前坐标系的(0,0,−7)坐标点。

(2) 单击“圆柱体”按钮，以当前坐标系中的(0,0,0)点为圆柱体底面圆心，半径为 8，高为 14，创建轴孔的圆柱体模型，效果如图 13-59 所示。

(3) 单击“差集”按钮，将所创建的皮带轮特征与刚创建的圆柱体进行差集运算，效果

如图 13-60 所示。

(4) 将视图转换为“仰视”视图，并单击“矩形”按钮▭，绘制平键槽的轮廓曲线，第一个角点为(9.5,−2)，第二个角点为(@−3,4)，效果如图 13-61 所示。

(5) 将视图转换为“西南等轴测”视图，并单击“拉伸”按钮，对刚绘制的矩形进行拉伸操作，拉伸高度为 20，效果如图 13-62 所示。

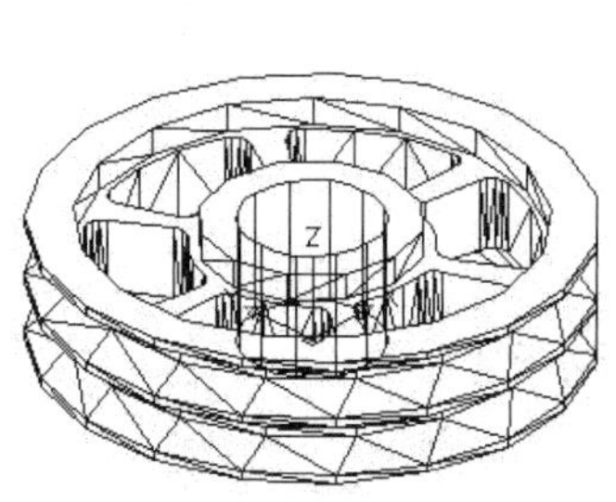

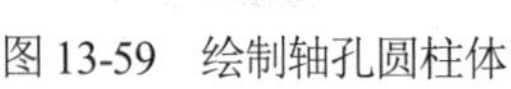

图 13-59　绘制轴孔圆柱体

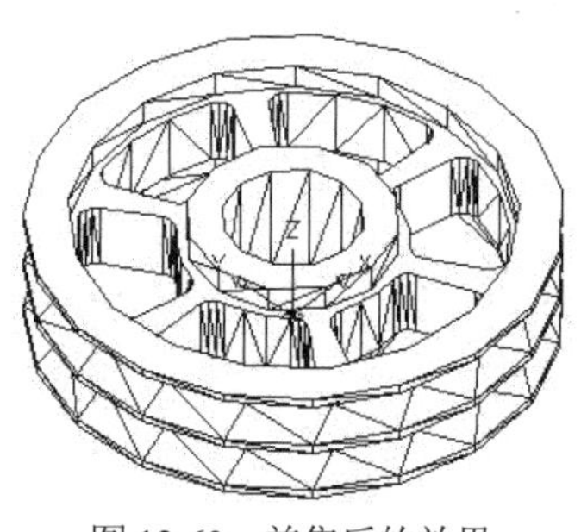

图 13-60　差集后的效果

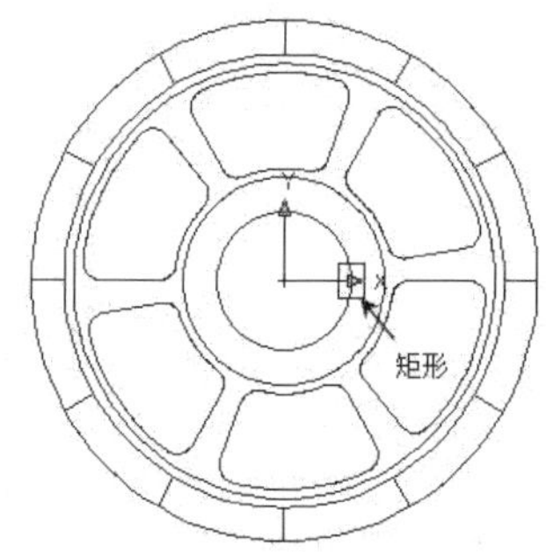

图 13-61　绘制矩形

(6) 单击“差集”按钮，将步骤(3)差集所创建的皮带轮特征与刚创建的拉伸体进行差集运算，效果如图 13-63 所示。

(7) 选择“视图”|“视觉样式”|“概念”命令，效果如图 13-64 所示。

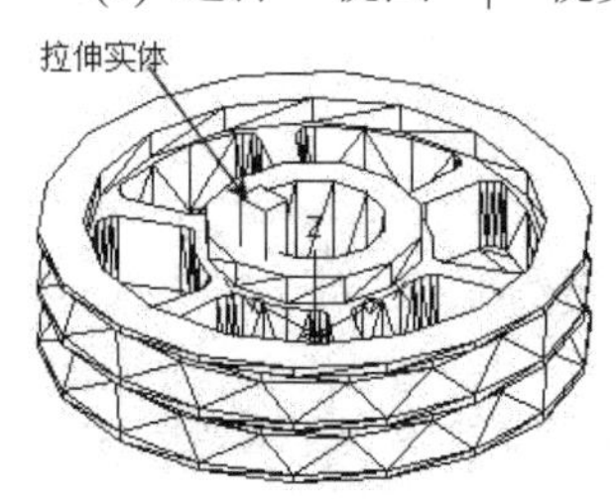

图 13-62　拉伸矩形

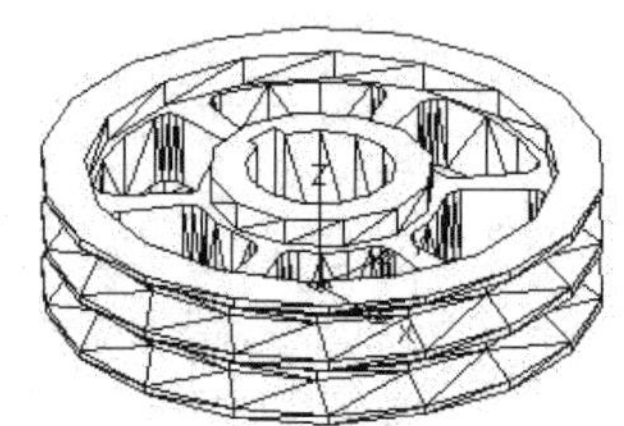

图 13-63　差集后的效果图

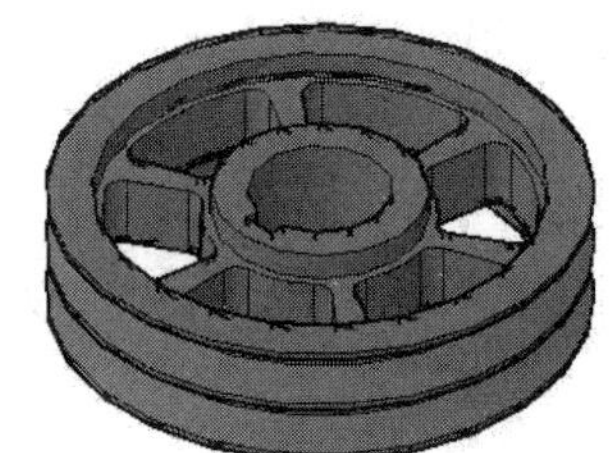

图 13-64　皮带轮效果图

(8) 选择“文件”|“保存”命令，弹出“图形另存为”对话框，输入文件名“皮带轮.dwg”，单击“保存”按钮保存所绘制的图形。

13.4 习题

上机操作题

(1) 利用圆柱体、长方体、拉伸、剖切等命令绘制如图 13-65 所示的曲轴。

(2) 根据绘制深沟球轴承的例子绘制如图 13-66 所示的滚柱轴承。

(3) 利用圆柱体、圆锥体、布尔运算、扫掠、三维阵列等命令绘制如图 13-67 所示的锥齿轮。

(4) 利用圆柱体、长方体、楔体、布尔运算、拉伸、三维阵列等命令绘制如图 13-68 所示的拨叉。

(5) 利用圆柱体、长方体、布尔运算、拉伸、倒圆角、三维镜像、剖切、抽壳等命令绘制如图 13-69 所示的箱体。

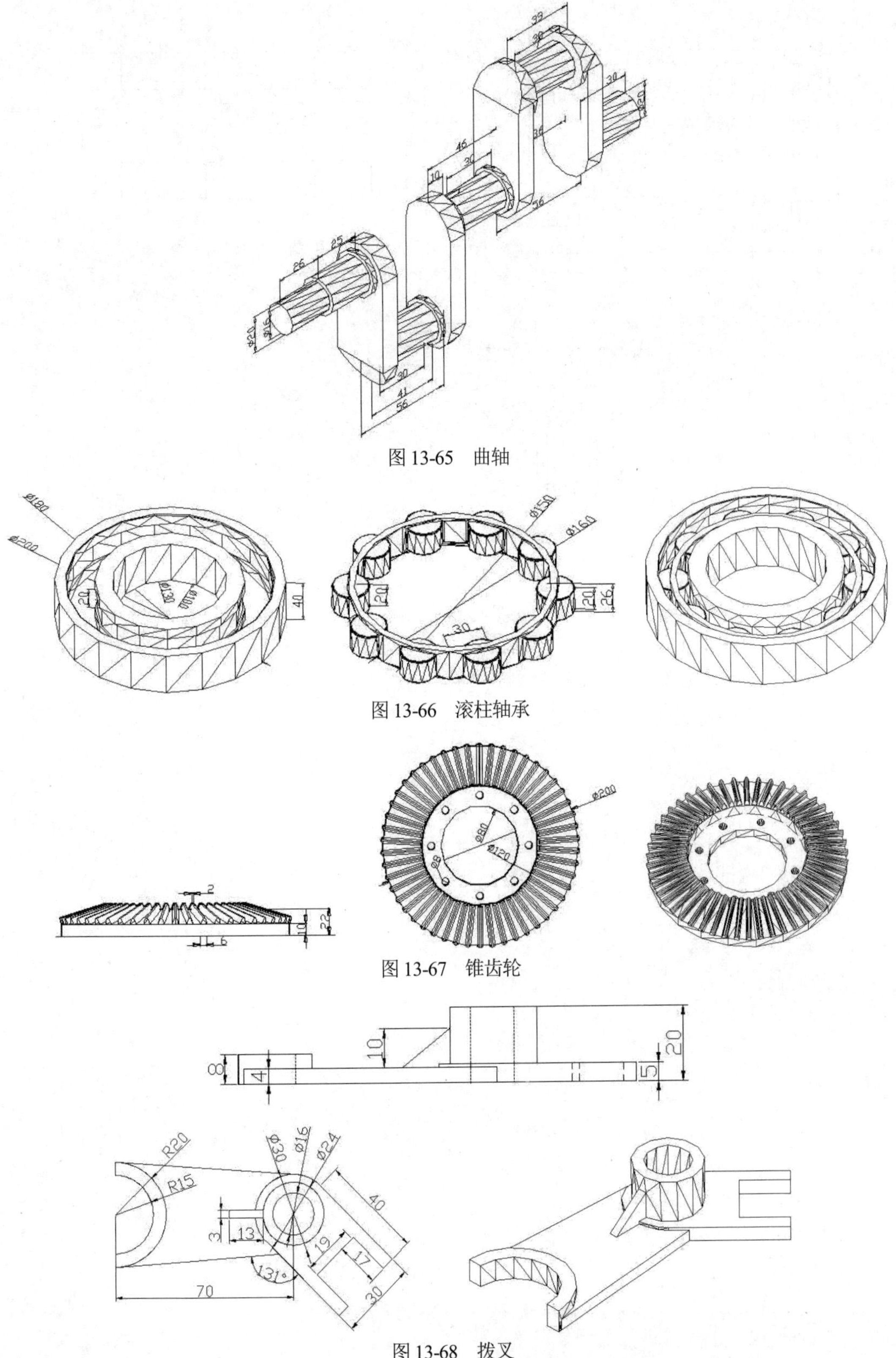

图 13-65　曲轴

图 13-66　滚柱轴承

图 13-67　锥齿轮

图 13-68　拨叉

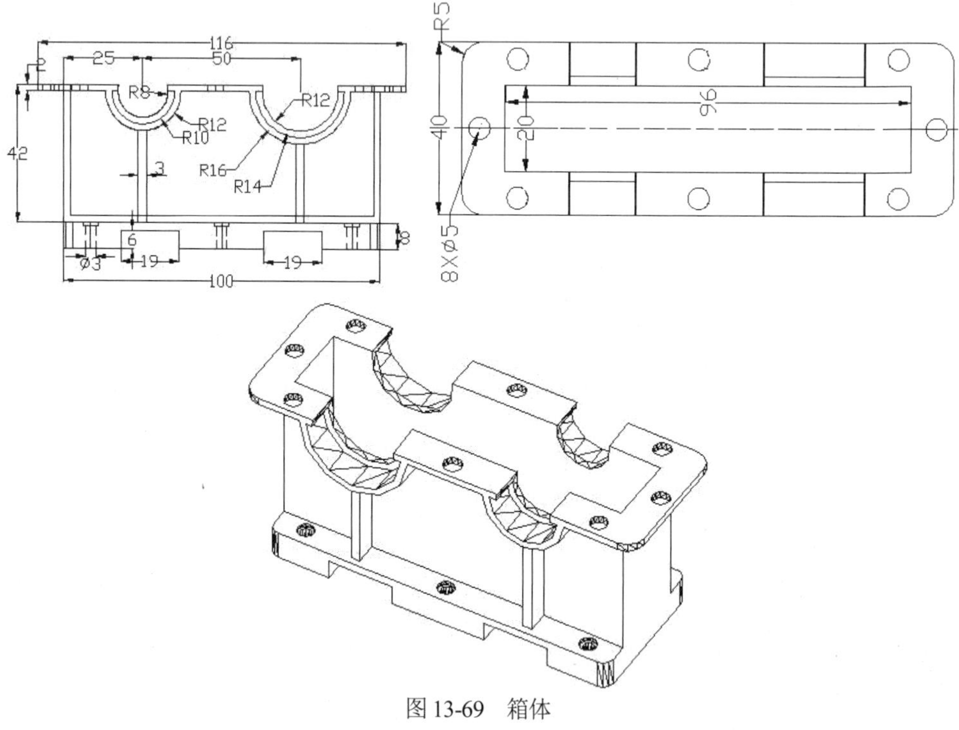
116
25
50
2
R8
R12
R12
R10
42
3
R16
R14
6
8
φ3
19
19
100
R5
40
96
20
8×φ5

图 13-69　箱体

第 14 章

绘制三维装配图

由于三维立体图的图形比二维平面图更加形象、直观，因此绘制三维装配图在机械设计领域的运用越来越广泛，绘图软件的三维功能也越来越强大。三维装配图比二维装配图更直观、易懂，因此，对所绘制的三维零件图进行装配也是机械设计过程中必须考虑的极其重要的一个步骤。通过多个版本的升级，AutoCAD 2020 在三维绘制功能方面有了很大的提高。本章是在学习了三维绘制和编辑的基础上讲述三维装配图的绘制。

14.1 绘制三维装配图的思路

装配图是用于表达零部件或机器的工作原理、零件之间的装配关系和位置，以及装配、检验、安装所需要的尺寸数据的技术文件。AutoCAD 的三维装配图和零件图的绘制顺序大致有两种。第一种是在设计之前，先设置好零件的尺寸关系和装配关系，大致画出装配草图，然后出图，最后画零件图。如果先画零件图，当画装配图时出现装配不上或零件互相干扰的状况，那么将会事倍功半。第二种是先绘制好零件，然后再设计装配图。AutoCAD 可以通过插入的形式来绘制装配图，在装配的过程中如果出现装配不合适，用户可以对零件进行单独的编辑修改。

三维装配要体现人性化，零件的安装也要符合人的思维习惯：依照从里到外、从左到右、从下到上、从上到下的装配顺序。绘制三维装配图与绘制二维装配图的基本思路类似，绘图时，大致可归纳为两点：第一点是装配的约束条件要充分；第二点是零件间的匹配关系要合理。下面分别对这两点进行介绍。

- 装配的约束条件要充分，如定位的约束，两个零件之间是通过面对齐、中心轴对齐、坐标点对齐，或者对齐的面与面偏移一定的距离，面与面之间、面与线之间、线与线之间具有一定的角度等。这些约束条件在三维机械装配图的绘制过程中，如果考虑不周全，将影响装配效果。
- 合理的匹配是指在机械设计中，基本尺寸相同且相互结合的孔和轴公差带之间的关系，根据它们的尺寸过渡关系，可将其分为间隙配合、过盈配合和过渡配合。在绘制三维零件装配图时，配合关系的确定是三维机械装配图设计中必须考虑的因素之一。

14.2 绘制三维装配图的方法

绘制三维装配图一般有 3 种方法。第一种方法是按照装配关系，在同一个绘图区中，逐个绘制零件的三维图，最后完成三维装配图，如第 13 章中深沟球轴承的绘制。第二种方法是先绘制单个零件，然后将其以创建块的形式，通过三维旋转、三维移动等编辑命令对所引入的块进行位置的确定，最后进行总装配。第三种方法与第二种方法类似，即先绘制好各个零件图，然后分别将各个零件依次复制到同一个视图中，并进行三维编辑，直到完成装配图。后两种方法较为简单。

在绘制装配图之前，要先定好基准，然后根据所绘制的装配图的特点，选择上面介绍的 3 种方法之一进行装配图的绘制。下面介绍的齿轮泵的例子遵循的原则是按从里到外的思路，以插入块的方式创建装配体。

14.3 三维装配图举例——齿轮泵

齿轮泵是容积式回转泵的一种，其工作原理是：齿轮泵具有一对互相啮合的齿轮，主动轮固定在主动轴上，齿轮泵的轴一端伸出壳外由电动机带动(本齿轮是通过平带轮传动)；齿轮泵的另一个从动轮装在另一个轴上，齿轮泵的齿轮旋转时，液体沿吸油管进入吸入空间，沿上下壳壁被两个齿轮分别挤压到排出空间汇合，然后进入压油管排出。齿轮泵的分解图和装配效果图如图 14-1 所示。

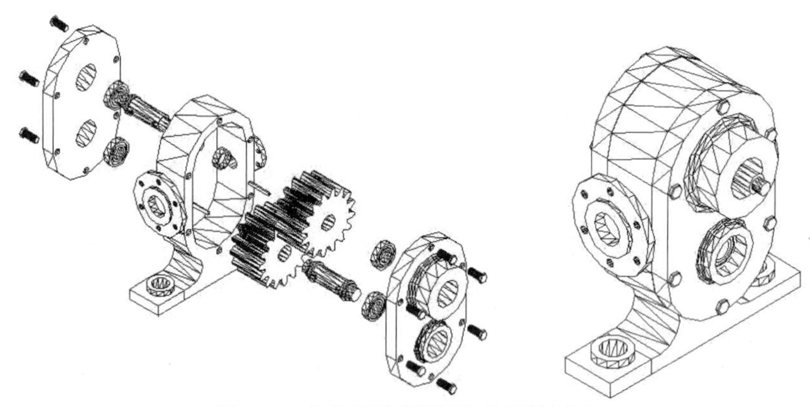

图 14-1　齿轮泵的分解图和装配效果图

绘制齿轮泵的具体操作步骤如下。

(1) 选择“文件”|“打开”命令，弹出“选择文件”对话框，选择“齿轮泵装配体”文件夹下的“主动轴.dwg”，单击“打开”按钮打开图形文件。

(2) 在命令行中输入 WBLOCK 命令后按 Enter 键，弹出“写块”对话框，以点(0,0,0)为基点，选择主动轴为块的对象，定义“主动轴”图块。使用同样的方法把其他零件也定义为图块。

注意：

下面的操作中，写块这步操作将不再详述，直接通过插入块引入写块的图形。

(3) 选择“文件”|“新建”命令，弹出“选择样板”对话框，选择 acadiso.dat，单击“打开”按钮新建一个图形文件。

(4) 选择“视图”|“三维视图”|“西南等轴测”命令，将视图转换成“西南等轴测”视图。

(5) 执行“插入块”命令，弹出“插入”对话框，插入“主动轴”图块，“插入点”的坐标为(0,0,0)，插入图块之后的效果如图 14-2 所示。

(6) 插入“平键”图块，在绘图区上拾取坐标原点为插入点，完成块的插入，UCS 坐标在零件图中的位置如图 14-3(a)所示，插入图块之后的效果如图 14-3(b)所示。

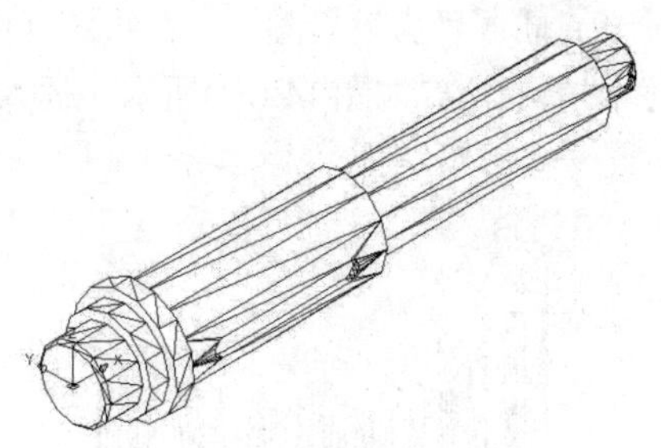

图 14-2　插入“主动轴”图块

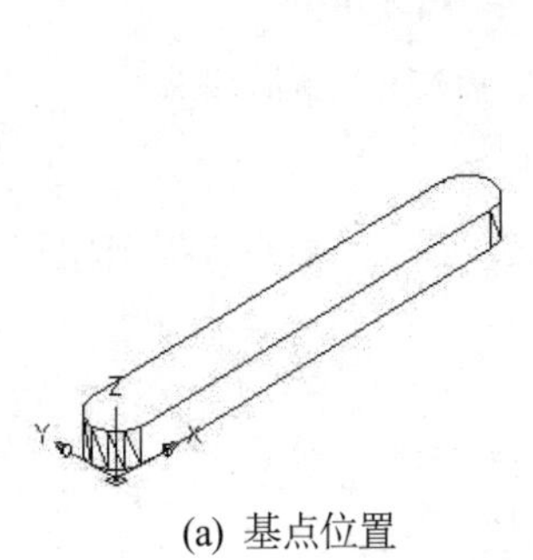

(a) 基点位置

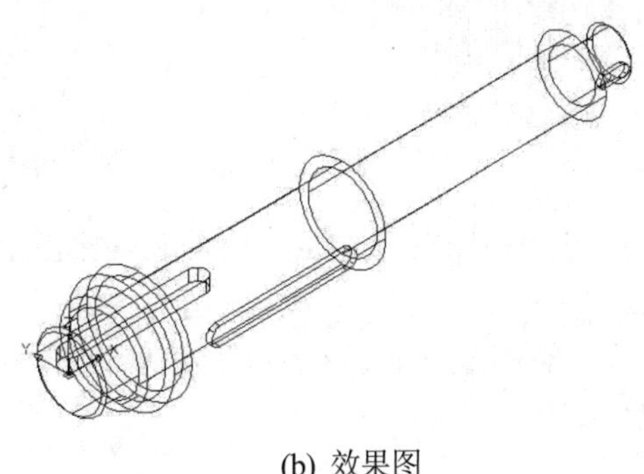

(b) 效果图

图 14-3　插入“平键”图块

(7) 单击“三维移动”按钮，移动插入的“平键”图块到合适的位置，命令行提示如下。

```
命令: _3dmove
选择对象: 找到 1 个                                    //选择“平键”特征
选择对象:                                              //按 Enter 键确认所选择的对象
指定基点或 [位移(D)] <位移>:                           //单击坐标原点
指定第二个点或 <使用第一个点作为位移>: 34,-13,-3       //输入目标点，效果如图 14-4 所示
```

(8) 单击“三维旋转”按钮，将“平键”绕指定的轴旋转 90°，命令行提示如下。

```
命令: _3drotate
UCS 当前的正角方向:   ANGDIR=逆时针   ANGBASE=0
选择对象: 找到 1 个                //选中如图 14-4 所示的“平键”特征
选择对象:                          //按 Enter 键确认所选择的对象
指定基点:34,-13,-3                 //拾取(34,-13,-3)的坐标点或输入该坐标
拾取旋转轴:                        //选择坐标圈中的红圈(X 轴)为旋转轴
指定角的起点或输入角度: 90°        //输入旋转的角度，效果如图 14-5 所示
```

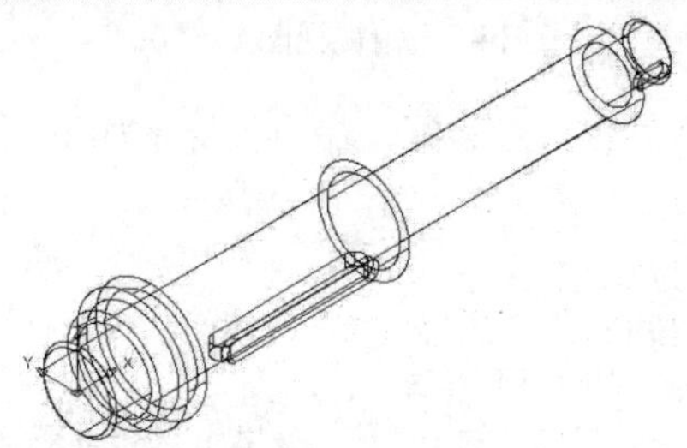

图 14-4　移动“平键”

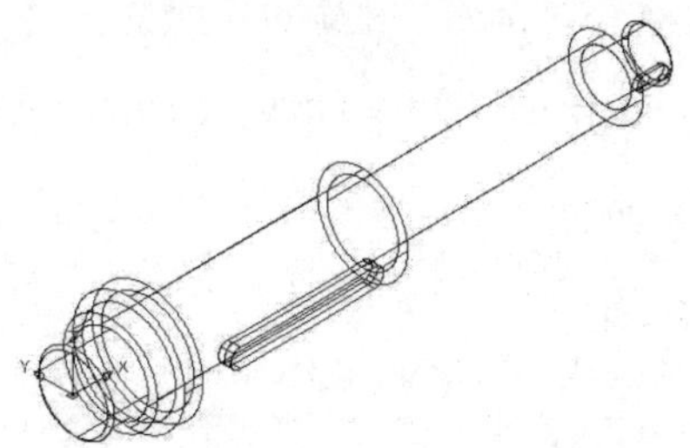

图 14-5　旋转“平键”特征

(9) 插入“齿轮”图块，在绘图区中拾取坐标原点为插入点，完成块的插入，UCS 坐标在零件图中的位置如图 14-6(a)所示，插入图块之后的效果如图 14-6(b)所示。

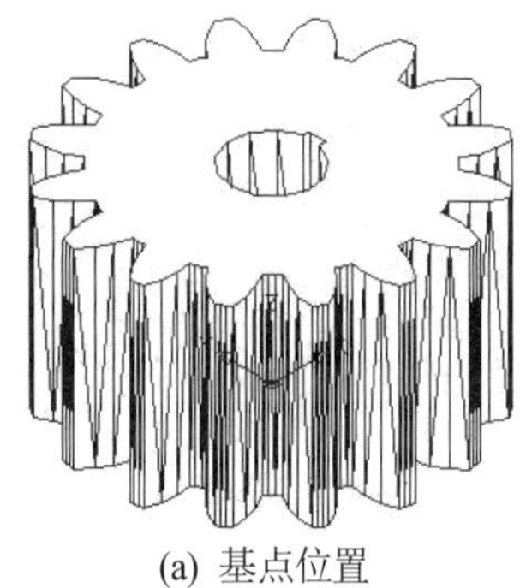

(a) 基点位置

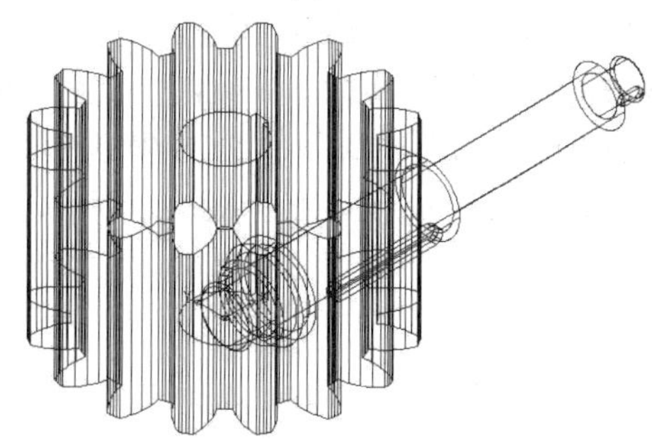

(b) 插入图块后的效果图

图 14-6 插入“齿轮”图块

(10) 单击“三维旋转”按钮，将齿轮绕指定的轴旋转 90°，命令行提示如下。

```
命令: _3drotate
UCS 当前的正角方向:  ANGDIR=逆时针   ANGBASE=0
选择对象: 找到 1 个                    //选中如图 14-6 所示的齿轮特征
选择对象:                              //按 Enter 键确认所选择的对象
指定基点:0,0,0                         //拾取坐标原点或输入该坐标
拾取旋转轴:                            //选择坐标圈中的绿圈(Y 轴)为旋转轴
指定角的起点或输入角度: 90°            //输入旋转的角度，效果如图 14-7 所示
```

(11) 单击“三维旋转”按钮，选择齿轮，再指定坐标原点为旋转轴的基点，然后选择“红圈”所代表的 X 轴为选择轴，将齿轮绕指定的轴旋转 90°。

(12) 选择“视图”|“三维视图”|“俯视”命令，将视图转换为“俯视”视图，如图 14-8 所示。

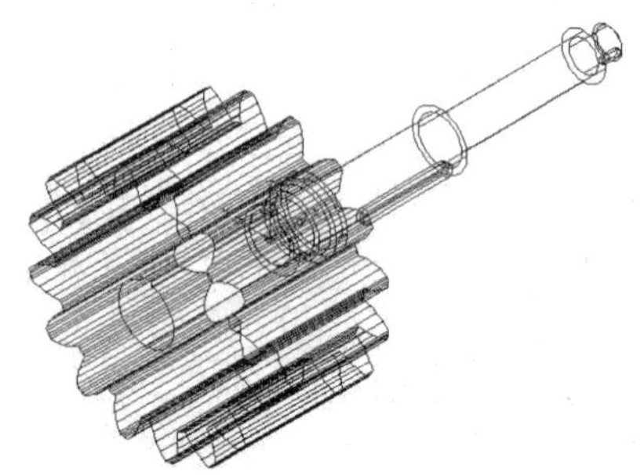

图 14-7 三维旋转后的效果

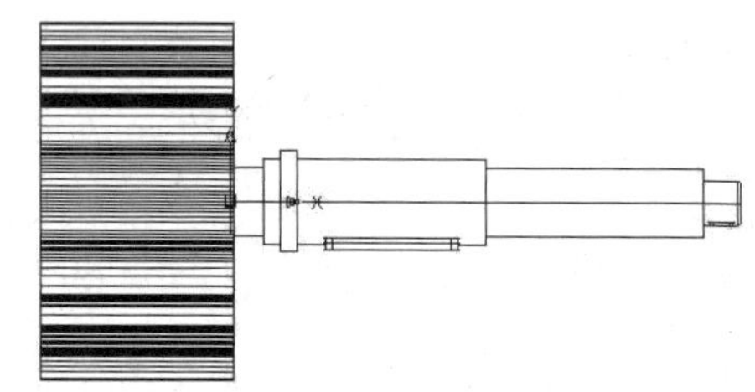

图 14-8 俯视视图

(13) 单击“移动”按钮，将齿轮与直径为 30 的轴进行装配，命令行提示如下。

```
命令: _move
选择对象: 找到 1 个                                  //选择齿轮
选择对象:                                            //按 Enter 键确认所选择的对象
指定基点或 [位移(D)] <位移>:0,0,0                    //拾取坐标原点或输入该坐标
指定第二个点或 <使用第一个点作为位移>:95,0,0         //输入目标点的坐标值，效果如图 14-9 所示
```

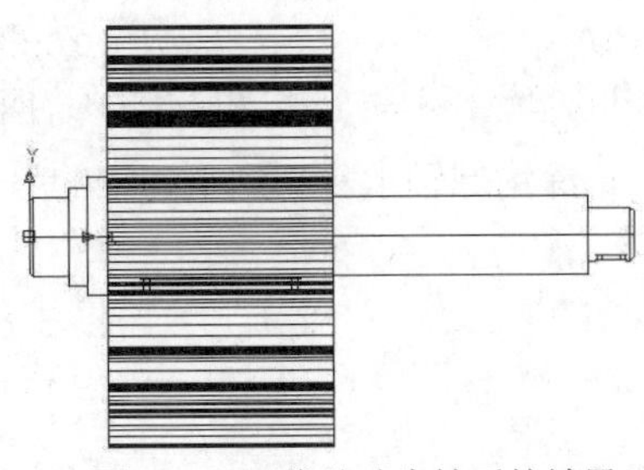

图 14-9　二维移动齿轮后的效果

(14) 插入"深沟球轴承"图块，在绘图区上拾取坐标原点为插入点，以完成块的插入，UCS 坐标在零件图中的位置如图 14-10(a)所示，插入图块之后的效果如图 14-10(b)所示。

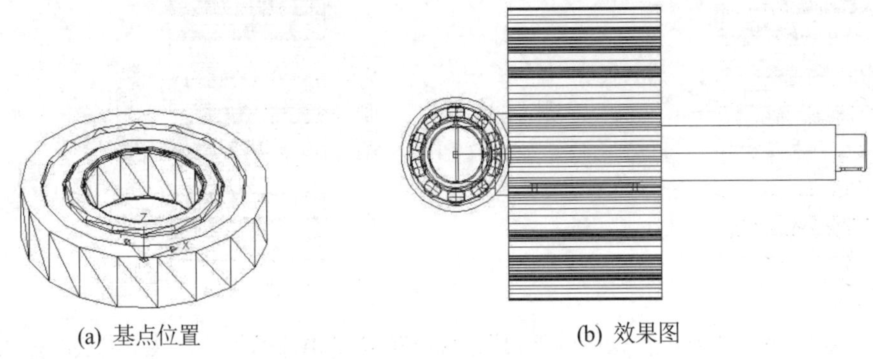

(a) 基点位置　　(b) 效果图

图 14-10　插入"深沟球轴承"图块

(15) 选择"视图"|"三维视图"|"西南等轴测"命令，将视图转换为"西南等轴测"视图。

(16) 单击"三维旋转"按钮，选择深沟球轴承，再指定坐标原点为旋转轴的基点，然后选择"绿圈"所代表的 Y 轴为选择轴，将齿轮绕指定的轴旋转 90°，效果如图 14-11 所示。由图可以看出，深沟球轴承与主动轴承是同轴，但还不是最终的装配位置，还需要调整轴承。

(17) 选择"视图"|"三维视图"|"主视"命令，将视图转换为主视图，效果如图 14-12 所示。

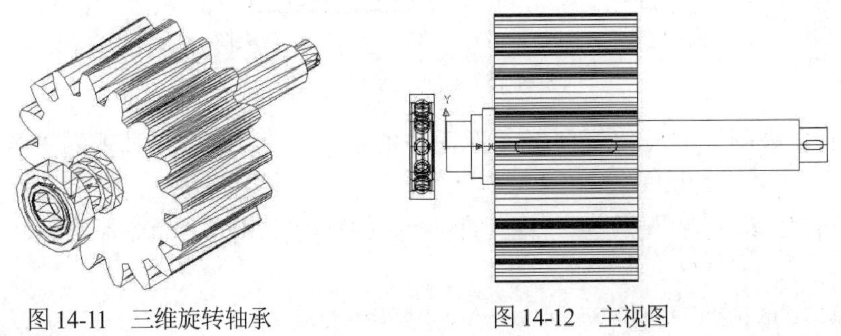

图 14-11　三维旋转轴承　　图 14-12　主视图

(18) 单击"移动"按钮，将深沟球轴承与主动轴进行装配，命令行提示如下。

```
命令: _move
选择对象: 找到 1 个                    //选择深沟球轴承
选择对象:                              //按 Enter 键确认所选择的对象
```

```
指定基点或 [位移(D)] <位移>:-6,0,0                    //拾取(-6,0,0)坐标点或输入该坐标
指定第二个点或 <使用第一个点作为位移>:12,0,0          //输入目标点的坐标值，效果如图 14-13 所示
```

(19) 单击“复制”按钮，将深沟球轴承复制到主动轴的另一侧，命令行提示如下。

```
命令: _copy
选择对象: 找到 1 个                                              //选择深沟球轴承
选择对象:                                                        //按 Enter 键确认所选择的对象
当前设置:  复制模式 = 多个
指定基点或 [位移(D)/模式(O)] <位移>:                              //拾取坐标系原点
指定第二个点或 [阵列(A)] <使用第一个点作为位移>:@106,0            //输入目标点的坐标
指定第二个点或 [阵列(A)/退出(E)/放弃(U)] <退出>:                  //按 Enter 键确认，效果如图 14-14 所示
```

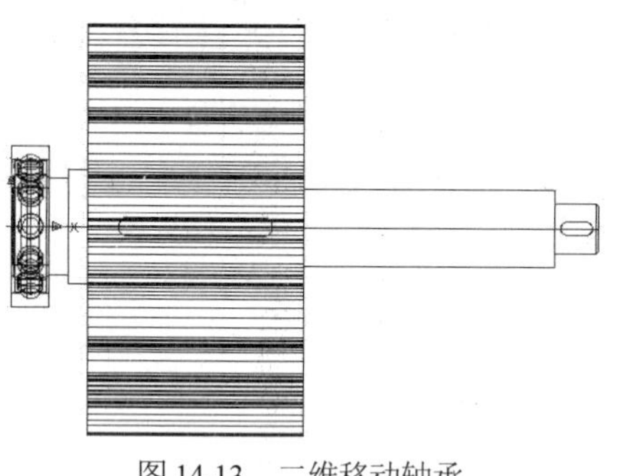

图 14-13　二维移动轴承

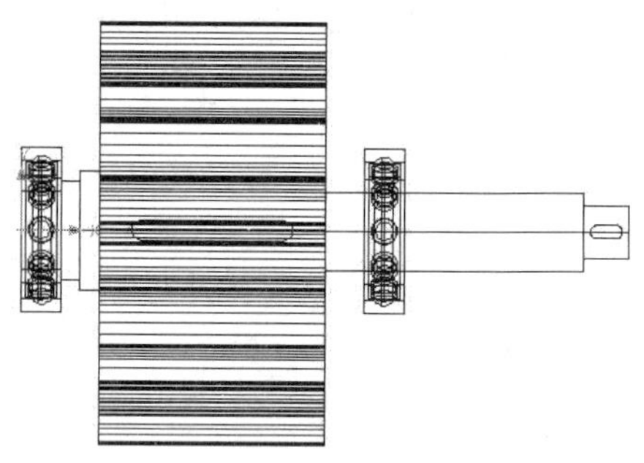

图 14-14　复制轴承

(20) 插入“套筒”图块，在绘图区上拾取坐标点(106,0,0)为插入点，以完成块的插入，UCS 坐标在零件图中的位置如图 14-15(a)所示，插入图块之后的效果如图 14-15(b)所示。

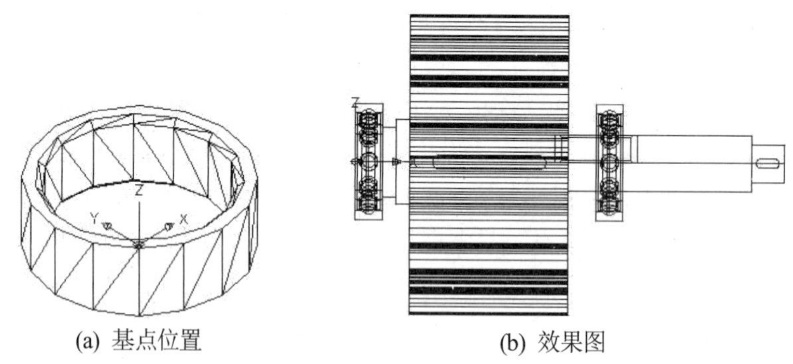

(a) 基点位置　　(b) 效果图

图 14-15　插入“套筒”图块

(21) 选择“视图”|“三维视图”|“东南等轴测”命令，将视图转换为“东南等轴测”视图。

(22) 单击“三维旋转”按钮，将套筒绕指定的轴旋转 90°，命令行提示如下。

```
命令: _3drotate
UCS 当前的正角方向:  ANGDIR=逆时针   ANGBASE=0
选择对象: 找到 1 个                  //选择套筒
选择对象:                            //按 Enter 键确认所选择的对象
指定基点:106,0,0                     //输入坐标点
拾取旋转轴:                          //选择坐标圈中的绿圈(Y 轴)为旋转轴
指定角的起点或输入角度: 90°          //输入旋转的角度，效果如图 14-16 所示
```

(23) 选择“视图”|“三维视图”|“主视”命令，将视图转换为主视图。

(24) 插入“被动轴”图块，在绘图区上拾取坐标点(114,-116)为插入点，以完成块的插入，UCS 坐标在零件图中的位置如图 14-17(a)所示，插入图块之后的效果如图 14-17(b)所示。

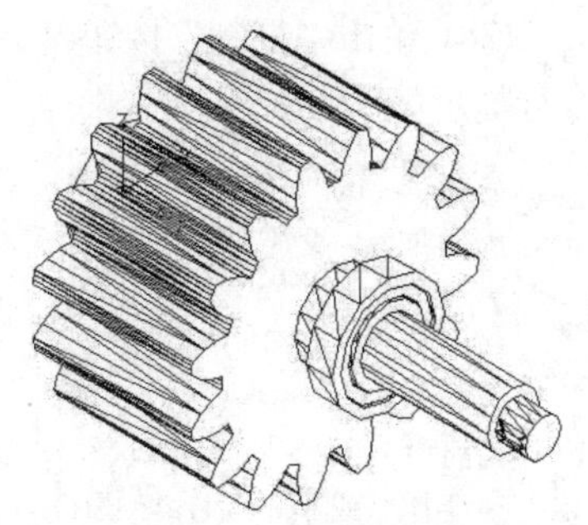

图 14-16　三维旋转套筒

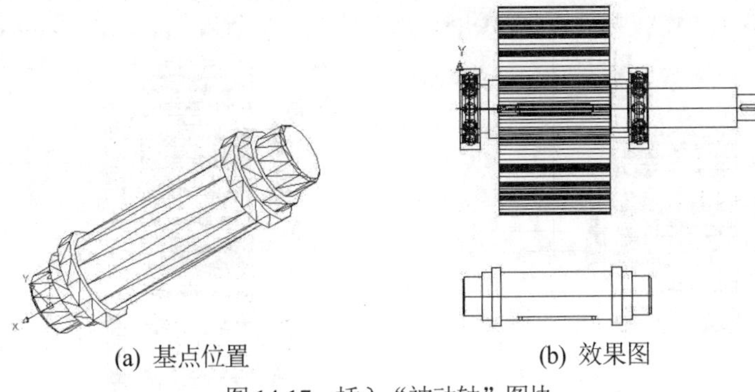

(a) 基点位置　　(b) 效果图

图 14-17　插入“被动轴”图块

(25) 选择“视图”|“三维视图”|“西南等轴测”命令，将视图转换为“西南等轴测”视图。

(26) 单击“三维旋转”按钮，将“被动轴”绕指定的轴旋转 90°，命令行提示如下。

```
命令: _3drotate
UCS 当前的正角方向:  ANGDIR=逆时针   ANGBASE=0
选择对象: 找到 1 个                    //选择“被动轴”
选择对象:                              //按 Enter 键确认所选择的对象
指定基点:0,106,0                       //在绘图区中拾取“被动轴”端的圆心点(0,106,0)
拾取旋转轴:                            //选择坐标圈中的红圈(X 轴)为旋转轴
指定角的起点或输入角度: -90°           //输入旋转的角度，效果如图 14-18 所示
```

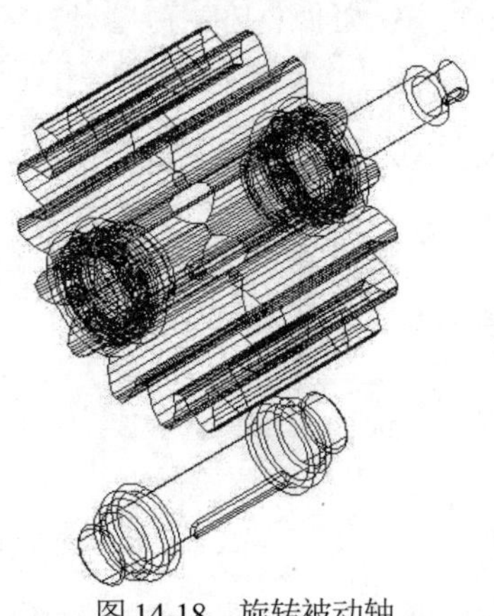

图 14-18　旋转被动轴

(27) 选择“视图”|“三维视图”|“主视”命令，将视图转换为主视图，效果如图 14-19 所示。

(28) 单击“复制”按钮，将“齿轮”和“平键”复制到与“被动轴”的装配位置上，命令行提示如下。

```
命令: _copy
选择对象: 找到 1 个                                  //选择齿轮
……
选择对象: 找到 1 个，总计 4 个                       //选择“平键”和两个“轴承”
选择对象:                                            //按 Enter 键确认所选择的对象
当前设置:  复制模式 = 多个
指定基点或 [位移(D)/模式(O)] <位移>: 94,0,0          //拾取(94,0,0)坐标点
指定第二个点或 [阵列(A)] <使用第一个点作为位移>:@0,-116,0
                                                     //利用极坐标输入目标点或拾取(-94,-116,0)点
指定第二个点或 [阵列(A)/退出(E)/放弃(U)] <退出>:     //按 Enter 键确认，效果如图 14-20 所示
```

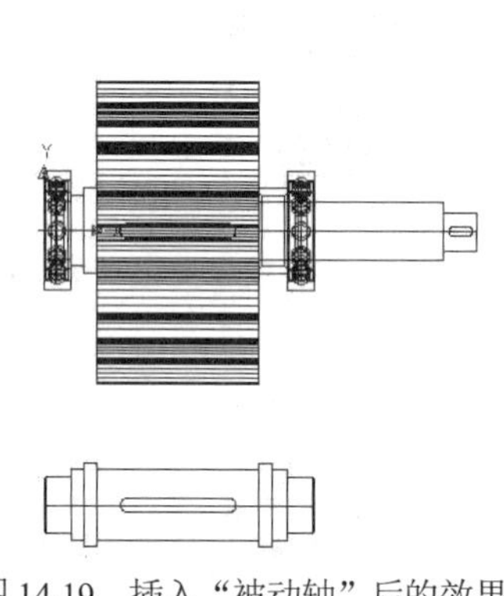

图 14-19　插入“被动轴”后的效果

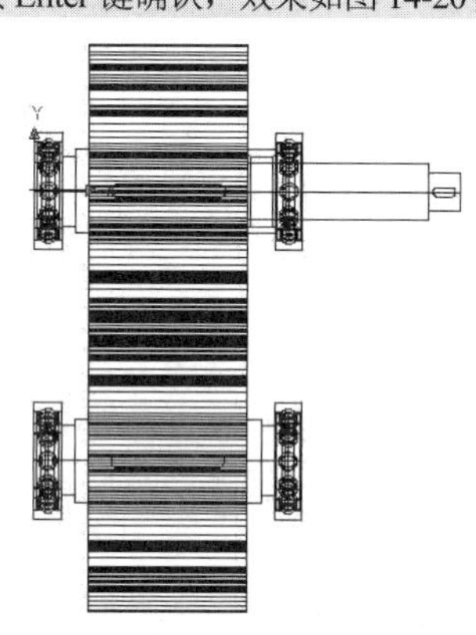

图 14-20　二维复制

(29) 选择“视图”|“三维视图”|“左视”命令，将视图转换为左视图，效果如图14-21所示。由图可以看出此时需要对“被动轴”“平键”“齿轮”“轴承”等沿轴的中心线旋转。

(30) 单击“旋转”按钮，将“被动轴”“平键”“齿轮”和两个“轴承”等绕圆心旋转，命令行提示如下。

```
命令: _rotate
UCS 当前的正角方向:  ANGDIR=逆时针   ANGBASE=0
选择对象: 指定对角点: 找到 5 个        //利用框选选择“被动轴”“平键”“齿轮”、两个“轴承”
选择对象:                              //按 Enter 键确认所选择的对象
指定基点:                              //拾取(0,-116,0)的点
指定旋转角度或[复制(C)/参照(R)] <270>:12.5    //输入旋转的角度，效果如图 14-22 所示
```

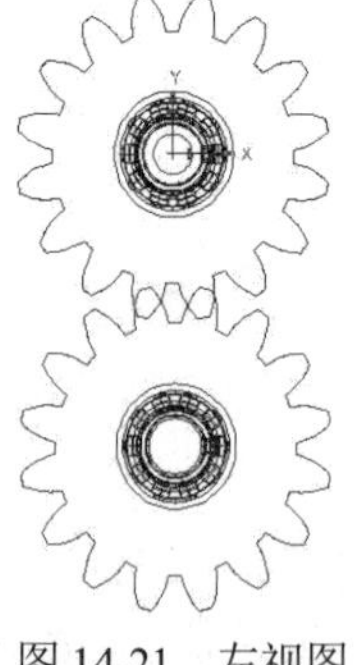

图 14-21　左视图

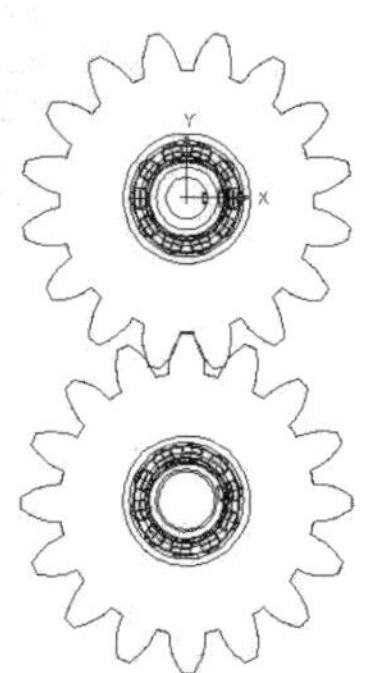

图 14-22　二维旋转

(31) 插入“箱主体”图块，在绘图区上拾取坐标点(−32.5,−252,−24)为插入点，以完成块的插入，UCS 坐标在零件图中的位置如图 14-23(a)所示，插入图块之后的效果如图 14-23(b)所示。

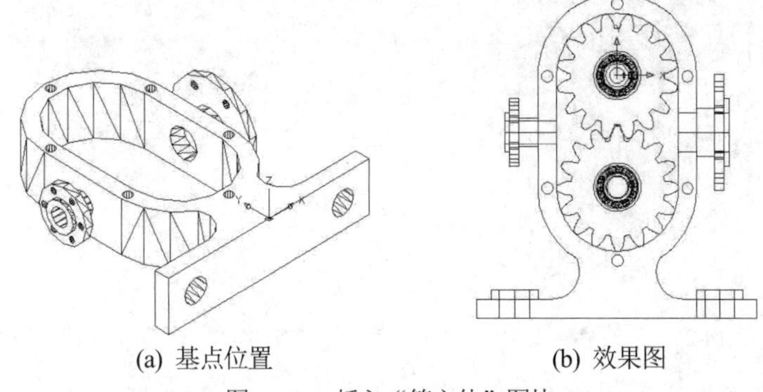

(a) 基点位置　　(b) 效果图

图 14-23　插入“箱主体”图块

(32) 选择“视图”|“三维视图”|“西南等轴测”命令，将视图转换为“西南等轴测”视图，效果如图 14-24 所示。

(33) 插入“前盖”图块，在绘图区上拾取坐标点(0,−116,−24)为插入点，以完成块的插入，UCS 坐标在零件图中的位置如图 14-25(a)所示，插入图块之后的效果如图 14-25(b)所示。

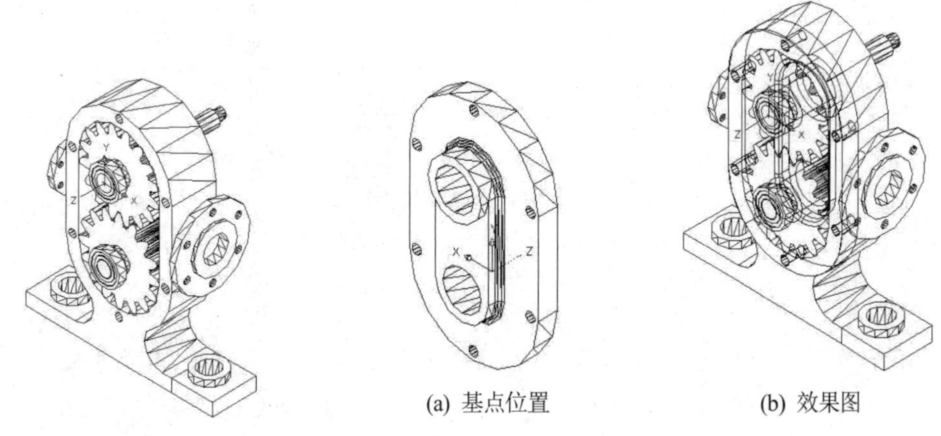

(a) 基点位置　　(b) 效果图

图 14-24　“西南等轴测”视图　　图 14-25　插入“前盖”图块

(34) 单击“三维旋转”按钮，将前盖绕指定的轴旋转 180°，命令行提示如下。

```
命令: _3drotate
UCS 当前的正角方向:  ANGDIR=逆时针   ANGBASE=0
选择对象: 找到 1 个                    //选择“被动轴”
选择对象:                              //按 Enter 键确认所选择的对象
指定基点:0,0,−24                       //在命令行输入基点的坐标
拾取旋转轴:                            //选择坐标圈中的绿圈(Y 轴)为旋转轴
指定角的起点或输入角度: 180°           //输入旋转的角度，效果如图 14-26 所示
```

(35) 选择“视图”|“三维视图”|“东南等轴测”命令，将视图转换为“东南等轴测”视图，效果如图 14-27 所示。

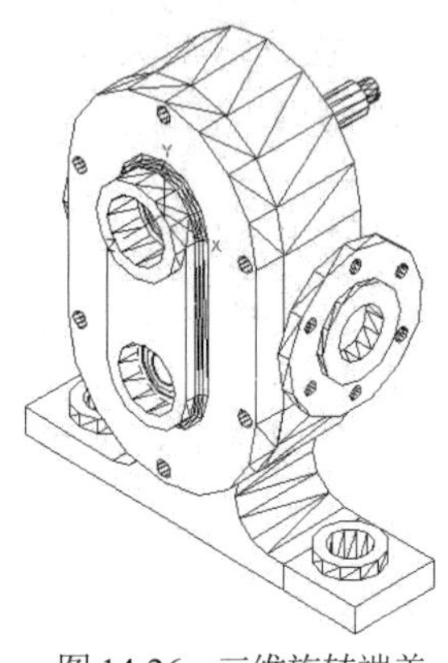

图 14-26　三维旋转端盖

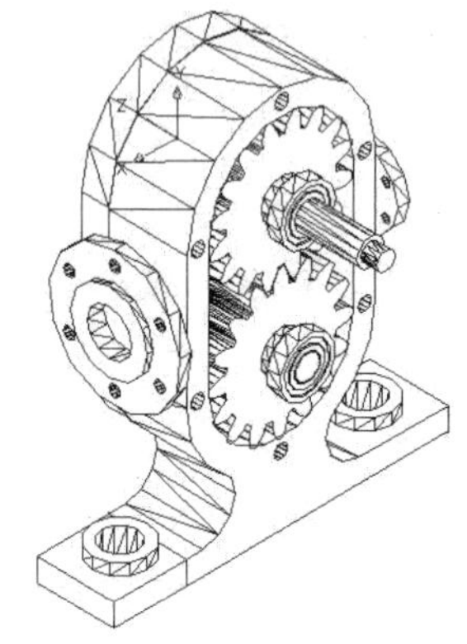

图 14-27　“东南等轴测”视图

(36) 插入“后盖”图块，在绘图区上拾取坐标点(0,−116,−94)为插入点，以完成图块的插入，UCS 坐标在零件图中的位置如图 14-28(a)所示，插入图块后的效果如图 14-28(b)所示。

(37) 插入“螺栓”图块，在绘图区上拾取坐标点(0,75,−119)为插入点，以完成图块的插入，UCS 坐标在零件图中的位置如图 14-29(a)所示，插入图块之后的效果如图 14-29(b)所示。

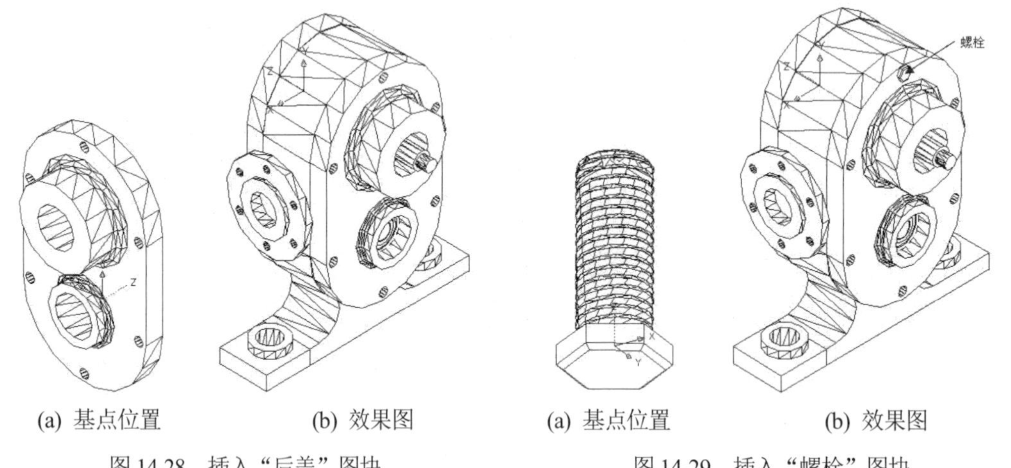

(a) 基点位置　　(b) 效果图

图 14-28　插入“后盖”图块

(a) 基点位置　　(b) 效果图

图 14-29　插入“螺栓”图块

(38) 选择“视图”|“三维视图”|“右视”命令，将视图转换为右视图，效果如图 14-30 所示。

(39) 单击“复制”按钮，选择螺栓并将其复制到各个安装螺栓孔的圆心，命令行提示如下。

```
选择对象: 找到 1 个                                              //选择螺栓
选择对象:                                                        //按 Enter 键确认
当前设置:  复制模式 = 多个
指定基点或 [位移(D)/模式(O)] <位移>: 0,75,0                        //输入基点的坐标
指定第二个点或 [阵列(A)] <使用第一个点作为位移>: @-75,-75,0        //输入目标点的坐标
指定第二个点或 [阵列(A)/退出(E)/放弃(U)] <退出>:@-75,-192,0         //输入目标点的坐标
指定第二个点或 [阵列(A)/退出(E)/放弃(U)] <退出>:@0,-266,0           //输入目标点的坐标
指定第二个点或 [阵列(A)/退出(E)/放弃(U)] <退出>:@75,-192,0          //输入目标点的坐标
指定第二个点或 [阵列(A)/退出(E)/放弃(U)] <退出>:@75,-75,0           //输入目标点的坐标
指定第二个点或 [阵列(A)/退出(E)/放弃(U)] <退出>:       //按 Enter 键确认，效果如图 14-31 所示
```

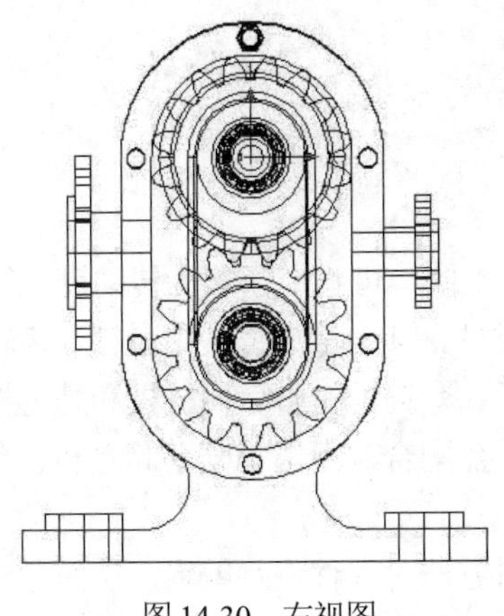

图 14-30　右视图

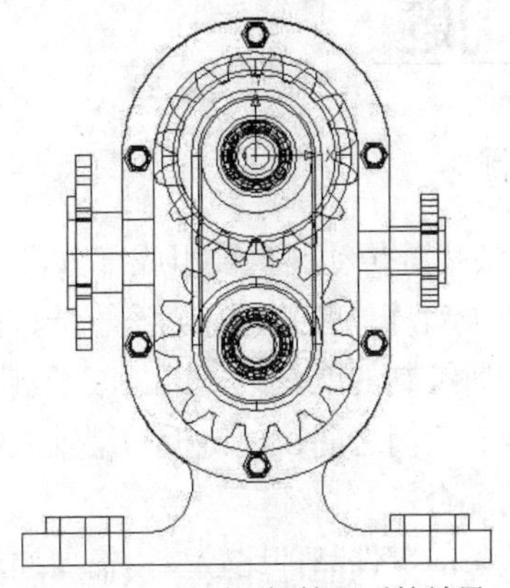

图 14-31　复制“螺栓”后的效果

(40) 选择“视图”|“三维视图”|“东南等轴测”命令，将视图转换为“东南等轴测”视图。

(41) 在命令行输入 UCS，将当前的 UCS 坐标系原点移到坐标点(0,0,59)。

(42) 选择“修改”|“三维操作”|“三维镜像”命令，对刚复制的 6 个螺栓以 UCS 坐标下的 XY 坐标为镜像平面进行镜像，命令行提示如下。

```
命令: _mirror3d
选择对象: 找到 1 个                                    //选择螺栓
……
选择对象: 找到 1 个，总计 6 个                         //选择螺栓
选择对象:                                              //按 Enter 键确认所选择的对象
指定镜像平面 (三点) 的第一个点或 [对象(O)/最近的(L)/Z 轴(Z)/视图(V)/XY 平面(XY)/YZ 平面(YZ)/
ZX 平面(ZX)/三点(3)] <三点>: xy                        //输入 xy，以 XY 坐标面为镜像平面
指定 XY 平面上的点 <0,0,0>:                            //按 Enter 键确认
是否删除源对象？[是(Y)/否(N)] <否>: N                  //按 Enter 键确认，效果如图 14-32 所示
```

(43) 消隐后的齿轮泵如图 14-33 所示。选择“文件”|“保存”命令，弹出“图形另存为”对话框，输入文件名“齿轮泵.dwg”，单击“保存”按钮以保存所绘制的图形。

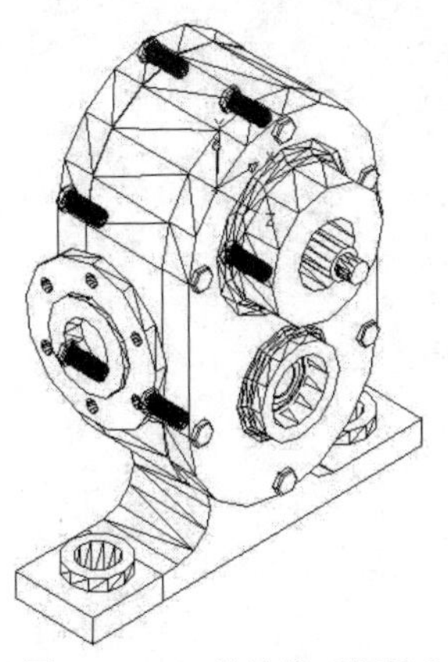

图 14-32　三维镜像“螺栓”

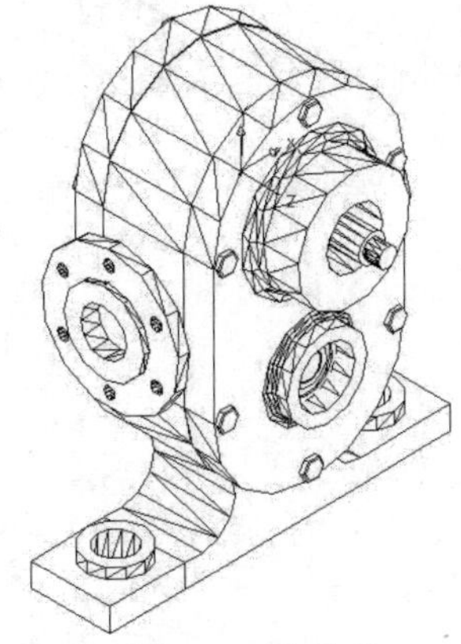

图 14-33　齿轮泵

14.4 习题

上机操作题

(1) 链条是链传动的重要组成部分，根据用途的不同，可将链条分为传动链、输送链、起重链等。而传动链一般又可分为滚子链、齿轮链等类型。其中滚子链使用最广，齿轮链使用较少，本实例所绘制的就是滚子链。滚子链一般由滚子、套筒、销轴、内链板和外链板5部分构成，内链板与套筒之间、外链板与销轴之间分别是过盈配合，而滚子与套筒之间、套筒与销轴之间是间隙配合。

考虑链条的零件品种比较少，需要通过多种编辑方法对零件进行编辑，从而达到最终的装配效果，因此直接在同一个绘图区内装配并绘制比较方便。绘制如图14-34所示的链条。

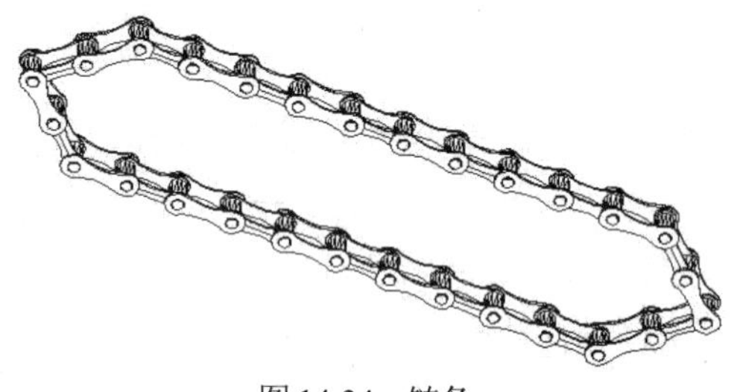

图14-34　链条

(2) 通过插入块的方法，插入已绘制好的轴承外圈、十字轴、传动轴叉、套筒叉等零件，绘制如图14-35所示的“万向节”装配图。

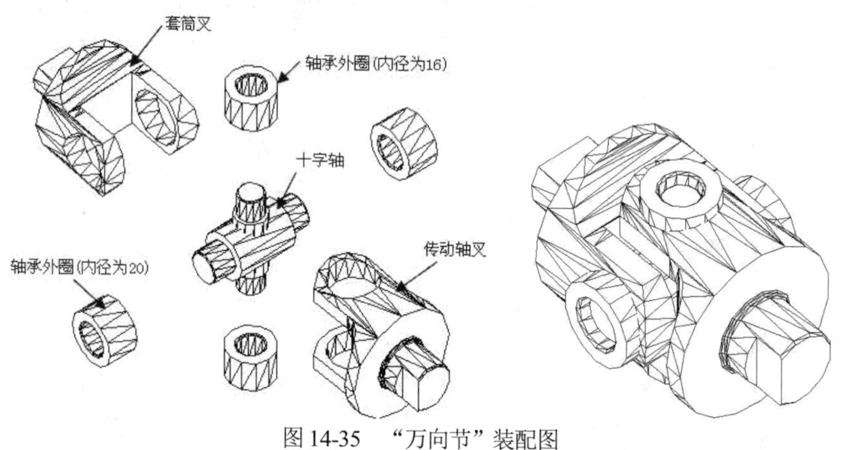

图14-35　“万向节”装配图

第 15 章

由三维实体生成二维视图

比较复杂的实体通过先绘制三维实体再转换为二维实体，由三维模型生成二维工程视图，对减少绘图的工作量、提高绘图的速度与精度、避免二维绘图中可能出现的各种错误，有着极其重要的意义。因此在绘制完三维实体后，通常还要生成二维视图并进行尺寸的标注等，再直接进行出图打印。AutoCAD 可以将三维实体直接生成各种形式的二维视图，本章主要介绍基本视图、剖视图、剖面图等。

15.1 概述

打开 AutoCAD，系统默认的是模型空间，在模型空间中绘制三维实体。由于三维实体的不透明性——视图前面会遮挡视图后面，从一个角度只能看到其中的一部分，要想看清三维实体的各部分，就要从不同的角度对其进行观察，为此，可以把屏幕上的绘图区设置成多个视区。下面分别介绍几种典型视图的含义，并简要介绍模型空间和布局空间的含义。

- 基本视图：实体模型在投影面投影所得到的图形称为基本视图，通常可分为主视图、俯视图、左视图、右视图、仰视图和后视图。图 15-1 所示的是三维零件图在各个方向的投影视图所得到的效果。

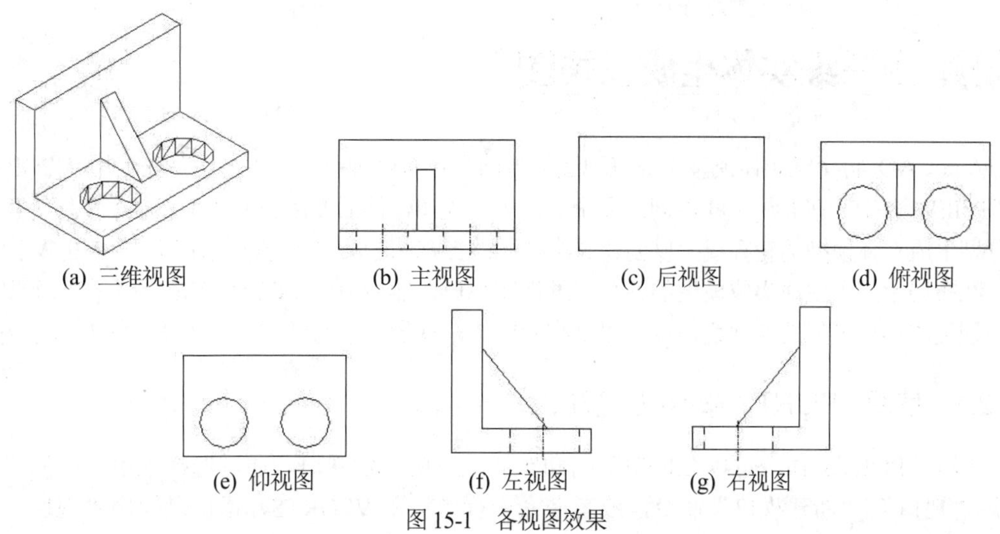

(a) 三维视图　(b) 主视图　(c) 后视图　(d) 俯视图

(e) 仰视图　(f) 左视图　(g) 右视图

图 15-1　各视图效果

- 剖视图：当三维实体的内部结构复杂时，如果仍采用视图进行表达，则会在图形上出现过多虚线及虚、实线交叉重叠的现象，这样会给看图及标注尺寸带来不便。为此，常采用剖视图来表达三维实体内部的结构形状。假想用一个剖切平面将三维实体剖开，移去观察者和剖面之间的部分，而将留下的部分向投影面投影，所得视图称为剖视图。剖视图可分为全剖、半剖、局部剖、旋转剖、阶梯剖等多种类型。
- 剖面图：也叫断面图，假想用剖切面将零件的某处切断，画出其断面的图形，称为剖面图。剖面图分为移出断面图和重合断面图。

图 15-2 所示是剖视图和剖面图的比较。

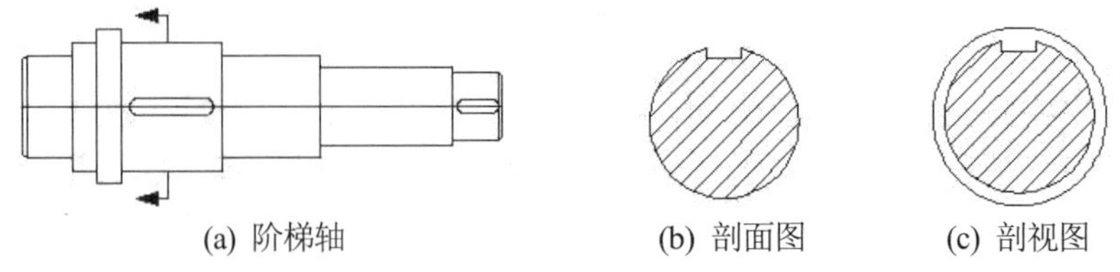

(a) 阶梯轴　(b) 剖面图　(c) 剖视图

图 15-2　剖面图和剖视图

模型空间是为创建三维模型提供一个广阔的绘图区域，用户可以通过建立 UCS，创建各种样式的模型并设置观察视点和进行消隐、渲染等操作。而布局空间用于创建最终的打印布局，是图形输出效果的布置，用户不能通过改变视点的方式从其他角度观看图形。它们的主要区别标志是坐标系图标。在模型空间中，坐标系图标是一个反映坐标方向的坐标架；而在布局空间中，坐标系图标则是三角板形状。利用布局空间可以把在模型空间中绘制的三维模型在同一张图纸上以多个视图的形式排列并打印出来，而在模型空间中则无法实现这一点。

模型空间和布局空间的切换是通过绘图区下部的标签栏来完成的，单击“模型”选项卡将进入模型空间；单击“布局 1”“布局 2”选项卡，将进入布局空间。在 AutoCAD 中，默认情况下是进入模型空间。在模型空间创建的多视口称为平铺视口；而在布局空间创建的多视口称为浮动视口。当用户在模型空间创建平铺视口时，AutoCAD 在布局空间中自动创建浮动视口；而在布局空间中创建浮动视口时，在模型空间却不能自动创建平铺视口。

15.2 由三维实体生成三视图

AutoCAD 将三维实体模型生成三视图的方法大致有两种：第一种方法是先使用 VPORTS 或 MVIEW 命令，在布局空间中创建多个二维视图视口，然后使用 SOLPROF 命令在每个视口中分别生成实体模型的轮廓线，以创建二维视图的三视图；第二种方法是使用 SOLVIEW 命令后，在布局空间中生成实体模型的各个二维视图视口，然后使用 SOLDRAW 命令在每个视口中分别生成实体模型的轮廓线，以创建二维视图的三视图。下面分别介绍各命令的使用方法。

15.2.1 使用 VPORTS 命令创建视口

使用 VPORTS 命令可以在模型空间和布局空间中创建视口，通过选择菜单栏中的“视图”|“视口”|“新建视口”命令，或者在命令行中输入 VPORTS，都可以弹出“视口”对话框，如图 15-3 所示。

用户可以对新的视口进行命名、选择视口的形式等操作，也可以通过菜单栏的“视图”|“视口”下拉菜单选择新建视口或选择所要创建视口的标准形式，如图 15-4 所示。

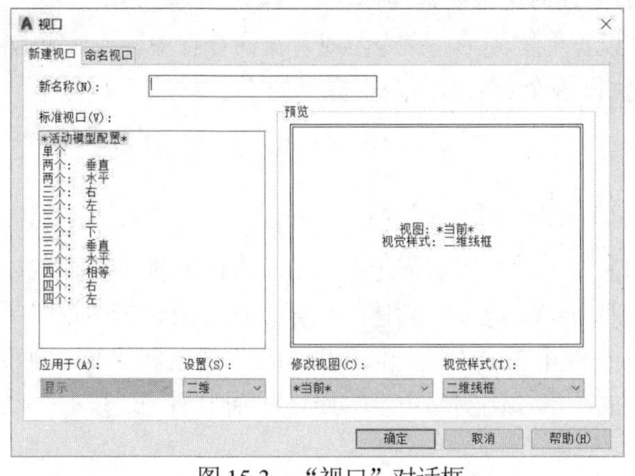

图 15-3　“视口”对话框

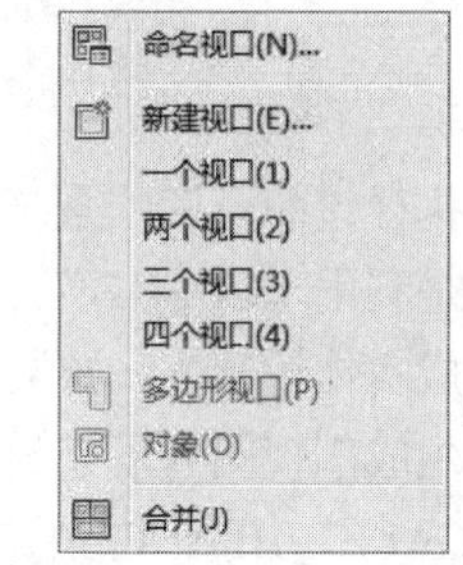

图 15-4　“视口”下拉菜单

15.2.2　使用 SOLVIEW 命令在布局空间创建多视图

使用 SOLVIEW 命令可以创建符合机械投影关系的浮动视区，为生成基本视图、向视图和剖视图做准备。使用该命令还可同时生成以下 5 种图层。

- 为每个视图建立了用于标注的图层(视图名：DIM)。
- 提供给 SOLDRAW 命令使用的可见线图层(视图名：VIS)。
- 隐藏线图层(视图名：HID)。
- 剖面线图层(视图名：DIM)。
- 用于放置视区对象的公共图层(视图名：VPORTS)。

通过在菜单栏中选择“绘图”|“建模”|“设置”|“视图”命令，或者在命令行中输入 SOLVIEW 命令，都可以执行创建多视图命令。如果当前处于模型空间，则执行 SOLVIEW 命令后，系统自动转换到布局空间，并提示用户选择创建浮动视口的形式。执行该命令后，命令行提示如下。

```
命令: _solview
正在重生成布局
重生成模型—缓存视口
输入选项 [UCS(U)/正交(O)/辅助(A)/截面(S)]:          //选择创建视口的形式
```

下面分别介绍各选项的含义。

- UCS(U)：创建浮动视口，并在视口中创建已有实体在当前坐标系的 XY 面上的投影图，其中 X 轴指向右，Y 轴垂直向上。
- 正交(O)：创建显示正交投影图的视口，并在该视口中显示指定视口中指定方向的正交投影图。
- 辅助(A)：创建显示在当前视口中指定方向投影图的视口，并在该视口中显示相应的投影图。
- 截面(S)：创建截面轮廓，即剖视图轮廓。在当前视口中拾取剖切的两点并指定方向，从而创建剖视图轮廓。

15.2.3 使用 SOLDRAW 命令创建实体图形

SOLDRAW 命令是在 SOLVIEW 命令之后用来创建实体轮廓或填充图案(如剖面线)的，通过在菜单栏中选择“绘图”|“建模”|“设置”|“图形”命令，或者在命令行中输入 SOLDRAW 命令，都可以执行 SOLDRAW 命令。执行该命令后，命令行提示如下。

```
命令: _soldraw
选择要绘图的视口...
选择对象:                                          //选择对象
```

执行该命令后，系统提示“选择对象”，此时用户需选择由 SOLVIEW 命令生成的视口。如果是利用“UCS(U)”“正交(O)”“辅助(A)”选项所创建的投影视图，所选择的视口中将自动生成实体轮廓线；如果所选择视口是由 SOLVIEW 命令的“截面(S)”选项创建的，则系统将自动生成剖视图并填充剖面线，剖面线的图案、比例、角度等属性分别由系统变量 HPNAME、HPSCALE、HPANG 决定。

15.2.4 使用 SOLPROF 命令创建二维轮廓线

SOLPROF 命令是对三维实体创建轮廓图形，它与 SOLDRAW 命令的区别是：使用 SOLDRAW 命令只能对由 SOLDVIEW 命令创建的视图生成轮廓图形，而 SOLPROF 命令不仅可以对由 SOLDVIEW 命令创建的视图生成轮廓图形，还可以对其他方法创建的浮动视口中的图形生成轮廓图形。使用 SOLPROF 命令时，必须将布局空间切换到模型空间视口，使用的命令是 MSPACE。在菜单栏中选择“绘图”|“建模”|“设置”|“轮廓”命令，或者在命令行中输入 SOLPROF 命令，均可执行 SOLPROF 命令。执行该命令后，命令行提示如下。

```
命令: _solprof
选择对象:                                          //选择对象
是否在单独的图层中显示隐藏的轮廓线? [是(Y)/否(N)] <是>: y
    //输入 y，将轮廓曲线单独放在一层；如果输入 n，则与可见线放置在一个图层内。通常选择 y
是否将轮廓线投影到平面? [是(Y)/否(N)] <是>:  y
    //输入 y，系统将自动把轮廓线投影到一个与视图方向垂直，并通过用户坐标系原点的平面上；如果输
      入 n，系统将生成三维实体的线框模型
是否删除相切的边? [是(Y)/否(N)] <是>: y  //输入 y，系统将自动删除相切边；如果输入 n，则不删除相切边
```

1. 利用 VPORTS 和 SOLPROF 命令绘制三视图

本实例将使用 VPORTS 命令和 SOLPROF 命令将三维零件图转换为三视图，具体操作步骤如下。

(1) 在菜单栏中选择“文件”|“打开”命令，系统弹出“选择文件”对话框，从中选择 15-1.dwg 文件，双击该文件，系统将打开该文件，如图 15-5 所示。

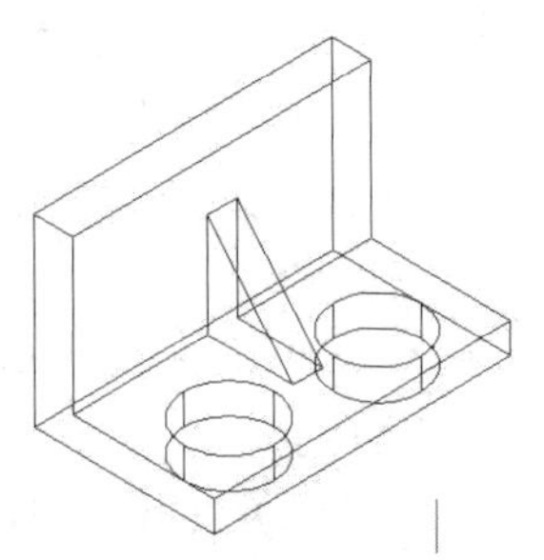

图 15-5 打开的零件图

(2) 在绘图区的左下侧，单击“布局 1”标签，进入布局空间，然后在“布局 1”标签上右击，在弹出的快捷菜单中选择“页面设置管理器”选项，打开如图 15-6 所示的“页面设置管理器”对话框；单击“修改”按钮，系统弹出“页面设置-布局 1”对话框，在“图纸尺寸”下拉列表中选择“ISO

A3(420.00×297.00 毫米)”选项，其他采用系统默认设置，如图 15-7 所示；单击“确定”按钮，系统返回到“页面设置管理器”对话框，单击“关闭”按钮，即可完成对页面的设置。设置页面后的效果如图 15-8 所示。

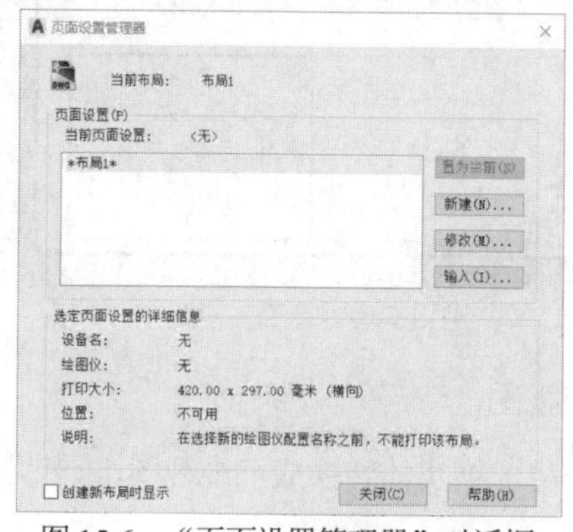

图 15-6　“页面设置管理器”对话框

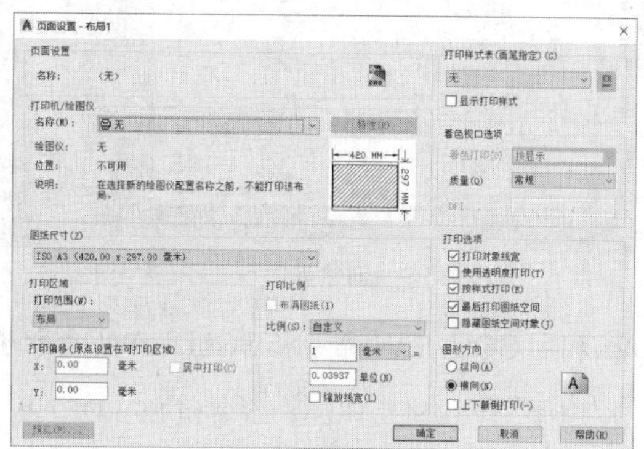

图 15-7　设置图纸尺寸

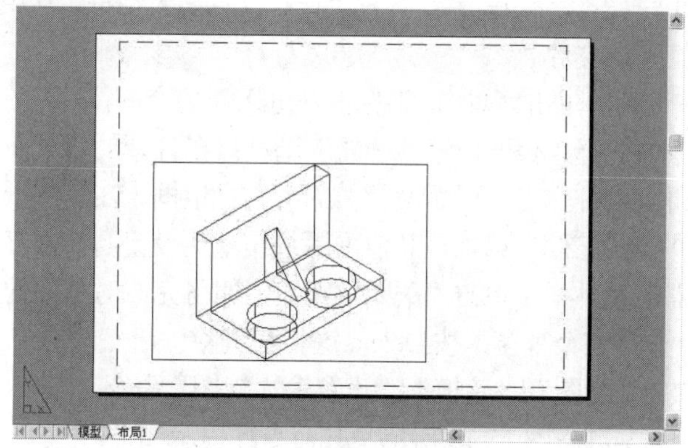

图 15-8　设置页面后的效果

(3) 选中如图 15-8 所示的视窗，按 Delete 键将其删除。

(4) 在菜单栏中选择“视图”|“视口”|“四个视口”命令，命令行提示如下。

```
命令: _vports
指定视口的角点或 [开(ON)/关(OFF)/布满(F)/着色打印(S)/锁定(L)/对象(O)/多边形(P)/恢复(R)/图层(LA)/2/3/4]                 //系统消息
<布满>: _4
指定第一个角点或 [布满(F)] <布满>: 0.1,10.9      //输入视口第一个角点坐标
指定对角点: 14.8,0.1                            //输入视口对角点坐标，效果如图 15-9 所示
```

(5) 在命令行中输入 MSPACE 命令，将布局空间转换为模型空间。

(6) 选中图 15-9 所示的左上角视窗，选择“视图”|“三维视图”|“主视”命令；选中图 15-9 所示的左下角视窗，选择“视图”|“三维视图”|“俯视”命令；选中图 15-9 所示的右上角视窗，选择“视图”|“三维视图”|“左视”命令，此时效果如图 15-10 所示。

(7) 在命令行中输入 SOLPROF 命令，选择主视视口中的二维图，根据命令行的提示，按 Enter 键默认系统的提示，将各个视口中的二维图形转换成轮廓图。

(8) 在菜单栏中选择“文件”|“另存为”命令，系统弹出“图形另存为”对话框，选择存储路径，保存名称为“夹具三视图 1.dwg”。

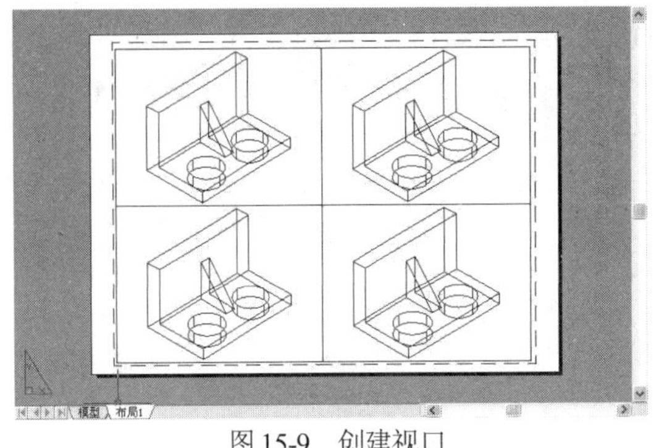

图 15-9　创建视口

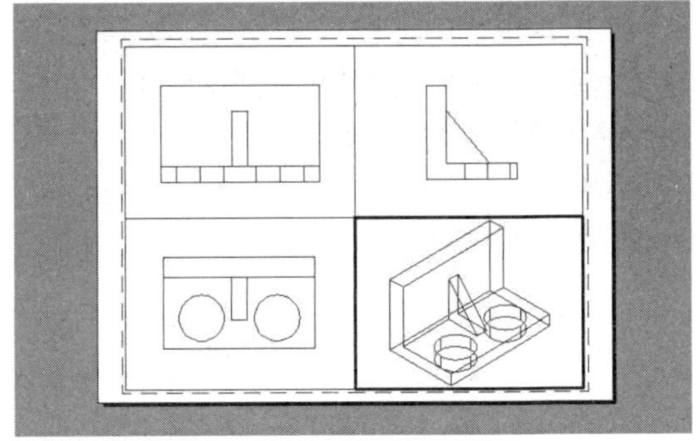

图 15-10　设置各视图

2. 利用 SOLVIEW 命令和 SOLDRAW 命令创建三视图

本实例将利用 SOLVIEW 命令和 SOLDRAW 命令将三维实体转换成三维视图，具体操作步骤如下。

(1) 选择“文件”|“打开”命令，系统弹出“选择文件”对话框，从中选择 15-1.dwg 文件，双击该文件，系统将打开该文件。

(2) 在绘图区的左下侧，单击“布局 1”标签，进入布局空间，然后在“布局 1”标签上右击，在弹出的快捷菜单中选择“页面设置管理器”选项；在打开的“页面设置管理器”对话框中，单击“修改”按钮，系统弹出“页面设置-布局 1”对话框，在“图纸尺寸”下拉列表中选择“ISO A3(420.00×297.00 毫米)”选项，其他采用系统默认设置；单击“确定”按钮，系统返回到“页面设置管理器”对话框，单击“关闭”按钮，即可完成对页面的设置。

(3) 在布局图中，选择整个视窗，按 Delete 键将其删除。

(4) 在菜单栏中选择“绘图”|“建模”|“设置”|“视图”命令，在布局空间中绘制俯视图、主视图、左视图，如图 15-11～图 15-13 所示，其命令行提示如下。

```
命令: solview
输入选项 [UCS(U)/正交(O)/辅助(A)/截面(S)]: u            //选择 UCS 坐标系
输入选项 [命名(N)/世界(W)/?/当前(C)] <当前>: w          //使用世界坐标系创建视图
输入视图比例 <1.0000>: 0.06                            //输入视图与原图形的比例
指定视图中心: 4,3.5                                    //输入视图所放置的中心点坐标
指定视图中心 <指定视口>:                                //按 Enter 键确认
指定视口的第一个角点: 0.6,5.5                           //输入视口的第一个角点坐标
指定视口的对角点: @6.8,-4                              //利用相对坐标输入对角点的坐标
输入视图名: 俯视图                                      //输入该视图的名称，效果如图 15-11 所示
输入选项 [UCS(U)/正交(O)/辅助(A)/截面(S)]: o            //利用正交功能创建下一个视口
指定视口要投影的那一侧: 4,1.5                           //在视口上捕捉坐标点为(4,1.5)的点，即俯视图下
                                                        边的中点
指定视图中心:        //使光标向上移动，然后在该方向上拾取任意一点，并利用中键将所产生的视图向上
                       移动到合适位置再释放
指定视图中心 <指定视口>:                                //按 Enter 键确认
指定视口的第一个角点: 0.6,9.9                           //输入视口的第一个角点坐标
指定视口的对角点: @6.8,-4                              //利用相对坐标输入对角点的坐标
输入视图名: 主视图                                      //输入该视图的名称，效果如图 15-12 所示
输入选项 [UCS(U)/正交(O)/辅助(A)/截面(S)]: o            //利用正交功能创建下一个视口
指定视口要投影的那一侧: 0.6,7.9        //在主视图视口上捕捉坐标点为(0.6,7.9)的点，即主视图左边的中点
```

```
指定视图中心:                    //使光标向右移动，然后在该方向上拾取任意一点，并利用中键将
                                   所产生的视图向右移动到合适位置再释放
指定视图中心 <指定视口>:                   //按 Enter 键确认
指定视口的第一个角点: 9.7,9.9              //输入视口的第一个角点坐标
指定视口的对角点: @4.4,-4                 //利用相对坐标输入对角点的坐标
输入视图名: 左视图                        //输入该视图的名称，效果如图 15-13 所示
输入选项 [UCS(U)/正交(O)/辅助(A)/截面(S)]:  //按 Enter 键确认
```

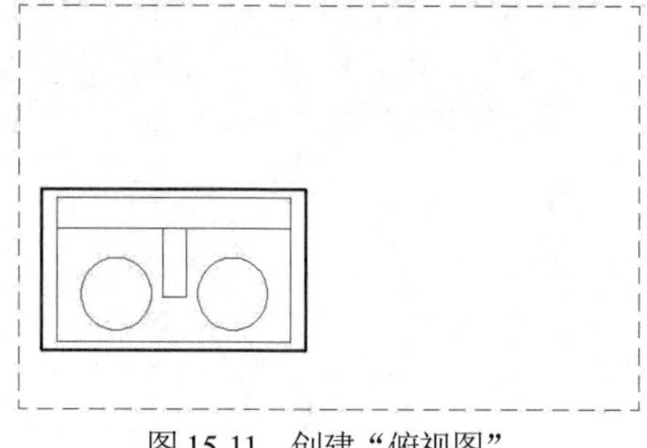

图 15-11　创建“俯视图”

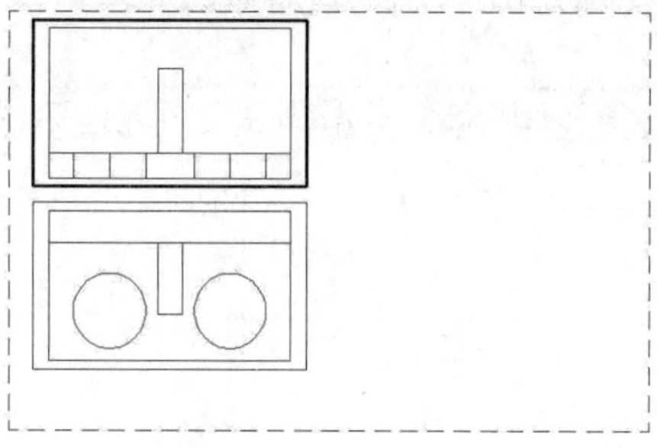

图 15-12　创建“主视图”

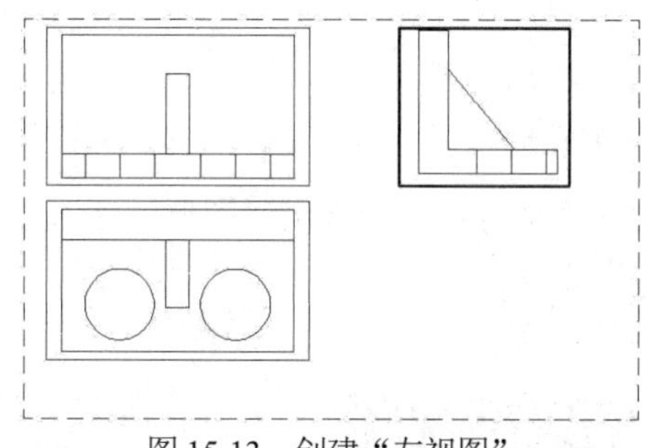

图 15-13　创建“左视图”

(5) 选择“绘图”|“建模”|“设置”|“图形”命令，命令行提示如下。

```
命令: _soldraw
选择要绘图的视口...
选择对象: 找到 1 个              //选择“主视图”上的方框
选择对象: 找到 1 个，总计 2 个    //选择“俯视图”上的方框
选择对象: 找到 1 个，总计 3 个    //选择“左视图”上的方框，选择之后的方框变成虚线，如图 15-14 所示
选择对象:                        //按 Enter 键确认
已选定一个实体                    //系统消息
已选定一个实体                    //系统消息
已选定一个实体                    //系统消息，效果如图 15-15 所示
```

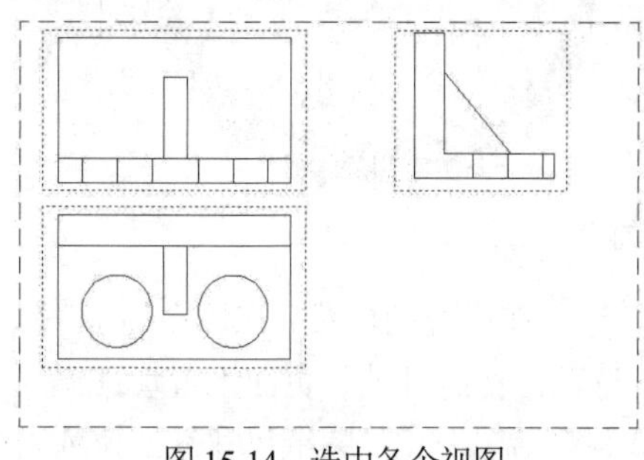

图 15-14　选中各个视图

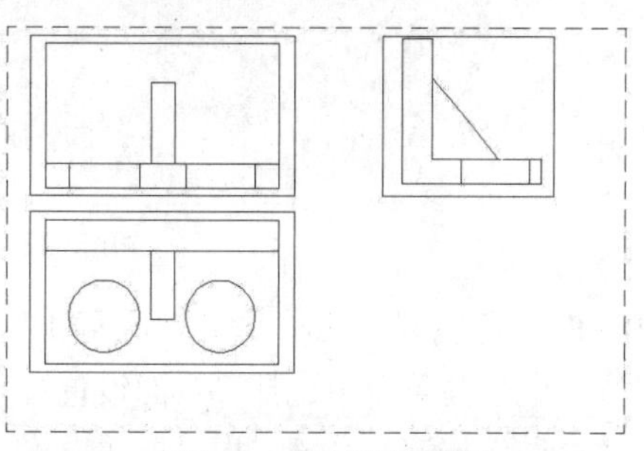

图 15-15　创建轮廓图

(6) 在菜单栏中选择“格式”|“图层”命令，弹出“图层管理器”对话框，单击“开关”下的灯泡选项，将图层 0 和图层 VPORTS 关闭，并分别将图层“主视图-HID”“俯视图-HID”和“左视图-HID”的线型设置为 ACAD_IS002W100，然后单击“确定”按钮，效果如图 15-16 所示。此时看不出虚线效果是由于虚线的比例太大。

(7) 从图 15-16 中可以看出，该虚线显示不明显。在命令行中输入 LTSCALE 命令，然后输入线型比例为 0.03，命令行提示如下。

```
命令: ltscale
输入新线型比例因子 <0.0300>:        //输入线型比例，效果如图 15-17 所示
```

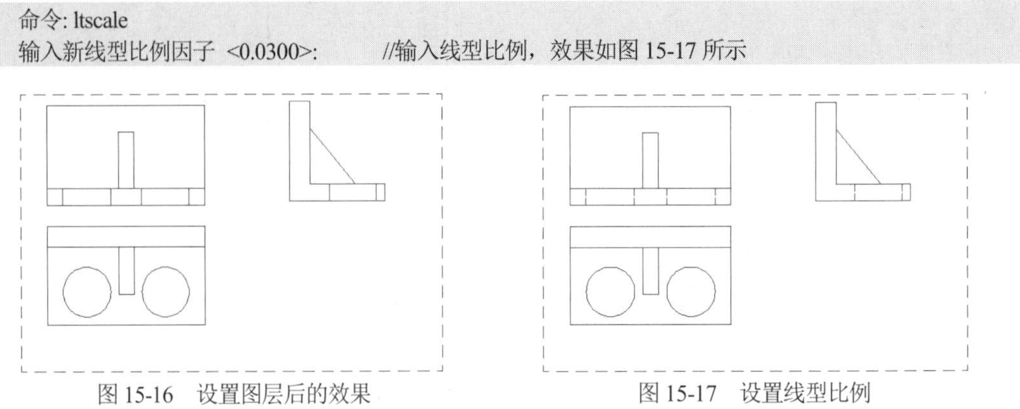

图 15-16　设置图层后的效果　　　图 15-17　设置线型比例

(8) 选择“文件”|“另存为”命令，系统弹出“图形另存为”对话框，选择存储路径，保存名称为“夹具三视图 2.dwg”。

15.3 由三维实体创建剖视图

根据已学的知识，利用 SOLVIEW 命令、SOLDRAW 命令等创建剖视图，具体操作步骤如下。

(1) 在菜单栏中选择“文件”|“打开”命令，系统弹出“选择文件”对话框，从中选择 15-2.dwg 文件，双击该文件，系统将打开该文件，如图 15-18 所示。

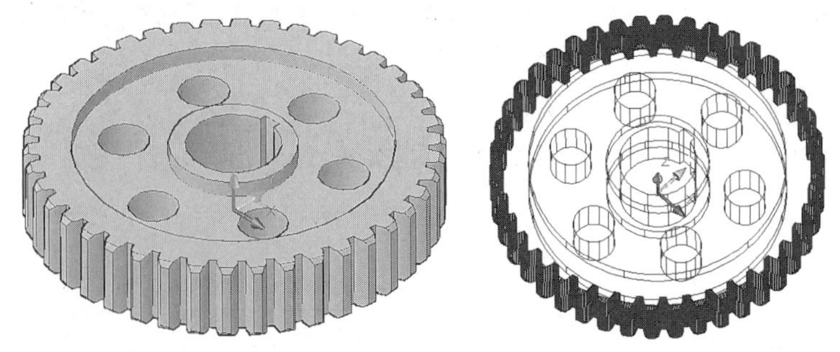

图 15-18　打开的齿轮图

(2) 在绘图区的左下侧，单击“布局 1”标签，进入布局空间，然后在“布局 1”标签上右击，在弹出的快捷菜单中选择“页面设置管理器”选项；在打开的“页面设置管理器”对话框中单击“修改”按钮，系统弹出“页面设置-布局 1”对话框，在“图纸尺寸”下拉列表中选择

“ISO A3(420.00×297.00 毫米)”选项，其他采用系统默认设置；单击“确定”按钮，系统返回到“页面设置管理器”对话框，单击“关闭”按钮，即可完成对页面的设置，效果如图 15-19 所示。

图 15-19　设置页面后的效果

(3) 在布局图中，选择整个视窗，按 Delete 键将其删除。

(4) 在命令行中，输入 HPSCALE，将剖面线的填充比例调大，使线与线的密度加大。该步骤必须在执行 SOLVIEW 之前进行操作。执行 HPSCALE 命令后，命令行提示如下。

```
命令: hpscale
输入 HPSCALE 的新值 <1.0000>: 16                //输入填充比例
```

(5) 在菜单栏中选择“绘图”|“建模”|“设置”|“视图”命令，在布局空间中绘制主视图和剖视图，如图 15-20～图 15-23 所示。执行 SOLVIEW 命令后，命令行提示如下。

```
命令: solview
输入选项 [UCS(U)/正交(O)/辅助(A)/截面(S)]: u          //选择 UCS 坐标系
输入选项 [命名(N)/世界(W)/?/当前(C)] <当前>: c       //按 Enter 键确认以当前视图插入
输入视图比例 <1.0000>: 0.05                         //输入视图与原图形的比例
指定视图中心: 4.5,5                                 //输入主视图视口的中心坐标
指定视图中心 <指定视口>:                            //按 Enter 键确认
指定视口的第一个角点: 0.8,8.5                       //输入主视视口的第一角点坐标
指定视口的对角点: @7.5,-7                           //输入主视视口的对角点坐标
输入视图名: 主视图                                  //输入视口的名称，效果如图 15-20 所示
输入选项 [UCS(U)/正交(O)/辅助(A)/截面(S)]: s          //选择截面选项
指定剪切平面的第一个点:     //右击绘图区下方的“对象捕捉”，然后选择设置，弹出如图 15-21 所示的
                            “草图设置”对话框，将“圆心”选中
正在恢复执行 SOLVIEW 命令
指定剪切平面的第一个点:                             //选择如图 15-22 所示的与 Y 坐标对齐的下方圆心
指定剪切平面的第二个点:                             //选择如图 15-22 所示的与 Y 坐标对齐的上方圆心
指定要从哪侧查看:                                   //在两圆心连线的左侧上单击任一点
输入视图比例 <0.0500>:                              //按 Enter 键确认默认的比例
指定视图中心:                                       //利用正交功能，在右侧的合适位置单击
指定视图中心 <指定视口>:                            //按 Enter 键确认
指定视口的第一个角点: 11,8.5                        //输入剖视视口的第一角点坐标
指定视口的对角点: @2,-7                             //输入剖视视口的对角点坐标
输入视图名: 剖切图                                  //输入剖视视口名称，效果如图 15-23 所示
输入选项 [UCS(U)/正交(O)/辅助(A)/截面(S)]:            //按 Enter 键确认
```

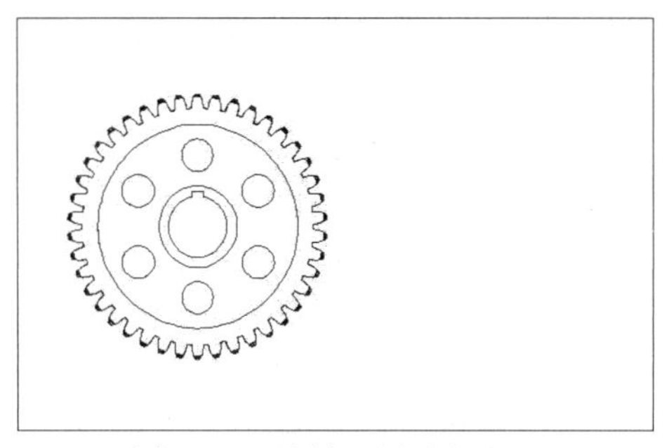

图 15-20　绘制“主视图”视口

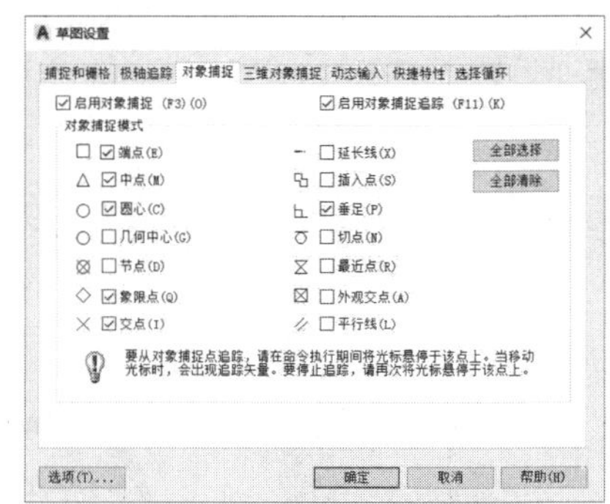

图 15-21　“草图设置”对话框

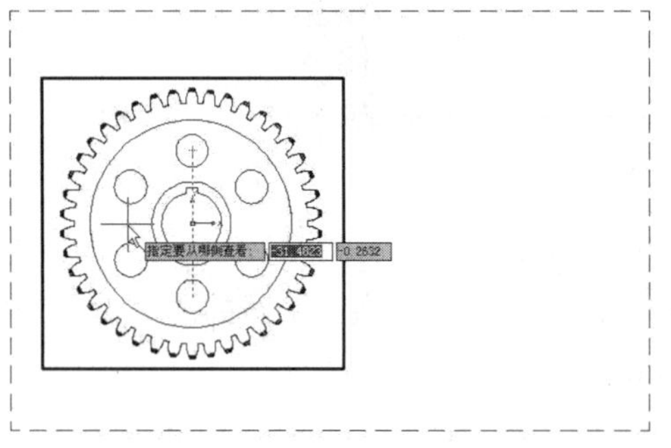

图 15-22　拾取剖切的位置和方向

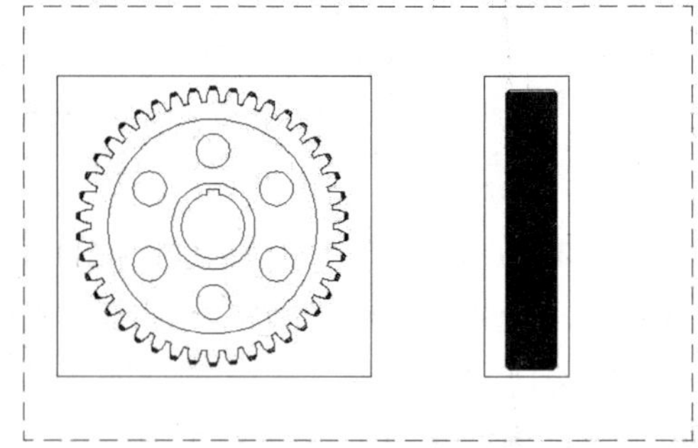

图 15-23　创建剖视图

(6) 在命令行中输入 SOLDRAW 命令，将所绘制的两个视图图形转换成轮廓线，效果如图 15-24 所示。执行该命令后，命令行提示如下。

```
命令: _soldraw
选择要绘图的视口...
选择对象: 找到 1 个                    //选择“主视图”视口上的方框
选择对象: 找到 1 个，总计 2 个         //选择“剖视图”视口上的方框
选择对象:                              //按 Enter 键确认
已选定一个实体                         //系统消息
已选定一个实体                         //系统消息，效果如图 15-24 所示
```

(7) 选择“格式”|“图层”命令，弹出“图层管理器”对话框，单击 VPORTS 层、“剖切面—HID”层和“主视图—HID”层上的冻结和开关按钮，将其关闭，再依次单击“应用”和“确定”按钮，效果如图 15-25 所示。

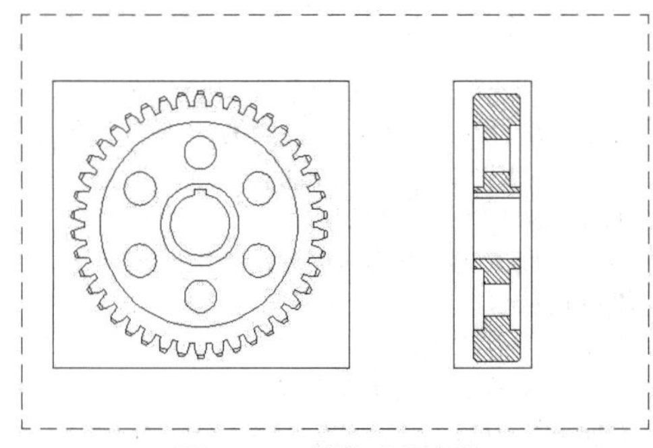

图 15-24　转换成轮廓线

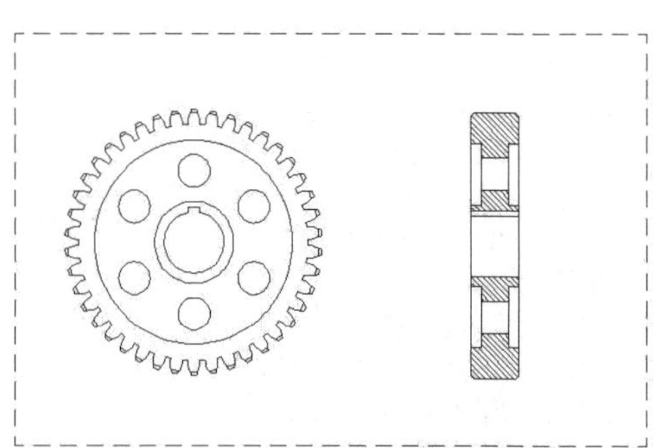

图 15-25　设置图层效果

(8) 选择“文件”|“另存为”命令，系统弹出“图形另存为”对话框，选择存储路径，保存名称为“剖视图 2.dwg”。

15.4 由三维实体创建剖面图

根据已学的知识，利用 SOLVIEW 命令、SOLDRAW 命令等创建剖面图，具体操作步骤如下。

(1) 选择“文件”|“打开”命令，系统弹出“选择文件”对话框，从中选择 15-3.dwg 文件，双击该文件，系统将打开该文件，如图 15-26 所示。

(2) 在绘图区的左下侧，单击“布局 1”标签，进入布局空间，然后在“布局 1”标签上右击，在弹出的快捷菜单中选择“页面设置管理器”选项，打开“页面设置管理器”对话框；单击“修改”按钮，系统弹出“页面设置-布局 1”对话框，在“图纸尺寸”下拉列表中选择“ISO A3(420.00×297.00 毫米)”选项，其他采用系统默认设置；单击“确定”按钮，系统返回到“页面设置管理器”对话框，单击“关闭”按钮，即可完成对页面的设置，效果如图 15-27 所示。

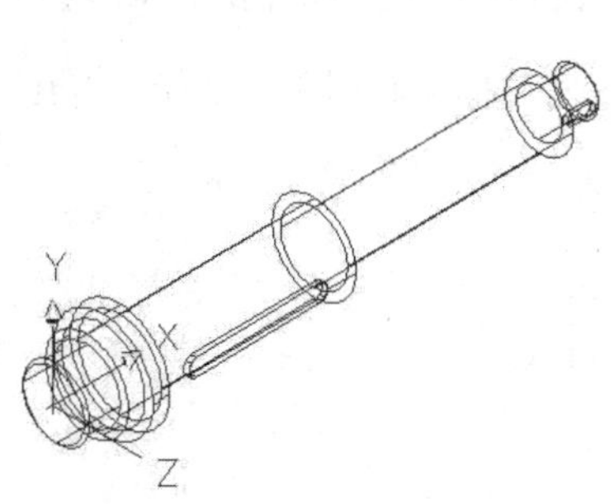

图 15-26　打开的零件图

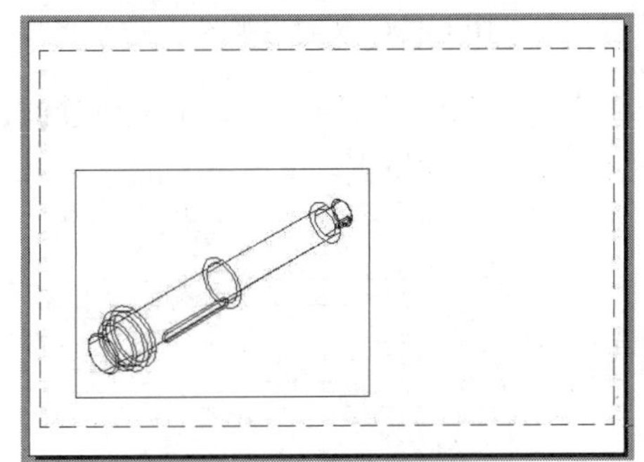
图 15-27　设置页面效果

(3) 在布局图中，选择整个视窗，按 Delete 键将其删除。

(4) 在命令行中，输入 HPNAME，对填充图案的格式进行新的设置，命令行提示如下。

```
命令: hpname
输入 HPNAME 的新值 <"ANGLE">: ansi31                //输入新的填充图案名称
```

(5) 在菜单栏中选择“绘图”|“建模”|“设置”|“视图”命令，在布局空间中绘制主视图和剖视图，如图 15-28～图 15-30 所示。执行 SOLVIEW 命令后，命令行提示如下。

```
命令: solview
输入选项 [UCS(U)/正交(O)/辅助(A)/截面(S)]: u          //选择 UCS 坐标系
输入选项 [命名(N)/世界(W)/?/当前(C)] <当前>: c         //按 Enter 键确认以当前视图插入
输入视图比例 <1.0000>: 2                              //输入视图与原图形的比例
指定视图中心: 200,190                                 //输入主视图视口的中心坐标
指定视图中心 <指定视口>:                               //按 Enter 键确认
指定视口的第一个角点: 8,220                            //输入主视视口的第一个角点的坐标
指定视口的对角点: @390,-80                             //输入主视视口的对角点坐标
输入视图名: 主视图                                     //输入视口的名称，效果如图 15-28 所示
输入选项 [UCS(U)/正交(O)/辅助(A)/截面(S)]: s          //选择截面选项
指定剪切平面的第一个点:                                 //单击如图 15-29 所示虚线下方合适位置
```

```
指定剪切平面的第二个点:                          //单击如图 15-29 所示虚线上方合适位置
指定要从哪侧查看:                                //在虚线的右侧单击任一点
输入视图比例 <2>:                                //按 Enter 键确认默认的比例
指定视图中心:                                    //利用正交功能，在右侧的合适位置单击
指定视图中心 <指定视口>:                         //按 Enter 键确认
指定视口的第一个角点:80,230                      //输入剖视视口的第一角点坐标
指定视口的对角点: @90,-100                       //输入剖视视口的对角点坐标
输入视图名: 剖视图                               //输入视口名称，效果如图 15-30 所示
输入选项 [UCS(U)/正交(O)/辅助(A)/截面(S)]:       //按 Enter 键确认
```

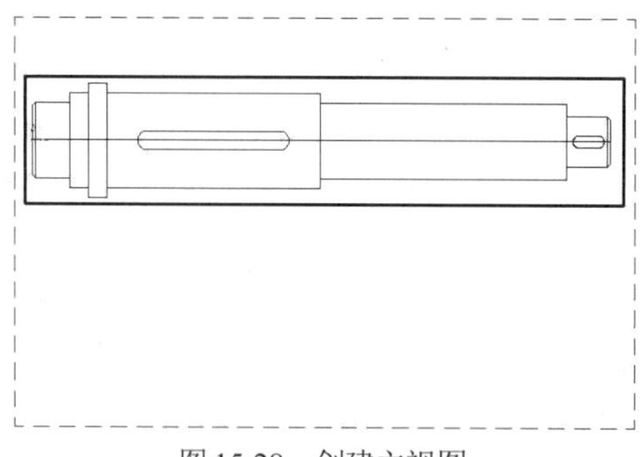

图 15-28　创建主视图

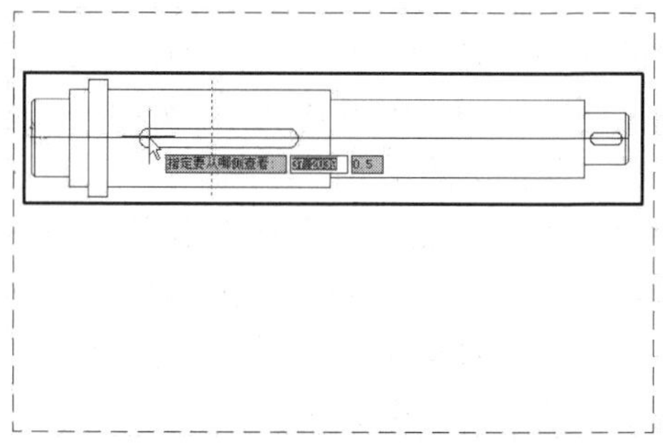

图 15-29　拾取剖切的位置和方向

(6) 单击“移动”按钮，选取刚创建的剖视图视口边框，利用正交功能，将其向下移动到如图 15-31 所示的位置。

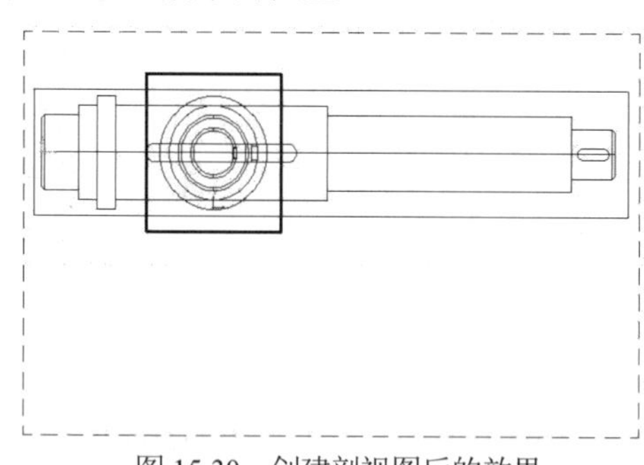

图 15-30　创建剖视图后的效果

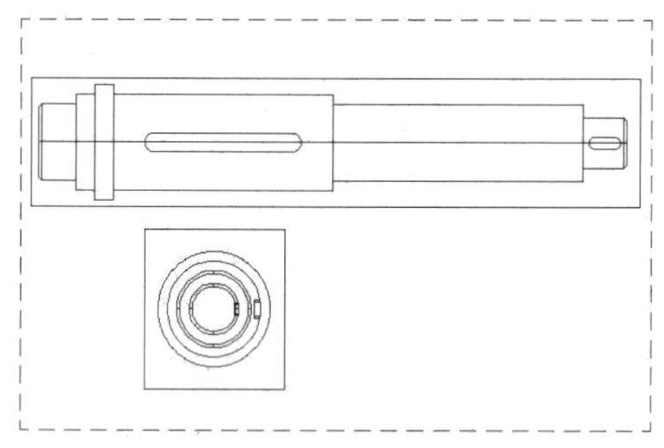

图 15-31　移动剖视图

(7) 在命令行中，输入 SOLDRAW 命令，将所绘制的两个视图图形转换成轮廓线，效果如图 15-32 所示，其命令行提示如下。

```
命令: _soldraw
选择要绘图的视口...
选择对象: 找到 1 个                 //选择“主视图”视口上的方框
选择对象: 找到 1 个，总计 2 个      //选择“剖视图”视口上的方框
选择对象:                           //按 Enter 键确认
已选定一个实体                      //系统消息
已选定一个实体                      //系统消息，效果如图 15-32 所示
```

(8) 在菜单栏中选择“格式”|“图层”命令，弹出“图层管理器”对话框，单击 VPORTS 层、“剖切面—HID”层和“主视图—HID”层上的冻结和开关按钮，将其关闭，再单击“应用”和“确定”按钮，效果如图 15-33 所示。

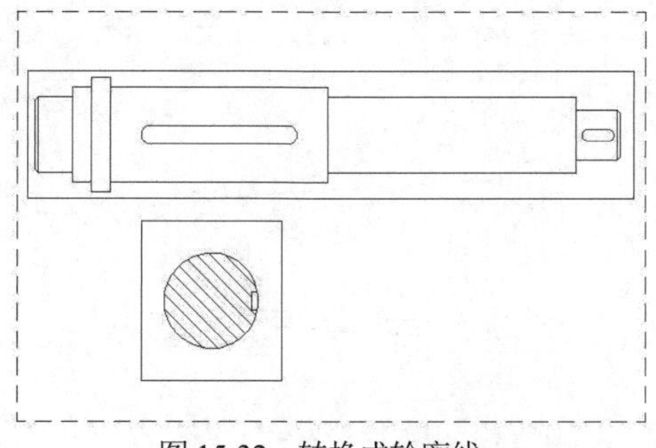
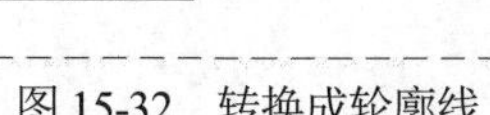

图 15-32　转换成轮廓线

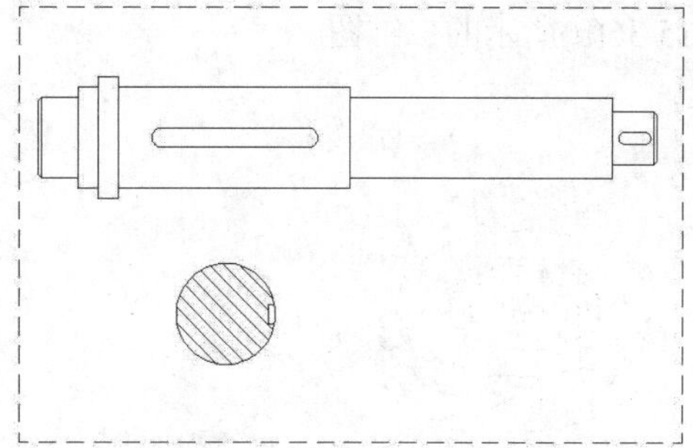

图 15-33　设置图层后的效果

(9) 在命令行中输入 MSPACE 命令，将布局界面转换为模型界面。

(10) 在二维面板中，单击“删除”按钮，选择如图 15-34 所示的圆弧段虚线，按 Enter 键将其删除。最终的效果如图 15-35 所示。

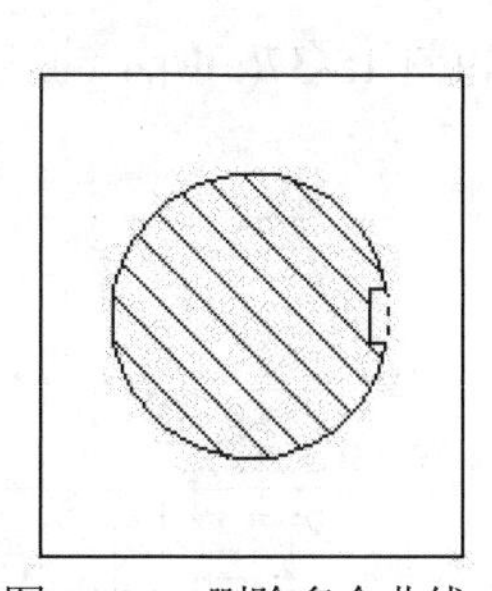

图 15-34　删除多余曲线

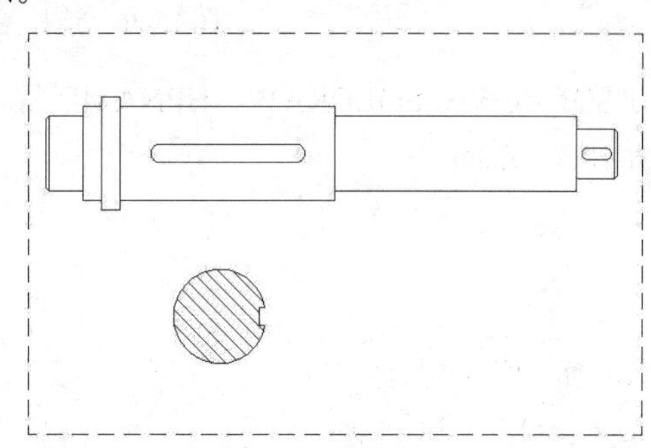

图 15-35　最终效果

(11) 选择“文件”|“另存为”命令，系统弹出“图形另存为”对话框，选择存储路径，保存名称为“剖面图.dwg”。

15.5　习题

15.5.1　填空题

(1) 绘图空间包括________和________两种类型。

(2) 除了 SOLDRAW 命令可以创建轮廓线之外，还有________命令也可以创建轮廓线，但 SOLDRAW 命令只能与________配合使用。

(3) 在布局空间中，通过________命令可以将布局空间切换到模型空间，从而对选中视口中的对象进行操作。

(4) 执行 SOLVIEW 命令后，AutoCAD 自动给各个视口创建一些图层，用户可以控制每个视口的可见线和不可见线，这些图层名称分别是：VIS、________、________、________、________。

15.5.2　上机操作题

(1) 利用 SOLVIEW、SOLDRAW、图层设置等命令将如图 15-36(a)所示的三维图转换成

图 15-36(b)所示的二维图。

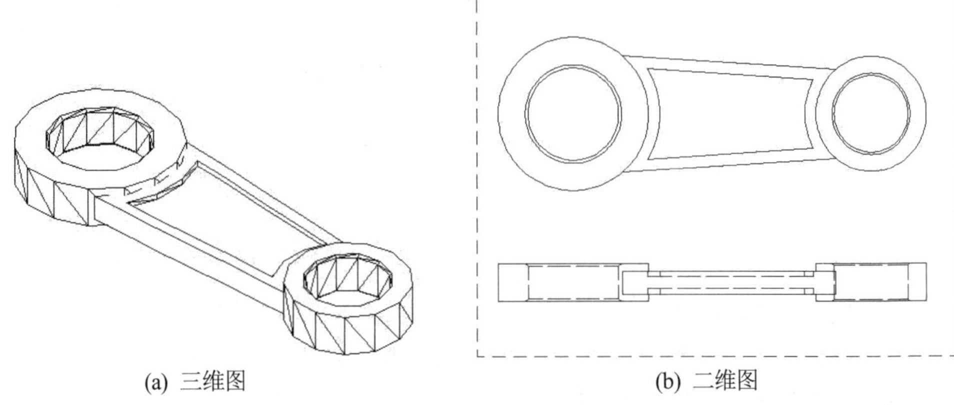

(a) 三维图　　(b) 二维图

图 15-36　连杆图

(2) 利用 SOLVIEW、SOLDRAW、HPNAME 等命令将如图 15-37(a)所示的三维图转换成图 15-37(b)所示的二维图。

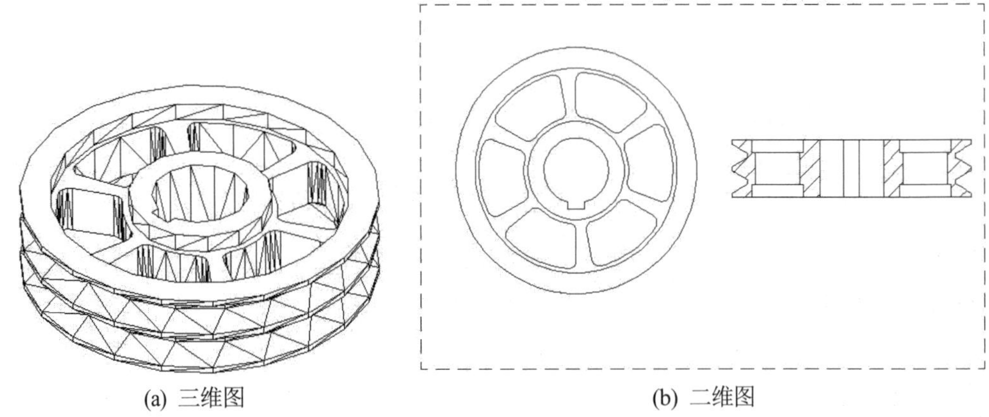

(a) 三维图　　(b) 二维图

图 15-37　皮带轮效果图

ꕥ 附 录 ꕥ

常用快捷命令

附录A 常用快捷命令

完整命令	快捷命令	功能说明	完整命令	快捷命令	功能说明
LINE	L	绘制直线	ERASE	E	删除图形对象
XLINE	XL	绘制构造线	COPY	CO/CP	复制图形对象
PLINE	PL	绘制多段线	MIRROR	MI	镜像图形对象
POLYGON	POL	绘制正多边形	OFFSET	O	偏移图形对象
RECTANGLE	REC	绘制长方形	ARRAY	AR	阵列图形对象
ARC	A	绘制圆弧	MOVE	M	移动图形对象
CIRCLE	C	绘制圆	ROTATE	RO	旋转图形对象
SPLINE	SPL	绘制样条曲线	SCALE	SC	缩放图形对象
ELLIPSE	EL	绘制椭圆或椭圆弧	STRETCH	S	拉伸图形对象
POINT	PO	创建多个点	TRIM	TR	修剪图形对象
BHATCH	H	创建图案填充	EXTEND	EX	延伸图形对象
GRADIENT	GD	创建渐变色	BREAK	BR	打断图形对象
REGION	REG	创建面域	JOIN	J	合并图形对象
TABLE	TB	创建表格	CHAMFER	CHA	倒角
MTEXT	MT/T	创建多行文字	FILLET	F	圆角
MEASURE	ME	创建定距等分点	EXPLODE	X	分解图形对象
DIVIDE	DIV	创建定数等分点	PEDIT	PE	多段线编辑
DIMSTYLE	D	创建尺寸标注样式	SUBTRACT	SU	差集
DIMLINEAR	DLI	创建线性尺寸标注	UNION	UNI	并集

(续表)

完整命令	快捷命令	功能说明	完整命令	快捷命令	功能说明
DIMALIGNED	DAL	创建对齐尺寸标注	INTERSECT	IN	交集
DIMARC	DAR	创建弧长标注	STYLE	ST	创建文字样式
DIMORDINATE	DOR	创建坐标标注	TEXT	DT	创建单行文字
DIMRADIUS	DRA	创建半径标注	MTEXT	MT	创建多行文字
DIMDIAMETER	DDI	创建直径标注	DDEDIT	ED	编辑文字
DIMJOGGED	DJO	创建折弯半径标注	SPELL	SP	拼写检查
DIMJOGLINE	DJL	创建折弯线性标注	TABLESTYLE	TS	创建表格样式
DIMANGULAR	DAN	创建角度标注	TABLE	TB	创建表格
DIMBASELINE	DBA	创建基线标注	HATCH	H	创建图案填充
DIMCONTINUE	DCO	创建连续标注	GRADIENT	GD	创建渐变色
DIMCENTER	DCE	创建圆心标记	HATCHEDIT	HE	编辑图案填充
TOLERANCE	TOL	创建形位公差	BOUNDARY	BO	创建边界
QLEADER	LE	创建引线或引线标注	REGION	REG	创建面域
DIMEDIT	DED	编辑表格	BLOCK	B	创建块
MLEADERSTYLE	MLS	创建多重引线样式	WBLOCK	W	创建外部块
MLEADER	MLD	创建多重引线	ATTDEF	ATT	定义属性
MLEADERCOLLECT	MLC	合并多重引线	INSERT	I	插入块
MLEADERALIGN	MLA	对齐多重引线	BEDIT	BE	在块编辑器中打开块定义
LAYER	LA	打开图层特性管理器	ZOOM	Z	缩放视图
COLOR	COL	设置对象颜色	PAN	P	平移视图
LINETYPE	LT	设置对象线型	REDRAWALL	RA	刷新所有视口的显示
LWEIGHT	LW	设置对象线宽	REGEN	RE	在当前视口重生成整个图形
LTSCALE	LTS	设置线型比例因子	REGENALL	REA	重生成图形并刷新所有视口
RENAME	REN	更改指定项目的名称	UNITS	UN	设置绘图单位

(续表)

完整命令	快捷命令	功能说明	完整命令	快捷命令	功能说明
MATCHPROP	MA	将选定对象的特性应用于其他对象	OPTIONS	OP	打开“选项”对话框
ADCENTER	ADC/DC	打开设计中心	DSETTINGS	DS	打开“草图设置”对话框
PROPERTIES	MO	打开特性选项板	EXPORT	EXP	输出数据
OSNAP	OS	设置对象捕捉模式	IMPORT	IMP	将不同格式的文件输入到当前图形中
SNAP	SN	设置捕捉	PLOT	PRINT	创建打印
DSETTINGS	DS	设置极轴追踪	PURGE	PU	删除图形中未使用的项目
MEASUREGEOM	MEA	测量距离、半径、角度、面积、体积等	PREVIEW	PRE	创建打印预览
PUBLISHTOWEB	PTW	创建网上发布	TOOLBAR	TO	显示、隐藏和自定义工具栏
AREA	AA	测量面积	VIEW	V	命名视图
LIST	LI	创建查询列表	TOOLPALETTES	TP	打开工具选项板窗口
DIST	DI	测量两点之间的距离和角度			

附录B　常用Ctrl快捷键

快捷键	功能说明
CTRL+1	PROPERTIES 修改特性
CTRL+2	ADCENTER 打开设计中心
CTRL+3	TOOLPALETTES 打开工具选项板
CTRL+9	COMMANDLINEHIDE 控制命令行开关
CTRL+O	OPEN 打开文件
CTRL+N、M	NEW 新建文件
CTRL+P	PRINT 打印文件

(续表)

快 捷 键	功 能 说 明
CTRL+S	SAVE 保存文件
CTRL+Z	UNDO 放弃
CTRL+A	全部旋转
CTRL+X	CUTCLIP 剪切
CTRL+C	COPYCLIP 复制
CTRL+V	PASTECLIP 粘贴
CTRL+B	SNAP 栅格捕捉
CTRL+F	OSNAP 对象捕捉
CTRL+G	GRID 栅格
CTRL+L	ORTHO 正交
CTRL+W	对象追踪
CTRL+U	极轴

附录C 常用功能键

键	功 能	说 明
F1	帮助	显示活动工具提示、命令、选项板或对话框的帮助
F2	展开的历史记录	在命令窗口中显示展开的命令历史记录
F3	对象捕捉	打开和关闭对象捕捉
F4	三维对象捕捉	打开和关闭其他三维对象捕捉
F5	等轴测平面	循环浏览二维等轴测平面设置
F7	栅格显示	打开和关闭栅格显示
F8	正交	锁定光标按水平或垂直方向移动
F9	栅格捕捉	限制光标按指定的栅格间距移动
F10	极轴追踪	引导光标按指定的角度移动
F11	对象捕捉追踪	从对象捕捉位置水平和垂直追踪光标

参考文献

[1] 周惠群，刘姝彤，李甜甜. AutoCAD 2016 基础教程[M]. 北京：化学工业出版社，2018.
[2] 李宏磊，谢龙汉. AutoCAD 2010 机械制图[M]. 北京：清华大学出版社，2011.
[3] 王博，陈运胜. AutoCAD 2018 机械制图实例教程[M]. 北京：机械工业出版社，2018.
[4] 胡仁喜，解江坤. AutoCAD 2018 中文版机械制图快速入门实例教程[M]. 北京：机械工业出版社，2018.
[5] CAD/CAM/CAE 技术联盟. AutoCAD 2014 机械设计自学视频教程[M]. 北京：清华大学出版社，2014.
[6] 王春霞，汪洋，谌艳. AutoCAD 2016 中文版基础教程[M]. 北京：中国青年出版社，2015.